环境监测方法标准实用手册

第四册　辐射、噪声监测方法

中　国　环　境　监　测　总　站
国家环境保护环境监测质量控制重点实验室　编

中国环境出版社・北京

图书在版编目（CIP）数据

环境监测方法标准实用手册. 第4册　辐射、噪声监测方法 / 中国环境监测总站，国家环境保护环境监测质量控制重点实验室编. —北京：中国环境出版社，2012.12

ISBN 978-7-5111-1184-5

Ⅰ. ①环…　Ⅱ. ①中…②国…　Ⅲ. ①环境监测—标准—中国—手册②辐射监测—标准—中国—手册③噪声监测—标准—中国—手册　Ⅳ. ①X83-65

中国版本图书馆 CIP 数据核字（2012）第 256006 号

出 版 人　王新程
责任编辑　张维平
封面设计　金　喆

出版发行　中国环境出版社
（100062　北京市东城区广渠门内大街 16 号）
网　　址：http://www.cesp.com.cn
电子邮箱：bjgl@cesp.com.cn
联系电话：010-67112765（编辑管理部）
010-67112738（图书编辑部）
发行热线：010-67125803，010-67113405（传真）

印　　刷　北京市联华印刷厂
经　　销　各地新华书店
版　　次　2013 年 5 月第 1 版
印　　次　2013 年 5 月第 1 次印刷
开　　本　880×1230　1/16
印　　张　32.25
字　　数　910 千字
定　　价　112.00 元

#《环境监测方法标准实用手册》（第四册）编委会

前　言

环境监测是准确地获取数据、科学地解析数据与合理地综合使用数据的综合过程，是环境立法、执法、规划和决策的重要依据。环境监测标准方法是实施环境监测活动的重要依据，也是保证环境监测数据具有代表性、准确性、精密性、可比性和完整性的重要技术支撑。

随着环境监测事业的发展，适合我国国情的环境监测技术体系逐步建立，以监测方法和技术规范为主要内容的标准方法体系框架日渐清晰。我国环境监测事业经历了30余年的发展历程，环境监测标准方法体系已经从20世纪80年代的国际方法转换和基础化学分析方法制订，发展到涵盖水和废水、环境空气和废气、机动车排放污染物、室内空气、噪声、振动、土壤、固体废物、生物和辐射等多要素的近千个监测标准方法和数十个监测技术规范，并随着科学技术水平的提高而不断修订完善。据不完全统计，从2000年至今，已经有近200多项监测标准方法和技术规范得以发布和实施。由于环境监测内容的广泛性和我国环境监测活动管理中形成的特定模式，使我国环境监测标准方法制订和发布存在多部门共同管理的现状。为使广大环境监测人员能够及时和全面掌握以及正确使用环境监测标准方法，系统、完善地开展环境监测工作，积极推动各级环境监测机构不断提高环境监测技术和质量管理水平，中国环境监测总站组织编写了《环境监测方法标准实用手册》丛书。

本丛书在充分考虑读者需求的基础上，从环境监测方法的实用性和现行有效性的角度出发，结合我国环境监测的主要领域，汇编了我国现行有效的、常用的环境监测方法标准和监测技术规范，力求为读者提供一部具有较强实用性和较高便利性的工作手册。本丛书共分五册：第一册《水监测方法》，包括水和废水，以及大气降水；第二册《气监测方法》，包括环境空气和废气、机动车排放污染物、室内空气、车内空气和油气回收；第三册《土壤、固体废物和生物监测方法》，包括土壤和水系沉积物、固体废物、煤质、生物和生物体残留；第四册《辐射、噪声监测方法》，包括电磁辐射、电离辐射、噪声和振动；第五册《监测技术规范》，包括技术规范、导则、规定等。

本丛书适用于各级环境监测机构，各类别的环境分析实验室，也适用于各行业监测和化学分析使用。

本丛书中所收集的方法标准均以国家或行业最新公布的版本为准。由于发布出版年代跨度较大，其格式、符号代号、计量单位乃至名词术语不尽相同，在此不便统一，收录时只对原方法标准中技术内容上的错误，以及其他方面明显不妥之处做了更正，对编排形式进行了统一。由于科学技术日新月异，标准编写体例格式不断变化，书中难免存在纰漏，敬请读者指正。

编　者

2012年10月

目　录

电磁辐射

电离辐射

噪　声

振　动

电磁辐射

中华人民共和国环境保护行业标准

辐射环境保护管理导则 电磁辐射监测仪器和方法

HJ/T 10.2—1996

Guideline on management of radioactive environmental protection electromagnetic radiation monitoring instruments and methods

国家环境保护局 1996-05-10 发布　　1996-05-10 实施

前　言

为了对电磁辐射实行有效的环境管理，提高电磁辐射监测的准确性和可靠性，制定本导则。

本导则由国家环境保护局提出，国防科工委航天医学工程研究所、北方交通大学等单位编制。

本导则主要起草人：徐培基、蒋忠涌。

本导则由国家环境保护局负责解释。

1 电磁辐射测量仪器

本导则所称电磁辐射限于非电离辐射。

电磁辐射的测量按测量场所分为作业环境、特定公众暴露环境、一般公众暴露环境测量。按测量参数分为电场强度、磁场强度和电磁场功率通量密度等的测量。对于不同的测量应选用不同类型的仪器，以期获取最佳的测量结果。测量仪器根据测量目的分为非选频式宽带辐射测量仪和选频式辐射测量仪。

1.1 非选频式宽带辐射测量仪

1.1.1 工作原理

偶极子和检波二极管组成探头

这类仪器由三个正交的 2～10 cm 长的偶极子天线，端接肖特基检波二极管、RC 滤波器组成。检波后的直流电流经高阻传输线或光缆送入数据处理和显示电路。当 $D \ll h$ 时（D 偶极子直径，h 偶极子长度）偶极子互耦可忽略不计，由于偶极子相互正交，将不依赖场的极化方向。探头尺寸很小，对场的扰动也小，能分辨场的细微变化。偶极子等效电容 C_A、电感 L_A 根据双锥天线理论求得：

$$C_A = \frac{\pi \cdot \varepsilon_0 \cdot L}{\ln\frac{L}{a} + \frac{S}{2L} - 1} \tag{1.1}$$

$$L_A = \frac{\mu_0 \cdot L}{3\pi}\left(\ln\frac{2L}{a} - \frac{11}{b}\right) \tag{1.2}$$

式中：a——天线半径；

S——偶极子截面积；

L——偶极子实际长度。

由于偶极子天线阻抗呈容性，输出电压是频率的函数：

$$V=\frac{L}{2}\cdot\frac{\omega\cdot C_A\cdot R_L}{\sqrt{1+\omega^2(C_A+C_L)^2R_L^2}} \tag{1.3}$$

式中：ω——角频率，$\omega=2\cdot\pi\cdot f$，f 频率；

C_L——天线缝隙电容和负载电容；

R_L——负载电阻。

由于 C_A、C_L 基本不变，只要提高 R_L 就可使频响大为改善，使输出电压不受场源频率影响，因此必须采用高阻传输线。

当三副正交偶极子组成探头时，它可以分别接收 x、y、z 三个方向场分量，经理论分析得出：

$$\begin{aligned}U_{d_c}&=C\cdot|Ke|^2\cdot[|E_x(r\cdot w)|^2+|E_y(r\cdot w)|^2+|E_z(r\cdot w)|^2]\\&=C\cdot|Ke|^2|\overline{E}(r\cdot w)|^2\end{aligned} \tag{1.4}$$

式中：C——检波器引入的常数；

Ke——偶极子与高频感应电压间比例系数；

E_x、E_y、E_z——分别对应于 x、y、z 方向的电场分量；

$\overline{E}$——待测场的电场矢量。

（1.4）式为待测场的厄米特幅度（Hermitian）可见用端接平方律特性二极管的三维正交偶极子天线总的直流输出正比于待测场的平方，而功率密度亦正比于待测场的平方，因此经过校准后，U_{d_c} 的值就等于待测电场的功率密度。如果电路中引入开平方电路，那么 U_{d_c} 值就等于待测电场强度值。偶极子的长度应远小于被测频率的半波长，以避免在被测频率下谐振。这一特性决定了这类仪器只能在低于几吉赫频率范围使用。

热电偶型探头

采取三条相互垂直的热电偶结点阵作电场测量探头，提供了和热电偶元件切线方向场强平方成正比的直流输出。待测场强为：

$$E=\sqrt{E_x^2+E_y^2+E_z^2} \tag{1.5}$$

与极化无关。沿热电偶元件直线方向分布的热电偶结点阵，保证了探头有极宽的频带。沿 x、y、z 三个方向分布的热电偶元件的最大尺寸应小于最高工作频率波长的 1/4，以避免产生谐振。整个探头像一组串联的低阻抗偶极子或像一个低 Q 值的谐振电路。

磁场探头

由三个相互正交环天线和二极管、RC 滤波元件、高阻线组成，从而保证其全向性和频率响应。环天线感应电势为：

$$\zeta=\mu_0\cdot N\cdot\pi\cdot b^2\cdot\omega\cdot H$$

式中：N——环匝数；

b——环半径；

H——待测场的磁场强度。

1.1.2 对电性能的要求

使用非选频式宽带辐射测量仪实施环境监测时，为了确保环境监测的质量，应对这类仪器电性能提出基本要求：

各向同性误差≤±1 dB

系统频率响应不均匀度≤±3 dB

灵敏度：0.5 V/m

校准精度：±0.5 dB

1.1.3 常用的非选频式辐射测量仪

附录 A1 为常用的非选频式宽带辐射测量仪的有关数据。实施环境电磁辐射监测时，可根据具体需要选用其中仪器。

1.2 选频式辐射测量仪

这类仪器用于环境中低电平电场强度、电磁兼容、电磁干扰测量。除场强仪（或称干扰场强仪）外，可用接收天线和频谱仪或测试接收机组成的测量系统经校准后，用于环境电磁辐射测量。

工作原理

场强仪（干扰场强仪）

待测场的场强值：

$$E\text{（dB·μV/m）}=K\text{（dB）}+Vr\text{（dB·μV）}+L\text{（dB）} \qquad (1.6)$$

式中，K 是天线校正系数，它是频率的函数，可由场强仪的附表中查得。场强仪的读数 Vr 必须加上对应 K 值和电缆损耗 L 才能得出场强值。但近期生产的场强仪所附天线校正系数曲线所示 K 值已包括测量天线的电缆损耗 L 值。

当被测场是脉冲信号时，不同带宽 Vr 值不同。此时需要归一化于 1 MHz 带宽的场强值，即

$$E\text{（dB·μV/m）}=K\text{（dB）}+Vr\text{（dB·μV）}+20\lg\frac{1}{\text{BW}}+L\text{（dB）} \qquad (1.7)$$

BW 为选用带宽，单位为 MHz。测量宽带信号环境辐射峰值场强时，要选用尽量宽的带宽。相应平均功率密度为：

$$P_d\text{（μW/cm}^2\text{）}=\frac{10^{\frac{E(\text{dB·μV/m})-115.77}{10}}}{10\cdot q} \qquad (1.8)$$

上式中 q 为脉冲信号占空比，K、L 值查表可得，Vr 为场强值读数，于是 E 和 P_d 可以方便地计算出来。

频谱仪测量系统

这种测量系统工作原理和场强仪一致，只是用频谱仪作接收机，此外频谱仪的 dBm 读数须换算成 dB·μV。对 50Ω系统，场强值为：

$$E\text{（dB·μV/m）}=K\text{（dB）}+A\text{（dBm）}+107\text{（dB·μV）}+L\text{（dB）} \qquad (1.9)$$

频谱仪的类型不受限制，频谱仪天线系统必须校准。

微波测试接收机

用微波接收机、接收天线也可以组成环境监测系统。扣除电缆损耗，功率密度 P_d 按下式计算：

$$P_d=\frac{4\pi}{G\lambda^2}\cdot 10^{\frac{A+B}{10}} \quad (\text{mW/cm}^2) \qquad (1.10)$$

式中：G ——天线增益，倍数；

λ ——工作波长，cm；

A ——数字幅度计读数，dBm；

B ——0 dB 输入功率，dBm。

由上述测试接收机组成的监测装置的灵敏度取决于接收机灵敏度。天线系统应校准。

用于环境电磁辐射测量的仪器种类较多，凡是用于 EMC（电磁兼容）、EMI（电磁干扰）目的的测试接收机都可用于环境电磁辐射监测。专用的环境电磁辐射监测仪器，也可用上面介绍的方法组成测量装置实施环境监测。

常用的辐射测量仪器见附录 A2。

2 电磁辐射污染源监测方法

2.1 环境条件

应符合行业标准和仪器标准中规定的使用条件。测量记录表应注明环境温度、相对湿度。

2.2 测量仪器

可使用各向同性响应或有方向性电场探头或磁场探头的宽带辐射测量仪。采用有方向性探头时，应在测量点调整探头方向以测出测量点最大辐射电平。

测量仪器工作频带应满足待测场要求，仪器应经计量标准定期鉴定。

2.3 测量时间

在辐射体正常工作时间内进行测量，每个测点连续测 5 次，每次测量时间不应小于 15 s，并读取稳定状态的最大值。若测量读数起伏较大时，应适当延长测量时间。

2.4 测量位置

2.4.1 测量位置取作业人员操作位置，距地面 0.5、1、1.7 m 三个部位。

2.4.2 辐射体各辅助设施（计算机房、供电室等）作业人员经常操作的位置，测量部位距地面 0.5、1、1.7 m。

2.4.3 辐射体附近的固定哨位、值班位置等。

2.5 数据处理

求出每个测量部位平均场强值（若有几次读数）。

2.6 评价

根据各操作位置的 E 值（H、P_d）按国家标准《电磁辐射防护规定》（GB 8702—88）或其他部委制定的“安全限值”作出分析评价。

3 一般环境电磁辐射测量方法

3.1 测量条件

3.1.1 气候条件

气候条件应符合行业标准和仪器标准中规定的使用条件。测量记录表应注明环境温度、相对湿度。

3.1.2 测量高度

取离地面 1.7～2 m 高度。也可根据不同目的，选择测量高度。

3.1.3 测量频率

取电场强度测量值>50 dB·μV/m 的频率作为测量频率。

3.1.4 测量时间

基本测量时间为 5：00～9：00，11：00～14：00，18：00～23：00 城市环境电磁辐射的高峰期。

若 24 小时昼夜测量，昼夜测量点不应少于 10 点。

测量间隔时间为 1 h，每次测量观察时间不应小于 15 s，若指针摆动过大，应适当延长观察时间。

3.2 布点方法

3.2.1 典型辐射体环境测量布点

对典型辐射体，比如某个电视发射塔周围环境实施监测时，则以辐射体为中心，按间隔 45°的 8 个方位为测量线，每条测量线上选取距场源分别 30、50、100 m 等不同距离定点测量，测量范围根据实际情况确定。

3.2.2 一般环境测量布点

对整个城市电磁辐射测量时，根据城市测绘地图，将全区划分为 $1\times1\ km^2$ 或 $2\times2\ km^2$ 小方格，取方格中心为测量位置。

3.2.3 按上述方法在地图上布点后，应对实际测点进行考察。考虑地形地物影响，实际测点应避开高层建筑物、树木、高压线以及金属结构等，尽量选择空旷地方测试。允许对规定测点调整，测点调整最大为方格边长的 1/4，对特殊地区方格允许不进行测量。需要对高层建筑测量时，应在各层阳台或室内选点测量。

3.3 测量仪器

3.3.1 非选频式辐射测量仪

具有各向同性响应或有方向性探头的宽带辐射测量仪属于非选频式辐射测量仪。用有方向性探头时，应调整探头方向以测出最大辐射电平。

3.3.2 选频式辐射测量仪

各种专门用于 EMI 测量的场强仪，干扰测试接收机，以及用频谱仪、接收机、天线自行组成测量系统经标准场校准后可用于此目的。测量误差应小于±3 dB，频率误差应小于被测频率的 10^{-3} 数量级。该测量系统经模/数转换与微机连接后，通过编制专用测量软件可组成自动测试系统，达到数据自动采集和统计。

自动测试系统中，测量仪可设置于平均值（适用于较平稳的辐射测量）或准峰值（适用于脉冲辐射测量）检波方式。每次测试时间为 8～10 min，数据采集取样率为 2 次/s，进行连续取样。

3.4 数据处理

3.4.1 如果测量仪器读出的场强瞬时值的单位为分贝（dB·μV/m），则先按下列公式换算成以 V/m 为单位的场强：

$$E_i = 10^{\left(\frac{x}{20}-6\right)} \quad \text{(V/m)} \qquad (3.1)$$

x——场强仪读数（dB·μV/m），然后依次按下列各公式计算：

$$E = \frac{1}{n}\sum^{n} E_i \quad \text{(V/m)} \qquad (3.2)$$

$$E_s = \sqrt{\sum^{n} E^2} \quad \text{(V/m)} \qquad (3.3)$$

$$E_G = \frac{1}{M}\sum E_s \quad \text{(V/m)} \qquad (3.4)$$

上述各式中：E_i——在某测量位、某频段中被测频率 i 的测量场强瞬时值，V/m；

n——E_i 值的读数个数；

E——在某测量位、某频段中各被测频率 i 的场强平均值，V/m；

E_s——在某测量位、某频段中各被测频率的综合场强，V/m；

E_G——在某测量位、在 24 h（或一定时间内）内测量某频段后的总的平均综合场强，V/m；

M——在 24 h（或一定时间内）内测量某频段的测量次数。

测量的标准误差仍用通常公式计算。

如果测量仪器用的是非选频式的，不用（3.3）式。

3.4.2 对于自动测量系统的实测数据，可编制数据处理软件，分别统计每次测量中测值的最大值 E_{max}、最小值 E_{min}、中值、95%和 80%时间概率的不超过场强值 $E_{(95\%)}$、$E_{(80\%)}$，上述统计值均以（dB·μV/m）表示。还应给出标准差值σ（以 dB 表示）。

如系多次重复测量，则将每次测量值统计后，再按 4.4.1 进行数据处理。

3.5 绘制污染图

3.5.1 绘制：频率-场强、时间-场强、时间-频率、测量位-总场强值等各组对应曲线。

3.5.2 典型辐射体环境污染图

以典型辐射体为圆心，标注等场强值线图（参见附录 B1），或以典型辐射体为圆心，标注根据（4.5）式或（4.6）式得出的计算值的等值线图。

3.5.3 居民区环境污染图

在有比例的测绘地图上标注等场强值线图，或标注根据（4.5）式或（4.6）式得出的计算值的等值线图。根据需要亦可在各区地图上做好方格，用颜色或各种形状图线表示不同的场强值（参见附录 B2），或根据（4.5）式或（4.6）式得出的计算值。

3.6 质量保证

3.6.1 测量方案必须严格审议。

3.6.2 充分考虑测量的代表性。

3.6.3 测量结果准确可靠、有比对性。

3.6.4 数据处理方法正确。

3.7 环境质量评价

3.7.1 用非选频宽带辐射测量仪时，由于测量位测得的场强（功率密度）值，是所有频率的综合场强值，24 h 内每次测量综合场强值的平均值即总场强值亦是所有频率的总场强值。由于环境中辐射体频率主要在超短波频段（30～300 MHz），测量值和超短波频段安全限值的比值≤1，基本上对居民无影响，如果评价典型辐射体，则测量结果应和辐射体工作频率对应的安全限值比较。

$$\frac{E_G}{L} \leqslant 1 \tag{3.5}$$

式中：E_G——某测量位置总场强值，V/m；

L——典型辐射体工作频率对应的安全限值或超短波频段安全限值，V/m。

3.7.2 用选频式场强仪时：

$$\sum \frac{E_{Gi}}{L_i} \leqslant 1 \tag{3.6}$$

式中：E_{Gi}——测量位置某频段总的平均综合场强值，V/m；

L_i——对应频段的安全限值，V/m。

4 环境质量预测的场强计算

为了估算辐射体对环境的影响，对于典型的中波、短波、超短波发射台站的发射天线在环境中辐射场强按（4.1）式至（4.6）式计算。对正方形、圆口面微波天线在环境中辐射场功率密度按（4.7）式和（4.8）式计算：

4.1 中波（垂直极化波）

理论公式：

$$E = \frac{245}{d}\sqrt{P \cdot \eta \cdot G \cdot F(h) \cdot F(\Delta \cdot \varphi) \cdot A} \tag{4.1}$$

近似公式：

$$E = \frac{300}{d}\sqrt{P \cdot G \cdot A} \quad \text{(mV/m)} \tag{4.2}$$

式中：

$$A = 1.41\frac{2 + 0.3X}{2 + X + 0.6X^2} \tag{4.3}$$

$$X=\frac{\pi d}{\lambda}\cdot\frac{\sqrt{(\varepsilon-1)^2+(60\lambda\sigma)^2}}{\varepsilon^2+(60\lambda\sigma)^2} \quad (4.4)$$

上述各式中：d——被测位置与发射天线水平距离，km；

P——发射机标称功率，kW；

η——天线效率，%；

G——相对于接地基本振子（点源天线 G=1）的天线增益，倍数；

F（h）——发射天线高度因子，

F（h）=1～1.43

F（Δ • φ）——发射天线垂直面（Δ 仰角）、水平面（方位角φ）方向性函数，$\Delta_{max}=0$；

A——地面衰减因子；

X——数量距离；

λ——波长，m；

ε——大地的介电常数（量纲为 1）；

σ——大地的导电系数，1/（Ω • m）。

（4.2）近似公式是：$\eta\approx1$、F（h）≈1.2、F（Δ·φ）=1 得出的，即舒来依金-范德波尔公式。

4.2 短波（水平极化波）

短波（水平极化波）场强计算公式同（4.2）、（4.3），但水平极化波的 X 按（4.5）计算。各量纲同前。

$$X=\frac{\pi d}{\lambda}\cdot\frac{1}{\sqrt{(\varepsilon-1)^2+(60\lambda\sigma)^2}} \quad (4.5)$$

4.3 超短波（电视、调频）

$$E=\frac{444\sqrt{P\cdot G}}{r}F(\theta)\ (\mathrm{mW/cm^2}) \quad (4.6)$$

式中：P——发射机标称功率，kW；

G——相对于半波偶极子（$G_{0.5\lambda}$=1.64）天线增益，倍数；

r——测量位置与天线水平距离，km；

F（θ）——天线垂直面方向性函数（视天线型式和层数而异）。

4.4 微波

近场最大功率密度 $P_{d\max}$：

$$P_{d\max}=\frac{4P_T}{S}\ (\mathrm{mW/cm^2}) \quad (4.7)$$

式中：P_T——送入天线净功率，mW；

S——天线实际几何面积，cm^2。

（4.7）式给出的预测值，是对于具有正方形口面和圆锥形口面天线的情况（其精度<±3 dB）下天线近场区内最大功率密度值。

远场轴向功率密度 P_d：

$$P_d=\frac{P\cdot G}{4\cdot\pi\cdot r^2}\ (\mathrm{mW/cm^2}) \quad (4.8)$$

式中：P——雷达发射机平均功率，mW；

G——天线增益，倍数；

r——测量位置与天线轴向距离，cm。

附录 A1　常用非选频式辐射测量仪

名称	频带	量程	各向同性	探头类型
微波漏能仪	0.915～12.4 GHz	0.005～30 mW/cm^2	无	热偶结点阵
微波辐射测量仪	1～10 GHz	0.2～20 mW/cm^2	有	肖特基二极管 偶极子
电磁辐射监测仪	0.5～1 000 MHz	1～1 000 V/m	有	偶极子
全向宽带近区场强仪	0.2～1 000 MHz	1～1 000 V/m	有	偶极子
宽带电磁场强计	E：0.1～3 000 MHz H：0.5～30 MHz	E：0.5～1 000 V/m H：1～2 000 A/m	有	偶极子 环天线
宽带电磁场强计	E：20～10^5 Hz H：50～60 Hz	E：1～20 000 V/m H：1～2 000 A/m	有	偶极子 环天线
辐射危害计	0.3～18 GHz	0.1～200 mW/cm^2	有	热偶结点阵
辐射危害计	200 kHz～26 GHz	0.001～20 mW/cm^2	有	热偶结点阵
宽带全向辐射监测仪	0.3～26 GHz	8621B 探头： 0.005～20 mW/cm^2 8623 探头： 0.05～100 mW/cm^2	有	热偶结点阵
宽带全向辐射监测仪	10～300 MHz	8631： 0.005～20 mW/cm^2 8633： 0.05～100 mW/cm^2	有	热偶结点阵
宽带全向辐射监测仪	0.3～26GHz 10～300 MHz	8621B： 0.005～20 mW/cm^2 8631： 0.05～100 mW/cm^2	有	热偶结点阵
宽带全向辐射监测仪	8635、8633 10～3 000 MHz 8644 10～3 000 MHz	8633： 0.05～100 mW/cm^2 8644： 0.000 5～2 W/cm^2 8635： 0.002 5～10 W/cm^2	有	热偶结点阵 环天线
宽带全向辐射监测仪	由决定选用探头	由决定选用探头	有	热偶结点阵 环天线
全向宽带场强仪	E：5×10^{-4}～6 GHz H：0.3～3 000 MHz	E：0.1～30 V/m H：0.1～1 000 A^2/m^2	有	偶极子 磁环天线

附录 A2　常用选频式辐射测量仪

名称	频带	量程	注
干扰场强测量仪	10～150 kHz	24～124 dB	交直流两用
干扰场强测量仪	0.15～30 MHz	28～132 dB	交直流两用
干扰场强测量仪	28～500 MHz	9～110 dB	交直流两用
干扰场强测量仪	0.47～1 GHz	27～120 dB	交直流两用
干扰场强测量仪	0.5～30 MHz	10～115 dB	交直流两用
场强仪	2×10^{-8}～18 GHz	1×10^{-8}～1 V	NM-67 只能用交流
EMI 测试接收机	9 kHz～30 MHz 20 MHz～1 GHz 5 Hz～1 GHz 20 Hz～5 GHz 20 Hz～26.5 GHz	＜1 000 V/m	交流供电、 显示被测场频谱
电视场强计	1～56 频道	灵敏度：10 μV	交直流两用
电视信号场强计	40～890 MHz	20～120 dBμV	交直流两用
场强仪	40～860 MHz	20～120 dBμV	交直流两用

附录 B1　典型辐射体环境辐射等场强值线图（示意图）

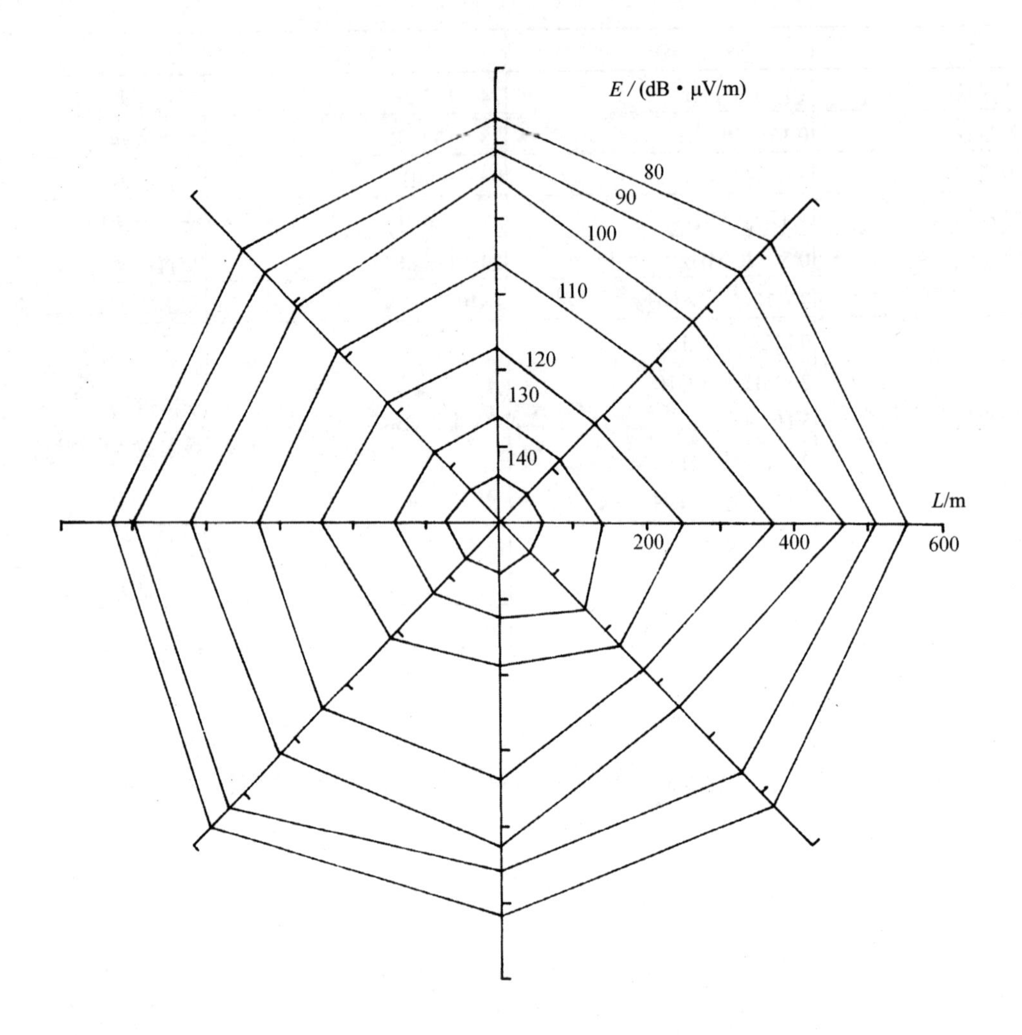

附录 B2　居民区环境辐射电平标注

种类	场强值/（mV/m）
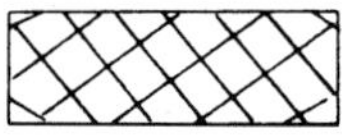	＞300
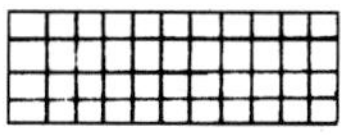	200～300
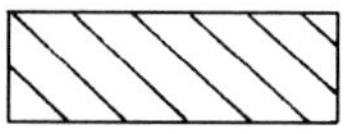	130～200
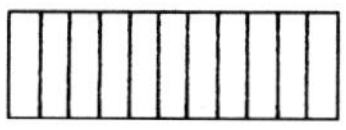	80～130
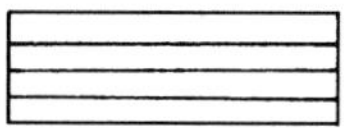	50～80
	＜50

附录C　单位换算（自由空间条件）

转换公式	量的单位	量的名称
$mW/cm^2 \times 10$	W/m^2	功率密度
$mW/cm^2 \times 3\ 763.6$	$(V/m)^2$	电场强度平方
$mW/cm^2 \div 37.636$	$(A/m)^2$	磁场强度平方
$mW/cm^2 \times 0.033\ 33$	pJ/cm^3	能量密度
$\sqrt{mW/cm^2 \times 3\ 763.6}$	V/m	电场强度
$\sqrt{mW/cm^2 \div 37.636}$	A/m	磁场强度

中华人民共和国环境保护行业标准

辐射环境保护管理导则 电磁辐射环境影响评价方法与标准

HJ/T 10.3—1996

Guideline on management of radioactive environmental protection environmental impact assessment methods and standards on electromagnetic radiation

国家环境保护局 1996-05-10 发布　　1996-05-10 实施

前　言

为了对电磁辐射实行有效环境管理，提高《电磁辐射环境保护管理办法》的可操作性，制定本导则。

本导则由国家环境保护局提出，北方交通大学、电子部第十设计院等单位编制。

本导则主要起草人：蒋忠涌、叶宗林、赵亚民。

本导则由国家环境保护局负责解释。

1 总则

1.1 本导则是依据《建设项目环境保护管理办法》[（86）国环字第 003 号]以及《电磁辐射环境保护管理办法》制定的。

1.2 本导则适用于一切电磁辐射项目的环境影响评价。对于特殊的电磁辐射项目，环境影响报告书的编写可以与本导则不同，但应加以说明。

1.3 电磁辐射环境影响评价分为初步评价和最终评价。初步评价应在获得环境保护部门颁发的项目规划建设许可文件（证）后进行。最终评价一般应于项目（或分阶段）竣工验收前进行。属需填报环境影响报告表的项目只需在运行前填报一次报告表。

1.4 电磁辐射环境影响报告书是一个独立的、完整的、正式的有法律效力的技术文件，须由持有电磁辐射环境影响评价专项证书的单位和有资格人员编写。

1.5 本导则所称电磁辐射限于非电离辐射。

2 电磁辐射环境影响报告书的主要章节和内容

2.1 评价依据

此部分要给出项目建议书，区域规划批准文件，编制环境影响报告书的委托文件及评价标准等。

2.2 评价对象说明

说明项目的名称、性质、辐射频率、功率及性质、运行状态等。

2.3 环境描述

描述项目所在位置（附图）及其周围居民分布、建筑布局、土地利用情况以及发展规划、敏感对象分布和特征等。

2.4 电磁辐射背景值现状调查

调查内容包括现有及计划建设的电磁辐射发射设备，也包括实际测量出的电磁辐射水平分布情况。

2.5 模拟类比测量

模拟本项目电磁设备的正常工作或利用类似本项目电磁设备规模、性质、功率、辐射频率、使用条件的其他已营运设备进行电磁环境辐射强度的实际测量，用于预测本项目建成后电磁环境变化的定量数据。

2.6 环境影响评价分析

环境影响评价应对公众受到电磁辐射的水平和家用电器及其他敏感设备受到的影响两方面进行计算和分析。

2.7 防治措施描述

防治污染措施包括管理措施、技术措施和上岗人员素质三个方面的描述。

2.8 代价利益分析

说明建设项目的建设和运行所带来的直接利益和间接利益。从经济、社会、环境等方面论述项目的建设和运行所付出的代价。

2.9 结论

全面分析后，给出评价结论。结论部分可包括问题和对策。

3 评价范围和方法

3.1 评价范围

3.1.1 功率＞200 kW 的发射设备

以发射天线为中心、半径为 1 km 范围全面评价，如辐射场强最大处的地点超过 1 km，则应在选定方向评价到最大场强处和低于标准限值处。

3.1.2 其他陆地发射设备

评价范围为以天线为中心：发射机功率 P＞100 kW 时，其半径为 1 km；发射机功率 P≤100 kW 时，半径为 0.5 km。

对于有方向性天线，按天线辐射主瓣的半功率角内评价到 0.5 km，如高层建筑的部分楼层进入天线辐射主瓣的半功率角以内时，应选择不同高度对该楼层进行室内或室外的场强测量。

3.1.3 工业、科学研究、医疗电磁辐射设备，如高频热合机、高频淬火炉、热疗机等评价范围为：以设备为中心的 250 m。

3.1.4 对高压输电线路和电气化铁道

评价范围以有代表性为准，对具体线路作具体分析而定。

3.1.5 对可移动式电磁辐射设备

一般按移动设备载体的移动范围确定评价范围。对于陆上可移动设备，如可能进入人口稠密区的，应考虑对载体外公众的影响。

3.2 评价方法

3.2.1 说明或描述

对于评价依据，项目说明，环境描述，结论章节，可以采用说明或描述方式编制。

3.2.2 项目建设之前背景值以及建成后的实际影响应采用现场测量办法取得真实数据。现场测量，应按《电磁辐射监测仪器和方法》（HJ/T 10.2—1996）推荐的方法进行。采用 HJ/T 10.2—1996 未提供的测量方法时，在报告书中应对所用方法的可靠性进行说明。

3.2.3 模式计算

对公众和仪器设备的影响需要了解电磁辐射场的分布。

对电磁辐射场的分布可以采用经过考证过的数学模式进行计算。对所采用的计算公式和参数要在报告书中给出。

3.2.4 模拟类比测量

应说明模拟或类比的电磁辐射设备概况，测量地点和条件、测点分布、使用仪表、测量方法、数据处理和统计、测量结果及分析。

3.2.5 公众受照评估

对于公众受照评估分受照个体剂量估算和群体剂量评估。

对于公众个人剂量估算，要给出最大受照个体剂量。

对于群体受照剂量评估要给出人口与受照射剂量的分布关系。

3.2.6 对仪器设备影响评价

对仪器设备受到电磁辐射的影响主要根据计算分析和实际调查。评价要给出受影响设备种类、严重程度和距离范围。

4 评价标准

4.1 公众总的受照射剂量

公众总的受照射剂量包括各种电磁辐射对其影响的总和，即包括拟建设施可能或已经造成的影响，还要包括已有背景电磁辐射的影响。总的受照射剂量限值不应大于国家标准《电磁辐射防护规定》（GB 8702—88）的要求。

4.2 单个项目的影响

为使公众受到总照射剂量小于GB 8702—88的规定值，对单个项目的影响必须限制在GB 8702—88限值的若干分之一。在评价时，对于由国家环境保护局负责审批的大型项目可取GB 8702—88中场强限值的$1/\sqrt{2}$，或功率密度限值的1/2。其他项目则取场强限值的$1/\sqrt{5}$，或功率密度限值的1/5作为评价标准。

4.3 行业标准的考虑

国内在电磁辐射领域颁布有许多行业标准，在编制环境影响报告书时，有时需要与这些行业标准比较。如不能满足有关行业标准时，在报告书中要论证其超过行业标准的原因。

中华人民共和国环境保护行业标准

500 kV 超高压送变电工程电磁辐射环境影响评价技术规范

HJ/T 24—1998

Technical regulations on environmental impact assessment of electromagnetic radiation produced by 500 kV ultrahigh voltage transmission and transfer power engineering

国家环境保护局 1998-11-19 发布　　1999-02-01 实施

前　言

为了指导 500 kV 超高压送变电工程电磁辐射环境影响报告书的编制和规范内容，制定本规范。

本规范由国家环境保护总局提出，北方交通大学编制。

本规范主要起草人：蒋忠涌、李蓉。

本规范由国家环境保护总局负责解释。

1 总　则

1.1 本规范根据国家环境保护局 18 号令《电磁辐射环境保护管理办法》及《辐射环境保护管理导则　电磁辐射环境影响评价方法与标准》（HJ/T 10.3—1996）制定。

1.2 本规范制定的目的在于指导 500 kV 超高压送变电工程电磁辐射环境影响报告书的编写，统一格式及规范内容。

1.3 本规范适用于 500 kV 超高压送变电工程电磁辐射环境影响的评价。也可参照本规范应用于 110 kV、220 kV 及 330 kV 送变电工程电磁辐射环境影响的评价。

1.4 500 kV 超高压送变电工程电磁辐射环境影响评价分为初步评价和最终评价两个阶段。初步评价报告书应在获得工程项目规划建设许可文件（证）后进行。最终评价报告书在项目运行后一年左右完成。

1.5 初步评价报告书以相关调查资料、类比测量以及理论计算为主，对项目的电磁环境影响作出预测。最终评价报告书应以本项目设施正常运行时环境监测规定的实测数据为准作出实际环境影响评价。

1.6 电磁辐射环境影响报告书是一个独立的、完整的、正式的有法律效力的技术文件，须由持有电磁辐射环境影响评价专项证书的单位和有资格的技术人员编写。

1.7 电磁辐射环境影响报告书可由项目建设方委托有资格的单位编写，并对报告书负责。

1.8 电磁辐射环境影响报告书的编制费和评审费由项目建设方纳入建设费用。

2　500 kV 超高压送变电工程电磁辐射环境影响初步评价报告书编制的主要章节和内容

2.1 前言

2.2 编制依据

2.2.1 项目名称、规模及基本构成

2.2.2 评价依据

2.2.2.1 采用的国家标准、规范名称及编号

2.2.2.2 采用的行业标准、技术导则名称及编号

2.2.2.3 项目建议书及批复文件

2.2.2.4 项目可行性研究报告、有关文件名称及文号

2.2.2.5 环境影响评价大纲及国家环境保护总局对环境影响评价大纲的批文

2.2.2.6 环境影响报告书编制委托书

2.2.2.7 城市规划批准文件

2.2.2.8 关于执行环境标准的认定文件

2.2.2.9 其他（包括利用国际金融组织贷款的有关文件等）

2.2.3 电磁辐射环境影响和保护目标

2.2.3.1 电磁辐射环境影响

分别按变电所和送电线路在施工期和运行期的电磁辐射环境影响进行说明。

2.2.3.2 环境保护目标

具体列出本项目电磁辐射环境影响敏感点的名称、分布和特征。例如医院、学校、居民区、通信、导航和军事设施等。

2.2.3.3 对敏感点部门初步协调结果

列出协调部门名称，给出初步协调结果（合同或意向）。

2.2.4 评价范围和评价标准

2.2.4.1 评价范围

以送电线路走廊两侧 30 m 带状区域、变电所址为中心的半径 500 m 范围内区域为工频电场、磁场的评价范围。

以送电线路走廊两侧 2 000 m 带状区域、变电所围墙外 2 000 m 或距最近带电构架投影 2 000 m 内区域为无线电干扰评价范围。

2.2.4.2 评价标准

公众总受照剂量（包括已有电磁辐射背景影响和拟建项目设施可能或已经造成影响之和）不应大于国家标准《电磁辐射防护规定》（GB 8702—1988）的规定。对于单个项目的影响可取上述标准中场强限值的 $1/\sqrt{2}$ 或功率密度限值的 1/2。

对于高压送电线路的无线电干扰限值根据国家标准《高压交流架空送电线无线电干扰限值》（GB 15707—1995）规定在距边相导线投影 20 m 距离处、测试频率为 0.5 MHz 的晴天条件下不大于 55 dB（μV/m）。

对各种业务用无线电台干扰影响限值见附录 D（标准的附录）有关国家标准相应规定。

关于超高压送变电设施的工频电场、磁场强度限值目前尚无国家标准。为便于评价，根据我国有关单位的研究成果、送电线路设计规定和参考各国限值，推荐暂以 4 kV/m 作为居民区工频电场评价标准，推荐应用国际辐射保护协会关于对公众全天辐射时的工频限值 0.1 mT 作为磁感应强度的评价标准。待相应国家标准发布后，以其规定限值为准。

2.3 项目概论

2.3.1 项目概况

项目建设的必要性，变电所、送电线路的路径及组成，主要设计指标，投资情况等。

2.3.2 电磁辐射污染源分析

电磁辐射源分析，污染区域位置。

2.4 环境概况

2.4.1 自然环境

2.4.2 生态环境

2.5 电磁环境影响评价

2.5.1 电磁辐射现状调查

现有送电线路、变电所电压等级、电流、设备容量、架线型式、走向调查。

电磁辐射（包括电场、磁场和无线电干扰场）现状水平和分布情况的实际测量。

2.5.2 模拟类比测量

利用类似本项目建设规模、电压等级、容量、架线型式及使用条件的其他已运行送电线路、变电所进行电磁辐射强度和分布的实际测量，用于对本项目建成后电磁环境定量影响的预测。

送电线路的测量是以档距中央导线弛垂最大处线路中心的地面投影点为测试原点，沿垂直于线路方向进行，测点间距为 5 m，顺序测至边相导线地面投影点外 50 m 处止。分别测量离地 1.5 m 处的电场强度垂直分量、磁场强度垂直分量和水平分量。

变电所的测量应选择在高压进线处一侧，以围墙为起点，测点间距为 5 m，依次测至 500 m 处为止。分别测量地表面处和离地 1.5 m 处的电场强度垂直分量、磁场强度垂直分量和水平分量。

无线电干扰电平的测量应分别在送电线路、变电所测试路径上以 2^n m 处测量。其中 n=0，1，2，…，11 等正整数。

2.5.3 理论计算

根据本项目送电线路的架线型式、架设高度、线距和导线结构等参数计算送电线路形成的工频电场强度值，磁场强度值和无线电干扰场强值。

电场强度值的计算按附录 A 所述方法进行。

磁场强度值的计算按附录 B 所述方法进行。

无线电干扰场强值的计算按附录 C 所述方法进行。

2.5.4 电磁环境影响初步评价

2.5.4.1 运行期电磁辐射强度预测

由 2.5.1、2.5.2 及 2.5.3 所得电磁辐射强度和分布结果分析本项目运行期电磁辐射影响的增量和环境电磁强度的总量。

2.5.4.2 健康影响的预评价

由 2.5.4.1 的电磁辐射预测值，根据评价标准对人体健康影响作出预评价。

2.5.4.3 无线电干扰影响的预评价

由 2.5.4.1 的无线电干扰预测值，根据评价标准作出主要对接收电视信号和军用无线电设备的无线电干扰影响预评价。亦应注意到对邻近无线通信、电台、导航等台站的干扰影响。如可能造成影响时，应提出消除干扰的有效措施。

2.5.5 其他环境因子影响的预评价

根据项目建设在施工期和运行期的具体情况，对自然环境、生态环境（包括动、植物自然保护区）、社会环境、生活质量环境（包括风景名胜和景观等）的影响进行预评价。

2.6 环保措施及建议

2.6.1 送电线路邻近居民区及敏感区

2.6.2 变电所邻近居民区及敏感区

2.6.3 送电线路与铁路、公路的交叉跨越

2.6.4 移民安置

2.7 环境经济损益分析

2.7.1 收益部分分析

运行后环保投资产生的经济效益、环保效益和社会效益的分析。

2.7.2 投入部分分析

本建设项目环保设施的直接和间接投入资金分析。

2.7.3 环境经济损益统计

2.8 公众参与

2.8.1 送电线路选线过程中的公众参与

2.8.2 专项调查的公众参与

2.8.3 公众参与调查结果

2.9 结论

2.9.1 项目建设必要性简述

2.9.2 项目及环境概况

2.9.3 环境影响评价

2.9.4 环境保护主要技术指标及设施

2.9.5 存在问题和建议

3 500 kV 超高压送变电工程电磁辐射环境影响最终评价报告书编制的主要章节和内容

3.1 前言

3.2 编制依据

3.2.1 项目名称、规模及基本构成

本建设项目全部或分阶段竣工验收规模和基本构成情况。

实际建成规模与初步评价报告书所述的差异情况。

项目建设环境条件变动的说明。

项目实际建成规模、构成与设计的变动说明。

3.2.2 评价依据

本项目电磁辐射环境影响初步评价报告书简要说明。

国家环境保护总局对初步评价报告书的批复及文号。

因项目规模、构成变动引起的环境影响评价内容的增删情况。

有别于初步评价报告书中其他内容引起环境影响评价内容增删情况。

3.2.3 电磁辐射环境影响和保护目标

运行期电磁辐射实际影响说明。

电磁辐射实际影响敏感点的分布、名称和相对位置（必要时可附图说明）。

3.2.4 评价范围、评价标准

简述初步评价报告书的相应部分。

重点说明与初步评价报告书关于评价范围、评价标准的变动部分。

3.2.5 电磁辐射环境实际测量

对应初步评价报告书中未变化的工程设施应按原测量项目进行设施正常运行时环境影响的实际测试。

对应初步评价报告书中发生变动的工程设施应确定测量项目后在该设施正常运行时，按有关规定进行环境影响的实际测试。受条件限制不能实测时，应作类比测量或理论计算。

3.2.6 运行期实际环境影响评价

由 3.2.5 电磁辐射环境实际测量结果核证初步评价报告书和设计文件预测值，当差异较显著时，应分析原因。

若实测时设施未全功率运行，则应作出全功率运行时的附加影响。

评价本工程项目全部（或分阶段）设施投入运行后环境电磁辐射的增量和总量。

评价实际电磁辐射对人体健康的影响。

评价无线电干扰影响。如对敏感点未满足国标、军标规定限值要求造成干扰时，应采取措施消除干扰影响，并妥善解决既成干扰影响情况。

评价其他环境因子的影响。

3.2.7 环保效益实际分析

送电线路邻近居民区及敏感区环保影响实际减缓措施和投资。

变电所邻近居民区及敏感区环保影响实际减缓措施和投资。

移民安置落实。

环保效益、经济效益和社会效益的实际分析。

3.2.8 结论

评价结论。

存在问题和对策。

附　录　A

（标准的附录）

高压送电线下空间工频电场强度的计算

根据“国际大电网会议第 36.01 工作组”推荐的方法，利用等效电荷法计算高压送电线（单相和三相高压送电线）下空间工频电场强度。

A.1 单位长度导线上等效电荷的计算

高压送电线上的等效电荷是线电荷，由于高压送电线半径 r 远远小于架设高度 h，所以等效电荷的位置可以认为是在送电导线的几何中心。

设送电线路为无限长并且平行于地面，地面可视为良导体，利用镜像法计算送电线上的等效电荷。

为了计算多导线线路中导线上的等效电荷，可写出下列矩阵方程：

$$\begin{bmatrix} U_1 \\ U_2 \\ \vdots \\ U_n \end{bmatrix} = \begin{bmatrix} \lambda_{11} & \lambda_{12} & \cdots & \lambda_{1n} \\ \lambda_{21} & \lambda_{22} & \cdots & \lambda_{2n} \\ \vdots & & & \\ \lambda_{n1} & \lambda_{n2} & \cdots & \lambda_{nn} \end{bmatrix} \begin{bmatrix} Q_1 \\ Q_2 \\ \vdots \\ Q_n \end{bmatrix} \tag{A.1}$$

式中：$[U]$——各导线对地电压的单列矩阵；

$[Q]$——各导线上等效电荷的单列矩阵；

$[\lambda]$——各导线的电位系数组成的 n 阶方阵（n 为导线数目）。

$[U]$矩阵可由送电线的电压和相位确定，从环境保护考虑以额定电压的 1.05 倍作为计算电压。由三相 500 kV（线间电压）回路（如图 A.1 所示）各相的相位和分量，则可计算各导线对地电压为：

$$\begin{aligned} |U_A| &= |U_B| = |U_C| \\ &= \frac{500\times 1.05}{\sqrt{3}} \\ &= 303.1 \text{ kV} \end{aligned}$$

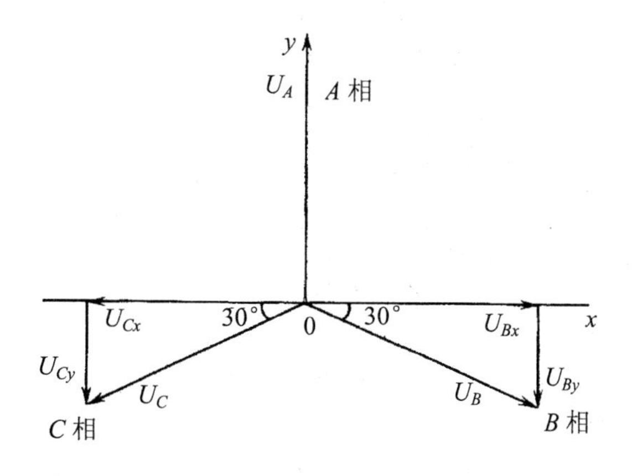

图 A.1　对地电压计算图

各导线对地电压分量为：

U_A=（303.1+j0）kV

U_B=（−151.6+j262.5）kV

U_c=（−151.6−j262.5）kV

[λ]矩阵由镜像原理求得。地面为电位等于零的平面，地面的感应电荷可由对应地面导线的镜像电荷代替，用 i，j，…表示相互平行的实际导线，用 i'，j'，…表示它们的镜像，如图 A.2 所示，电位系数可写为：

$$\lambda_{ii} = \frac{1}{2\pi\varepsilon_0}\ln\frac{2h_i}{R_i} \tag{A.2}$$

$$\lambda_{ij} = \frac{1}{2\pi\varepsilon_0}\ln\frac{L'_{ij}}{L_{ij}} \tag{A.3}$$

$$\lambda_{ij} = \lambda_{ji} \tag{A.4}$$

式中：ε_0——空气介电常数，$\varepsilon_0 = \frac{1}{36\pi}\times10^{-9}$ F/m；

R_i——送电导线半径，对于分裂导线可用等效单根导线半径代入，R_i的计算式为：

$$R_i = R\sqrt[n]{\frac{nr}{R}} \tag{A.5}$$

式中：R——分裂导线半径（如图 A.3）；

n——次导线根数；

r——次导线半径。

由[U]矩阵和[λ]矩阵，利用式（A.1）即可解出[Q]矩阵。

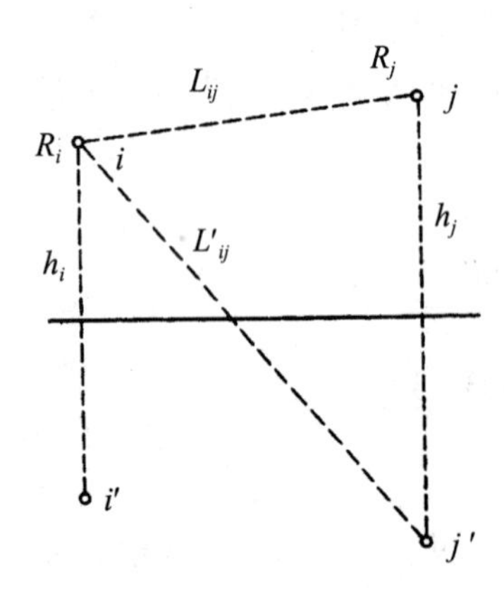

图 A.2　电位系数计算图

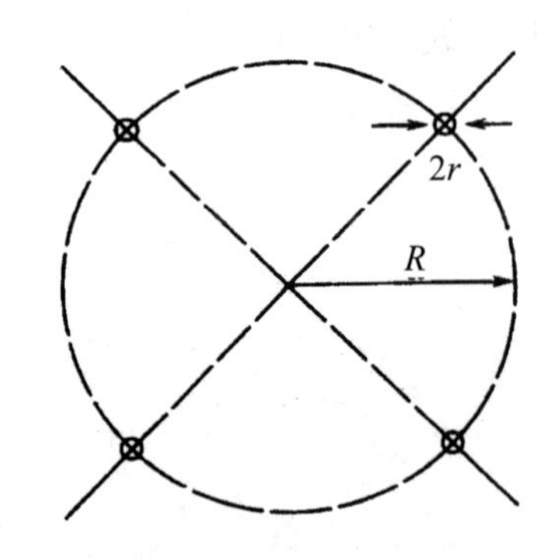

图 A.3　等效半径计算图

对于三相交流线路，由于电压为时间向量，计算各相导线的电压时要用复数表示：

$$\overline{U_i} = U_{iR} + jU_{iI} \tag{A.6}$$

相应的电荷也是复数量：

$$\overline{Q_i} = Q_{iR} + jQ_{iI} \tag{A.7}$$

式（A1）矩阵关系即分别表示了复数量的实数和虚数两部分：

$$[U_R]=[\lambda][Q_R] \tag{A.8}$$

$$[U_I]=[\lambda][Q_I] \tag{A.9}$$

A.2 计算由等效电荷产生的电场

为计算地面电场强度的最大值，通常取夏天满负荷有最大弧垂时导线的最小对地高度。因此，所计算的地面场强仅对档距中央一段（该处场强最大）是符合的。

当各导线单位长度的等效电荷量求出后，空间任意一点的电场强度可根据叠加原理计算得出，在(x，y）点的电场强度分量 E_x 和 E_y 可表示为：

$$E_x=\frac{1}{2\pi\varepsilon_0}\sum_{i=1}^{m}Q_i\left(\frac{x-x_i}{L_i^2}-\frac{x-x_i}{(L_i')^2}\right) \tag{A.10}$$

$$E_y=\frac{1}{2\pi\varepsilon_0}\sum_{i=1}^{m}Q_i\left(\frac{y-y_i}{L_i^2}-\frac{y+y_i}{(L_i')^2}\right) \tag{A.11}$$

式中：x_i、y_i——导线 i 的坐标（i=1，2，…，m）；

m——导线数目；

L_i，L_i'——分别为导线 i 及其镜像至计算点的距离。

对于三相交流线路，可根据式（A.8）和（A.9）求得的电荷计算空间任一点电场强度的水平和垂直分量为：

$$\begin{aligned}\overline{E}_x&=\sum_{i=1}^{m}E_{ixR}+j\sum_{i=1}^{m}E_{ixI}\\&=E_{xR}+jE_{xI}\end{aligned} \tag{A.12}$$

$$\begin{aligned}\overline{E}_y&=\sum_{i=1}^{m}E_{iyR}+j\sum_{i=1}^{m}E_{iyI}\\&=E_{yR}+jE_{yI}\end{aligned} \tag{A.13}$$

式中：E_{xR}——由各导线的实部电荷在该点产生场强的水平分量；

E_{xI}——由各导线的虚部电荷在该点产生场强的水平分量；

E_{yR}——由各导线的实部电荷在该点产生场强的垂直分量；

E_{yI}——由各导线的虚部电荷在该点产生场强的垂直分量。

该点的合成场强则为：

$$\begin{aligned}\overline{E}&=(E_{xR}+jE_{xI})\overline{x}+(E_{yR}+jE_{yI})\overline{y}\\&=\overline{E}_x+\overline{E}_y\end{aligned} \tag{A.14}$$

式中：

$$E_x=\sqrt{E_{xR}^2+E_{xI}^2} \tag{A.15}$$

$$E_y=\sqrt{E_{yR}^2+E_{yI}^2} \tag{A.16}$$

在地面处（y=0）电场强度的水平分量

$$E_x=0$$

接地架空线对于地面附近场强的影响很小，对 500 kV 单回路水平排列的几种情况计算表明，没有架空地线时较有架空地线时的场强增加 1%～2%，所以常不计架空地线影响而使计算简化。

计算举例：如图 A.4 所示结构的单回路 500 kV 三相架空送电线路，导线成水平状架设，采用 n=4 的分裂导线，求 P 点（x=15 m，y=1 m）处工频电场强度值。

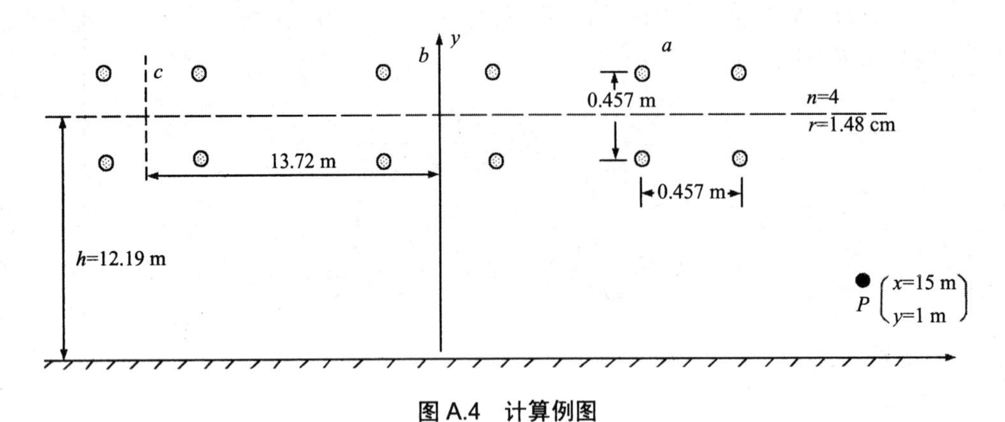

图 A.4　计算例图

一、单位长度导线上等效电荷计算

分裂导线半径　　$R=0.457\times\dfrac{\sqrt{2}}{2}=0.323\ \text{m}$

等效导线半径　　$R_i=0.323\sqrt[4]{\dfrac{4\times0.014\,8}{0.323}}=0.211\ \text{m}$

导线对地电压　　$U_a=(303.1+j0)\ \text{kV}$

$U_b=(-151.6+j262.5)\ \text{kV}$

$U_c=(-151.6-j262.5)\ \text{kV}$

依此可写成实部和虚部两个矩阵：

$$[U_R]=\begin{pmatrix}303.1\\-151.6\\-151.6\end{pmatrix}\qquad[U_I]=\begin{pmatrix}0\\262.5\\-262.5\end{pmatrix}$$

电位系数　$\lambda_{11}=\dfrac{1}{2\pi\varepsilon_0}\ln\dfrac{2h}{R_i}=\dfrac{1}{2\pi\varepsilon_0}\times(4.75)$

$$\lambda_{12}=\lambda_{21}=\frac{1}{2\pi\varepsilon_0}\ln\frac{L'_{12}}{L_{12}}=\frac{1}{2\pi\varepsilon_0}\times(0.71)$$

$$\lambda_{13}=\lambda_{31}=\frac{1}{2\pi\varepsilon_0}\ln\frac{L'_{13}}{L_{13}}=\frac{1}{2\pi\varepsilon_0}\times(0.29)$$

根据导线的对称关系，可知：

$$\lambda_{22}=\lambda_{33}=\lambda_{11}$$

$$\lambda_{23}=\lambda_{32}=\lambda_{12}$$

依此写出电位系数矩阵：

$$[\lambda]=\frac{1}{2\pi\varepsilon_0}\begin{bmatrix}4.75 & 0.71 & 0.29\\0.71 & 4.75 & 0.71\\0.29 & 0.71 & 4.75\end{bmatrix}$$

则按式（A.1）可得：

$$[U_R]=[\lambda][Q_R]$$
$$[U_I]=[\lambda][Q_I]$$

即：

$$\begin{bmatrix}303.1\\-151.6\\-151.6\end{bmatrix}=\frac{1}{2\pi\varepsilon_0}\begin{bmatrix}4.75 & 0.71 & 0.29\\0.71 & 4.75 & 0.71\\0.29 & 0.71 & 4.75\end{bmatrix}\begin{bmatrix}Q_{1R}\\Q_{2R}\\Q_{3R}\end{bmatrix}$$

$$\begin{bmatrix}0\\262.5\\-262.5\end{bmatrix}=\frac{1}{2\pi\varepsilon_0}\begin{bmatrix}4.75 & 0.71 & 0.29\\0.71 & 4.75 & 0.71\\0.29 & 0.71 & 4.75\end{bmatrix}\begin{bmatrix}Q_{1I}\\Q_{2I}\\Q_{3I}\end{bmatrix}$$

对上述两矩阵方程求解，可得等效电荷的矩阵值：

$$[Q_R]=2\pi\varepsilon_0\begin{bmatrix}71.359\\-38.008\\-30.590\end{bmatrix}\times10^3\text{c/m}$$

$$[Q_I]=2\pi\varepsilon_0\begin{bmatrix}-5.886\\65.819\\64.742\end{bmatrix}\times10^3\text{c/m}$$

二、计算 *P* 点处工频电场强度的水平分量和垂直分量

各导线的坐标如图 A.5 所示，则由 *P* 点（x=15 m，y=1 m）坐标可得：

$r_1^2=(h-y)^2+(x-d)^2=126.855\ \text{m}^2$

$r_2^2=(h-y)^2+x^2=350.22\ \text{m}^2$

$r_3^2=(h-y)^2+(x+d)^2=950.05\ \text{m}^2$

$r_4^2=(h+y)^2+(x-d)^2=175.61\ \text{m}^2$

$r_5^2=(h+y)^2+x^2=398.98\ \text{m}^2$

$r_6^2=(h+y)^2+(x+d)^2=998.81\ \text{m}^2$

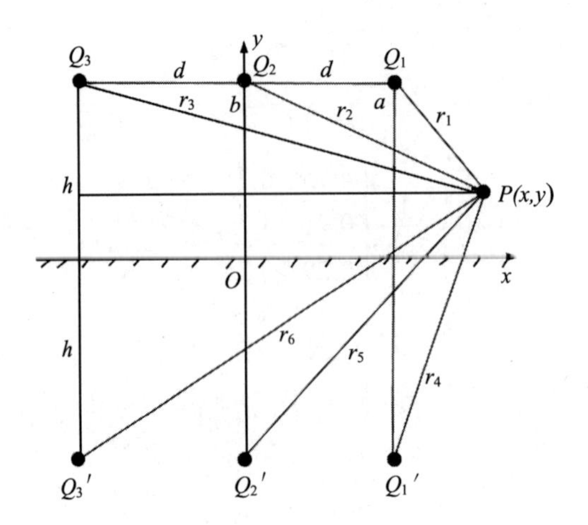

图 A.5 各导线坐标图

实部电荷 Q_R 在 P 点产生的场强水平分量：

$$E_{xR}=\frac{1}{2\pi\varepsilon_0}\left\{\left[\frac{Q_{1R}(x-d)}{r_1^2}-\frac{Q_{1R}(x-d)}{r_4^2}\right]+\left[\frac{Q_{2R}x}{r_2^2}-\frac{Q_{2R}x}{r_5^2}\right]+\left[\frac{Q_{3R}(x+d)}{r_3^2}-\frac{Q_{3R}(x+d)}{r_6^2}\right]\right\}$$
$$=-0.044\times10^3\ \text{V/m}$$

虚部电荷 Q_I 在 P 点产生的场强水平分量：

$$E_{xI}=\frac{1}{2\pi\varepsilon_0}\left\{\left[\frac{Q_{1I}(x-d)}{r_1^2}-\frac{Q_{1I}(x-d)}{r_4^2}\right]+\left[\frac{Q_{2I}x}{r_2^2}-\frac{Q_{2I}x}{r_5^2}\right]+\left[\frac{Q_{3I}(x+d)}{r_3^2}-\frac{Q_{3I}(x+d)}{r_6^2}\right]\right\}$$
$$=0.423\times10^3\ \text{V/m}$$

所以，P 点的场强水平分量为：

$$\overline{E}_x=(-0.044+j0.423)\ \text{kV/m}$$
$$E_x=\sqrt{(0.044)^2+(0.423)^2}=0.425\ \text{kV/m}$$

实部电荷 Q_R 在 P 点产生的场强垂直分量：

$$E_{yR}=\frac{1}{2\pi\varepsilon_0}\left\{\left[\frac{Q_{1R}(y-h)}{r_1^2}-\frac{Q_{1R}(y+h)}{r_4^2}\right]+\left[\frac{Q_{2R}(y-h)}{r_2^2}-\frac{Q_{2R}(y+h)}{r_5^2}\right]+\left[\frac{Q_{3R}(y-h)}{r_3^2}-\frac{Q_{3R}(y+h)}{r_6^2}\right]\right\}$$
$$=-8.420\times10^3\ \text{V/m}$$

虚部电荷 Q_I 在 P 点产生的场强垂直分量：

$$E_{yI}=\frac{1}{2\pi\varepsilon_0}\left\{\left[\frac{Q_{1I}(y-h)}{r_1^2}-\frac{Q_{1I}(y+h)}{r_4^2}\right]+\left[\frac{Q_{2I}(y-h)}{r_2^2}-\frac{Q_{2I}(y+h)}{r_5^2}\right]+\left[\frac{Q_{3I}(y-h)}{r_3^2}-\frac{Q_{3I}(y+h)}{r_6^2}\right]\right\}$$
$$=-4.938\times10^3\ \text{V/m}$$

所以，P 点的场强垂直分量为：

$$\overline{E}_y=(-8.42+j4.938)\ \text{kV/m}$$
$$E_y=\sqrt{(8.42)^2+(4.938)^2}=9.761\ \text{kV/m}$$

附　录　B
（标准的附录）
高压送电线下空间工频磁场强度的计算

根据“国际大电网会议第 36.01 工作组”的推荐方法计算高压送电线下空间工频磁场强度。

由于工频情况下电磁性能具有准静态特性，线路的磁场仅由电流产生。应用安培定律，将计算结果按矢量叠加，可得出导线周围的磁场强度。

和电场强度计算不同的是关于镜像导线的考虑，与导线所处高度相比这些镜像导线位于地下很深的距离 d：

$$d = 660\sqrt{\frac{\rho}{f}} \text{（m）} \tag{B.1}$$

式中：ρ ——大地电阻率，Ω • m；

f ——频率，Hz。

在很多情况下，只考虑处于空间的实际导线，忽略它的镜像进行计算，其结果已足够符合实际。

如图 B.1 所示，不考虑导线 i 的镜像时，可计算在 A 点其产生的磁场强度：

$$H = \frac{I}{2\pi\sqrt{h^2 + L^2}} \tag{B.2}$$

式中：I——导线 i 中的电流值。

对于三相线路，由相位不同形成的磁场强度水平和垂直分量都必须分别考虑电流间的相角，按相位矢量来合成。一般来说合成矢量对时间的轨迹是一个椭圆。

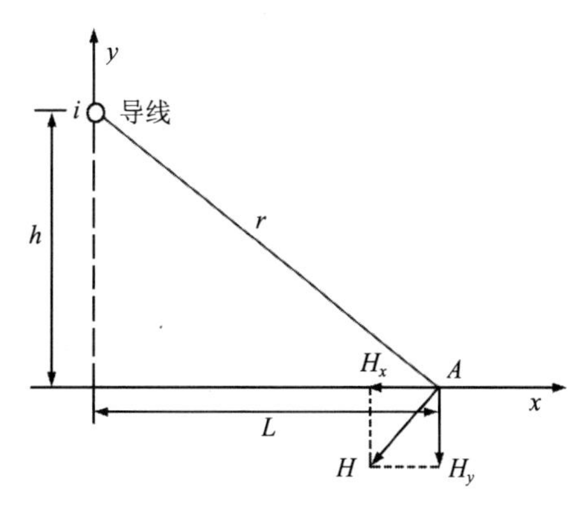

图 B.1　磁场向量图

附 录 C
（标准的附录）
高压交流架空送电线路无线电干扰场强的计算

关于 110～500 kV 交流架空送电线产生的 0.15～30 MHz 频段无线电干扰场强，可根据国家标准《高压交流架空送电线无线电干扰限值》（GB 15707—1995）的附录进行计算：

C.1 基本公式

由下式可计算 0.5 MHz 时高压交流架空送电线的无线电干扰场强。

$$E = 3.5g_{\max} + 12r - 30 + 33\lg\frac{20}{D} \tag{C.1}$$

式中：E——无线电干扰场强，dB（μV/m）；

r——导线半径，cm；

D——被干扰点距导线的距离，m；

$g_{\max}$——导线表面最大电位梯度，kV/cm。

$$g_{\max} = g\left[1 + (n-1)\frac{d}{R}\right] \tag{C.2}$$

式中：R——通过次导线中心的圆周直径，cm；

n——次导线根数；

d——次导线直径，cm；

g——导线的平均表面电位梯度。

$$g = \frac{Q}{\pi\varepsilon_0 dn} \tag{C.3}$$

式中：Q——每极导线的等效总电荷，可由附录 A 中所述方法求出。

C.2 高压交流架空送电线无线电干扰场强

根据式（C.1）计算出高压交流架空送电线三相导线的每相在某一点产生的无线电干扰场强，如果有一相的无线电干扰场强值至少大于其余的每相值 3 dB（μV/m），则高压交流架空送电线无线电干扰场强值即为该场强值，否则按照下式计算。

$$E = \frac{E_1 + E_2}{2} + 1.5 \tag{C.4}$$

式中：E——高压交流架空送电线无线电干扰场强，dB（μV/m）；

E_1、E_2——三相导线中的最大两个无线电干扰场强，dB（μV/m）。

C.3 80%时间概率下、具有 80%置信度的无线电干扰场强值

由式（C.1）计算的是好天气时 50%时间概率下的无线电干扰场强值，对于 80%时间概率、具有 80%置信度的无线电干扰场强值可由该值增加 6～10 dB（μV/m）得到。

C.4 高压交流架空送电线无线电干扰限值的频率修正公式

高压交流架空送电线无线电干扰限值的频率修正可按下列公式计算：

$$\Delta E = 5[1 - 2(\lg 10f)^2] \qquad (C.5)$$

$$\Delta E = 20\lg\frac{1.5}{0.5 + f^{1.75}} - 5 \qquad (C.6)$$

式中：ΔE——相对于 0.5 MHz 的干扰场强的增量，dB（μV/m）；

f——频率，MHz。

注：式（C5）的适用频率范围为 0.15～4 MHz。

应用举例

当频率为 0.8 MHz 时，用式（C.5）计算出ΔE为－3 dB（μV/m），对于 500 kV 线路：0.5 MHz 时无线电干扰限值 E 为 55 dB（μV/m），所以 0.8 MHz 时的无线电干扰限值为 $E+\Delta E = 52$ dB（μV/m）。

C.5 无线电干扰场强的距离修正

高压交流架空送电线无线电干扰距离特性由下式表示：

$$E_x = E + k \cdot \lg\frac{400 + (H - h)^2}{x^2 + (H - h)^2} \qquad (C.7)$$

式中：E_x——距边导线投影 X m 处干扰场强，dB（μV/m）；

E——距边导线投影 20 m 处干扰场强，dB（μV/m）；

x——距边导线投影距离，m；

H——边导线在测点处对地高度，m；

h——测量仪天线的架设高度，m；

k——衰减系数。

对于 0.15～0.4 MHz 频段，k 取 18；对于大于 0.4 MHz 直至 30 MHz 频率，k 取 16.5。式（C.7）适用于距导线投影距离小于 100 m 处。

根据式（C.7）可以把距边导线投影不为 20 m 处测量的干扰场强修正到 20 m 处，或计算出距离边导线投影不为 20 m 处的无线电干扰限值，以达到无线电干扰场强的距离修正。

附　录　D
（标准的附录）
有关电磁辐射环境影响评价的国家标准

GB 13613—1992　对海中远程无线电导航台站电磁环境要求
GB 13614—1992　短波无线电测向台（站）电磁环境要求
GB 13615—1992　地球站电磁环境保护要求
GB 13616—1992　微波接力站电磁环境保护要求
GB 13617—1992　短波无线电收信台（站）电磁环境要求
GB 13618—1992　对空情报雷达站电磁环境保护要求
GB 8364—1986　航空无线电导航台站电磁环境要求
GB 7495—1987　架空电力线路与调幅广播收音台的防护间距
GB 15707—1995　高压交流架空送电线无线电干扰限值

关于印发《移动通信基站电磁辐射环境监测方法》（试行）的通知

环发[2007]114号

各省、自治区、直辖市环境保护局（厅），各省、自治区、直辖市通信管理局：

为规范和加强移动通信基站电磁辐射环境监测工作，根据《电磁辐射环境保护管理办法》及有关电磁辐射的标准，国家环保总局和信息产业部联合制定了《移动通信基站电磁辐射环境监测方法》。该方法适用于超过豁免水平、工作频率范围在110～40 000兆赫兹内移动通信基站的电磁辐射环境监测。现印发给你们，自印发之日起执行。

国家环境保护总局

2007年7月31日

附件：

移动通信基站电磁辐射环境监测方法

Methods of Electromagnetic Radiation Monitoring for Mobile Communication Base Station

（试 行）

1 适用范围

本方法规定了监测移动通信基站电磁辐射环境的方法。

本方法适用于超过 GB 8702 规定豁免水平，工作频率范围在 110MHz～40GHz 内的移动通信基站的电磁辐射环境监测。本方法不适用于室内信号分布系统。

2 规范性引用文件

下列文件中的条款通过本方法的引用而成为本方法的条款。凡是注日期的引用文件，其随后所有的修改单（不包括勘误的内容）或修订版均不适用于本方法，然而，鼓励根据本方法达成协议的各方研究是否可使用这些文件的最新版本。凡是不注日期的引用文件，其最新版本适用于本方法。

GB 8702　电磁辐射防护规定

HJ/T 10.2—1996　辐射环境保护管理导则　电磁辐射监测仪器和方法

HJ/T 10.3—1996　辐射环境保护管理导则　电磁辐射环境影响评价方法与标准

GB/T 6113.1　无线电骚扰和抗扰度测量设备规范

3 术语和定义

下列术语和定义适用于本方法。

3.1 基站 base station

用于移动通信系统的射频发射基站、直放站和固定终端站。

3.1.1 射频发射基站 radio base station

通常跟网络相关，包含了必要的发射和接收射频信号的硬件（包括发射机）。使用内置天线的射频发射基站、使用带有转接头的外置天线的射频发射基站和设计时使用其他制造商提供的外置天线的射频发射基站均包含在内。

3.1.2 直放站 repeater

直放站是指在无线通信信号覆盖中起到信号增强的一种无线电发射中继设备。

3.1.3 固定终端站 fixed terminal station

通常跟使用者相关，包含了必要的发射和接收射频信号的硬件（包括发射机）。使用内置天线的固定终端站、使用带有转接头的外置天线的固定终端站和设计时使用其他制造商提供的外置天线的固定终端站均包含在内。

3.2 线性度 linearity

在测量范围内测量与在给定的区域内定义的最近参考线之间的最大偏差。

3.3 各向同性 isotropy

在被测信号的不同入射角度下测量值的偏差。

4 监测条件

4.1 环境条件

监测时的环境条件应符合行业标准和仪器的使用环境条件，建议在无雨、无雪的天气条件下监测。

4.2 测量仪器

4.2.1 基本要求

测量仪器根据监测目的分为非选频式宽带辐射测量仪和选频式辐射测量仪。进行移动通信基站电磁辐射环境监测时，采用非选频式宽带辐射测量仪；需要了解多个电磁波发射源中各个发射源的电磁辐射贡献量时，则采用选频式辐射测量仪。

测量仪器工作性能应满足待测场要求，仪器应定期检定或校准。

监测应尽量选用具有全向性探头（天线）的测量仪器。使用非全向性探头（天线）时，监测期间必须调节探测方向，直至测到最大场强值。

4.2.2 非选频式宽带辐射测量仪

非选频式宽带辐射测量仪是指具有各向同性响应或有方向性探头（天线）的宽带辐射测量仪。仪器监测值为仪器频率范围内所有频率点上场强的综合值，应用于宽频段电磁辐射的监测。

测量设备的频率范围和量程应满足监测需要，使用非选频式宽带辐射测量仪实施环境监测时，为了确保环境监测的质量，应对这类仪器电性能提出基本要求，见表 1。

表 1　非选频式宽带辐射测量仪电性能基本要求

项 目	指 标	
频率响应	在 800 MHz 至 3 GHz 之间	探头的线性度应当优于±1.5 dB
	在探头覆盖的其他频率上	探头的线性度应当优于±3 dB
动态范围	探头的下检出限应当优于 0.7×10^{-3}W/m^2（0.5 V/m） 上检出限应优于 25 W/m^2（100 V/m）	
各向同性	必须对整套测量系统评估其各向同性，各向同性偏差必须小于 2 dB	

4.2.3 选频式辐射测量仪

选频式辐射测量仪主要是指能够对带宽内某一特定发射的部分频谱分量进行接收和处理的场强测量设备。

根据具体监测需要，可选择不同量程、不同频率范围的选频式辐射测量仪，仪器选择的基本要求是能够覆盖所监测的频率，量程、分辨率能够满足监测要求，电性能基本要求见表 2。

表 2　选频式辐射测量仪电性能基本要求

项 目	指 标
测量误差	小于±3 dB
频率误差	小于被测频率的 10^{-3} 数量级
动态范围	最小电平应优于 0.7×10^{-3} W/m^2（0.5 V/m） 最大电平应优于 25 W/m^2（100 V/m）
各向同性	在其测量范围内，探头的各向同性应优于±2.5 dB

4.3 监测人员

现场监测工作须有二名以上监测人员才能进行。

4.4 监测时间

在移动通信基站正常工作时间内进行监测，建议在 8：00—20：00 时段进行。

5 监测方法

5.1 基本要求

监测前收集被测移动通信基站的基本信息，包括：

a）移动通信基站名称、编号、建设地点、建设单位、类型；

b）发射机型号、发射频率范围、标称功率、实际发射功率；

c）天线数目、天线型号、天线载频数、天线增益、天线极化方式、天线架设方式、钢塔桅类型（钢塔架、拉线塔、单管塔等）、天线离地高度、天线方向角、天线俯仰角、水平半功率角、垂直半功率角等参数。

移动通信基站的基本信息由其运营商提供，记录格式列于本方法附录 B 表 B.1。

测量仪器应与所测基站在频率、量程、响应时间等方面相符合，以保证监测的准确。

使用非选频式宽带辐射测量仪器监测时，若监测结果超出管理限值，还应使用选频式辐射测量仪对该点位进行选频测试，测定该点位在移动通信基站发射频段范围内的电磁辐射功率密度（电场强度）值，判断主要辐射源的贡献量。

选用具有全向性探头（天线）测量仪器的测量结果作为与标准对比的依据。

5.2 监测参数的选取

根据移动通信基站的发射频率，对所有场所监测其功率密度（或电场强度）。

5.3 监测点位的选择

监测点位一般布设在以发射天线为中心半径 50 m 的范围内可能受到影响的保护目标，根据现场环境情况可对点位进行适当调整。具体点位优先布设在公众可以到达的距离天线最近处，也可根据不同目的选择监测点位。移动通信基站发射天线为定向天线时，则监测点位的布设原则上设在天线主瓣方向内。

探头（天线）尖端与操作人员之间距离不少于 0.5 m。

在室内监测，一般选取房间中央位置，点位与家用电器等设备之间距离不少于 1 m。在窗口（阳台）位置监测，探头（天线）尖端应在窗框（阳台）界面以内。

对于发射天线架设在楼顶的基站，在楼顶公众可活动范围内布设监测点位。

进行监测时，应设法避免或尽量减少周边偶发的其他辐射源的干扰。

5.4 监测时间和读数

在移动通信基站正常工作时间内进行监测。每个测点连续测 5 次，每次监测时间不小于 15 s，并读取稳定状态下的最大值。若监测读数起伏较大时，适当延长监测时间。

测量仪器为自动测试系统时，可设置于平均方式，每次测试时间不少于 6 min，连续取样数据采集取样率为 2 次/s。

5.5 测量高度

测量仪器探头（天线）尖端距地面（或立足点）1.7 m。根据不同监测目的，可调整测量高度。

5.6 记录

5.6.1 移动通信基站信息的记录

记录移动通信基站名称、编号、建设单位、地理位置（详细地址或经纬度）、移动通信基站类型、发射频率范围、天线离地高度、钢塔桅类型（钢塔架、拉线塔、单管塔等）等参数。

5.6.2 监测条件的记录

记录环境温度、相对湿度、天气状况。

记录监测开始结束时间、监测人员、测量仪器。

5.6.3 监测结果的记录

记录以移动通信基站发射天线为中心半径 50 m 范围内的监测点位示意图，标注移动通信基站和其他电磁发射源的位置。

记录监测点位具体名称和监测数据。

记录监测点位与移动通信基站发射天线的距离。

选频监测时，建议保存频谱分布图。

记录格式列于本方法附录 B 表 B.2 和表 B.3。

5.7 数据处理

5.7.1 如果测量仪器读出的场强测量值的单位为 dB（μV/m），则先按下列公式换算成以 V/m 为单位的场强测量值：

$$E = 10^{\left(\frac{X}{20}-6\right)} \tag{1}$$

式中：X——测量仪器的读数，dB（μV/m）；

E——场强测量值，V/m。

5.7.2 测量数据参照下列公式处理：

$$\overline{E}_i = \frac{1}{n}\sum_{j=1}^{n} E_{ij} \tag{2}$$

$$E_S = \sqrt{\sum_{i=1}^{m} \overline{E}_i^{\,2}} \tag{3}$$

$$E_G = \frac{1}{k}\sum_{s=1}^{k} E_s \tag{4}$$

式中：E_{ij}——测量点位某频段中频率 i 点的第 j 次场强测量值；

$\overline{E}_i$——测量点位某频段中频率 i 点的场强测量值的平均值；

n——测量点位某频段中频率 i 点的场强测量次数；

E_s——测量点位某频段中的综合场强值；

m——测量点位某频段中被测频率点的个数；

E_G——测量点位 24 h（或一定时间内）内测量的某频段的综合场强的平均值；

k——24 h（或一定时间内）内测量某频段电磁辐射的测量频次。

如果测量设备是非选频式宽带辐射测量仪，可由式（2）和（4）直接计算，公式中的代入量作相应的变动即可。

5.7.3 根据需要可分别统计每次测量中的最大值 E_{max}、最小值 E_{min}，50%、80%和 95%时间内不超过的场强值 E（50%）、E（80%）和 E（95%）。

5.7.4 根据需要可绘制电磁辐射场分布图，如时间—场强、距离—场强、频率—场强等对应曲线。

6 质量保证

6.1 监测机构必须通过计量认证或实验室国家认可。

6.2 监测前应制定监测方案或实施计划。

6.3 监测点位置的选取应具有代表性。

6.4 监测所用仪器必须与所测对象在频率、量程、响应时间等方面相符合，以便保证获得真实的监测结果。

6.5 测量仪器和装置（包括天线或探头）经计量部门检定（校准）后方可使用，必须进行定期校准，每次监测前、后均检查仪器的工作状态是否正常。

6.6 监测人员必须持证上岗。

6.7 监测时必须获得足够多的数据量，以便保证监测结果的统计学精度。

6.8 监测中异常数据的取舍以及监测结果的数据处理应按统计学原则处理。

6.9 任何存档或上报的监测结果必须经过复审，复审者应是不直接参与此项工作但又熟悉本内容的专业人员。

6.10 监测应建立完整的文件资料。监测方案，监测布点图，监测原始数据，统计处理程序等必须全部报存，以备复查。

7 监测报告

监测报告必须准确、清晰、有针对性地记录每一个与监测结果有关的信息。监测报告基本格式列于本方法附录 B 表 B.4。

7.1 基本信息

记录移动通信基站名称、编号、建设单位、移动通信基站类型、发射频率范围、功率（W）等参数。

记录环境温度、相对湿度、天气状况。

记录监测开始结束时间、监测人员、测量仪器。

绘制监测点位平面示意图。

7.2 监测结果

监测结果以功率密度（W/m^2或者$\mu W/cm^2$）或电场强度（V/m）表示。

选频监测时，建议给出频谱分布图。

7.3 结论

根据不同的监测目的，可按照 GB 8702 对监测结果进行分析并给出结论。

附 录 A
（规范性附录）
有关计算和单位的换算

A.1 复合场强

复合场强为两个或两个以上频率的电磁波复合在一起的场强，其值为各单个频率场强平方和的根值，可以用下式表示：

$$E=\sqrt{E_1^2+E_2^2+\cdots+E_n^2} \quad \text{(A.1)}$$

式中：E——复合场强；

E_1、E_2，…，E_n——单个频率的场强值。

A.2 计量单位的换算

电场强度与功率密度在远区场中的换算公式为：

$$S=\frac{E^2}{377} \quad \text{(A.2)}$$

式中：S——功率密度，W/m^2；

E——电场强度，V/m。

磁场强度与功率密度在远区场中的换算公式为：

$$S=H^2\times 377 \quad \text{(A.3)}$$

式中：S——功率密度，W/m^2；

H——磁场强度，A/m。

A.3 三方向测量取和公式

$$E=\sqrt{E_x^2+E_y^2+E_z^2} \quad \text{(A.4)}$$

式中：E—— 场强值；

E_x——x 方向的场强值；

E_y——y 方向的场强值；

E_z——z 方向的场强值。

附 录 B
（参考性附录）
电磁辐射环境监测记录和报告格式

表 B.1 移动通信基站基本信息记录表

项 目	基 本 信 息
基站名称	
编 号	
建设地点	
经纬度坐标	N E
建设单位	
类 型	GSM900/GSM1800/CDMA
发射机型号	
发射频率范围/MHz	～
标称功率/W	
实际发射功率/W	
天线数目/个	
天线型号	
天线载频数/个	
天线增益/dBi	
天线极化方式	水平极化/垂直极化
天线架设方式	落地塔/楼顶塔等
钢塔桅类型	钢塔架/拉线塔/单管塔等
天线离地高度/m	
天线方向角/（°）	
天线俯仰角/（°）	
水平半功率角/（°）	
垂直半功率角/（°）	

注：本表格由移动通信基站运营商填写，并承诺对内容负责。

移动通信基站运营商（盖章）

表 B.2 移动通信基站电磁辐射环境监测现场记录表（一）

共　　页，第　　页

基站基本信息			
基站名称		编　号	
建设单位		建设地点	
类　型		发射频率范围	
天线离地高度		钢塔桅类型	
监测条件信息			
监测时间	年　月　日　：　～　：	测量仪器型号	
天气状况		测量仪器编号	
环境温度	～　℃	探头（天线）型号	
相对湿度	～　　%	探头（天线）编号	
基站环境监测点位示意图			
北			

注：本表格由现场监测机构根据现场情况填写，对内容负责，并按有关规定存档。

表 B.3 移动通信基站电磁辐射环境监测现场记录表（二）

共　　页，第　　页

基站名称		编号					
监测结果							
序号	监测点位名称	点位与天线的直线距离	监测值（单位：　）					$E=\bar{E}\pm\sigma$
			1	2	3	4	5	
1								
2								
3								
4								
5								
6								
7								
8								
9								
10								
11								
12								
13								
14								
15								

测量人________校核人________校核日期________

注：本表格由现场监测机构根据现场情况填写，对内容负责，并按有关规定存档。

表 B.4　移动通信基站电磁辐射环境监测报告格式

XX 电磁辐射环境监测机构

监　测　报　告

字　第　号

项目名称 ______________________________

委托单位 ______________________________

监测类别 ______________________________

报告日期 ______________________________

（加盖测试报告专用章）

说　明

1．报告无本单位测试报告专用章、骑缝章及CMA章无效。

2．复制报告未重新加盖本单位测试报告专用章无效。

3．报告涂改无效。

4．自送样品的委托监测，其结果仅对来样负责；对不可复现的监测项目，结果仅对监测所代表的时间和空间负责。

5．对监测报告如有异议，请于收到报告之日起两个月内以书面形式向本机构提出，逾期不予受理。

单位名称：　　　　　　　　　　　电　　话：

单位地址：　　　　　　　　　　　传　　真：

电子邮件：　　　　　　　　　　　邮政编码：

质量监督电话：

××电磁辐射环境监测机构

监测报告

字　第　号

监测项目			
委托单位			
委托单位地址			
监测类别		监测方式	
委托日期			
监测日期			
监测结果	见表 1		
监测所依据的技术文件名称及代号			
监测结论			
备注			

报告编制人 ____________　审核人 ____________　签发人 ____________

编制日期 ____________　审核日期 ____________　签发日期 ____________

（测试报告专用章）

××电磁辐射环境监测机构

监测报告

字　　第　　号

监测情况说明

监测所使用的主要仪器设备名称、型号规格及编号	
技术指标	
监测的环境条件	监测时间：　　年　　月　　日　：～　： 天气：　　；环境温度：～　℃；相对湿度：　　%
监测地点	监测点位示意图见图 1。

××电磁辐射环境监测机构

监测报告

字　　第　　号

表 1　XX 基站电磁辐射环境监测结果

点位代号	监测点位描述	点位与天线 直线距离/m	电场强度 E/（V/m）	功率密度 P_d/ （μW/cm²）

注：$p_d=\frac{E^2}{377}\times 100$　式中：p_d：功率密度，μW/cm²；E：电场强度，V/m。

××电磁辐射环境监测机构

监测报告

字　　第　　号

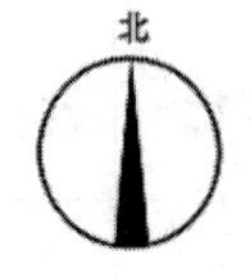

图 1　XX 基站电磁辐射环境监测点位示意图

电离辐射

中华人民共和国国家标准

水中锶-90放射化学分析方法 发烟硝酸沉淀法

GB 6764—86

Radiochemical analysis of strontium-90 in water — Precipitation by fuming nitric acid

国家环境保护局 1986-09-04 发布　　　　1987-03-01 实施

1　适用范围和应用领域

本标准适用于核工业排放废水中锶-90的分析。测定范围：10^{-1}～10 Bq/L（10^{-11}～10^{-9} Ci/L）。干扰测定：水样中钙含量大于4.0 g时对锶的化学回收率的测定有影响。

2　原理

用发烟硝酸沉淀法除去钙和大部分其他干扰离子，用铬酸钡沉淀除去镭、铅和钡，用氢氧化铁沉淀除去其他裂变产物。放置14 d后分离测量钇-90的β计数，从而确定锶-90的放射性浓度。

3　试剂

所有试剂，除特别申明者外，均为分析纯，水为蒸馏水。试剂中的放射性必须保证空白样品测得的计数率低于探测仪器本底的统计误差。

3.1　络黑T指示剂：称取0.5 g络黑T和25 g氯化钾于玛瑙研钵中磨细，装瓶置于干燥器中备用。

3.2　锶滴定液：称取15.829 0 g乙二胺四乙酸二钠（简称EDTA二钠），用pH10的氨水溶解，移入1 L容量瓶中。再称取0.201 7 g镁粉（含量99.9%以上）于烧杯中，滴加1 mol/L盐酸使其完全溶解。将此溶液移入上述容量瓶中，用pH10的氨水溶液稀释到标线。此溶液1.00 ml相当于3.00 mg锶。

3.3　锶载体溶液（约50 mg Sr/ml）：

3.3.1　配制：称取153 g氯化锶（$SrCl \cdot 6H_2O$）溶解于0.1 mol/L的硝酸溶液中并稀释至1 L。

3.3.2　标定：吸取四份2.00 ml锶载体溶液（3.3.1）分别置于锥形瓶中，加入50 ml水、5 ml1∶3三乙醇胺溶液、10 ml pH10缓冲溶液（3.13）和少许络黑T指示剂（3.1），用锶滴定液（3.2）滴定至溶液由红色转变为蓝色。

3.4　EDTA二钠溶液：称取8.374 6 g EDTA二钠，用氨水溶解，移入1 L容量瓶中，用水稀释至标线。此溶液1.00 ml相当于2.00 mg钇。

3.5　锌滴定液：称取1.474 6 g锌片（含量99.9%以上）溶于1∶1盐酸中，移入1 L容量瓶，用1%（*m/m*）盐酸溶液稀释至标线。此溶液1.00 ml相当于2.00 mg钇。

3.6　钇载体溶液（约20 mg Y/ml）：

3.6.1　配制：称取86.2 g硝酸钇［$Y(NO_3)_3 \cdot 6H_2O$］加热溶解于100 ml 6 mol/L硝酸中，转入1 L容量瓶内，用水稀释至标线。

3.6.2　标定：吸取四份1.00 ml钇载体溶液（3.6.1）分别置于锥形瓶中，依次加入1.500 ml EDTA二钠溶液（3.4）和 5 ml 1∶3 三乙醇胺溶液，用氨水调节溶液至 pH8～9。加入 50 ml 水和少许络黑 T 指示剂（3.1）。用锌滴定液（3.5）滴定至溶液由蓝色转变为红色。

3.7 氯化钡溶液：称取 35.57 g 氯化钡（$BaCl_2 \cdot 2H_2O$）溶于 0.1 mol/L 盐酸中并稀释至 1 L。此溶液 1.00 ml 含 20.0 mg 钡。

3.8 氨水：无二氧化碳。

3.9 二氯化铁溶液：10 mg Fe/ml，2 mol/L 盐酸介质。

3.10 乙酸-乙酸铵洗涤液：吸取 1 ml 6 mol/L 乙酸和 2 ml 6 mol/L 乙酸铵溶液于 60 ml 水中。

3.11 浓硝酸：含量 65%～68%。

3.12 发烟硝酸：含量 90%以上。

3.13 pH10 缓冲溶液：称取 67.5 g 氯化铵溶于 200 ml 水中，加入氨水 570 ml，用水稀释到 1 000 ml。

3.14 锶-90-钇-90 标准溶液：锶-90 浓度约 500 dpm/ml。

4 仪器

4.1 低本底β射线测量仪。

4.2 分析天平，感量 0.1 mg。

4.3 离心机。

4.4 可拆卸式漏斗。

5 仪器的刻度

5.1 用于测量钇-90 活度的计数器必须进行刻度，即确定测量装置对已知活度的钇-90 的响应，它可用探测效率来表示。其方法是：

5.1.1 向四个离心管中加入锶载体溶液（3.3）和钇载体溶液（3.6）各 1.00 ml，再加入已知活度的锶-90-钇-90 标准溶液（3.14）和 30 ml 水。将离心管置于沸水浴中加热，用氨水（3.8）调节溶液的 pH 至 8，继续加热使沉淀凝聚。取出离心管置于冷水浴中，冷却到室温。离心，弃去上层清液。记下锶、钇分离的时刻。

5.1.2 用 2 mol/L 硝酸溶解离心管中沉淀，加入 0.5 ml 锶载体溶液（3.3）和 30 ml 水。按 5.1.1 的方法，用氨水（3.8）重复沉淀氢氧化钇一次。

5.1.3 向离心管中加入 2 mol/L 硝酸至沉淀溶解，加入 20 ml 水，调节溶液 pH 至 1.5～2.0，将离心管置于沸水浴中 2 min，搅拌下滴加 5 ml 饱和草酸，继续加热至草酸钇沉淀凝聚。将离心管置于冷水浴中，冷却至室温。

5.1.4 沉淀在可拆卸式漏斗上抽滤，依次用 0.5%（*m/m*）草酸溶液和无水乙醇各 10 ml 洗涤沉淀。将沉淀连同滤纸固定在测量盘上，在低本底β测量仪上测量钇-90 的计数，记下测量时间。

5.1.5 将测量后的样品放入烧杯中，按 3.6.2 所述的标定钇载体溶液的方法测定钇的含量。计算钇的化学回收率。

5.1.6 按式（1）计算测量仪器对钇-90 的探测效率：

$$E_f = \frac{N}{D \cdot Y_Y e^{-\lambda(t_3 - t_2)}} \qquad (1)$$

式中：E_f——钇-90 的探测效率；

N——样品源的净计数率，cpm；

D——锶-90-钇-90 标准溶液的活度，dpm；

Y_Y——钇的化学回收率；

$e^{-\lambda(t_3-t_2)}$——钇-90 的衰变因子。t_2 为锶、钇分离的时刻，h；t_3 为钇-90 测量进行到一半的时刻，

h；λ=0.693/T，T为钇-90的半衰期，64.2 h。

5.2 在标定测量仪器的探测效率时，同时测量锶-90-钇-90参考源的计数率，以便在常规分析中用锶-90-钇-90参考源来检验测量仪器的探测效率是否正常。

6 操作步骤

6.1 取水样1～5 L，用硝酸调节水样的pH至1，加2.00 ml锶载体溶液（3.3）。加热至50℃左右，用氨水调节水样的pH至8～9，搅拌下加入15 g碳酸铵。继续加热溶液至将近沸腾，使沉淀凝聚，取下冷却，静置5 h。

6.2 吸去上层清液。把沉淀转入离心管中，离心，弃去上层清液。逐滴加入15 ml浓硝酸（3.11），将沉淀溶解。加入15 ml发烟硝酸（3.12），在沸水浴中加热至无二氧化氮黄烟冒出。取出离心管置于冷水中冷却到室温。离心，弃去上层清液。

6.3 搅拌下徐徐加入40 ml无水乙醇，离心，弃去上层清液。再重复操作一次。

6.4 用15 ml水溶解硝酸盐沉淀。加0.5 ml三氯化铁溶液（3.9）。置于沸水浴中5 min，取出离心管。用氨水（3.8）调节溶液的pH至8～9。再置于沸水浴中3 min，不断搅拌。取出，趁热离心分离。将上层清液倾入盛有1 ml氯化钡溶液（3.7）的烧杯中。记录弃去氢氧化铁沉淀的时刻，作为钇-90开始生长的时刻。

6.5 用氨水调节溶液的pH至7。加入1 ml 6 mol/L乙酸溶液和2 ml 6 mol/L乙酸铵溶液。加热至90℃左右，搅拌下加入2 ml 0.6 mol/L铬酸钠溶液。继续加热至溶液澄清。取下冷却，过滤，用乙酸-乙酸铵洗涤液（3.10）洗涤沉淀，弃去沉淀。

注：若已知样品中无钡-140存在，可省去本步骤。

6.6 将溶液加热至80℃左右，用氨水调节溶液pH至8～9，加入5 ml饱和碳酸钠溶液，继续加热溶液至将近沸腾，使沉淀凝聚。取下，置于冷水浴中冷却到室温。在可拆卸式漏斗上抽滤沉淀。将沉淀用2 mol/L的盐酸溶解于烧杯中。

6.7 加入1.00 ml钇载体溶液（3.6）和30 ml水。放置14 d。

6.8 将放置14 d后的溶液转移至离心管中，煮沸2 min，用氨水（3.8）调节溶液的pH至8，继续加热至沉淀凝聚。取出离心管，放入冷水中，冷却到室温。离心，将上层清液倾入烧杯中。记下锶、钇分离时刻。

6.9 用2 mol/L硝酸溶解沉淀，加入30 ml水，按6.8重复沉淀一次。将两次上层清液合并，按3.3.2所述的标定锶载体溶液的方法测定锶含量。计算锶的化学回收率。

6.10 按5.1.3～5.1.5操作。

7 计算

按式（2）计算水中锶-90的浓度A_V：

$$A_V = \frac{N \cdot J_0}{K \cdot E_f \cdot V \cdot Y_{Sr} \cdot Y_Y (1 - e^{-\lambda t_1}) e^{-\lambda (t_3 - t_2)} \cdot J} \tag{2}$$

式中：A_V——水中锶-90的放射性浓度，Bq/L（或Ci/L）；

N——样品源净计数率，cpm；

K——转换系数。当A_V以Bq/L表示时，K=60（当A_V以Ci/L表示时，K=2.22×10^{12}）；

V——分析水样的体积，L；

Y_{Sr}——锶的化学回收率；

$(1-e^{-\lambda t_1})$——钇-90的生长因子。t_1为锶-90的生长时间，h；λ=0.693/T，T为钇-90的半衰期，64.2 h；

J_0——标定测量仪器的探测效率时，所测得的锶-90-钇-90 参考源的计数率，cpm；

J——测量样品时，所测得的锶-90-钇-90 参考源的计数率，cpm。

式中其他符号同 5.1.6。

8 分析误差

本方法分析锶-90 浓度为 1 Bq/L（3×10^{-11} Ci/L）的水样时，最大误差小于 10%，同一实验室变异系数小于 10%。

附 录 A
正确使用标准的说明
（参考件）

A.1 当水样中钙含量大于 4.0 g 时，应当用无水乙醇多次分离纯化锶，否则锶的化学回收率会偏高。

A.2 水样中锶含量超过 1 mg 时，必须进行样品自身锶含量的测定，并在计算锶的化学回收率时将其扣除。

A.3 按下式决定样品的计数时间 t_c（min）：

$$t_c=\frac{N_c+\sqrt{N_c\cdot N_b}}{N^2\cdot E^2}$$

式中：N_c——样品源加本底的计数率，cpm；

N_b——本底的计数率，cpm；

N——样品源净计数率，cpm；

E——预定的相对标准误差。

附加说明：

本标准由中华人民共和国核工业部提出。

本标准由国营八二一厂、核工业部辐射防护研究所、中国原子能研究院负责起草。

本标准的主要起草人陈长江、沙连茂、赵敏。

中华人民共和国国家标准

水中锶-90 放射化学分析方法
二-（2-乙基己基）磷酸萃取色层法

GB 6766—86

Radiochemical analysis of strontium-90 in water
— Extraction chromatography by di-（2-ethylhexyl）phosphoric acid

国家环境保护局 1986-09-04 发布　　1987-03-01 实施

1　适用范围和应用领域

本标准适用于饮用水、地面水和核工业排放废水中锶-90 的分析。测定范围：10^{-2}～10 Bq/L（10^{-12}～10^{-9} Ci/L）。干扰测定：钇-91 存在时会干扰锶-90 的快速测定；铈-144 和钷-147 等核素的含量大于锶-90 含量的 100 倍时，会使快速法测定锶-90 的结果偏高。

2　原理

涂有二-（2-乙基己基）磷酸（简称 HDEHP）的聚三氟氯乙烯（简称 kel-F）色层柱从 pH＝1.0 的样品溶液中定量吸附钇，使钇与锶、铯等低价离子分离。再以 1.5 mol/L 硝酸淋洗色层柱，清除钇以外的其他被吸附的铈、钷等稀土离子，并以 6 mol/L 硝酸解吸钇，实现钇-90 的快速测定。或者将 pH＝1.0 的通过色层柱后的流出液放置 14 d 后再次通过色层柱，分离和测定钇-90。水样中锶-90 的浓度根据其子体钇-90 的β活度来确定。

3　试剂

所有试剂，除特别申明者外，均为分析纯，水为蒸馏水。试剂中的放射性必须保证空白样品测得的计数率低于探测仪器本底的统计误差。

3.1　二-（2-乙基己基）磷酸，化学纯。

3.2　正庚烷。

3.3　聚三氟氯乙烯粉，60～100 目。

3.4　锶载体溶液（约 50 mg Sr/ml）：

3.4.1　配制：称取 153 g 氯化锶（$SrCl_2 \cdot 6H_2O$）溶解于 0.1 mol/L 的硝酸溶液中并稀释至 1 L。

3.4.2　标定：取四份 2.00 ml 锶载体溶液（3.4.1）于烧杯中，加入 20 ml 蒸馏水，用氨水调节溶液 pH 至 8，加入 5 ml 饱和碳酸铵溶液，加热至将近沸腾，使沉淀凝聚，冷却，用已称重的 G4 玻璃砂芯漏斗抽吸过滤，用水和无水乙醇各 10 ml 洗涤沉淀，在 105℃烘干，冷却，称至恒重。

3.5　钇载体溶液（约 20 mgY/ml）：

3.5.1　配制：称取 86.2 g 硝酸钇［$Y(NO_3)_3 \cdot 6H_2O$］加热溶解于 100 ml 6.0 mol/L 硝酸中，转入 1 L 容量瓶内，用水稀释至标度。

3.5.2 标定：取 4 份 2.00 ml 钇载体溶液（3.5.1）分别置于烧杯中，加入 30 ml 水和 5 ml 饱和草酸溶液，用氨水和 2 mol/L 硝酸调节溶液 pH 至 1.5，在水浴中加热使沉淀凝聚，冷却至室温。沉淀过滤在置有定量滤纸的三角漏斗中，依次用水、无水乙醇各 10 ml 洗涤，取下滤纸置于瓷坩埚中，在电炉上烘干并炭化后置于 900℃马弗炉中灼烧 30 min，在干燥器中冷却称至恒重。

注：标定方法亦可按 GB 6764—86《水中锶-90 放射化学分析方法　发烟硝酸沉淀法》的 3.3.2 进行。

3.6 氨水：浓度 25.0%～28.0%（*m/m*）。

3.7 碳酸铵。

3.8 饱和草酸溶液：称取 110 g 草酸溶于 1 L 水中，稍许加热，不断搅拌，冷却后置于试剂瓶中。

3.9 浓硝酸：浓度 65.0%～68.0%（*m/m*）。

3.10 锶-90-钇-90 标准溶液：锶-90 的浓度约 500 dpm/ml。

3.11 精密试剂：pH 0.5～5.0。

4 仪器

4.1 低本底β射线测量仪。

4.2 分析天平，感量 0.1 mg。

4.3 原子吸收分光光度计。

4.4 HDEHP-kel-F 色层柱：柱内径 8～10 mm，下部用玻璃棉填充。取 3.0 g 60～100 目的 kel-F 粉（3.3）放入烧杯中，加入 5.0 ml 20% HDEHP-正庚烷溶液，反复搅拌，放置 10 h 以上。在 80℃下烘至呈松散状。用 0.1 mol/L 硝酸溶液湿法装柱。每次使用前用 20 ml pH＝1.0 的硝酸溶液通过色层柱，使用后用 50 ml 6 mol/L 硝酸淋洗柱子，用水洗至流出液 pH＝1.0，备用。

4.5 可拆卸式漏斗。

4.6 烘箱。

4.7 马弗炉。

5 仪器的刻度

5.1 见 GB 6764—86 的 5.1 和 5.2。

5.2 钇-90 探测效率的测定亦可按如下方法进行：向 4 只烧杯中分别加入 30 ml 水、1.00 ml 钇载体溶液(3.5)、1.00 ml 锶载体溶液(3.4)和 2.00 ml 锶-90-钇-90 标准溶液(3.10)。调节溶液 pH＝1.0，以 2 ml/min 流速通过 HDEHP-kel-F 色层柱（4.4），记下开始过柱至过柱完毕的中间时刻作为锶、钇分离时刻。以下按 6.5～6.9 所述方法进行钇-90 的分离。在和样品源相同的条件下测得的计数率与经过化学回收率校正后的钇-90 衰变率之比值即为钇-90 的探测效率。

6 操作步骤

6.1 取水样 1～40 L，用硝酸调节 pH＝1.0，加入 2.00 ml 锶载体溶液(3.4)和 1.00 ml 钇载体溶液(3.5)。加热至 50℃左右，用氨水调节 pH 至 8～9，搅拌下每升水样加入 8 g 碳酸铵。继续加热至将近沸腾，使沉淀凝聚，取下冷却，静置 10 h 以上。

6.2 用虹吸法吸去上层清液，将余下部分离心，或者在布氏漏斗中通过中速滤纸过滤，用 1%（*m/m*）碳酸铵溶液洗涤沉淀。弃去清液。沉淀转入烧杯中，逐滴加入 6 mol/L 硝酸至沉淀完全溶解，加热，滤去不溶物。滤液用氨水调节 pH 至 1.0。

6.3 溶液以 2 ml/min 流速通过 HDEHP-kel-F 色层柱（4.4）。记下从开始过柱至过柱完毕的中间时刻，作为锶、钇分离时刻。

6.4 流出液收集于 100 ml 容量瓶中，再用 30 ml 0.1 mol/L 硝酸洗涤色层柱，流出液收集于同一容量瓶中，用 0.1 mol/L 硝酸稀释至标线，摇匀。取出 1.00 ml 溶液，在原子吸收分光光度计上测定锶含量，计算锶的化学回收率。向容量瓶中加入 1.00 ml 钇载体溶液（3.5），放置 14 d，供放置法测定锶-90 用。

6.5 用 40 ml 1.5 mol/L 硝酸以 2 ml/min 流速洗涤色层柱，弃去流出液。再用 30 ml 6 mol/L 硝酸以 1 ml/min 流速解吸钇，解吸液收集于烧杯中。

6.6 向解吸液加入 5 ml 饱和草酸溶液（3.8），用氨水调节溶液 pH 至 1.5～2.0，加热至将近沸腾，再冷却至室温。

6.7 沉淀在可拆卸式漏斗上抽吸过滤。依次用 0.5%（*m/m*）草酸溶液、水、无水乙醇各 10 ml 洗涤沉淀。将沉淀连同滤纸固定在测量盘上，在低本底β测量仪上进行β计数。记下测量的时刻。

6.8 沉淀在 45～50℃下干燥，称至恒重。按附录 A 中的 A.1 提供的草酸钇的分子式计算钇的化学回收率。按 7.1 计算水中锶-90 的浓度。

6.9 将 6.4 得到的放置 14 d 后的溶液以 2 ml/min 流速通过色层柱，记下锶、钇分离的时刻。以下按 6.5～6.8 操作，但按 7.2 计算水中锶-90 的浓度。

7 计算

7.1 快速测定锶-90 时按下式计算水中锶-90 的浓度：

$$A_{\mathrm{V}} = \frac{N \cdot J_0}{K \cdot E_{\mathrm{f}} \cdot V \cdot Y_{\mathrm{Y}} \cdot \mathrm{e}^{-\lambda(t_3 - t_2)} \cdot J}$$

式中各符号及代号的意义见 GB 6764—86 第 7 章。

7.2 放置法测定锶-90 时按 GB 6764—86 第 7 章的公式计算水中锶-90 的浓度。

8 分析误差

本方法分析锶-90 浓度为 1Bq/L（3×10^{-11}Ci/L）的水样，最大误差小于 10%，同一实验室变异系数小于 10%。

附　录　A
正确使用标准的说明
（参考件）

A.1　以草酸钇重量法测定钇的化学回收率时，草酸钇中的结晶水数会随烘烤的温度而改变。在 45～50℃烘干时，草酸钇的沉淀组成为 $Y_2(C_2O_4)_3 \cdot 9H_2O$。

A.2　用二-（2-乙基己基）磷酸萃取色层法快速（即不经放置）测定锶-90 时，水样中的锶-90 和钇-90 必须处于平衡状态。当钇-91 存在时应当用放置法或衰变扣除法对结果进行校正。

A.3　水样中的锶含量超过 1 mg 时，必须进行样品自身锶含量的测定，并在计算锶的化学回收率时将其扣除。

A.4　按下式决定样品的计数时间 t_c（min）：

$$t_c = \frac{N_c + \sqrt{N_c \cdot N_b}}{N^2 \cdot E^2}$$

式中：N_c——样品源加本底的计数率，cpm；

N_b——本底计数率，cpm；

N——样品源净计数率，cpm；

E——预定的相对标准误差。

附加说明：

本标准由中华人民共和国核工业部提出。

本标准由核工业部辐射防护研究所负责起草。

本标准主要起草人沙连茂、郭琨、王治惠、赵敏。

中华人民共和国国家标准

水中铯-137 放射化学分析方法

GB 6767—86

Radiochemical analysis of cesium-137 in water

国家环境保护局 1986-09-04 发布　　1987-03-01 实施

1　适用范围和应用领域

本方法适用于饮用水、地面水和核工业排放废水中铯-137 的分析。测定范围：10^{-2}～10 Bq/L（10^{-12}～10^{-9}Ci/L）。干扰测定：水样中铵离子浓度超过 0.1 mol/L 时，使磷钼酸铵对铯的吸附量显著下降。

2　原理

水样中定量加入稳定铯载体，在硝酸介质中用磷钼酸铵吸附分离铯，氢氧化钠溶液溶解磷钼酸铵，在柠檬酸和乙酸介质中以碘铋酸铯沉淀形式分离纯化铯，以低本底β射线测量仪进行计数。

3　试剂

所有试剂，除特别申明者外，均为分析纯，水为蒸馏水。试剂及水的放射性纯度必须保证空白样品测得的计数率不超过探测仪器本底的统计误差。

3.1　磷钼酸铵：将 8 g 磷酸氢二铵溶解于 250 ml 水中，此溶液与 50 ml 溶解有 10 g 硝酸铵和 30 ml 浓硝酸的溶液相混合，加热至 50℃左右，搅拌下缓慢加入 50 ml 内含 70 g 钼酸铵的溶液。冷却至室温。倾去上层清液，用布氏漏斗抽吸过滤。依次用 100 ml 5%硝酸溶液和 50 ml 无水乙醇洗涤，室温避光下风干，保存于棕色瓶中。

3.2　碘铋酸钠溶液：将 20 g 碘化铋溶于 48 ml 水中，加入 20 g 碘化钠和 2 ml 冰乙酸，搅拌，不溶物用快速滤纸滤出。滤液保存于棕色瓶中。

3.3　铯载体溶液（约 20 mg Cs/ml）：

3.3.1　配制：称取 25.34 g 氯化铯溶于水中，加入 5～10 滴浓盐酸，转移入 1 000 ml 容量瓶中，用 0.1 mol/L 的盐酸溶液稀释至标线。

3.3.2　标定：取四份 2.00 ml 铯载体溶液（3.3.1），分别放入锥形瓶中，加入 1 ml 硝酸和 5 ml 高氯酸。加热蒸发至冒出浓白烟，冷却至室温。加入 15 ml 无水乙醇，搅拌，置于冰水浴中冷却 10 min。将高氯酸铯沉淀抽滤于已恒重的 G4 玻璃砂芯漏斗中，用 10 ml 无水乙醇洗涤沉淀，于 105℃烘箱中干燥 15 min，冷却，称至恒重。

3.4　氢氧化钠溶液（2 mol/L）。

3.5　柠檬酸溶液：30%（*m/m*）。

3.6　冰乙酸：浓度 99%（*m/m*）。

3.7　无水乙醇：含量不少于 99.5%（*m/m*）。

3.8　硝酸：浓度 65.0%～68.0%（*m/m*）。

3.9 硝酸溶液：1.0 mol/L。

3.10 硝酸-硝酸铵混合溶液：将 2 mol/L 的硝酸溶液和 0.2 mol/L 的硝酸铵溶液等体积混合。

3.11 铯-137 标准溶液，约 1 000 dpm/ml。

4 仪器

4.1 低本底β射线测量仪。

4.2 分析天平，感量 0.1 mg。

4.3 烘箱。

4.4 可拆卸式漏斗。

4.5 G4 玻璃砂芯漏斗。

5 仪器的刻度

5.1 用于测量铯-137 活度的计数器必须进行刻度，即确定测量装置对已知活度的铯-137 的响应，它可用探测效率来表示。其方法是：

5.1.1 铯-137 探测效率-重量曲线的绘制：取 4 个 50 ml 烧杯，分别加入 0.40、0.60、0.80、1.00 ml 铯载体溶液（3.3），各加入同量已知强度的铯-137 标准溶液（3.11），置于冰水浴中，各加入 2 ml 冰乙酸（3.6）和 2.5 ml 碘铋酸钠溶液（3.2）。以下操作按 6.8～6.10 进行。所制标准源应与样品源大小相同。将四个标准源所得计数率分别除以经过铯的化学回收率校正后的铯-137 的衰变率，即得探测效率。在普通坐标纸上绘制探测效率-重量曲线。

5.1.2 在测量盘内均匀滴入一定量的铯-137 标准溶液（3.11），在红外灯下烘干，制成与样品源相同大小的参考源。在刻度仪器效率时，同时测定铯-137 参考源的计数率。在常规分析中应当用铯-137 参考源来检查仪器的效率是否正常。

6 操作步骤

6.1 取 1～100 L 水样，以硝酸（3.8）调节至 pH<3，加入 1.00 ml 铯载体溶液。

6.2 按每 5 L 水样 1 g 的比例加入磷钼酸铵（3.1），搅拌 30 min，放置澄清 4 h 以上。

6.3 虹吸弃去上清液，剩余溶液转入 G4 玻璃砂芯漏斗抽滤，用硝酸溶液（3.9）洗涤容器，将全部沉淀转入漏斗，弃去滤液。

6.4 用氢氧化钠溶液（3.4）（按 1 g 磷钼酸铵约 10 ml 之比）溶解沉淀，抽滤，滤液转入 400 ml 烧杯。用水稀释至约 300 ml。加入与 6.1 中所加磷钼酸铵等量的固体柠檬酸，搅拌溶解后加入 10 ml 硝酸（3.8）。

6.5 加入 0.8 g 磷钼酸铵（3.1），搅拌 30 min，沉淀转入 G4 玻璃砂芯漏斗抽滤。用 40 ml 硝酸-硝酸铵混合溶液（3.10）洗涤沉淀，弃去滤液。

6.6 用 10 ml 氢氧化钠溶液（3.4）溶解漏斗中的磷钼酸铵，抽滤，用 10 ml 水洗涤漏斗，滤液与洗涤液收集于抽滤瓶内的 25 ml 试管中。将收集液转入 50 ml 烧杯，加入 5 ml 柠檬酸溶液（3.5）。

6.7 溶液在电炉上小心蒸发至 5～8 ml，冷却后置于冰水浴中，加入 2 ml 冰乙酸（3.6）和 2.5 ml 碘铋酸钠溶液（3.2），用玻璃棒擦壁搅拌 3 min，碘铋酸铯沉淀生成后继续在冰水浴中静置 10 min。

6.8 将沉淀转入垫有已恒重滤纸的可拆卸式漏斗中抽滤。用冰乙酸（3.6）洗至滤液无色，再用 10 ml 无水乙醇（3.7）洗涤一次，弃去滤液。

6.9 将碘铋酸铯沉淀连同滤纸在 110℃烘干，称至恒重，以 $Cs_3Bi_2I_9$ 形式计算铯的化学回收率。

6.10 将沉淀同滤纸置于测量盘内，在低本底β测量仪上计数。

6.11 测量铯-137 参考源的计数。

7 计算

按下式计算水样中铯-137的放射性浓度A_V：

$$A_V = \frac{N \cdot J_0}{K \cdot E_f \cdot V \cdot Y \cdot J}$$

式中：A_V——水中铯-137的放射性浓度，Bq/L（或Ci/L）；

N——样品源净计数率，cpm；

J_0——刻度测量仪器的探测效率时测得的铯-137参考源的净计数率，cpm；

K——转换系数。当A_V以Bq/L表示时，K=60（当A_V以Ci/L表示时，$K=2.22\times10^{12}$）；

E_f——仪器探测效率，由铯-137探测效率-重量曲线中查出；

V——水样体积，L；

Y——铯的化学回收率；

J——样品测量时铯-137参考源的净计数率，cpm。

8 分析误差

本方法分析铯-137浓度为1 Bq/L（3×10^{-11} Ci/L）的水样最大误差小于10%，同一实验室变异系数小于10%。

附 录 A
正确使用标准的说明
（参考件）

A.1 样品中如有铯-134、铯-136、铯-138 存在时，必须用低本底γ谱仪进行铯-137 的测定。

A.2 当水样中存在放射性碘时，除可用低本底γ谱仪测量铯-137 的计数外，尚可在操作步骤 6.4 之后向溶液中加入 20 mg 碘载体，将溶液加热至近沸，加入 3～5 ml 10%的硝酸银溶液，煮沸使碘化银凝聚，当上层清液澄清透明后，停止加热。冷却至室温，滤去沉淀。滤液按 6.5 继续分析。

A.3 加入磷钼酸铵搅拌下吸附铯时，如发现磷钼酸铵由黄变为蓝绿色时，可加入几滴饱和高锰酸钾溶液，使磷钼酸铵保持黄色。

A.4 若水样体积小于 5 L，可省去步骤 6.2～6.4。

A.5 按下式计算样品计数的时间 t_c（min）：

$$t_c = \frac{N_c + \sqrt{N_c \cdot N_b}}{N^2 \cdot E^2}$$

式中：N_c——样品源加本底的计数率，cpm；

N_b——本底计数率，cpm；

N——样品源净计数率，cpm；

E——预定的相对标准误差。

附加说明：

本标准由中华人民共和国核工业部提出。

本标准由核工业部辐射防护研究所负责起草。

本标准主要起草人沙连茂、郭琨、王治惠、赵敏。

中华人民共和国国家标准

水中微量铀分析方法

GB 6768—86

Methods of analysing microquantity of uranium in water

国家环境保护局 1986-09-04 发布　　1987-03-01 实施

本标准包括：1 固体荧光法（磷酸三丁酯萃取-铀试剂Ⅲ反萃取或三正辛基氧膦萃取）；2 液体激光荧光法；3 分光光度法（磷酸三丁酯萃取-铀试剂Ⅲ反萃取）。前两种方法适用于天然水和排放废水中微量铀的测定，第三种方法适用于排放废水中微量铀的测定。

1 固体荧光法

测定范围为 0.05～100 μg/L；回收率大于 90%；相对标准偏差优于±20%。

1.1 原理

在硝酸介质中，铀酰离子与硫氰酸根生成的络合物被磷酸三丁酯定量萃取后，经铀试剂Ⅲ反萃取后，以固体荧光法测定铀或在硝酸介质中，铀酰离子被三正辛基氧膦定量萃取分离后，以固体荧光法测定铀。

1.2 试剂

除非另有说明，分析时均使用符合国家标准或专业标准的分析纯试剂和蒸馏水或同等纯度的水。

1.2.1 铀标准贮备溶液（1.00 mg/ml）

将基准或光谱纯八氧化三铀于温度为 850℃马弗炉内灼烧 0.5 h，取出冷却。称取 0.117 9 g 于 50 ml 烧杯内，用 2～3 滴水润湿后，加入 5 ml 硝酸，于电热板上加热溶解并蒸至近干，然后用 pH2 的硝酸酸化水溶解，转入 100 ml 容量瓶内，稀释至刻度；

1.2.2 铀标准溶液（临用时配制）

用 pH2 的硝酸酸化水将 1.00 mg/ml 铀标准贮备溶液逐级稀释成不同浓度的铀标准溶液；

1.2.3 20%磷酸三丁酯-二甲苯溶液

取一定体积的磷酸三丁酯［$(C_4H_9O)_3PO$］，用等体积 5%碳酸钠（$Na_2CO_3 \cdot 10H_2O$）溶液洗涤 2～3 次，再用水洗至中性。取洗涤过的磷酸三丁酯与二甲苯［$C_6H_4(CH_3)_2$］按体积比 1∶4 混匀；

1.2.4 6 mol/L 硫氰酸钾溶液

称取 291 g 硫氰酸钾（KSCN），用水溶解，稀释至 500 ml；

1.2.5 2 mol/L 酒石酸溶液

称取 150 g 酒石酸，用水溶解，稀释至 500 ml；

1.2.6 7.5%乙二胺四乙酸二钠溶液

称取 7.5 g 乙二胺四乙酸二钠（简称 EDTA 二钠），加少量水，滴加氨水使之完全溶解后，用水稀释至 100 ml；

1.2.7 40%硝酸铵溶液

称取 400 g 硝酸铵，用水溶解，稀释至 1 000 ml；

1.2.8 5%碳酸钠溶液

称取 50 g 无水碳酸钠，用水溶解，稀释至 1 000 ml；

1.2.9 0.002%铀试剂III溶液

称取 0.100 0 g 铀试剂III，用 pH 2 的硝酸酸化水溶解后，转入 100 ml 容量瓶中，稀释至刻度，此溶液浓度为 0.1%。取 10.0 ml 该溶液于 500 ml 容量瓶中，用 pH 2 的硝酸酸化水稀释至刻度。贮于棕色瓶内；

1.2.10 氟化钠，粉末状，优级纯；

1.2.11 混合溶剂，将 98 份氟化钠粉末与 2 份氟化锂粉末均匀混合；

1.2.12 0.1 mol/L 三正辛基氧膦-环己烷溶液

称取 19.33 g 三正辛基氧膦，溶于环己烷中，并稀释至 500 ml；

1.2.13 混合掩蔽剂溶液

6%1，2-环己二胺四乙酸（简称 CyDTA）溶液：称取 30 g CyDTA，放入 500 ml 烧杯中，加水 400 ml，滴加 20%氢氧化钠溶液至其完全溶解。然后，用 1 mol/L 硝酸或氢氧化钠溶液调至中性，再用水稀释至 500 ml；

3%氟化钠溶液：称取 15 g 氟化钠，用水溶解，稀释至 500 ml；

取等体积的 6%1，2-环己二胺四乙酸溶液和 3%氟化钠溶液混匀，即成混合掩蔽剂溶液。

1.3 仪器设备

1.3.1 光电荧光光度计：具有激发波长范围 320～370 nm，在 530～570 nm 波长处测量发射的荧光，能够探测 0.5 ng 或更少的铀；

1.3.2 酒精喷灯或液化石油气灯：温度可达到 1 100℃；

1.3.3 铂丝环：将直径为 0.5 mm 的铂丝一端熔入玻璃棒，另一端绕成内径为 3 mm 的圆环；

1.3.4 铂皿：内径 10 mm，深 2 mm。

1.3.5 氟化钠压片器；

1.3.6 马弗炉：温度 1 000℃。

1.4 步骤

1.4.1 标准曲线绘制

将氟化钠或混合熔剂分别和 1.2.2 中所配制的铀标准溶液烧制熔珠或熔片，其操作方法见附录 A 中的 A.3。烧制熔珠的条件为：火焰（氧化焰）温度 980～1 050℃，全熔后持续 20～30 s，退火 5～10 s，冷却 15 min 后，在光电荧光光度计上测定其荧光强度。用荧光强度与对应的铀浓度作图，绘制成四条不同量级的标准曲线。

1.4.2 样品分析

1.4.2.1 磷酸三丁酯萃取-铀试剂III反萃取

取 100 ml（视铀含量而定）水样放入 150 ml 分液漏斗中，依次加入 2 ml 6 mol/L 硫氰酸钾溶液、2 ml 2 mol/L 酒石酸溶液、6 ml 7.5%乙二胺四乙酸二钠溶液*。每加入一种试剂均应摇匀。用 1∶1 硝酸或 1∶1 氢氧化铵溶液调节 pH 为 2～3（精密 pH 试纸指示），加入 5 ml 20%磷酸三丁酯-二甲苯溶液，充分振荡 5 min，静置分层后，弃去水相。用 5 ml 40%硝酸铵溶液洗涤有机相二次，每次振荡 2 min，弃去水相。加 2.00 ml 0.002%铀试剂III溶液，振荡 3 min，静置分层后，将下层水相全部或定量分取部分与氟化钠或混合熔剂烧制熔珠或熔片。以下操作同 1.4.1。

1.4.2.2 三正辛基氧膦萃取

取 100 ml（视铀含量而定）水样放入 150 ml 分液漏斗内，加入 7 ml 硝酸和 0.5 ml 混合掩蔽剂溶液，摇匀，加入 1.00 ml 0.1 mol/L 三正辛基氧膦-环己烷溶液。充分振荡 5 min，静置分层后，弃去水相，定

---

* 含氟较高的水样，可再加 1 ml 饱和硝酸铝溶液，以消除氟的干扰。

量分取有机相部分与氟化钠或混合熔剂烧制熔珠或熔片，以下操作同 1.4.1。

1.5 结果的表示

铀含量按式（1）计算：

$$c = \frac{(A - A_0)V_1}{V_0 \cdot V_2 \cdot R} \tag{1}$$

式中：c——水样中铀的浓度，μg/L；

A——从标准曲线上查得样品熔珠或熔片的铀量，μg；

A_0——方法本底铀量，μg；

V_1——反萃取（或萃取）液总体积，ml；

V_2——用于测定的反萃取（或萃取）液体积，ml；

V_0——分析用水样体积，L；

R——全程回收率，%。

2 液体激光荧光法

测定范围为 0.02～20μg/L；相对标准偏差优于±15%；全程回收率大于 90%。

2.1 原理

直接向水样中加入荧光增强剂，使之与水样中铀酰离子生成一种简单的络合物，在激光（波长 337 nm）辐射激发下产生荧光。采用标准铀加入法定量地测定铀。

水样中常见干扰离子的含量为：锰（Ⅱ）小于 1.5 μg/g、铁（Ⅲ）小于 6 μg/g、铬（Ⅵ）小于 6 μg/g、腐殖酸小于 3 μg/g。

2.2 试剂

除非另有说明，分析时均使用符合国家标准或专业标准的分析纯试剂和蒸馏水或同等纯度的水。

2.2.1 荧光增强剂：荧光增强倍数不小于 100 倍；

2.2.2 铀标准贮备溶液（1.00 mg/ml）

同 1.2.1；

2.2.3 10.0 μg/ml 铀标准溶液

取 1.00 ml 铀标准贮备溶液，用 pH 2 的硝酸酸化水稀释至 100 ml；

2.2.4 0.500 μg/ml 铀标准溶液

取 5.00 ml 10.0 μg/ml 的铀标准溶液，用 pH 2 的硝酸酸化水稀释至 100 ml；

2.2.5 0.100 μg/ml 铀标准溶液

取 1.00 ml 10.0 μg/ml 的铀标准溶液，用 pH 2 的硝酸酸化水稀释至 100 ml。

2.3 仪器设备

2.3.1 铀分析仪：最低检出限 0.05 μg/L；

2.3.2 微量注射器：50 μl（或 0.1 ml 玻璃移液管）。

2.4 步骤

取 5.00 ml pH 为 3.0～11.0 的被测水样（如铀含量较高，可用水适当稀释）于石英比色皿内，调节补偿器旋钮直至表头指示为零（不为零时，可记录读数 N_0），向样品内加入 0.5 ml 荧光增强剂，充分混匀，测定荧光强度为 N_1，再向样品内加 0.050 ml 0.100 μg/ml 铀标准溶液（高档测量应加入 0.050 ml 0.500 μg/ml 铀标准溶液），充分混匀，测定荧光强度为 N_2。

2.5 结果的表示

铀含量按式（2）计算：

$$c = \frac{(N_1 - N_0)c_1 V_1 K}{(N_2 - N_1)V_0 R} \times 1\,000 \quad (2)$$

式中：c——水样中铀的浓度，μg/L；

N_0——样品未加荧光增强剂前的荧光强度；

N_1——加荧光增强剂后样品的荧光强度；

N_2——样品加标准铀后的荧光强度；

c_1——加入标准铀溶液的浓度，μg/ml；

V_1——加入标准铀溶液的体积，ml；

V_0——分析用水样的体积，ml；

K——水样稀释倍数；

R——全程回收率，%。

3 分光光度法

测定范围为 2～100 μg/L；相对标准偏差优于±10%；全程回收率大于 90%。

3.1 原理

在硝酸介质中，铀酰离子与硫氰酸根生成的络合物被磷酸三丁酯定量萃取后，经铀试剂III反萃取，以分光光度法测定铀。

3.2 试剂

除非另有说明，分析时均使用符合国家标准或专业标准的分析纯试剂和蒸馏水或同等纯度的水。

3.2.1 铀标准贮备溶液（1.00 mg/ml）

同 1.2.1；

3.2.2 10.0 μg/ml 铀标准溶液

同 2.2.3；

3.2.3 20%磷酸三丁酯-煤油溶液

取 20 ml 磷酸三丁酯（已纯化过的）与 80 ml 氢化煤油混匀；

3.2.4 6 mol/L 硫氰酸钾溶液

同 1.2.4；

3.2.5 2 mol/L 酒石酸溶液

同 1.2.5；

3.2.6 7.5%乙二胺四乙酸二钠溶液

同 1.2.6；

3.2.7 40%硝酸铵溶液

同 1.2.7；

3.2.8 5%碳酸钠溶液

同 1.2.8；

3.2.9 0.002%铀试剂III溶液

同 1.2.9。

3.3 仪器设备

3.3.1 分光光度计；

3.3.2 电动离心机；

3.3.3 酸度计。

3.4 步骤

3.4.1　工作曲线绘制

在 7 个 150 ml 分液漏斗内，分别加入 0.00、1.00、2.00、4.00、6.00、8.00、10.00 μg 铀标准溶液用水加至 100 ml，摇匀。依次加入 2 ml 6 mol/L 硫氰酸钾溶液、2 ml 2 mol/L 酒石酸溶液、6 ml 7.5%乙二胺四乙酸二钠溶液，每加入一种试剂均应摇匀。用 1∶1 硝酸或 1∶1 氢氧化铵溶液调节 pH 为 2～3（精密 pH 试纸指示）。加入 10 ml 20%磷酸三丁酯-煤油溶液，充分摇荡 5 min，静置分层后弃去水相。用 5 ml 40%硝酸铵溶液洗涤有机相二次，每次振荡 2 min，弃尽洗涤液，加入 10.0 ml 0.002%铀试剂III溶液，振荡 2 min，静置分层后，将水相转入 10 ml 离心试管内，离心 3 min，移入 3 cm 比色皿内，于 655 nm 波长处，以试剂空白作参比，测定光密度，并绘制工作曲线。

3.4.2　样品分析

取 100 ml 水样（视铀含量而定）于 150 ml 分液漏斗内，以下操作按 3.4.1 进行。

如果水样中含有机物较多，应将水样蒸干，反复用硝酸和过氧化氢处理，蒸干，直至残渣变白为止。最后，用 100 ml pH 2 的硝酸酸化水溶解残渣，并转入 150 ml 分液漏斗中，以下操作同 3.4.1。

3.5　结果的表示

铀含量按式（3）计算：

$$c=\frac{A}{V} \tag{3}$$

式中：c——水样中铀的浓度，μg/L；

A——由工作曲线上查得铀量，μg；

V——分析用水样体积，L。

附　录　A
正确使用标准的说明
（参考件）

A.1　水样的处理及保存参见核设施水质监测分析取样规定。

A.2　所用酸在没有注明浓度时均指浓酸（浓硝酸密度 1.42，浓盐酸密度 1.19）。

A.3　固体荧光法中，烧制熔珠的方式可酌情选择下列方式中任意一种：

a. 将（80±5）mg 氟化钠用压片器压制成片，取 0.050 ml 含铀溶液滴在片上烧制熔珠；

b. 用（80±5）mg 氟化钠与含铀溶液蒸至近干后烧制熔珠；

c. 取 0.1 ml 含铀溶液滴入加有 100 mg 98%NaF 和 2%LiF 混合熔剂的铂盘内，于烘箱内 105℃温度下烘干，转入马弗炉内在 900℃温度下熔融 5 min，取出冷至室温后，测量其荧光强度。不管采用何种方式，每种样品均需烧制 3 个熔珠或熔片，而且分析样品烧制熔珠或熔片的方式必须与标准曲线烧制熔珠或熔片的方式一致。

标准曲线必须进行直线回归处理，并定期（最多不得超过三个月）进行校正。在分析中，更换制作标准曲线时所用的任何试剂或光电荧光光度计进行调整，更换零件等，都必须重作标准曲线。

烧制熔珠的熔剂也可采用 98% NaF 和 2% LiF 的混合熔剂。

A.4　固体荧光法中，当样品铀含量大于 0.1 μg/L 时，可用 1.00 ml 20%磷酸三丁酯-二甲苯溶液萃取后，直接取 0.050 ml 20%磷酸三丁酯-二甲苯溶液滴在氟化钠片上烧制熔珠。

A.5　固体荧光法中，磷酸三丁酯的稀释剂可用煤油，甲苯、二甲苯中任意一种。

A.6　液体激光荧光法中，当加入荧光增强剂进行样品测量时，如样品产生沉淀，必须将被测样品经稀释或其他方法处理，不再产生沉淀后，方可进行测量。

A.7　液体激光荧光法中，2.5 结果的表示是按简化公式计算铀含量，如果进行精确测量可用下式计算：

$$c=\frac{N_1(V_0+V_2)-N_0V_0}{N_2(V_0+V_1+V_2)-N_1(V_0+V_2)}\cdot\frac{Kc_1V_1}{V_0R}\times 1\ 000$$

式中：V_2——加添的荧光增强剂溶液体积，ml；

其他符号的含义同式（2）。

A.8　固体荧光法和分光光度法中，用 40%硝酸铵溶液洗涤有机相时，如含铁量太高，不易洗至无色，可采用 40%硝酸铵加 5%抗坏血酸的混合溶液洗涤。

附加说明：

本标准由中华人民共和国核工业部提出。

本标准由国营 504 厂、核工业部第三研究院负责起草。

本标准主要起草人陈维国、赵霞芳。

中华人民共和国国家标准

水中镭-226 的分析测定

GB 11214—89

Analytical determination of radium-226 in water

国家环境保护局 1989-03-16 发布　　1990-01-01 实施

1　主题内容与适用范围

本标准规定了分析测定水中镭-226 的氢氧化铁-碳酸钙载带射气闪烁法和硫酸钡共沉淀射气闪烁法的步骤、主要仪器设备和试剂。

本标准适用于天然水、铀矿冶排放废水和矿坑水中含量为 2.0×10^{-3}～3.0×10^{3} Bq/L 镭-226 的分析测定。

2　方法概要

2.1　氢氧化铁-碳酸钙载带射气闪烁法

以氢氧化铁-碳酸钙为载体，吸附载带水中镭。盐酸溶解沉淀物。溶解液封闭于扩散器中积累氡，转入闪烁室，测量、计算镭含量。

2.2　硫酸钡共沉淀射气闪烁法

以硫酸钡作载体，共沉淀水中镭。沉淀物溶解于碱性 EDTA 溶液，封闭于扩散器积累氡，转入闪烁室，测量、计算镭含量。

3　仪器设备和试剂

3.1　仪器设备

3.1.1　室内氡钍分析仪：FD-125 型，附闪烁室，500 ml。

3.1.2　定标器。

3.1.3　真空泵：30 L/min。

3.1.4　扩散器：100 ml。

3.1.5　干燥管：30～40 ml。

3.2　试剂

除非另有说明，分析时均使用符合国家标准或专业标准的分析试剂和蒸馏水或同等纯度的水。

3.2.1　液体镭标准源：0.5～50.00 Bq。

3.2.2　铁钙混合载体溶液：称取 14.5 g 硝酸铁［$Fe(NO_3)_3\cdot9H_2O$］和 20.8 g 无水氯化钙（$CaCl_2$），溶于 40 ml 水中，加 40 ml 盐酸（3.2.6）用水稀释至 100 ml。

3.2.3　碳酸钠溶液：170 g/L，称取无水碳酸钠 170 g，用水溶解后稀释至 1 L。

3.2.4　氯化钡溶液：100 g/L，称取氯化钡 100 g，用水溶解后稀释至 1 L。

3.2.5　碱性 EDTA 溶液：称取 150 g 乙二胺四乙酸二钠（$C_{10}H_{14}O_8N_2Na_2\cdot2H_2O$）和 45 g 氢氧化钠

（NaOH），溶于 800 ml 水中，用水稀释至 1 000 ml。

3.2.6　盐酸：1 190 g/L。

3.2.7　盐酸溶液：59.5 g/L，量取 1 190 g/L 的盐酸 50 ml，用水稀释至 1 L。

3.2.8　盐酸溶液：11.9 g/L，量取 1 190 g/L 的盐酸 10 ml，用水稀释至 1 L。

3.2.9　硫酸溶液：920 g/L，量取 1 840 g/L 的硫酸 500 ml，缓慢倒入水中，并用水稀释至 1 L。

4　闪烁室 *K* 值的刻度

4.1　准备仪器

检查定标器是否符合仪器说明书所给定的指标，达不到要求者不得使用；保证探测器与闪烁室联接部位不得漏光和闪烁室及其进气系统不得漏气。

4.2　探测器阈电压和工作电压的确定

将扩散器中液体镭标准源所积累的氡，送入已抽成真空的闪烁室。放置 3 h 后，用氡钍分析仪（3.1.1）测定不同甄别阈值下的高压-计数率关系曲线和相应甄别阈值下的高压-本底计数率关系曲线。从中选取本底计数率较低，“坪”长大于 60 V，“坪”斜小于 10%的曲线的阈电压和相应的高压，为探测器的阈电压和工作电压。

4.3　封源

将装有镭标准源的扩散器，用真空泵或双链球排气 10～15 min，驱尽扩散器中的氡。旋紧扩散器两口的螺丝夹，积累氡。记录镭源活度和封闭时间。

氡在扩散器中的积累时间，视镭源活度而定。镭源活度在 30 Bq 左右封闭 1～2 d；镭源活度在 0.5～1.0 Bq 封闭 3～5 d。

4.4　进气

用真空泵将闪烁室 *A* 和干燥管 *B*，抽成真空，旋紧螺丝夹 1、2、3，按图 1 所示与已封闭好的装镭标准源的扩散器 *C*、活性炭管 *D*、氯化钡饱和溶液 E 等连接好，向闪烁室送气。首先打开螺丝夹 1 和 3，使扩散器中所积累的氡及其子体进入闪烁室。然后打开 5，调节 4，使进气速度为每分钟 100～120 个气泡（或每分钟进气 40～50 ml）。进气 5～10 min 后，加快进气速度，在 15 min 内全部进气完毕。旋紧螺丝夹 1 和 3，记录进气时间和闪烁室编号。

扩散器中氡的积累时间为封闭时起至进气结束时止的时间间隔。

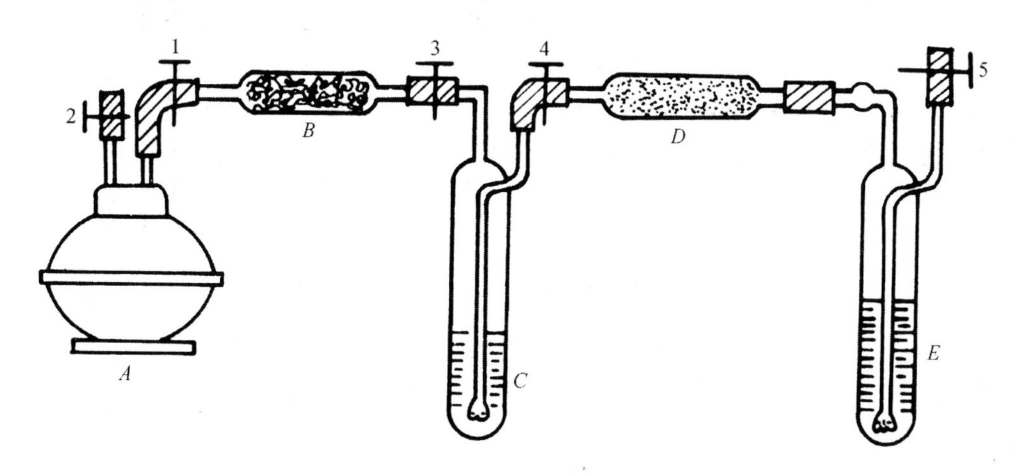

A—闪烁室；*B*—氯化钙干燥管；*C*—镭标准源；*D*—活性炭管；
E—氯化钡饱和溶液；1，2，3，4，5—螺旋夹

图 1　进气系统连接图

4.5　测量

进气完毕后，放置 3 h 进行测量。测量时取三次读数。每次测量时间视镭的活度而定，一般为 5～10 min。当读数 I 不符合 $\bar{I}\pm\sqrt{I}$ 时，则应取第 4 次读数，弃去超差的读数后，取其平均值。按式（1）计算：

$$K=\frac{a(1-e^{-\lambda t})}{I-I_0} \tag{1}$$

式中：K——闪烁室的 K 值，Bq/cpm；

a——镭标准源的活度，Bq；

$\bar{I}$——测得的平均计数率，cpm；

I_0——闪烁室的本底计数率，cpm；

$1-e^{-\lambda t}$——氡的积累系数；

λ——0.693/T，氡的衰变常数；

T——氡的半衰期，91.8 h；

t——氡的积累时间，h；

e——自然对数的底。

5　水样分析步骤

5.1　样品的化学处理

5.1.1　氢氧化铁-碳酸钙载带射气闪烁法

取 10 L 澄清水样于玻璃瓶或聚乙烯桶中，加 20 ml 铁钙混合载体溶液（3.2.2），搅拌均匀。再加入 150 ml 碳酸钠溶液（3.2.3），搅拌 3～5 min，使溶液的 pH 为 9～10。静置沉清后，虹吸去上层清液。将沉淀物转入 500 ml 烧杯中，待溶液澄清后，弃去上层清液。分数次缓慢加入约 10 ml 盐酸（3.2.6），使沉淀全部溶解，过滤于 100 ml 烧杯中。用盐酸溶液（3.2.7），洗涤原烧杯和滤纸至无铁离子的黄色。将滤液置于电热板上蒸发至 30 ml 左右，取下冷却至室温；然后转入扩散器（3.1.4）。用少量盐酸溶液（3.2.8），洗涤小烧杯 3～4 次，洗涤液并入同一扩散器，控制溶液体积为扩散器的三分之一左右。封闭 10～20 d，积累氡。记录封闭时间和扩散器编号。

5.1.2　硫酸钡共沉淀射气闪烁法

取 1～5 L 澄清水样（视镭含量而定）于烧杯中，加热近沸。加入 1.0～1.5 ml 氯化钡溶液（3.2.4），在不断搅拌下，滴加 5 ml 硫酸溶液（3.2.9）（此时溶液 pH 必须近似为 2）。加热微沸 1～2 min，取下放置 4 h 以上，虹吸去上层清液。沿烧杯壁加入 30 ml 碱性 EDTA 溶液（3.2.5），加热溶解沉淀物，使之成为透明液体。蒸发至 30 ml 左右，移入扩散器（3.1.4）。用少量水洗涤烧杯，洗涤液并入同一扩散器。控制溶液体积为扩散器的三分之一左右，视镭含量而定，封闭 3～20 d，积累氡。记录封闭时间和扩散器编号。

5.2　进气：同（4.4）。

5.3　测量：同（4.5）。

6　结果计算

$$C=\left[\frac{K(\bar{I}-I_0)}{R(1-e^{-\lambda t})}-C_b\right]/V \tag{2}$$

式中：C——样品中 ^{226}Ra 的浓度，Bq/L；

K——闪烁室的 K 值，Bq/cpm；

C_b——试剂空白的 ^{226}Ra 值，Bq；

R——方法回收率，%；

V——分样用样体积，L；

其他符号同式（1）。

7 回收率和精密度

回收率：93%～98%。

变异系数：同一实验室小于 15%。

附 录 A
氡的增长因子 $1-e^{-\lambda t}$ 函数表
（补充件）

表 A.1

氡的增长因子 h \ d	0	1	2	3	4	5	6	7
0	0	0.166	0.304	0.420	0.516	0.596	0.663	0.719
1	0.008	0.172	0.309	0.424	0.519	0.599	0.666	0.721
2	0.015	0.178	0.315	0.428	0.523	0.602	0.668	0.723
3	0.022	0.185	0.320	0.433	0.527	0.605	0.671	0.725
4	0.030	0.191	0.325	0.437	0.530	0.608	0.673	0.727
5	0.037	0.197	0.330	0.441	0.534	0.611	0.676	0.729
6	0.044	0.203	0.335	0.445	0.537	0.614	0.678	0.731
7	0.052	0.209	0.340	0.449	0.541	0.617	0.680	0.733
8	0.059	0.215	0.345	0.453	0.544	0.620	0.683	0.735
9	0.066	0.221	0.350	0.457	0.547	0.623	0.685	0.737
10	0.073	0.227	0.355	0.462	0.551	0.625	0.688	0.739
11	0.080	0.232	0.360	0.466	0.554	0.628	0.690	0.741
12	0.087	0.238	0.364	0.470	0.558	0.631	0.692	0.743
13	0.094	0.244	0.369	0.474	0.561	0.634	0.695	0.745
14	0.100	0.250	0.374	0.478	0.564	0.637	0.697	0.747
15	0.107	0.255	0.379	0.482	0.568	0.639	0.699	0.749
16	0.114	0.261	0.383	0.486	0.571	0.642	0.701	0.751
17	0.121	0.266	0.388	0.489	0.575	0.645	0.704	0.753
18	0.127	0.272	0.392	0.493	0.578	0.647	0.706	0.755
19	0.134	0.277	0.397	0.497	0.581	0.650	0.708	0.757
20	0.140	0.283	0.402	0.501	0.584	0.653	0.710	0.758
21	0.146	0.288	0.406	0.505	0.587	0.655	0.712	0.760
22	0.153	0.294	0.411	0.508	0.590	0.658	0.715	0.762
23	0.159	0.299	0.415	0.512	0.593	0.661	0.717	0.764

续表 A.1

氡的增长因子 h \ d	8	9	10	11	12	13	14	15
0	0.766	0.804	0.837	0.864	0.886	0.905	0.921	0.934
1	0.767	0.806	0.838	0.865	0.887	0.906	0.922	0.935
2	0.769	0.807	0.839	0.866	0.888	0.907	0.922	0.935
3	0.771	0.809	0.841	0.867	0.889	0.907	0.923	0.935
4	0.773	0.810	0.842	0.868	0.890	0.908	0.923	0.936
5	0.774	0.812	0.843	0.869	0.891	0.909	0.924	0.937
6	0.776	0.813	0.844	0.870	0.892	0.909	0.925	0.937
7	0.778	0.815	0.845	0.871	0.892	0.910	0.925	0.938
8	0.779	0.816	0.846	0.872	0.893	0.911	0.926	0.938
9	0.781	0.817	0.848	0.873	0.894	0.912	0.926	0.939
10	0.783	0.819	0.849	0.874	0.895	0.912	0.927	0.939
11	0.784	0.820	0.850	0.875	0.896	0.913	0.927	0.940
12	0.786	0.821	0.851	0.876	0.896	0.914	0.928	0.940
13	0.787	0.823	0.852	0.877	0.897	0.914	0.928	0.941
14	0.789	0.824	0.853	0.878	0.898	0.915	0.929	0.941
15	0.791	0.825	0.854	0.878	0.898	0.915	0.929	0.942
16	0.792	0.827	0.855	0.879	0.899	0.916	0.930	0.942
17	0.794	0.828	0.857	0.880	0.900	0.917	0.931	0.943
18	0.795	0.829	0.858	0.881	0.901	0.917	0.931	0.943
19	0.797	0.831	0.859	0.882	0.902	0.918	0.932	0.944
20	0.798	0.832	0.860	0.883	0.902	0.919	0.932	0.944
21	0.800	0.833	0.861	0.884	0.903	0.919	0.933	0.945
22	0.801	0.834	0.862	0.885	0.904	0.920	0.934	0.945
23	0.803	0.835	0.863	0.886	0.905	0.920	0.934	0.946

续表 A.1

氡的增长因子 h \ d	16	17	18	19	20	21	22	23
0	0.946	0.954	0.962	0.968	0.973	0.978	0.981	0.985
1								
2								
3								
4								
5	0.947	0.956	0.963	0.969	0.974	0.979	0.982	0.985
6								
7								
8	0.948	0.957	0.964					
9								
10								
11	0.949	0.958	0.965	0.971	0.976	0.980	0.983	0.986
12								
13								
14								
15	0.951	0.959	0.966					
16								
17								
18								
19								
20	0.953	0.960	0.967	0.972	0.977	0.981	0.984	0.987
21								
22								
23								

附 录 B
正确使用本标准的说明
（参考件）

B.1 水样的采集、处理与保存，参见《核设施水质监测分析取样规定》。

B.2 氢氧化铁-碳酸钙载带射气闪烁法和硫酸钡共沉淀射气闪烁法，可以根据具体情况选择使用。在一定的条件下，上述方法与α计数法可以互为使用。

B.3 对于镭含量较高的水样，闪烁室本底值可以略高于一般水平，活性炭管也可酌情去掉。

B.4 本标准所用试剂中的镭含量要尽量低。特别是氯化钡、氯化钙和无水碳酸钠中的镭含量不应大于 2×10^{-3} Bq/g，使用不同厂家的试剂时，应事先分析试剂的本底值。

B.5 闪烁室在使用前应严格检查，若无异常现象，一般同一批闪烁室应定期随机抽出 30%左右进行 K 值的刻度。刻度闪烁室所用的镭标准源，应与所分析水中镭的浓度基本相当。

B.6 对于含镭较低的水样，可以适当加长测量时间，水样测量完毕后，应立即用真空泵排除闪烁室内的氡，再用无氡气体或氮气冲洗。当闪烁室本底值明显增高时，应设法使其降至所要求值以下，方可使用。

附加说明：

本标准由国家环境保护局和核工业部提出。
本标准由国营二七二厂、国营七一一矿负责起草。
本标准主要起草人黄超、杨成星。
本标准由国家环境保护局负责解释。

中华人民共和国国家标准

核设施流出物和环境放射性监测质量保证计划的一般要求

GB 11216—89

General requirements of quality assurance program for effluent and environmental radioactivity monitoring at nuclear facilities

国家环境保护局 1989-03-16 发布　　1990-01-01 实施

1　主题内容与适用范围

本标准规定了制定和执行核设施流出物和环境放射性监测质量保证计划的一般要求。制定环境非放射性监测质量保证计划亦可参考使用本标准的原则。

2　名词术语

2.1　质量保证

是为提供足够可信度使监测结果达到规定要求所采取的一切有计划的、系统的和必要的措施。

2.2　质量控制

是质量保证的一部分。是为控制、监测过程和测量装置的性能使其达到预定的质量要求而规定的方法和措施。

2.3　流出物

是释放到环境中的气载或液态废物。

2.4　监测

为了估计或控制辐射或放射性物质的照射而对辐射或放射性活度进行的测量。该术语还包括对测量结果的分析。

2.5　编制文件

是叙述、定义、说明、报告或证明有关质量保证活动、要求、程序或结果的任何书面或图表资料。

2.6　不确定度

是表示由于监测中存在误差或可变性而对被测量值不能肯定的程度。不确定度可按误差的性质分为系统不确定度和随机不确定度。或者按对其数值的估算方法分为：A 类分量——对多次重复测量用统计方法计算出的标准偏差；B 类分量——用其他方法估计出的近似“标准偏差”。A 类分量与 B 类分量通常可用合成方差的方法将其合成为合成不确定度。

2.7　准确度

是指测量结果与所测定量的约定真值或正确值的一致程度。

2.8　精密度

是指在一定条件下，进行多次分析测量时，所得测量结果围绕其平均值的离散程度。

2.9　质量控制样品

是为了确定和控制分析测量中的不确定度而专门制备的样品，主要是指平行样品、掺标样品和空白样品。

2.10 平行样品

是指同时在同一地点采集、制备的具有相同组成和物理、化学特性的一组样品。

2.11 空白样品

是除了不包含被测定的成分以外，其他都与待测样品完全相同的样品。

2.12 掺标样品

是指在空白样品中加入了已知量的待测放射性物质的样品。

2.13 仪器本底

是在没有待测样品时仪器的响应。

2.14 计量标准

是按国家规定的准确度等级作为检定依据用的计量器具或物质。

2.15 标准源

是准确已知其放射性核素含量、放射性衰变率或光子发射率的放射源。

2.16 检验源

是具有高的核素纯度，但不必准确知道其活度，被用来确定测量仪器是否正常工作的放射源。

2.17 标准参考物质

是在规定条件下，具有高稳定的物理、化学或计量学特性，并经检定和正式批准作为标准使用的物质或材料。

2.18 刻度

是确定一个测量系统的观测输出值与相应标准特征之间的数值关系。

2.19 校准

是确定计量器具示值误差（必要时也包括确定其他计量性能）和进行校正的全部工作。

2.20 检定

是为评定计量器具的性能（准确度、稳定度、灵敏度、探测效率、仪器本底等）并确定其是否合格所进行的全部工作。

2.21 检验

是用仪器测量一个检验源所产生的响应来确定该仪器是否正常工作。

2.22 能量刻度源

是含有发射两条以上准确已知能量的α或γ射线的一种放射性核素或几种放射性核素的源。

2.23 质量控制图

是描绘测量仪器或样品性能参数测量结果的图,用以确定仪器或样品的性能是否处于统计控制的正常状态。

2.24 核查

是指根据对客观证据的调查、检查和评价、确定所制定规程、指令、说明书、规范、标准、行政管理和运行大纲，以及其他应用文件是否适当和完备，并确定它的执行有效性而进行的有计划和编制文件的工作。

3 样品采集、运输、贮存中的质量控制

3.1 采样计划和程序主要是要保证采集到具有代表性样品并保持放射性核素在分析之前的原始浓度。

3.1.1 必须制定一个科学的采样计划，包括选择合适的采样地点和位置，避开一些有干扰的、代表性差的地点，选择合理的采样时间、采样频率和采样方式。

3.1.2 必须制定和严格遵守各类样品的采样、包装、运输和贮存的详细操作程序。该程序除了规定技术方法，要求以外，还应包括具体的操作步骤、记录内容、格式、标签设置。避免样品中放射性核素通过化学、物理或生物作用损失和偶然沾污等预防措施，一般要求采用国家或国际标准程序。

3.1.3 对于流出物样品，除在物理、化学特性上要与所排的流出物相同以外，在数量上也要正比于流出物中放射性的含量，即使在特殊释放条件下，也要保证样品的代表性。

3.2 应该准确地测量样品的质量、体积或流量，其误差一般应控制在 10%以内。对空气和水的采样装置的流量计应至少每年校准一次。对于流出物采样系统应在系统运行的温度和压力下确定采样器的实际流量和对流量进行校准。

3.3 采样装置对放射性核素的收集效率应有编制文件。一般应根据使用的实际条件用实验测定收集效率，如果使用条件与采样装置的生产厂家的测定条件相同或相近，也可采用厂家给出的数据。

3.4 为了确定采样的不确定度，应该定期采集平行的瞬时样品，采集平行样品的数量约占常规样品总数的 5%～20%。

3.5 原始样品或经过预处理的样品应该保存备查，对于核设施运行前环境本底调查的样品应保存到该设施退役后 10 年。对可保存的各类常规样品数的 1%保存 10 年；强沾污样品及有特殊情况的样品应保存到处理后作出结论。

4 分析测量中的质量控制

4.1 样品预处理和分析测量方法必须有完备的书面程序。样品的预处理和分析测量方法应采用标准方法，或者经过鉴定和验证过的方法。任何操作人员均不得擅自修改常规采用的方法或程序。

4.2 在分析测量的操作过程中应该注意防止样品之间的交叉污染。分析测量实验室和仪器设备，应按样品中放射性核素种类及其浓度大小分级使用。

4.3 为了确定分析测量过程中产生的不确定度以便采取相应的校正措施，应该分析测量质量控制样品（平行样品、掺标样品和空白样品）。

4.3.1 为了确定分析测量的精密度，应该分析测量平行样品，平行样品由尽可能均匀的样品来制备。

4.3.2 为了确定分析测量的准确度应该用与待测样品相同的操作程序分析测量相应的标准参考物质或掺标样品，并且一般希望被分析测量的掺标样品不被分析者所知道。对分析测量中的已定系统误差必须进行修正。

4.3.3 为了发现和量度样品在预处理、分析过程中的沾污和提供适当扣除本底的资料，应该分析测量空白样品。空白样品应与待测样品同时进行预处理和化学分析。

4.3.4 分析测量的每种质量控制样品数分别约占分析测量总样品数的 5%～10%。而且应该均匀地分布在每批样品之中。

4.4 应该准确地配制载体和标准溶液，并根据其稳定性确定出使用期限或重新标定的期限。在采购、领用试剂时，要注意检查质量，不合格者一律不得使用。

4.5 为了发现和确定本实验室分析测量所产生的系统不确定度，必须参加国家和本系统主管部门组织的实验室之间分析测量的比对及主管部门安排的国际比对。如果所进行的分析没有正式比对样品，可与其他实验室定期交换样品进行互换分析测量。对存在系统误差的结果应该分析，查明原因并采取校正措施。

4.6 对分析测量装置的性能应该进行检定、校准和检验。

4.6.1 所有分析测量装置都应有性能和详细的操作说明书。

4.6.2 新的分析测量装置或经过维修的分析测量装置，在常规使用以前必须进行性能的调试、检定和校准，以后的定期校准频率取决于仪器的类型和稳定性。更换旧的测量仪器时，新旧两种仪器应进行比对测量，并应有足够多的有代表性的重叠测量数据，以使得新旧两种仪器的测量数据有可比性。

4.6.3 检定或校准所采用的标准源、标准参考物质或标准计量器具，应该根据国家规定的准确度等级正确的使用。

4.6.4 对常规使用的分析测量装置应进行常规检验。

4.6.4.1 对常规使用的测量装置的主要性能应进行常规检验。对自动和手动固定式计数测量装置，应在测量每批样品时测量一次本底和探测效率或检验源的计数率。对于测量装置的坪特性，应每半年检验一次。

4.6.4.2 对α、γ能谱测量装置。应定期用能量刻度源进行能量刻度检验，其频率取决于谱仪系统的稳定性，通常是在测量每批样品时进行能量刻度检验和测量检验源特征峰的计数率。每月应检验一次能量分辨率。若采用区段计数的方法，对谱仪的稳定性应每周检验一次。

4.6.4.3 对可携式测量仪器应在每次使用前用检验源检验其工作参数是否正常。

4.6.4.4 对分析测量仪器的最小可探测限应每年核实一次。

4.6.5 对流出物连续测量系统必须进行有效的质量控制。

4.6.5.1 所有流出物监测装置都应有详细的性能、操作和维修说明书。

4.6.5.2 对流出物连续测量系统进行检定、校准的计量标准应可追溯到国家标准。

4.6.5.3 对流出物连续测量系统进行刻度的计量标准应对仪表所测量的整个量程和能区或核素都能建立起刻度关系。

4.6.5.4 只要切实可行。对流出物直接连续测量系统的定期检验应该采用遥控检验源。

4.6.5.5 检定、校准的频率应根据连续测量系统的种类、稳定性和检定、校准的复杂程度来确定。通常是每半年进行一次校准，每周用检验源检验一次。

4.6.5.6 应该用定期从流出物中取样，在实验室里进行分析测量来检验、校正流出物连续测量系统的测量结果。

4.6.5.7 对流出物连续测量系统的设备要定期维修、保养、对易损坏的重要设备要有备份，维修后应重新检定。

4.6.6 如果用检验源检验测量装置的性能时，发现其性能有了变化或者在测量装置发生了影响工作参数的变化以后（例如：更换流气式计数管的气体，更换、修理了探测器或测量仪器的重要部件以后）应该对测量装置进行重新校准或检定。如果仪器是运到外单位进行校准、检定或维修，那么该仪器在运回实验室后应进行检验。

4.6.7 对分析测量装置的性能进行检定、校准和检验的方法及操作步骤等应编写出专门的书面程序并应严格按照程序进行。

4.6.8 分析测量装置性能检验的结果应该在质量控制记录本上记录下来，并画在质量控制图上。质量控制图的上下警戒限和控制限一般可取该参数单次测量值的正负二倍和三倍标准偏差。当测量值落在三倍标准偏差的控制限以外或两次连着落在二倍标准偏差的警戒限以外时，应进行研究、查明原因并采取校正措施。一系列测量结果虽然在控制限以内，但显示出了有偏离控制限的倾向时，也需要研究确定发生这种倾向的原因并加以校正。

4.7 对每个样品进行测量都要有足够的精密度，一般测量的相对标准偏差应控制在5%～10%左右。

5 数据的记录处理和管理的要求

5.1 每个样品从采样、预处理到分析测量、结果计算全过程中的每一步都要有清楚、详细、准确的记录。对每个操作步骤的记录内容和格式都应有明确、具体的规定，并且在每个样品上都应贴上相应的不易脱落和损坏的标签或标记。为了追踪和控制每个样品的流动情况，还应该有随样品一起转移的样品记录单，记录每个操作步骤的有关情况。有关工作人员应在记录单上签名。

5.2 监测过程中的质量控制情况，包括采样和分析测量仪器性能检定、校准、检验、维修情况、质量控制样品分析情况；实验室间分析测量的比对情况；标准计量器具、标准源、标准参考物质的使用情况和掺标样品、载体及标准溶液的配制情况等均应有详细、准确的记录。

5.3 对计算机程序的验证书和证明文件，监测人员的资格以及质量保证计划核查的结果也应有详细的记录。

5.4 对所有的监测记录和质量保证编制文件都应妥善的保存，而且对其保存期限应该作出规定，一般应保存到该设施停止运行后10至几十年，环境监测的结果应永久保存。

5.5 数据处理应尽量用标准方法，减少处理过程中产生的误差。对数据处理、计算结果中的假设、计算方法、原始数据、计算结果的合理性、一致性和准确性必须进行审核。对计算结果的审核，可以由两人独立地进行计算或者由未参加计算的人员进行核算。如果是用计算机计算，则应对计算机方法和程序进行审核并进行运行检验。正式审核通过的原程序必须有编制文件，对每次输入的数据应进行独立的核对。审核人必须在审核报告上签字。

5.6 对于偏离正常值的异常结果，应及时向技术负责人报告，并在自己的职责范围内进行核查。

5.7 环境监测报告中所采用的量、单位和符号等应符合国家颁布的标准。

5.8 监测数据的正式上报或使用必须经负责监测的技术负责人签发。

6 人员资格和培训

6.1 由于监测结果的精密度和准确度也与操作人员的经验、知识和技术水平有关，所以对从事监测的人员在文化程度、专业知识、技术水平和工作能力等方面的资格应该给予规定。他们应该通过考试或考核取得相应的技术合格证。

6.2 为了保持从事监测人员的技术熟练程度和使其适应不断发展的技术水平，应该根据相应情况，对他们进行反复的技术培训、考核、鉴定以及定期的技能评审。

7 核查

7.1 为了检查质量保证计划的执行情况，确定其是否恰当和完备以及执行的有效性。必须进行有计划的、定期的核查，一般应每季核查一次。

7.2 核查应该由在被核查方面没有直接职务的有资格的人员来进行。

7.3 核查人员应对核查结果写出书面报告，并经对核查工作负责的管理单位复审。对存在的问题应该采取进一步的措施，包括再次核查。

8 组织管理

8.1 流出物和环境监测质量保证活动中，合适的组织和管理是一个重要因素。对管理和实施质量保证计划的组织结构、人员设置及其职责、权力等级应有明文规定。

8.2 执行质量保证计划的组织和人员应该有足够的权力和才能，以便发现、鉴别质量问题，推荐、提供解决办法并核查解决办法的实施情况。

附加说明：

本标准由国家环境保护局和核工业部提出。

本标准由中国原子能科学研究院负责起草。

本标准主要起草人宋绍仪、郭明强、李瑞香、王化民、班莹。

本标准由国家环境保护局负责解释。

中华人民共和国国家标准

核设施流出物监测的一般规定

GB 11217—89

The regulations for monitoring effluents at nuclear facilities

国家环境保护局 1989-03-16 发布

1990-01-01 实施

1 主题内容与适用范围

本标准规定了核设施流出物的监测目的、编制监测计划的原则和要求、采样和测量技术要求以及测量结果的记录、报告和存档要求。

本标准适用于涉及处理和加工放射性物质的所有核设施的流出物监测。

2 术语

2.1 流出物

在本规定中，是放射性流出物的简称。是指经过废物处理系统和（或）控制设备（包括就地贮存和衰变）之后，从核设施内按预定的途径向外环境排放的气载和液态放射性废物。

2.2 核设施

生产、使用、处理和贮存强及较强放射性物质的建筑物及其内部装备。包括铀、钍冶炼厂，核反应堆，放射性同位素分离工厂，核燃料后处理厂，铀（或钍）加工厂，核燃料元件工厂，甲级放化实验室，强辐照源，大功率粒子加速器，放射性废物的处理和贮存设施等。

2.3 流出物监测

对流出物进行采样、分析或其他测量工作，以说明从核设施排到外环境中的放射性物流的特征。

2.4 计划外释放

除了计划内排放之外的一切释放，包括事故释放。

2.5 计划内排放

在核设施的工艺流程图中已标明的排放，或由主管部门计划安排的排放，其大致的活度（或比活度）、成分以及排放时间都是预知的。

2.6 采样

是在一定时间内，用代表性取样方法从流出物中获得与时间成正比的一定量样品。

2.7 就地测量

在现场对流出物或其样品进行物理测定或化学分析，可迅速得出结果。

2.8 实验室测量

将采得的样品运回实验室，经过一定的物理或化学处理之后，再行测定或分析。

2.9 总排出口

在核设施内，流出物的所有排放管道汇集在一起形成总管，该总管与环境的交接点，称为总排出口。

2.10 主管当局

国务院为了与辐射防护和核安全有关的特定目的而任命或认可的政府部门或机构。

2.11 管理限值

由国家监督部门颁发的有关标准中规定的流出物中放射性成分的数量限值。

2.12 运行限值

为了确保达到管理限值的要求。由运行单位自行制订的流出物中放射性成分的数量限值。

2.13 准确性

用准确度衡量。是测量结果中系统误差与随机误差的综合，表示测量结果与真值的一致程度。

2.14 总活度测量

不区分流出物中核素的测量，包括总α、总β或总γ活度的测量。

2.15 特定放射性核素测定

用放化分离的方法或用能谱分析的方法或其他方法，测定流出物或其样品中若干核素的放射性活度。

3 流出物监测的目的和计划

3.1 流出物监测的目的

3.1.1 判明本设施流出物中的放射性物质的数量，以便与管理限值或运行限值进行比较。

3.1.2 为应用适当的环境模式评价环境质量、估算公众所受的剂量提供源项数据和资料。

3.1.3 为判明设施的运行以及放射性废物的处理和控制装置的工作是否正常有效提供数据和资料。

3.1.4 使公众确信核设施的放射性释放确实受到严格的控制。

3.1.5 迅速发现和鉴定计划外释放的性质（种类）及其规模。

3.1.6 给出是否需要启动警报系统或应急警报系统的信息。

3.2 流出物监测的计划

3.2.1 编制原则

凡有流出物监测任务的单位，都应当按最优化的原则编制流出物监测计划，并报上级主管部门和监督部门备案。必要时应附上说明材料。

3.2.2 总的要求

3.2.2.1 监测计划应满足本规定 3.1 条阐述的目的。

3.2.2.2 在制订监测计划时，要特别注意各类核设施的特点和发生计划外释放的可能性。

3.2.2.3 在监测计划中，应把预计或可能有放射性污染的所有流出物都置于常规监测之下。

3.2.2.4 要合理选择监测点的位置，使该点的监测结果能够代表实际的排放。监测点应设在核设施内、废物处理系统或控制装置的下游，同时考虑易接近性和可行性。

3.2.2.5 要合理确定取样和测量频率以及要监测的核素种类。要监测的核素种类不得少于有管理限值、本设施有可能排放的核素种类数。

3.2.2.6 在一个核设施内部，任何排放点，如果根据该设施的设计指标并经过一段时间的监测之后，确认具备下列条件之一者，并在获得主管部门和监督部门的同意后，可免予监测：

a. 与执行的标准比较，仅有数量很小或浓度很低的放射性物质释放出来。

b. 在该设施的流出物总量中所占的份额很小。

3.2.2.7 为了合理地评价监测结果，除了放射性监测之外，还应根据需要测量其他有关的物理和化学参数（例如流出物的化学成分、粒度分布、排风流量、污水流量、烟囱和取样管道内的温度和湿度。对于大型的核设施，还要测定排放口的风向、风速以及其他有关的气象资料）。

3.2.2.8 用于常规监测的仪表应有足够宽的量程，以适应计划外释放的监测。用于关键释放点的监测仪表，必须考虑冗余技术。

3.2.2.9 核设施的运行单位，应根据本设施的需要，或根据主管部门和监督部门的要求，进行特定核素的分析和测定。

3.2.2.10 在下列情况下，并在得到主管部门的同意和监督部门的认可后，可只进行总活度测量：

a. 流出物中的核素种类及比份已清楚且基本固定。

b. 流出物的放射性活度或比活度确实很低（低于管理限值的 1%或更低），以致不可能或不必要进行特定核素的测定，但又必须证实放射性水平很低时。

3.2.2.11 应分别绘制气载流出物和液态流出物的监测系统流程图。图中要标出取样点和测量点，并用不同的符号区分取样和测量方式。当系统比较复杂时，应用表格的形式说明各取样点和监测点所承担的测量任务和测量方法。对取样点应说明取样目的、方式、地点、取样频率以及要进行的测量。对于测量点要说明测量任务、测量技术要求，特别是测量方式、与测量有关的屏蔽、校正、检出限和测量可靠性等。

3.2.3 气载流出物监测计划

3.2.3.1 应在分析通风系统或排气系统的流程图的基础上制订监测计划。应在上述流程图中标明有关流量、压差、温度、湿度和流速等资料，以据此选择合适的监测点。

3.2.3.2 最佳取样和测量频率及所需的附加资料，由流出物的排放方式、排放率以及所排放的放射性物质的特性及其随时间的变化决定。

3.2.3.3 当出现计划外释放的可能性较大时，监测计划中应有安装报警装置的要求，还应包括有关气象参数的测量，如风速和风向、温度梯度等。

3.2.3.4 各类核设施气载流出物监测计划应注意下述特殊问题：

a. 核电站和其他动力堆的典型监测系统应包括惰性气体的连续测量，^{131}I 和放射性气溶胶的连续取样及其实验室定期测量。

b. 核电站除了要对其运行许可证上规定的放射性核素的混合物和特定核素进行常规监测以外，每季度还应进行一次所有放射性核素成分的详细分析。

c. 对于核燃料后处理厂，在正常运行情况下，只需连续测量烟囱内的 ^{85}Kr 和 ^{131}I。对于连续取样获得的样品，还应在实验室室内定期测量 ^{3}H、^{14}C、^{129}I、^{131}I、锕系元素和其他发射β或γ射线的微粒。

d. 对于铀加工厂和钚加工厂，主要是监测流出物中的α放射性核素，监测的重点应放在气溶胶的连续取样系统上。

e. 对于研究性反应堆，在正常运行条件下，对监测系统的要求与一般动力堆相同。但由于反应堆的特定类型和所进行的实验种类不同，可能的事故释放范围较宽，则要相应地对取样和测量设备给予特殊的考虑。

f. 对于放射化学实验室，监测计划随实验室内所操作的放射性核素而异。对处理辐照核燃料的大热室，要监测流出物中的惰性气体；某些专门的实验室，要监测流出物中的 ^{14}C、氚化水蒸气，对这类实验室的气载流出物，要连续取样，监测放射性卤素元素和放射性气溶胶。对于生产放射性同位素的实验室和冶金检验的热室，要对其烟囱进行连续取样和定期测量，或进行连续测量。

g. 有可能产生放射性气溶胶的粒子加速器，应进行气溶胶的定期取样和测量；若使用氚靶，应增加氚的取样和测量。

3.2.4 液态流出物的监测计划

3.2.4.1 应在分析液态流出物的工艺流程图的基础上制订监测计划，合理地设置监测点或采样点。流程图中应标出与此有关的资料，包括废水罐或废水池的容积，拟排废液的物化特性，设计的产生率和排放率等。

3.2.4.2 分别收集不同放射性水平和化学特性废液的中间贮存设备，在排放前要执行预定的监测程序，包括符合要求的采样和测量放射性活度。需要进行的测量类型和内容，取决于排放限值（运行限值或管理限值）的规定和拟要排放的核素种类和活度。

3.2.4.3　若符合3.2.2.10的条件，可以在只测定总活度后实施排放。除此之外，只有紧急或其他特殊情况下，才允许在测量了总活度后就实施排放，但要保留样品，而后完成特定核素的分析测定，以资报告。

3.2.4.4　一个核设施有大量的放射性废液要连续排入受纳水体时，应在每一排放管道上都设立监测点；若有总排出口，还必须在总排出口设立最终监测点。在以上各监测点连续或定期采集正比于排放体积的样品，并对其放射性成分定期进行实验室分析。当放射性废液的比活度很低（低于运行限值的十分之一）时，可以定期采样代替连续采样。

3.2.4.5　一个核设施的液态废物发生计划外释放的可能性大时，或者其中含有关键核素时，要在排放管道内或总排出口设置连续监测装置，该装置应具有报警和自动终止释放的功能。

3.2.4.6　各类核设施液态流出物监测的计划应注意下述特殊问题：

a. 核电站和其他动力堆必须连续地或定期地分析和测量流出物中 ^{3}H、^{58}Co、^{89}Sr、^{90}Sr、^{106}Ru、^{134}Cs、^{137}Cs 等运行许可证上规定的核素的浓度和总量，每季度应做一次所有放射性核素成分的全分析。

b. 核燃料后处理厂必须连续或定期地分析和测量液态流出物中 ^{137}Cs、^{90}Sr、^{103}Ru、^{106}Ru、^{95}Zr、^{95}Nb、^{238}U、^{239}Pu 等核素的浓度和总量。每季度应做一次所有放射性核素的全分析。

c. 对于铀、钚加工厂和铀、钍冶炼厂，主要是监测流出物中的α放射性核素以及根据所操作的物料确定应监测的其他核素，如 ^{210}Pb 等。

d. 对于研究性反应堆，由于反应堆的特定类型和所进行的实验种类不同，要监测的核素应有所不同，监测计划应充分反映这些特点。

e. 对于放射化学实验室，液态流出物中的放射性核素种类是随实验内容而变的，监测计划应充分反映这一特点。

f. 各种粒子加速器、放射性同位素分离工厂的液态流出物中所包含的核素种类也是随设施而异的。在制订监测计划时，应分清主次，突出重点。

4　采样和测量技术

4.1　采样方式

4.1.1　当流出物中的放射性核素浓度和（或）其排放速率变化范围很大（排放流量的变化范围在±50%～±100%甚至更大）时，或当出现计划外释放的可能性较大或预计计划外的释放会带来较严重的环境或社会危害时，应当采用连续和比例采样。

4.1.2　当流出物中所有的放射性核素浓度相对恒定，并且不会发生异常变化时，可采用定期采样。

4.1.3　对于连续排放和间歇排放，都应当根据4.1.1和4.1.2的规定，决定是采用连续采样或者定期采样。

4.1.4　当核设施在运行中出现异常情况以致发生计划外释放时，应及时安排专门采样。

4.2　采样技术

4.2.1　采样技术应满足以下要求：

4.2.1.1　及时性：必须在所要求的时刻或时间间隔内取得足量的样品。

4.2.1.2　代表性：应确保样品的成分中包含流出物中的全部放射性核素，除了为满足测量技术的要求而进行的浓集或稀释以外（在这种情况下，浓集或稀释因子是预知的或者是可以计算的），不产生附加的稀释或浓集效应。

4.2.2　原则上，凡是能满足4.2.1要求的采样技术均可采用，但应尽量采用标准的采样技术。暂时没有标准的采样技术或因为其他原因而需要采用非标准的采样技术时，必须预先得到主管部门和监督部门的批准或同意。

4.2.3　对于气载流出物，应采用的采样技术按有关规定执行。

4.2.4　对于液态流出物，间歇排放时，应在废水罐中的废液得到充分搅拌后再采样。连续排放时，若流速变化大，应采用正比采样；若流速相当恒定，可进行定期采样。

4.2.5 对于常规监测，为了减少因估价释放放射性废物的后果所需要的详细测量的工作量，可以将单个的代表性样品的一部分或全部混合成混合样品。

4.2.6 在任何监测点范围内选择采样点时，在保证采样代表性（整体的代表性或局部的代表性）的同时，要考虑可接近性和可行性。

4.3 测量方式

4.3.1 流出物监测的测量有两种方式：直接测量和采样后的就地测量或实验室测量。这两种方式可单独使用，必要时还可同时使用，以便相互验证或补充。究竟采用哪种测量方式，由对数据的准确度的要求或由测量的技术发展水平决定。

4.4 测量技术

4.4.1 测量技术应满足管理限值或运行限值提出的要求。

4.4.2 应尽可能采用标准的测量技术。暂时没有标准的测量技术而需要采用非标准的测量技术时，必须用书面向主管部门和监督部门报告，在得到认可后方可采用。

4.4.3 在与 4.1.1 所述相同的条件下，用直接测量的方式进行监测时，应采用连续测量。凡用于连续测量的装置，其最低可探测限应达到或小于运行限值的 1%，其量程的宽度应能满足计划外释放的测量要求，必要时应安装具有几个触发阈值的连锁报警装置。

4.4.4 在关键的排放点，为了在常规监测之外还能可靠地监测事故释放，要安装两套互相独立的监测装置。其中的一套用于常规监测，另一套用于事故监测。用于事故监测的装置，要求测量范围大（例如采用灵敏度较低的或带屏蔽的探测器）并附有报警装置。

4.4.5 实验室测量是对流出物中的放射性核素进行全分析的可靠方法，应尽可能减小或消除干扰因素，制备浓缩的适于测量的样品，以达到比直接测量或就地测量所能达到的灵敏度更高的灵敏度。

4.5 质量保证

流出物的采样和测量应执行 GB 11216《核设施流出物和环境中放射性监测质量保证计划的一般要求》中的有关规定。

5 监测结果的记录、报告和存档

5.1 监测结果的记录

5.1.1 核设施流出物的监测部门应根据本规定的要求制订统一格式的记录表格。

5.1.2 应将记录的原始数据进行适当的数据处理包括统计分析和单位换算，使之满足报告书的要求。

5.1.3 监测结果应记录以下内容：核设施的名称，流出物的类型和来源，排放点（或释放点），测量和采样点，排放的核素种类（或混合物），排放时间，排放延续时间，排放流速，采样时间，采样延续时间，采样体积，在采样期间流出物的总体积，测量时间，测量结果（包括误差）。

5.1.4 对关键排放点还要记录：受纳水体的流速（对于液态流出物），排放高度（对气载流出物），气象数据（包括风向、风速大气稳定度、降水量）。

5.1.5 实行间歇或分批排放时，每批都要记录 5.1.3 和 5.1.4 要求的资料。

5.1.6 对于计划外释放，除了记录 5.1.3 与 5.1.4 要求的内容（释放时间从监测发现计划外释放的时刻算起，或者由此合理推定的某一时刻算起）以外，还要扼要记录计划外释放的原因。

5.1.7 每一监测项目的负责人应在监测结果上签字，以示负责。

5.2 监测结果的报告

5.2.1 应按本规定的要求向主管部门和监督部门提交监测结果报告书。

5.2.2 监测结果报告书的内容与格式应满足以下要求：

5.2.2.1 带适当图示和解释资料的总结性说明，以表示在本报告包括的时间内有什么不同的特点或事件发生及其后果。要用规范的术语，内容简单扼要。

5.2.2.2 监测系统流程图，如果此图是在原图上做了修改后的新图，应另附修改说明。

5.2.2.3 流出物监测结果数据表。数据表的格式适合计算机存贮。表格采用本规定附录 A 的统一格式。

5.2.2.4 报告书还应有以下的附加说明：

a.关于所用的监测方法、该方法的最低探测限和测量结果总误差的简要说明。

b.在只测量流出物的总α、总β和总γ活度时，说明假定的核素混合物组成及其依据。

5.2.3 报告的时间：

5.2.3.1 常规监测报告书，对于一般核设施，每半年提交一次。

5.2.3.2 对于排放的放射性物质数量较大或活度较高的那些核设施（由主管部门会同监督部门核定），常规监测报告书每季度提交一次。

5.2.3.3 在发生严重的计划外释放事件时，应及时报告释放时间、释放量和监测结果。报告的时间不可迟于从监测发现计划外释放时算起的 48 h，若该事件已构成事故，则应执行国家有关事故报告的规定。

5.3 监测结果的存档和保存时间

5.3.1 监测结果的原始记录应在核设施的监测部门存档。

5.3.2 监测结果报告书的原件应在核设施运行单位存档。

5.3.3 监测结果（包括原始记录和报告书原件）至少要保存到该设施退役后的十年。要永久保存的文件种类由主管部门会同监督部门核定。

附　录　A
核设施流出物监测结果报告表
（补充件）

核设施名称：　　　　监测部门：　　　　时间范围：　　　　负责人：

表 A.1　气载流出物——总排放量

	单位	季度	季度	估计的总误差，%
1. 裂片和活化气体				
a. 总排放量	Bq			
b. 本段时间的平均排放率	Bq/s			
c. 占管理限值的百分比	%			
2. 碘				
a. ^{131}I 的总排放量	Bq			
b. 本段时间的平均排放率	Bq/s			
c. 占管理限值的百分比	%			
3. 微粒				
a. 半衰期＞8 d 的微粒	Bq			
b. 本段时间的平均排放率	Bq/s			
c. 占管理限值的百分比	%			
d. 总α放射性	Bq			
4. 氚				
a. 总排放量	Bq			
b. 本段时间的平均排放率	Bq/s			
c. 占管理限值的百分比	%			

表 A.2　气载流出物——高架释放

连续方式：

分批方式：

释放的核素	单位	季度	季度	季度	季度
1. 裂片气体					
^{85}Kr	Bq				
^{85m}Kr					
^{87}Kr					
^{88}Kr					
^{133}Xe					
^{135m}Xe					
^{135}Xe					
^{133m}Xe					
其他（规定的）					
性质不明的					
本段时间总计					
2. 碘					
^{131}I	Bq				
^{131}I					
^{135}I					
本段时间总计					
3. 微粒					
^{89}Sr	Bq				
^{90}Sr					
^{134}Cs					
^{137}Cs					
^{140}Ba-^{140}La					
其他（规定的）					
性质不明的					
本段时间总计					

表 A.3　气载流出物——地面释放

连续方式：

分批方式：

释放的核素	单位	季度	季度	季度	季度
1. 裂片气体					
^{85}Kr	Bq				
^{85m}Kr					
^{87}Kr					
^{88}Kr					
^{133}Xe					
^{135m}Xe					
^{135}Xe					
^{133m}Xe					
其他（规定的）					
性质不明的					
本段时间总计					
2. 碘					
^{131}I	Bq				
^{133}I					
^{135}I					
本段时间总计					
3. 微粒					
^{89}Sr	Bq				
^{90}Sr					
^{134}Cs					
^{137}Cs					
^{140}Ba-^{140}La					
其他（规定的）					
性质不明的					
本段时间总计					

表 A.4　液态流出物——总排放量

	单位	季度	季度	估计的总误差/%
1. 裂变产物和活化产物				
a. 总排放量（不包括氚、气体、α）	Bq			
b. 本段时间稀释后的平均浓度	Bq/L			
c. 占管理限值的百分比	%			
2. 氚				
a. 总排放量	Bq			
b. 本段时间稀释后的平均浓度	Bq/L			
c. 占管理限值的百分比	%			
3. 溶解的和带走的气体				
a. 总排放量	Bq			
b. 本段时间稀释后的平均浓度	Bq/L			
c. 占管理限值的百分比	%			
4. 总α放射性				
a. 总排放量	Bq			
b. 所排放的废物的体积（稀释前）	L			
c. 本段时间所用稀释水的体积	L			

表 A.5　液态流出物

连续方式：

间歇方式：

排放的核素	单位	季度	季度	季度	季度
^{89}Sr	Bq				
^{90}Sr					
^{134}Cs					
^{137}Cs					
^{131}I					
^{58}Co					
^{60}Co					
^{59}Fe					
^{65}Zn					
^{54}Mn					
^{51}Cr					
^{95}Zr-^{95}Nb					
^{99}Mo					
^{99m}Te					
^{140}Ba-^{140}La					
^{141}Ce					
其他（规定的）					
性质不明的					
本段时间的总计（上述核素）	Bq				
^{133}Xe	Bq				
^{135}Xe					

附加说明：

本标准由国家环境保护局和核工业部提出。

本标准由中国原子能科学研究院负责起草。

本标准主要起草人金家齐、宋书绶、王化民。

本标准由国家环境保护局负责解释。

中华人民共和国国家标准

水中镭的α放射性核素的测定

GB 11218—89

The determination for alpha-radionuclide of radium in water

国家环境保护局 1989-03-16 发布　　1990-01-01 实施

1　主题内容与适用范围

本标准规定了水中镭的α放射性核素的测定方法、操作步骤、主要仪器设备和试剂，以及计算公式。

本标准适用于天然地表水、地下水和铀矿冶排放废水中镭的α放射性核素的测定。测定的浓度下限为 8×10^{-3} Bq/L，精密度好于 15%。

2　方法概要

用氢氧化铁-碳酸钙作载体，共沉淀浓集水中的镭，沉淀物用硝酸溶解。在有柠檬酸存在下的溶液中，再以硫酸铅钡为混合载体共沉淀镭，与其他α放射性核素分离。硫酸铅钡沉淀用硝酸溶液洗涤净化，并溶于氢氧化铵碱性乙二胺四乙酸二钠（EDTA）溶液中。加冰乙酸重沉淀硫酸钡（镭）以分离铅。将硫酸钡（镭）铺样，干燥，用低本底α探测装置测量，得出结果。

3　仪器设备与试剂

3.1　仪器设备

3.1.1　低本底α探测装置。

3.1.2　离心机。

3.1.3　离心试管：10 ml。

3.1.4　玻璃抽水泵。

3.1.5　过滤式铺样装置（见图 A.2）或不锈钢样品盘。

3.2　试剂

除非另有说明，分析时均使用符合国家标准或专业标准的分析试剂和蒸馏水或同等纯度的水。

3.2.1　盐酸：1 190 g/L。

3.2.2　硝酸：1 410 g/L。

3.2.3　冰乙酸：99%。

3.2.4　铁钙混合载体溶液：溶解 144.6 g 硝酸铁［$Fe(NO_3)_3\cdot9H_2O$］和 208 g 无水氯化钙［$CaCl_2$］于 400 ml 水中，加 320 ml 硝酸（3.2.2），用水稀至 1 L。

3.2.5　碳酸钠溶液：170 g/L，溶解 170 g 无水碳酸钠（Na_2CO_3）于水中并稀释至 1 L。

3.2.6　硝酸溶液：（2+1），2 体积硝酸和 1 体积水混合。

3.2.7　硝酸溶液：（1+100），1 体积硝酸和 100 体积水混合。

3.2.8　柠檬酸溶液：350 g/L，溶解 350 g 柠檬酸于水中，并稀至 1 L。

3.2.9 硝酸铅载体溶液：166 g/L，溶解 166 g 硝酸铅［$Pb(NO_3)_2$］于水中，并稀至 1 L。

3.2.10 硝酸钡载体溶液：9.517 g/L，溶解 9.517 g 硝酸钡［$Ba(NO_3)_2$］于水中，并稀至 1 L。

3.2.11 氢氧化铵溶液：（1+1），1 体积氢氧化铵和 1 体积水混合。

3.2.12 硫酸溶液：（1+1），在不断搅拌下小心地将 1 体积硫酸加入 1 体积水中，混匀。

3.2.13 EDTA 溶液：93 g/L，溶解 93 g 乙二胺四乙酸二钠于水中，并稀至 1 L。

3.2.14 碱性 EDTA 溶液：5 体积 EDTA 二钠盐溶液（3.2.13）和 2 体积氢氧化铵溶液（3.2.11）混合。

3.2.15 甲基橙指示剂溶液：1 g/L，溶解 0.1 g 甲基橙于 100 ml 水中。

4 方法测定效率的标定

4.1 由于使用的α探测装置以及铺样测量等有关条件的差异，必须对方法的测定效率进行标定，以求得仪器的计数率与衰变率之间的比例关系。

4.2 选取数个衰变率已知的镭标准参考水样或加标准镭（如镭-226），按第 5 章操作步骤进行测定。

4.3 方法测定效率按式（1）计算：

$$E = (C_t - C_b)/C_0F \tag{1}$$

式中：E——方法测定效率，cpm/dpm；

C_t——水样加本底计数率，cpm；

C_b——仪器和试剂本底计数率，cpm；

C_0——镭标准的已知衰变率，dpm；

F——重沉淀硫酸钡至测量完毕之间的子体增长系数。

5 操作步骤

5.1 镭含量较低水样的操作

5.1.1 取 5.0～10.0 L 水样于适宜的容器中，加入 20 ml 铁钙混合载体溶液（3.2.4），搅拌均匀。在不断搅拌下徐徐加入 150 ml 碳酸钠溶液（3.2.5），继续搅拌 3～5 min。静置沉淀后，倾去上层清液。将沉淀转入 500 ml 烧杯中，待沉淀物下沉，吸去上层清液。

5.1.2 缓慢加入 8～10 ml 硝酸溶液（3.2.6）溶解沉淀，过滤于 250 ml 烧杯中。用硝酸溶液（3.2.7）洗涤原烧杯和滤纸至滤纸上无黄色止，并控制溶液体积在 200 ml 左右。

5.1.3 向溶液中加入 5 ml 柠檬酸溶液（3.2.8），2 ml 硝酸铅载体溶液（3.2.9），2.00 ml 硝酸钡载体溶液（3.2.10），搅匀。用氢氧化铵溶液（3.2.11）调至溶液呈黄棕色，使 pH 约为 8。加热至沸，在搅拌下滴加 1 ml 硫酸溶液（3.2.12），取下冷却。

5.1.4 待沉淀完全后，用抽水泵（3.1.4）吸去上层清液。将沉淀转入离心试管（3.1.3），离心分离，吸去上层清液。烧杯和沉淀用 10 ml 硝酸溶液（3.2.6）洗涤两次，10 ml 水洗涤一次。均离心分离，弃去洗涤液。

5.1.5 用 10 ml 碱性 EDTA 溶液（3.2.14）将离心试管中的沉淀全部转入原 250 ml 烧杯中，5 ml 水洗涤离心试管，洗涤液并入同一烧杯中，再用 5 ml 水淋洗烧杯壁。轻轻摇动烧杯，使沉淀完全溶解。必要时可加热以加速其溶解。

5.1.6 在不断摇动下逐滴加入冰乙酸（3.2.3）至硫酸钡沉淀重新生成后再过量 3 滴，记下时间。用原离心试管离心分离，弃去上层清液。然后用 10 ml 水将烧杯中剩余的沉淀全部洗入离心试管，充分混匀、离心分离、弃去上层清液。

5.1.7 小心摇动离心试管，使硫酸钡沉淀松散。用约 10 ml 水将硫酸钡沉淀全部洗入已装有两层滤纸小圆片的铺样装置（3.1.5）的盛样筒内。待水滤尽后（若抽滤，速度不宜太快，以免硫酸钡穿滤损失），将其烘干。冷却至室温，置α探测装置（3.1.1）上测量计数，记下计数结束时间。

5.2　镭含量较高水样（>5 Bq/L）的操作

5.2.1　视水样镭含量的不同取 1 L 或较小体积的水样，按每升水样加 10 ml 硝酸的比例加入一定体积的硝酸（3.2.2）。

5.2.2　向水样中加入 5 ml 柠檬酸溶液（3.2.8），用氢氧化铵溶液（3.2.11）调至碱性。然后加入 2 ml 硝酸铅载体溶液（3.2.9）2.00 ml 硝酸钡载体溶液（3.2.10）。

5.2.3　将溶液加热至沸，加 10 滴甲基橙指示剂溶液（3.2.15）在搅拌下滴加硫酸溶液（3.2.12）至溶液呈粉红色，并过量 5 滴，取下冷却。以下按（5.1.4～5.1.7）叙述的步骤进行操作。

6　结果计算

镭的α放射性核素的浓度按式（2）计算：

$$D=(C_t-C_b)/60EVF \qquad (2)$$

式中：D——水中镭的α放射性核素的浓度，Bq/L；

V——水样体积，L；

60——为换算成 Bq/min 的转换因子；

其他符号同式（1）。

附 录 A
正确使用本标准的说明
（参考件）

A.1 水样的采集、处理与保存按《核设施水质监测分析取样规定》执行。

A.2 本标准所用的化学试剂，尤其是氯化钙、硝酸铅、硝酸钡，要求镭的本底低。在更换使用不同厂家出品的试剂时，应测定所用试剂的空白值。

A.3 在沉淀硫酸铅、钡时，硫酸溶液不能过量太多，以免硫酸钙析出。必要时可减少铁钙混合载体溶液中的钙量。

A.4 如果仅取部分硫酸钡进行铺样测量，那么测量后要将硫酸钡在 750～800℃的高温炉中灼烧后称重，得出硫酸钡的化学产率 R，$R=m/m_0\times100\%$（m 为用于铺样测量的硫酸钡质量，m_0 为应生成的硫酸钡的理论质量）。在计算中予以修正。方法测定效率计算式为：$E=(C_t-C_b)/C_0FR$；结果计算式为：$D=(C_t-C_0)/60EVFR$，并且尽量使标定和水样测定时所用铺样测量的硫酸钡的量即 R 基本一致。

A.5 本标准所测定的镭的α放射性同位素的结果可按镭-226 的当量来表示，因此在镭-226、镭-223 和镭-224 三者比例关系不明的情况下，可取镭-226 的子体增长系数，见附录 A（参考件）表 A.1 进行修正。要是测量水样时的计数相当低，计数的统计误差远超过子体增长系数值时，可考虑不作修正。

A.6 如果需要了解镭的单个α放射性同位素的相对浓度，可在用本方法测定它们的混合浓度的同时，用射气闪烁法测定其中镭-226 的浓度。并根据镭-223 与镭-226 在自然界中的比例关系求得镭-223 的浓度。将它们的混合浓度减去镭-226 和镭-223 的浓度即为镭-224 的浓度。当然，用计算求得的镭-223 和镭-224 的结果没有用单独测定的方法得出的结果准确。

表 A.1 镭-226 中α活性随时间的增长

时间/h	修正系数 F
0	1.000 0
1	1.016 0
2	1.036 3
3	1.058 0
4	1.079 8
5	1.102 1
6	1.123 8
24	1.489 2
48	1.905 4
72	2.252 5

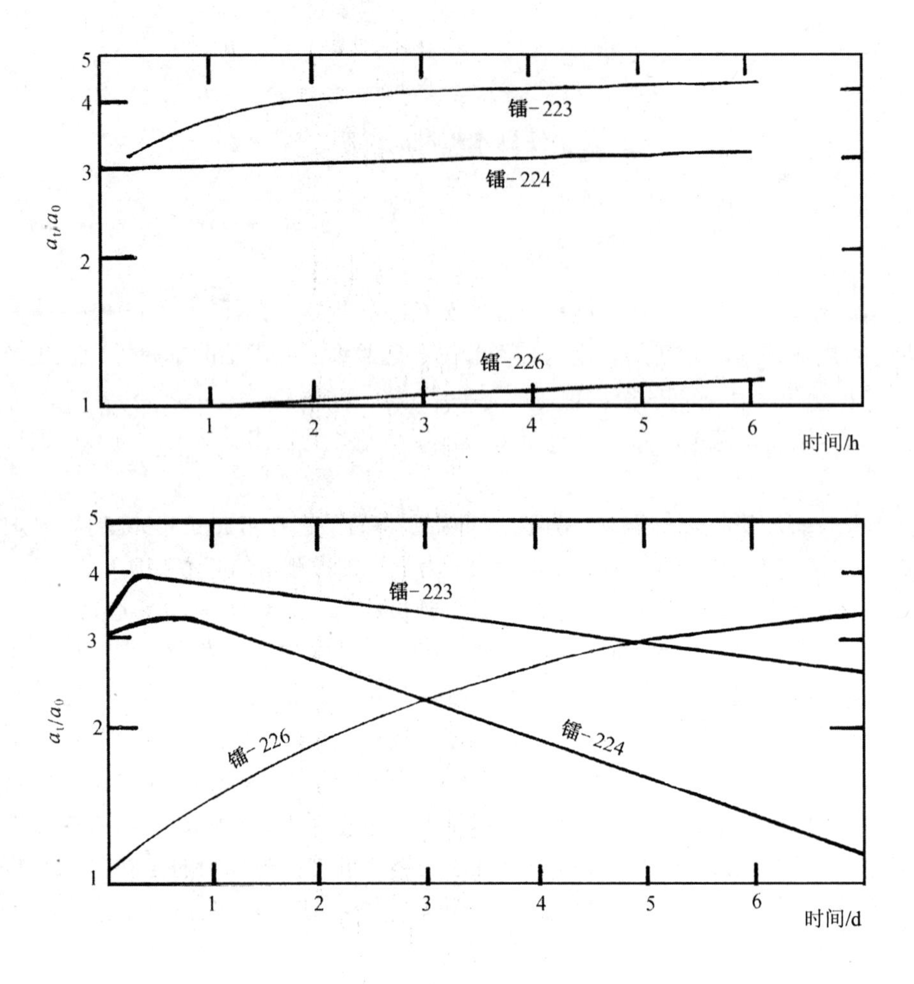

图 A.1 镭同位素中α活性增长图

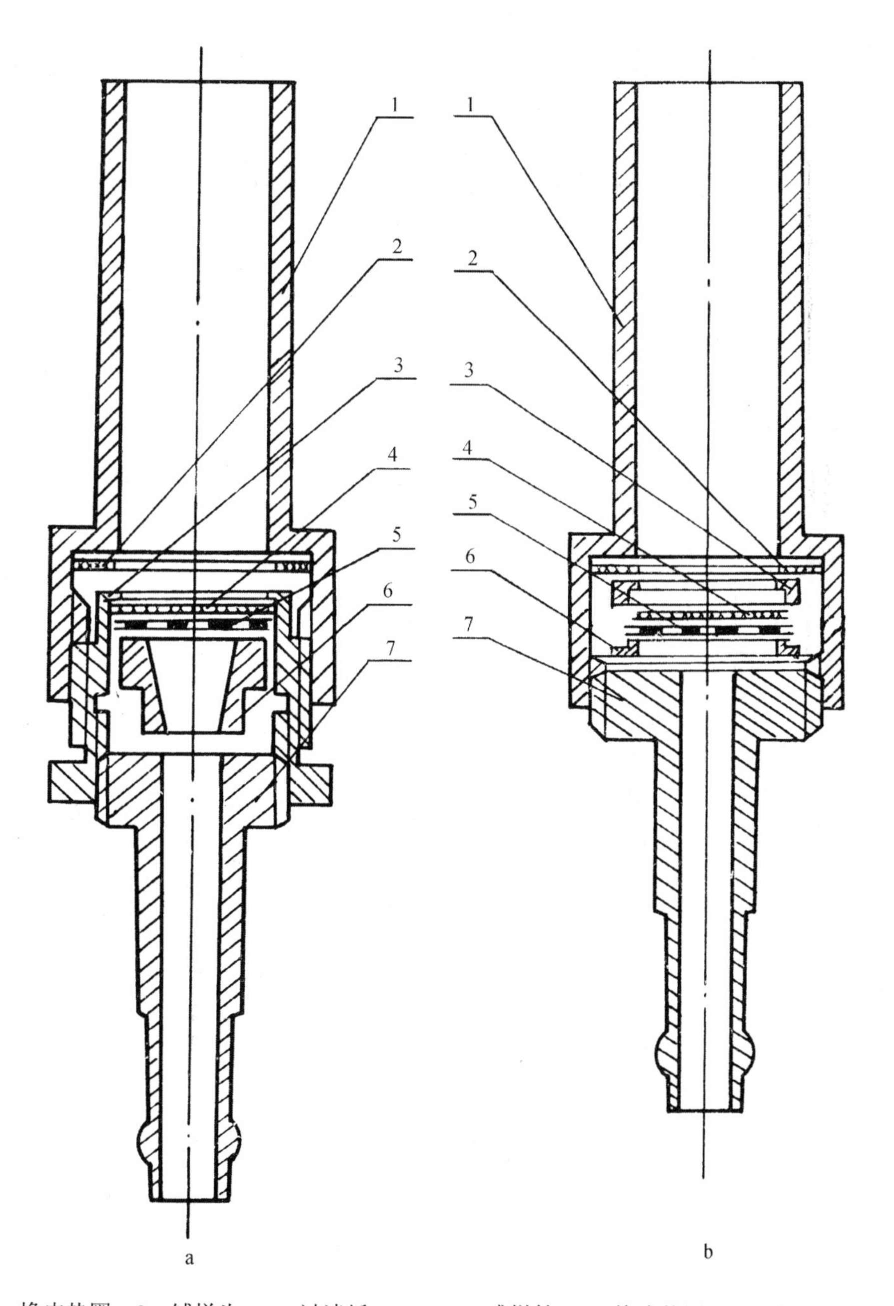

1—盛样筒；2—橡皮垫圈；3—铺样头；4—过滤纸；
5—铜筛网；6—托垫；7—紧固螺栓

1—盛样筒；2—橡皮垫圈；3—滤纸压环上；4—过滤纸；
5—铜筛网；6—滤纸压环下；7—紧固螺栓

图 A.2 过滤式铺样装置

附加说明：

本标准由国家环境保护局和核工业部提出。

本标准由国营七一一矿、国营二七二厂负责起草。

本标准主要起草人杨成星、黄超。

本标准由国家环境保护局负责解释。

中华人民共和国国家标准

土壤中钚的测定　萃取色层法

GB 11219.1—89

Determination of plutonium in soil— Extraction chromatography method

国家环境保护局 1989-03-16 批准　　1990-01-01 实施

1　主题内容与适用范围

本标准规定了在常规和事故条件下，环境土壤中钚的测定方法——萃取色层法。

本标准适用于土壤中钚的活度在 1.5×10^{-5} Bq/g 以上的测量范围。

2　原理

土壤试样用硝酸加热浸取或用硫酸-高氯酸-硝酸-氢氟酸加热溶解进行前处理。然后用三正辛胺-聚三氟氯乙烯色层粉萃取色层吸附钚，并用 10 mol/L 的盐酸和 3 mol/L 的硝酸分别洗涤色层柱，以去除钍、铀等干扰离子。最后用草酸-硝酸溶液解吸钚。在低酸度下进行电沉积制源。用低本底α计数器或α谱仪测量。

3　试剂

除非另有说明，分析时均使用符合国家标准或专业标准的分析纯试剂和蒸馏水或同等纯度的水。试剂本底不超过仪器本底计数率的三倍标准偏差。

3.1　三正辛胺（TOA）：$[CH_3(CH_2)_7]_3N$，含量 95.0%。

3.2　二甲苯：$C_6H_4(CH_3)_2$，含量不少于 80.0%。

3.3　聚三氟氯乙烯色层粉：40～60 目。

3.4　氨磺酸：$HO\cdot SO_2\cdot NH_2$，含量不少于 99.5%。

3.5　还原铁粉：含量不少于 97.0%。

3.6　亚硝酸钠：含量不少于 99.0%。

3.7　氢氧化铵（或氨水）：浓度 25.0%～28.0%（*m*/*m*）。

3.8　无水乙醇：含量不少于 99.5%（*m*/*m*）。

3.9　盐酸：浓度 36.0%～38.0%（*m*/*m*）。

3.10　硝酸：浓度 65.0%～68.0%（*m*/*m*）。

3.11　草酸：$H_2C_2O_4\cdot 2H_2O$，含量不少于 99.8%。

3.12　硫酸：浓度 95.0%～98.0%（*m*/*m*）。

3.13　高氯酸：浓度 70.0%～72.0%（*m*/*m*）。

3.14　氢氟酸：浓度不少于 40.0%（*m*/*m*）。

3.15　硝酸铝：$Al(NO_3)_3\cdot 9H_2O$，含量不少于 90.0%。

3.16　精密试纸：pH 0.5～5.0。

3.17 碘氢酸：浓度不低于 45.0%（*m/m*）。
3.18 TOA-二甲苯溶液：将 1 份 TOA 与 9 份二甲苯混合。
3.19 0.4 mol/L 碘氢酸-6.0 mol/L 盐酸溶液。
3.20 0.025 mol/L 草酸-0.150 mol/L 硝酸溶液。
3.21 氢氧化铵：（1+1）。
3.22 盐酸：10 mol/L。
3.23 硝酸：（1+1）。
3.24 硝酸：3.0 mol/L。
3.25 硝酸：0.1 mol/L。
3.26 亚硝酸钠溶液：4.0 mol/L。
3.27 氨基磺酸亚铁溶液：称取 3.0 g 还原铁粉（3.5）和 12.0 g 氨磺酸（3.4），用硝酸（3.25）溶解，过滤除去剩余物，滤液用水或硝酸（3.25）稀至 50 ml，密闭于棕色瓶中低温保存，使用期可达 1 月。

4 仪器

4.1 低本底α计数器：最低可探测限为 2.0×10^{-4} Bq。
4.2 低本底α谱仪：最低可探测限为 2.0×10^{-4} Bq。
4.3 分析天平：感量 0.1 mg。
4.4 离心机：最高转速 4 000 r/min，容量 100 ml×4。
4.5 玻璃色层柱：见附录 B（参考件）图 B.1。
4.6 电沉积装置：见附录 B（参考件）图 B.2。
4.7 聚四氟乙烯烧杯：容量 100 ml。
4.8 TOA-聚三氟氯乙烯色层粉
4.8.1 色层粉的配制：每 1.0 g 聚三氟氯乙烯粉（3.3）加入 2.0 ml TOA-二甲苯溶液（3.18）充分搅拌均匀后放置或在红外灯下烘烤呈松散状。用水悬浮法除去悬浮的粉，将未悬浮的色层粉贮存在棕色的玻璃瓶中备用。
4.8.2 色层粉的装柱：用湿法将调好的色层粉（4.8.1）装入色层柱中，柱的上下两端用少量聚四氟乙烯细丝填塞，床高 60 mm，再用 20 ml 硝酸（3.23）以 3 ml/min 的流速通过色层柱，备用。
4.8.3 色层柱的再生：依次用 10 ml 0.025 mol/L 草酸-0.150 mol/L 硝酸溶液（3.20），20 ml 水，20 ml 硝酸（3.23）以 2 ml/min 流速通过色层柱，备用。

5 操作步骤

5.1 采样和试样的制备
5.1.1 采样：选择具有代表性的地段，采集样品时，布点应因地制宜，可采用梅花形或直线形等方式均匀布点。每点采集 10 cm×10 cm×5 cm 或直径 11 cm、深 5 cm 的表层土壤，装入食品袋中，做好标记和记录。
5.1.2 试样的制备：将土壤平铺在搪瓷盘中或塑料布上晾干，去掉碎石和植物根基，捣碎并全部通过 10 目（孔径为 2.0 mm）的分样筛，混合均匀，然后按对角线四分法缩取部分土壤（约 0.5 kg）碾碎后全部通过 120 目的分样筛，在 110℃下烘干，保存在干燥的磨口瓶中或塑料瓶中供分析用。
5.2 试样的前处理
5.2.1 硝酸浸取法：从土壤试样中称取 30.0 g 的试样，准确到 0.1 g，置于 250 ml 烧杯中，缓慢加入硝酸（3.23）70 ml，搅拌均匀后放在电炉上加热煮沸 10～15 min（防止崩溅和溢出），冷却至室温后将浸取液和沉淀转移至离心管中离心 10～15 min（转速为 3 000 r/min），收集上层清液。再用 40 ml 硝酸（3.23）

将沉淀转移至原烧杯中再重复加热浸取一次，将两次上层清液合并。沉淀用 30 ml 硝酸（3.24）、30 ml 水分别洗涤一次，离心，上层清液与前两次上层清液合并（称为 A 液）供分析用。

5.2.2 硫酸-高氯酸-硝酸-氢氟酸-盐酸溶解法：从土壤试样中称取 5.00 g 试样，准确到 0.01 g，置于 200 ml 烧杯中，加入 5 ml 硫酸（3.12），5 ml 高氯酸（3.13）搅拌均匀后盖上表面皿在电炉砂浴上消化 1 h，再趁热加入 5 ml 高氯酸（3.13）继续加热消化 1～1.5 h，去掉表面皿蒸干。然后将残渣转入 100 ml 聚四氟乙烯烧杯中，依次用 10 ml 高氯酸（3.13），10 ml 硝酸（3.10）分多次洗涤原烧杯。洗涤液转入聚四氟乙烯烧杯中，再加入 20 ml 氢氟酸（3.14），加盖在约 200℃砂浴上微沸 3～4 h 后去盖蒸发至干。残渣呈淡绿色或淡黄色。用 50 ml 硝酸（3.24）将残渣转至 100 ml 烧杯中加热溶解，离心（转速 3 000 r/min）10～15 min，收集上层清液。用 25 ml 硝酸（3.24）将沉淀转移至原烧杯中，重复以上操作，合并两次上层清液。用 10 ml 盐酸（3.9）再将沉淀转移至原烧杯中，加热蒸发至干，用 10～15 ml 硝酸（3.24）加热溶解残渣，并与前两次上层清液合并。同时加入 5 g 硝酸铝（3.15）（称为 B 液）供分析用。

如果残渣用 50 ml 和 25 ml 硝酸（3.24）两次加热能完全溶解时，则可省去 10 ml 盐酸（3.9）处理这一步骤。

5.3 *A* 或 *B* 液每 100 ml 加入 0.5 ml 氨基磺酸亚铁（3.27）还原 5～10 min，再加入 0.5 ml 亚硝酸钠（3.20）氧化 5～10 min，煮沸溶液使过量的亚硝酸钠完全分解，冷却至室温。

5.4 控制溶液（5.3）的硝酸浓度为 6～8 mol/L，以 2 ml/min 的流速通过已装好的色层柱。用 10 ml 硝酸（3.23）分多次洗涤原烧杯，洗涤液以相同的流速通过色层柱。

5.5 依次用 20 ml 盐酸（3.22）和 30 ml 硝酸（3.24），2 ml 水洗涤色层柱，流速与吸附流速相同。

5.6 在不低于 10℃条件下，用 8.0 ml 0.025 mol/L 草酸-0.150 mol/L 硝酸溶液（3.20）以 1 ml/min 流速解吸，将解吸液收集在电沉积槽中，并用氨水（3.21）调节解吸液的 pH 值为 1.5～2.0，将电沉积槽置于流动的冷水浴中，极间距离为 4～5 mm，电流密度为 500～800 mA/cm^2 下电沉积 1 h。终止前加入 1 ml 氨水（3.7）继续电沉积 1 min，断开电源，弃去电沉积液，依次用水和无水乙醇（3.8）洗涤电镀片，而后在红外灯下烘干，在低本底α计数器或α谱仪上测量。

6 结果计算

土壤中钚的放射性活度按式（1）计算：

$$A = \frac{1\,000N}{60E \cdot Y \cdot m} \quad (1)$$

式中：*A*——土壤中钚的放射性活度，Bq/kg；

N——试样源的净计数率，cpm；

E——仪器对钚的探测效率，cpm/dpm；

Y——钚的全程放化回收率；

m——土壤试样质量，g；

1 000——将 g 变成 kg 的转换系数；

60——将 dpm 变为 Bq 的转换系数。

结果以两位小数表示。

7 钚的全程放化回收率的测定

7.1 称取未被污染的土壤试样，加入已知钚浓度的指示剂，按本标准 5.2～5.6 条操作。

7.2 按式（2）计算钚的全程回收率 *Y*：

$$Y = \frac{N_1}{N_0} \quad (2)$$

式中：N_1——试样源的净衰变数，dpm；

N_0——试样中加入钚的衰变数，dpm。

8 空白试验

每当更换试剂时必须进行空白试验，样品数不能少于 4 个，其试验步骤如下：

8.1 酸浸取法：量取 120 ml 硝酸（3.23）置于 200 ml 烧杯中，按本标准 5.3～5.6 条操作，采取和样品相同的条件测量空白样品的计数率。计算空白样品的平均计数率和标准误差。检验其与仪器的本底计数率在 95%的置信水平下是否有显著性的差异。

8.2 酸溶解法：不加试样而按本标准 5.2.2～5.6 条操作，其测量、计算和检验均同本标准 7.1 条。

9 精密度

重复性和再现性应达到下表所列的要求：

钚的总活度/Bq	重复性/%		再现性/%	
	酸浸取法	酸溶解法	酸浸取法	酸溶解法
＜0.01	15	15	25	25
0.01～＜10	10	10	20	20

10 特殊情况

10.1 当 *A* 和 *B* 两种溶液由于离心不好仍有少量沉淀时，可用快速滤纸过滤后再通过萃取色层柱。

10.2 当酸浸取液中出现不溶物质时，需经过离心，收集上层清液，沉淀用酸溶解法（见本标准 5.2.2）处理后所得溶液与上层清液合并，再通过萃取色层柱。

10.3 萃取色层法对镎的去污系数偏低，当土壤试样中含有干扰核素镎时，可用α谱仪进行测量或用碘氢酸-盐酸溶液（3.19）解吸钚，其步骤如下：

将 8.0 ml 0.025 mol/L 草酸-0.150 mol/L 硝酸溶液（3.20）改用 8.0 ml 0.4 mol/L 碘氢酸-6.0 mol/L 盐酸溶液（3.19）以 1 ml/min 流速解吸，用小烧杯收集解吸液，在电砂浴上缓慢蒸干（防止崩溅）。

将蒸干的残渣用 8.0 ml 0.025 mol/L 草酸-0.150 mol/L 硝酸溶液（3.20）分多次溶解，并转移到电沉积槽中，以后操作步骤和测量、计算均见本标准 5.6 条及第 6 章。

附 录 A
正确使用本标准的说明
（参考件）

A.1 按式（A1）决定试样的计数时间（min）：

$$T_c = \frac{N_c \pm \sqrt{N_c \cdot N_b}}{N^2 \cdot E^2} \qquad \text{(A.1)}$$

式中：T_c——试样的计数时间，min；

N_c——试样加本底的计数率，cpm；

N_b——本底的计数率，cpm；

N——试样的净计数率，cpm；

E——预定的相对标准偏差。

A.2 当土壤中含有难溶性的钚时，必须采用硫酸-高氯酸-硝酸-氢氟酸溶解法对土壤试样进行前处理。

A.3 本标准采用红色担体，白色担体和化学合成的聚三氟氯乙烯粉作支撑体时，其效果比采用辐照合成的聚三氟氯乙烯粉稍差。

A.4 本标准采用三脂肪胺（TAA）作萃取剂时，其效果与采用三正辛胺（TOA）一样。

附 录 B
仪器设备图
（参考件）

B.1 玻璃萃取色层柱，见图 B.1。

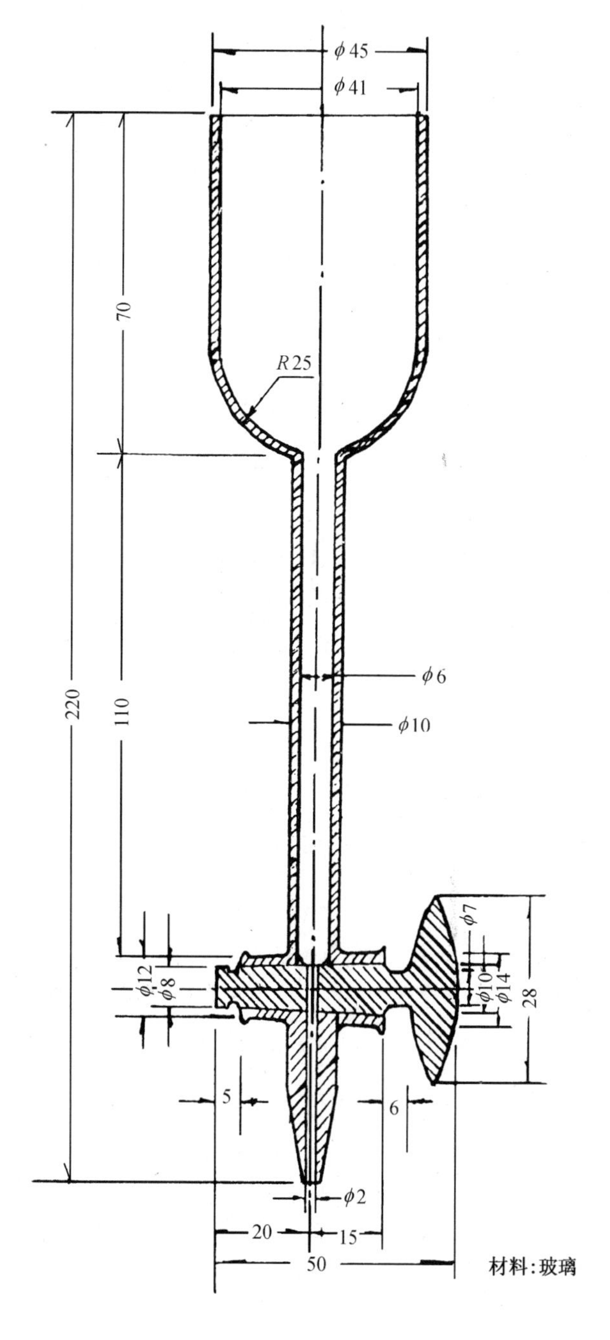

图 B.1 玻璃萃取色层柱

B.2 电沉积槽装配图，见图 B.2。

注：图 B.1、图 B.2 见 GB 11219.2—89 中图 A.1、图 A.2。

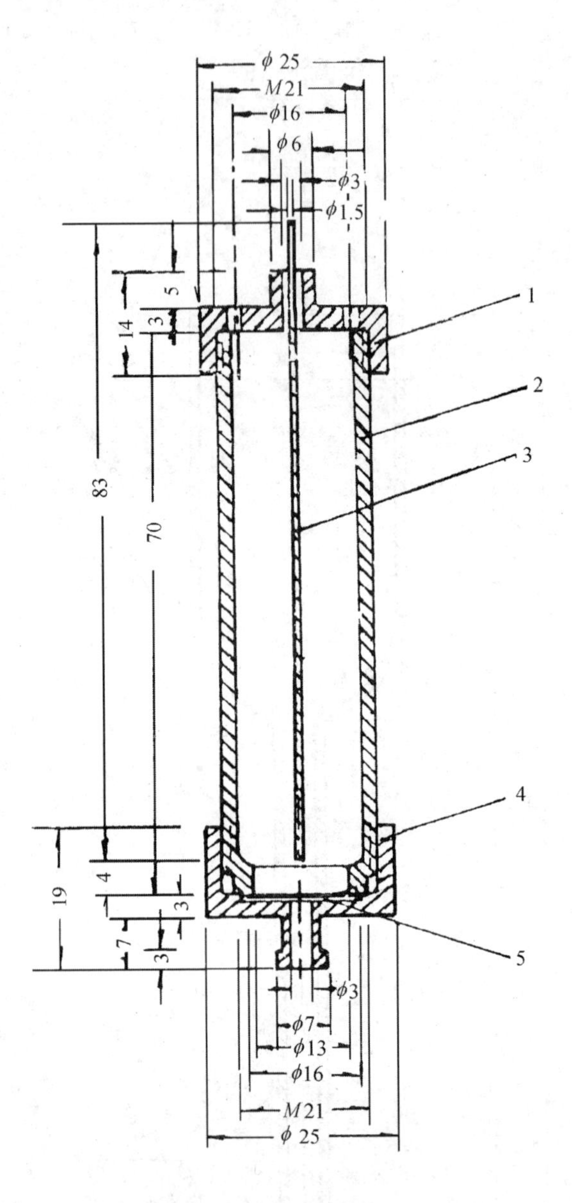

1—盖（有机玻璃或聚四氟乙烯）；2—液槽（有机玻璃或聚四氟乙烯）；
3—阳极（铂金丝ϕ1.5 mm）；4—底座（不锈钢）；5—阴极（不锈钢片，厚 0.5 mm，ϕ16 mm）

图 B.2 电沉积槽装配图

附加说明：

本标准由国家环境保护局和核工业部提出。

本标准由中国原子能科学研究院负责起草。

本标准主要起草人刘寿荪、颜启民。

本标准由国家环境保护局负责解释。

中华人民共和国国家标准

土壤中钚的测定 离子交换法

GB 11219.2—89

Determination of plutonium in soil—Ion exchange method

国家环境保护局 1989-03-16 批准　　1990-01-01 实施

1 主题内容与适用范围

本标准规定了在常规和事故条件下，环境土壤中钚的测定方法——离子交换法。

本标准适用于土壤中钚的活度在 1.5×10^{-5} Bq/g 以上的测量范围。

2 原理

土壤试样用硝酸加热浸取，然后用强碱性阴离子交换树脂分离纯化钚，并用 8.0 mol/L 的盐酸和 8.0 mol/L 的硝酸分别洗涤交换柱，以洗脱钍、铀等干扰离子。最后用盐酸-氢氟酸溶液解吸钚，在硝酸-硝酸铵溶液中电沉积制源。用低本底α计数器或低本底α谱仪测量。

3 试剂

除非另有说明外，分析时均使用符合国家标准或专业标准的分析纯试剂和蒸馏水。试剂本底不超过仪器本底计数率的三倍标准偏差。

3.1 亚硝酸钠：含量不少于 99.0%。

3.2 氢氧化铵（或氨水）：浓度 25.0%～28.0%（*m/m*）。

3.3 无水乙醇：含量不少于 99.5%（*m/m*）。

3.4 盐酸：浓度 36.0%～38.0%（*m/m*）。

3.5 硝酸：浓度 65.0%～68.0%（*m/m*）。

3.6 氢氟酸：浓度不少于 40.0%（*m/m*）。

3.7 精密试纸：pH 0.5～5.0。

3.8 氨磺酸：$HO\cdot SO_2\cdot NH_2$，含量不少于 99.5%。

3.9 还原铁粉：含量不少于 97.0%。

3.10 氢氧化胺：（1+1）。

3.11 盐酸：8.0 mol/L。

3.12 硝酸：（1+1）。

3.13 硝酸：3.0 mol/L。

3.14 硝酸：0.1 mol/L。

3.15 亚硝酸钠溶液：4.0 mol/L。

3.16　0.36 mol/L 盐酸-0.01 mol/L 氢氟酸溶液。

3.17　氨基磺酸亚铁溶液：称取 3.0 g 还原铁粉（3.9）和 12.0 g 氨磺酸（3.8）用硝酸溶液（3.14），过滤除去不溶物，滤液用水稀至 50 ml，密闭于棕色瓶中低温保存，备用。使用期可达 30 d。

3.18　阴离子交换树脂 251×8。

3.19　0.150 mol/L 硝酸铵-0.150 mol/L 硝酸溶液。

4　仪器

4.1　低本底α计数器：最低探测限 2×10^{-4} Bq。

4.2　分析天平：感量 0.1 mg。

4.3　离心机：最高转速 4 000 r/min，容量 400 ml×4。

4.4　玻璃交换柱：见附录 A（参考件）图 A1。

4.5　电沉积装置：见附录 A（参考件）图 A2。

4.6　聚四氟乙烯烧杯：容量 100 ml。

4.7　离子交换树脂的活化：将阴离子交换树脂（3.18）研磨过筛 60～80 目，用无水乙醇（3.3）浸泡 24 h，倾出漂浮物，并用蒸馏水洗涤若干次，漂去悬浮物，最后用硝酸（3.14）浸泡，装瓶备用。

4.8　离子交换树脂的装柱：用湿法将离子交换树脂（4.7）自然下沉装入交换柱中，柱的上下两端用少量的聚四氟乙烯细丝填塞，床高 70 mm。然后用 20 ml 硝酸（3.12）以 3 ml/min 流速通过柱子，备分离纯化用。

5　操作步骤

5.1　采样和试样的制备

5.1.1　采样：选择具有代表性的地段，采集样品时，布点应因地制宜，可采用梅花形或直线形等方式均匀布点。每点采集 10 cm×10 cm×5 cm 或ϕ11 cm、深 5 cm 的表层土壤，装入食品袋中，做好标记和记录。

5.1.2　试样的制备：将土壤平铺在搪瓷盘中或塑料布上晾干，去掉碎石和植物根基，捣碎并全部过筛（10 目），混合均匀。然后按对角线四分法缩取部分土壤（约 0.5 kg），碾碎后全部通过 120 目的分样筛，在 110℃下烘干，保存在干燥的磨口瓶中或塑料瓶中供分析用。

5.2　土壤的前处理

从土壤试样中称取 30.0 g，准确到 0.1 g 置于 250 ml 锥形瓶中，缓慢加入硝酸（3.12）70 ml，搅拌均匀后放置电炉上加热，锥形瓶上盖一个小漏斗。煮沸 15～20 min，冷却至室温后，将浸取液用快速滤纸过滤或用离心机离心分离。再用 50 ml 硝酸（3.12）重复上述操作一次。若土壤污染严重可用 50 ml 硝酸再重复一次。过滤上层清液，沉淀用 30 ml 蒸馏水洗涤一次，过滤，合并滤液供分析用，此液称为 *A* 液。

5.3　*A* 液每 100 ml 加入 0.5 ml 氨基磺酸亚铁（3.17）还原 5～10 min，再加入 0.5 ml 亚硝酸钠（3.15）氧化 5～120 min，煮沸溶液使过量的亚硝酸钠完全分解，冷却至室温。

5.4　控制溶液的酸度为 7～8 mol/L，以 1 ml/min 的流速通过已装好树脂的交换柱，用 10 ml 硝酸（3.12）分两次洗涤原烧杯。洗涤液以相同的流速通过交换柱。

5.5　依次用 30 ml 盐酸（3.11）和 40 ml 硝酸（3.12），3 ml 硝酸（3.13）和 1 ml 硝酸（3.14）洗涤交换柱，其流速为 2 ml/min。

5.6　在不低于 20℃条件下，用 8.0 ml 0.36 mol/L 盐酸-0.01 mol/L 氢氟酸溶液（3.16）以 0.2 ml/min 的流速解吸，解吸液收集在 50 ml 小烧杯中，在电砂浴上缓慢蒸干。用 8 ml 0.150 mol/L 硝酸铵-0.150 mol/L 硝酸溶液（3.19）分 3 次洗涤小烧杯，并将其用滴管转移到电沉积槽中，将电沉积槽置于流动的冷水浴中，极间距离为 10～15 mm，电流密度为 900～1 200 mA/cm^2 下电沉积 1.5 h。终止前加入 1 ml 氨水（3.2）继续电沉积 1 min，断开电源，弃去电沉积液，依次用水和无水乙醇（3.3）洗涤镀片，并在红外灯下烘干，在低本底α计数器或低本底α谱仪上进行测量。

6 结果计算

6.1 土壤中钚的活度按式（1）计算：

$$A=\frac{1\,000N}{60E\cdot Y\cdot m} \tag{1}$$

式中：A——土壤中钚的放射性活度，Bq/kg；

N——试样源的净计数率，cpm；

E——仪器对钚的探测效率，cpm/dpm；

Y——钚的全程放化回收率；

m——土壤试样质量，g；

1 000——将 g 变成 kg 的转换系数；

60——将 dpm 转变成 Bq 的转换系数。

结果以两位小数表示。

6.2 按式（2）决定试样的计数时间（min）：

$$T_c=\frac{N_c\pm\sqrt{N_c\cdot N_b}}{N^2\cdot E^2} \tag{2}$$

式中：T_c——试样计数时间，min；

N_c——试样源加本底的计数率，cpm；

N_b——本底计数率，cpm；

N——试样源的净计数率，cpm；

E——预定的相对标准偏差。

7 钚的全程放化回收率的测定

7.1 称取未被污染的土壤试样，加入已知钚浓度的指示剂，按本标准 5.2～5.6 条进行操作。

7.2 按式（3）计算钚的全程回收率 Y：

$$Y=\frac{N_1}{N_0} \tag{3}$$

式中：N_1——试样源的净衰变率，dpm；

N_0——试样中加入钚的衰变率，dpm。

8 空白试验

量取 150 ml 硝酸（3.12）置于 250 ml 烧杯中，按本标准 5.3～5.6 条进行操作，采用和样品相同的条件测量空白样品的计数率。计算空白样品的平均计数率和标准偏差。检验其与仪器本底计数率在 95% 的置信水平下是否有显著的差异。

9 精密度

当钚的总活度小于 10 Bq 时，同一实验室的变异系数小于 20%。

附　录　A
仪器设备图
（参考件）

A.1　玻璃离子交换柱，见图 A.1。

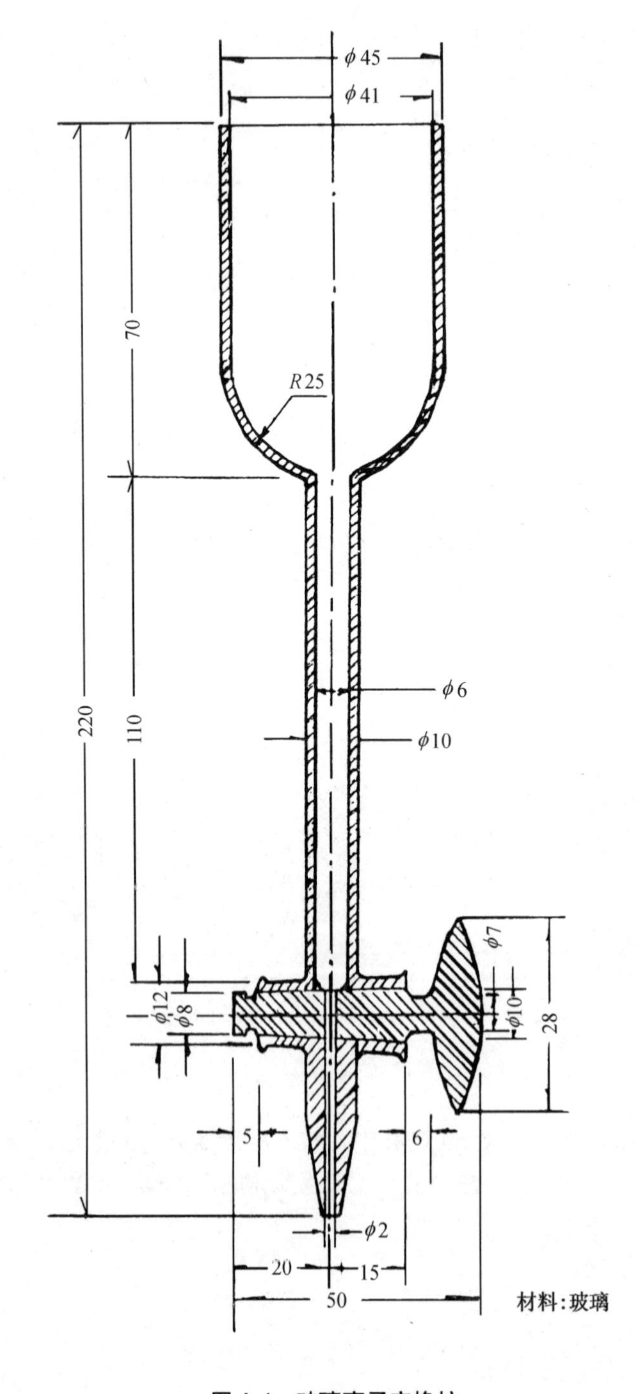

图 A.1　玻璃离子交换柱

A.2 电沉积槽装配图，见图 A.2。

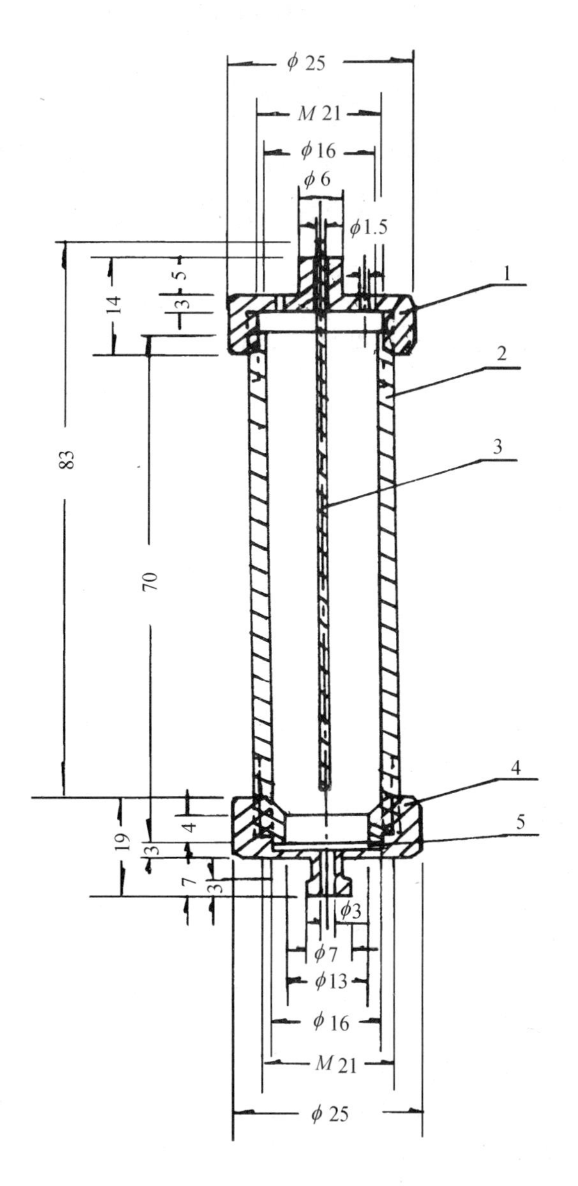

1—盖（有机玻璃或聚四氟乙烯）；2—液槽（有机玻璃或聚四氟乙烯）；3—铂金电极；4—底座（不锈钢）；5—镀片（不锈钢片，厚 0.5 mm）

图 A.2 电沉积槽装配图

附加说明：

本标准由国家环境保护局和核工业部提出。

本标准由中国原子能科学研究院负责起草。

本标准主要起草人朱震南、刘寿荪。

本标准由国家环境保护局负责解释。

中华人民共和国国家标准

土壤中铀的测定 CL-5209萃淋树脂分离2-（5-溴-2-吡啶偶氮）-5-二乙氨基苯酚分光光度法

GB 11220.1—89

Determination of uranium in soil—CL-5209 extractant-containing resin separation 2-(5-bromo-2-pyridylazo)-5-diethy laminophenol spectrophotometry

国家环境保护局 1989-03-16 批准　　1990-01-01 实施

1　主题内容与适用范围

本标准规定了土壤中铀的测定原理、适用范围，使用的试剂和仪器、分析步骤、分析结果的计算和方法的精密度。

本标准适用于土壤中铀含量的测定，测定范围：0.5～15 μg/g。

2　方法提要

2.1　试样经灼烧有机物后，用氢氟酸除硅，氢氧化钾和过氧化钠熔融后，用 1 mol/L 硝酸浸出，铀（Ⅵ）以硝酸铀酰形式被 CL-5209 萃淋树脂所吸附，树脂上的铀再用混合络合剂解吸。当 pH 为 7.8 时，在水-丙酮介质中，铀（Ⅵ）与 2-（5-溴-2-吡啶偶氮）-5-二乙氨基苯酚（简称 Br-PADAP），氟离子形成稳定的紫红色络合物，在 578 nm 处进行分光光度测定。

2.2　在测定 1 μg 铀时：500 mg 硫酸根，400 mg 氯，100 mg 钾、钠、高氯酸根，50 mg 钙、镁、铜（Ⅱ）、汞（Ⅱ）、铁（Ⅲ）、铝、锌，40 mg 钼（Ⅵ），20 mg 磷酸根、镍，15 mg 氟，10 mg 钴、锆（Ⅳ）、钡、铅、锰（Ⅱ）、钒（Ⅴ），5 mg 锶、铋、硅酸根，2 mg 银（Ⅰ）、砷（Ⅴ），1 mg 钨（Ⅵ）、镉、锂、铌、钛、钍，0.5 mg 铈（Ⅳ）、总稀土，0.2 mg 铬（Ⅵ），0.1 mg 钽、锑（Ⅲ）不干扰测定。

3　试剂

所有试剂除特殊注明者外，均为符合国家标准的分析纯试剂和蒸馏水或同等纯度的水。

3.1　丙酮。

3.2　氢氟酸：密度为 1.13 g/ml。

3.3　硝酸：密度为 1.42 g/ml。

3.4　硝酸溶液：1 mol/L。

3.5　盐酸：密度为 1.19 g/ml。

3.6　盐酸溶液：1 mol/L。

3.7　氨水：（1+1）。

3.8　酚酞溶液：10 g/L，称取 1 g 酚酞［$OCOC_6H_4C(C_6H_4OH)_2$］溶于 60 ml 乙醇（C_2H_5OH）中，用水

稀释至 1 000 ml。

3.9　碳酸钠溶液：50 g/L。

3.10　氢氧化钠溶液：100 g/L。

3.11　混合掩蔽剂溶液：称取 5 g1，2-环己二胺四乙酸［$(CH_2COOH)_2NCH(CH_2)_4HCN(CH_2COOH)_2$］（简称 CyDTA），5 g 氟化钠于 600 ml 水中，加氢氧化钠溶液（3.10）至 CyDTA 溶解，并用盐酸（3.5）和氨水（3.7）在酸度计上调溶液至 pH7.8，然后用水稀释至 1 000 ml。

3.12　缓冲溶液：量取 200 ml 三乙醇胺［$(HOCH_2CH_2)_3N$］，置于 600 ml 水中，用盐酸（3.5）中和至 pH 为 7～8，然后加粉状活性炭 4～5 g，搅拌，放置过夜。过滤后在酸度计上调节 pH 为 7.8，用水稀释至 1 000 ml。

3.13　Br-PADAP 乙醇溶液：称取 0.015 g Br-PADAP［$BrNC_5H_3N$：$NC_6H_3(OH)N(C_2H_5)_2$］用乙醇溶解并稀释至 100 ml。

3.14　铀标准贮备溶液（1.0 mg/ml）：称取基准八氧化三铀（经 850℃灼烧 2 h）0.117 9 g 于 50 ml 烧杯内，加入 5 ml 硝酸（3.3），在砂浴上微微加热至全部溶解，冷却后，转入 100 ml 容量瓶中，用硝酸溶液（3.4）稀释至刻度，摇匀。此溶液每毫升含 1.0 mg 铀。

3.15　铀标准溶液（1.0 μg/ml）：吸取铀标准贮备溶液（3.14）1.00 ml 于 1 000 ml 容量瓶中，用硝酸溶液（3.4）稀释至刻度，摇匀，此溶液每毫升含 1.0 μg 铀。

3.16　氢氧化钾。

3.17　过氧化钠。

3.18　CL-5209 萃淋树脂：粒度 60～75 目，其中 CL-5209 萃取剂为烷基膦酸二烷基酯其中含量为 60%。

4　仪器设备

4.1　分光光度计：波长范围 420～720 nm。

4.2　裂解石墨坩埚：30 ml。

4.3　色层柱：直径为 7 mm，柱长 80 mm 的玻璃柱。

5　分析步骤

5.1　色层柱的制备

称取 1 gCL-5209 萃淋树脂（3.18）装入已充满水的色层柱（4.3）中（柱底部和上部装少量脱脂棉）。用 10 ml 碳酸钠溶液（3.0）洗涤色层柱两次，然后再用蒸馏水淋洗至中性。使用前用 10 ml 硝酸溶液（3.4）平衡色层柱。溶液流经色层柱的流速为 0.8～1.2 ml/min。

5.2　工作曲线的绘制

5.2.1　吸取 0，0.4，0.6，0.8，1.0，1.2，1.6 ml 的铀标准溶液（3.15）于一系列裂解石墨坩埚中，在电炉上低温蒸干，取下。

5.2.2　稍冷，加 3 ml 氢氟酸（3.2），1 ml 硝酸（3.3）蒸干。

5.2.3　加入 5 g 氢氧化钾（3.16），1 g 过氧化钠（3.17），放在有保温圈的 2 000 W 电炉上，盖上石棉板，加热 15 min。关电炉后取出坩埚。

5.2.4　稍冷，将坩埚放入 150 ml 烧杯中，用硝酸溶液（3.4）浸出，控制体积为 60 ml，加 1 滴酚酞溶液（3.8），以氨水（3.7）和硝酸（3.3）调至红色褪去，加入 6 ml 硝酸（3.3）控制体积约 90 ml。加热煮沸约 1 min 取下烧杯。

5.2.5　稍冷，将此溶液过滤于预先用硝酸溶液（3.4）平衡好的色层柱中，用硝酸溶液（3.4）洗烧杯、漏斗、色层柱各三次（每次 5 ml），再以 2 ml 水洗柱子一次，弃去流出液。

5.2.6　用 5 ml 混合掩蔽剂溶液（3.11）分五次淋洗铀。再用 1 ml 水淋洗色层柱一次，将淋洗液收集于

10 ml 容量瓶中。

5.2.7 向容量瓶中加 1 滴酚酞溶液（3.8）。用氨水（3.7）和盐酸溶液（3.6）调酸度至红色刚褪。加入 1 ml 缓冲溶液（3.12），1 ml Br-PADAP（3.13），用丙酮（3.1）稀释至刻度摇匀放置 40 min 后，在分光光度计上，波长 578 nm 处，用 3 cm 比色皿以试剂空白为参比，测定吸光度。

5.2.8 以铀为横坐标，吸光度为纵坐标，绘制工作曲线。

5.3 试样分析

5.3.1 称取试样 0.1～1.0 g（精确到 0.000 1 g），置于 30 ml 裂解石墨坩埚中，放入马弗炉，在 700℃下灼烧半小时，取出坩埚。

5.3.2 稍冷加入 3 ml 氢氟酸（3.2），1 ml 硝酸（3.3）蒸干［如称样大于 0.2 g 可用氢氟酸（3.2）和硝酸（3.3）反复处理两次］。以下操作按 5.2.3～5.2.7 步骤进行。

注：所用分析的试样，全部通过 140 目筛。过筛后的试样充分混匀，在 105～110℃下烘干，装瓶，放在干燥器中备用。

5.4 试剂空白试验：按照试样分析方法用相同量全部试剂进行空白试验。

6 结果计算

铀的含量 C 按下式计算：

$$C=\frac{A}{m}$$

式中：C——土壤样品中铀的含量，μg/g；

A——从工作曲线上查得的铀含量，μg；

m——称样量，g。

分析结果为三位有效数字。

7 精密度

本方法相对标准偏差＜±10%。

附加说明：

本标准由国家环境保护局和核工业部提出。

本标准由核工业部北京第五研究所负责起草。

本标准主要起草人李德明、褚文英。

本标准由国家环境保护局负责解释。

中华人民共和国国家标准

生物样品灰中铯-137 的放射化学分析方法 GB 11221—89

Radiochemical analysis of caesium-137 in ash of biological samples

国家环境保护局 1989-03-16 发布 1990-01-01 实施

1 主题内容与适用范围

本标准规定了生物样品灰中铯-137 的分析方法和步骤。

本标准适用于动、植物灰中铯-137 的分析。测定范围：10^{-1}～10 Bq。

2 方法提要

在酸性介质中，用无机离子交换剂——磷钼酸铵选择性的定量吸附铯，以使铯浓集并去除干扰。然后用氢氧化钠溶液溶解吸附铯后的磷钼酸铵，并转化为柠檬酸和乙酸体系，进行碘铋酸铯沉淀。干燥至恒重，测量与计算铯-137 的放射性活度。

3 试剂

除非另有说明，均使用符合国家标准或专业标准的分析试剂和蒸馏水或同等纯度的水。试剂本底不超过仪器本底计数的统计误差。

3.1 硝酸：65.0%～68.0%（*m/m*）。

3.2 盐酸：35.0%～38.0%（*m/m*）。

3.3 硝酸铵。

3.4 冰乙酸（CH_3COOH）：浓度不低于 98%（*m/m*）。

3.5 乙醇（C_2H_5OH）：99.5%（*m/m*）。

3.6 磷钼酸铵［$(NH_4)_3PO_4 \cdot 12MoO_3 \cdot xH_2O$］。

3.7 过氧化氢：30%（*m/m*）。

3.8 柠檬酸溶液：30%（*m/m*）。

3.9 氢氧化钠溶液：2 mol/L。

3.10 饱和硝酸铵溶液。

3.11 硝酸：（1+9）。

3.12 铯载体溶液（约 20 mg/ml）：

3.12.1 配制：称取 12.7 g 在 110℃下烘干的氯化铯（CsCl）溶于 100 ml 水中，再加入 7.5 ml 硝酸（3.1），移入 500 ml 容量瓶中，用水稀释至刻度。

3.12.2 标定：吸取 4 份 2.00 ml 铯载体溶液（3.12）分别放入锥形瓶中，加入 1 ml 硝酸（3.1）和 5 ml 高氯酸（$HClO_4$）。加热蒸发至冒出浓白烟，冷却至室温，加入 15 ml 乙醇（3.5），搅拌，置于冰水浴中冷却 10 min。将高氯酸铯沉淀抽滤于已恒重的 G4 型玻璃砂芯漏斗中，用 10 ml 乙醇（3.5）洗涤沉淀。

于 105℃烘箱中干燥至恒重。

3.13 碘铋酸钠溶液：将 20 g 碘化铋（BiI_3）溶于 48 ml 水中，加入 20 g 碘化钠（NaI）和 2 ml 冰乙酸（3.4），搅拌。不溶物用快速滤纸滤出。滤液保存于棕色瓶中。

3.14 硝酸-硝酸铵洗涤液：称取 8.0 g 硝酸铵（3.3），溶于 100 ml 水中，再加入 67 ml 硝酸（3.1），移入 1 000 ml 容量瓶中，用水稀释至刻度。

3.15 铯-137 标准溶液（约 1 000 dpm/ml）。

4 仪器

4.1 低本底β射线测量仪。

4.2 分析天平，感量 0.1 mg。

4.3 烘箱。

4.4 马弗炉。

4.5 可拆卸式漏斗。

4.6 G4 玻璃砂芯漏斗。

5 分析步骤

5.1 称取 5～20 g 灰样，准确到 0.01 g，置于 150 ml 瓷蒸发皿内。加入少许水润湿。加入 1.00 ml 铯载体溶液（3.12），再慢慢地加入 10 ml 硝酸（3.1）和 3 ml 过氧化氢（3.7）。搅拌均匀，盖上玻璃表皿，在砂浴上蒸干。置于低温电炉上加热至赶尽黄烟后，放入马弗炉，在 450℃下灰化 30 min，冷却。若灰化不完全，可用饱和硝酸铵溶液（3.10）润湿，置于电炉上蒸干并使硝酸铵分解。试样要灰化至无炭粒为止。

5.2 用硝酸（3.11）分几次浸取灰样。加热并趁热过滤或离心，弃去残渣，合并清液。使浸出液的体积控制在 250 ml 左右。

5.3 加入 1 g 磷钼酸铵（3.6）。搅拌 30 min。用 G4 玻璃砂芯漏斗抽滤，用硝酸-硝酸铵洗涤液（3.14）洗涤容器。弃去滤液，保留沉淀。

注：加入磷钼酸铵吸附铯时，如发现磷钼酸铵由黄变为蓝绿色时，可加入几滴饱和高锰酸钾溶液，使磷钼酸铵保持黄色。

5.4 用 10 ml 氢氧化钠溶液（3.9）溶解漏斗中的磷钼酸铵、抽滤。用 10 ml 水洗涤漏斗，滤液与洗涤液收集于抽滤瓶内 25 ml 试管中。将收集液转入 50 ml 烧杯，加入 5 ml 柠檬酸溶液（3.8）。

5.5 在电炉上小心蒸发溶液至 5～8 ml。冷却后置于冰水浴中，加入 2 ml 冰乙酸（3.4）和 2.5 ml 碘铋酸钠溶液（3.13）。玻璃棒擦壁搅拌至碘铋酸铯沉淀生成，在冰水浴中放置 10 min。

5.6 将沉淀转入垫有已恒重滤纸的可拆卸式漏斗中抽滤。用冰乙酸（3.4）洗至滤液无色，再用 10 ml 乙醇（3.5）洗涤一次，弃去滤液。

5.7 将碘铋酸铯沉淀连同滤纸在 110℃烘干，称重，直至恒重。以碘铋酸铯（$Cs_3Bi_2I_9$）形式计算铯的化学回收率。

5.8 将沉淀连同滤纸置于测量盘上，在低本底β射线测量仪上计数。

5.9 校准

用于测量铯-137 活度的计数器必须进行校准，即确定测量装置对已知活度的铯-137 源的响应。它可用探测效率来表示，其方法如下：

5.9.1 向 5 个 50 ml 烧杯中分别加入 0.20，0.40，0.60，0.80，1.00 ml 铯载体溶液（3.12）。各加入 1.00 ml 铯-137 标准溶液（3.15）。置于冰水浴中。各加入 2 ml 冰乙酸（3.4）和 2.5 ml 碘铋酸钠溶液（3.13）。按 5.5～5.8 条规定的方法操作。所制源应与样品源大小相同。

5.9.2　探测效率的计算：

$$E_f = \frac{N_s}{DY_{Cs}} \tag{1}$$

式中：E_f——铯-137 的探测效率；

N_s——铯-137 标准源的净计数率，cpm；

D——1.00 ml 铯-137 标准溶液（3.15）的活度，dpm；

Y_{Cs}——铯的化学回收率。

5.9.3　在普通坐标纸上绘制探测效率-重量曲线，供常规分析时查用。

5.9.4　在测量盘内均匀滴入 0.5 ml 铯-137 标准溶液，在红外灯下烘干，制成与样品源相同大小的检验源。在校准仪器的探测效率时，同时测定检验源的计数率。将检验源长期保存，在进行常规分析时，定期测定检验源的计数率来校准仪器的探测效率。

5.10　空白试验

每当更换试剂时必须进行空白试验，试样数不得少于 4 个，其方法如下：

5.10.1　向 500 ml 烧杯中加入 250 ml 硝酸（3.11），再加入 1.00 ml 铯载体溶液（3.12）。

5.10.2　按 5.3～5.8 条规定的方法操作，在和试样相同的条件下测量空白试样的计数率。

5.10.3　计算空白试样的平均计数率和标准误差，并检验其与仪器本底计数率在 95%的置信水平下是否有显著性的差异。

6　结果计算

6.1　试样的铯-137 含量最后表示为 Bq/g。

注：如果需要表示为生物试样中铯-137 的含量，可将最后结果乘以样品的灰鲜比（g/kg）。

6.2　按下式计算试样中铯-137 的放射性含量：

$$A = \frac{NJ_0}{60mY_{Cs}JE_f} \tag{2}$$

式中：A——试样中铯-137 的含量，Bq/g；

N——试样源的净计数率，cpm；

J_0——校准测量仪器的探测效率时测得的铯-137 检验源的净计数率，cpm；

m——称取的灰样量，g；

J——测量试样时测得的铯-137 检验源的净计数率，cpm；

60——将 dpm 变为 Bq 的转换系数。

其他符号及代号的意义见式（1）。

7　精密度

每种试样至少分析 2 个平行试样，重复性和再现性应达到下表所列的要求：

铯-137 的总活度/Bq	重复性/%	再现性/%
＜1.0	25	40
1.0～10	15	30
＞10	10	15

附 录 A
正确使用标准的说明
（参考件）

A.1 本标准所分析的试样灰，必须在低于 450℃的马弗炉内灰化制得。

A.2 磷钼酸铵的实验室制备方法：将 8 g 磷酸氢二铵溶解于 250 ml 水中，此溶液与 50 ml 溶解有 10 g 硝酸铵和 30 ml 浓硝酸的溶液相混合，加热至 50℃左右。搅拌下缓慢加入 500 ml 内含 70 g 钼酸铵的溶液。冷却至室温。倾去上层清液，用布氏漏斗抽吸过滤。依次用 100 ml5%硝酸溶液和 50 ml 无水乙醇洗涤，室温蔽光下晾干，保存于棕色瓶中。

A.3 按下式计算试样计数的时间：

$$t_c=\frac{N_c+\sqrt{N_c\cdot N_b}}{N^2E^2} \tag{A.1}$$

式中：t_c——试样计数的时间，min；

N_c——试样源加本底的总计数率，cpm；

N_b——本底计数率，cpm；

N——试样净计数率，cpm；

E——预定的相对标准误差。

A.4 试样中存在铯-134、铯-136 和铯-138 时，在步骤 5.8 条获得的沉淀应当在低本底γ谱仪上对铯-137 的特征能峰（661 keV）进行计数。

A.5 如果从采样到测量的时间超过 1 a，在 6.2 条的式（2）中分母应当乘以铯-137 的衰变校正因子，它等于 $e^{-0.693\,t/T}$。其中 t 为从采样到测量经过的时间（a）；T 为铯-137 的半衰期，30.17 a。

附加说明：

本标准由国家环境保护局和核工业部提出。

本标准由中国辐射防护研究院、国营 821 厂负责起草。

本标准主要起草人沙连茂、田贵治、王治惠、赵敏。

本标准由国家环境保护局负责解释。

中华人民共和国国家标准

生物样品灰中锶-90 的放射化学分析方法 二-（2-乙基己基）磷酸酯萃取色层法

GB 11222.1—89

Radiochemical analysis of strontium-90 in ash of biological samples — Extraction chromatography by di-(2-ethylhexyl) phosphate

国家环境保护局 1989-03-16 发布　　1990-01-01 实施

1 主题内容与适用范围

本标准规定了用二-（2-乙基己基）磷酸酯萃取色层法分析生物样品灰中锶-90 的方法和步骤。

本标准适用于动、植物灰中锶-90 的分析。测定范围：10^{-1}～10 Bq。

2 方法提要

2.1 试样中锶-90 的含量根据与其处于放射性平衡的子体核素钇-90 的β活度来确定。

2.2 快速法：锶和钇从试样的盐酸浸取液中以草酸盐形式沉淀，经灼烧后用硝酸溶解，调节酸度为 1.5 mol/L，通过涂有二-（2-乙基己基）磷酸酯（简称 HDEHP）的聚三氟氯乙烯（简称 kel-F）色层柱吸附钇，再以 1.5 mol/L 的硝酸淋洗色层柱，洗脱锶、铯、铈和钷等离子，使钇进一步纯化。用 6.0 mol/L 的硝酸溶液解吸钇，以草酸钇沉淀的形式进行β计数和称重。

2.3 放置法：试样的前处理方法与快速法同。在通过色层柱前，调节溶液 pH 至 1.0，通过 HDEHP-kel-F 色层柱，除去钇、铁和稀土等元素。将流出液放置 14 d 以上，使钇-90 与锶-90 达到放射性平衡，再次通过色层柱，分离和测定钇-90。

3 试剂和材料

除非另有说明，分析时均使用符合国家标准或专业标准的分析试剂和蒸馏水或同等纯度的水。试剂本底不超过仪器本底计数的统计误差。

3.1 二-（2-乙基己基）磷酸酯（$C_16H_35O_4P$）：化学纯，含量不少于 95%，密度范围 0.969～0.975 g/cm^3。

3.2 正庚烷（C_7H_{16}）：密度范围 0.681～0.687 g/cm^3。

3.3 聚三氟氯乙烯粉：60～100 目。

3.4 硝酸：浓度 65.0%～68.0%（*m/m*）。

3.5 过氧化氢：浓度不低于 30%（*m/m*）。

3.6 草酸。

3.7 无水乙醇：含量不少于 95%（*m/m*）。

3.8 盐酸：浓度 36.0%～38.0%（*m/m*）。

3.9 精密试纸：pH0.5～5.0。

3.10 氢氧化铵（或氨水）：浓度 25.0%～28.0%（*m/m*）。

3.11　硝酸：（1+1.5）。
3.12　硝酸：（1+9）。
3.13　硝酸：0.1 mol/L。
3.14　饱和碳酸铵溶液。
3.15　饱和草酸溶液。
3.16　草酸溶液：0.5%（m/m）。
3.17　王水：将 3 份盐酸（3.8）与 1 份硝酸（3.4）混合。
3.18　HDEHP-正庚烷溶液：将 1 份 HDEHP（3.1）与 4 份正庚烷（3.2）混合。
3.19　盐酸：（1+5）。
3.20　盐酸：0.1 mol/L。
3.21　锶载体溶液：约 50 mg Sr/ml。
3.21.1　配制：称取 153 g 氯化锶（$SrCl_2 \cdot 6H_2O$）溶解于硝酸（3.13）中，转入 1 L 容量瓶内，并用硝酸（3.13）稀释至刻度。
3.21.2　标定：取 4 份 2.00 ml 锶载体溶液（3.21.1）分别置于烧杯中，加入 20 ml 水，用氢氧化铵（3.10）调节溶液 pH 至 8.0，加入 5 ml 饱和碳酸铵溶液（3.14），加热至将近沸腾，使沉淀凝聚、冷却。用已称重的 G4 玻璃砂芯漏斗抽吸过滤，用水和无水乙醇（3.7）各 10 ml 洗涤沉淀。在 105℃烘干。冷却，称重，直至恒重。
3.22　锶标准溶液（约 100 μg Sr/ml）：准确移取 1.00 ml 锶载体溶液（3.21）至 500 ml 容量瓶中，用硝酸（3.13）稀释至刻度。
3.23　钇载体溶液（20 mg Y/ml）
3.23.1　配制：称取 86.2 g 硝酸钇［$Y(NO_3)_3 \cdot 6H_2O$］加热溶解于 100 ml 硝酸（3.11）中，转入 1 L 容量瓶内，用水稀释至刻度。
3.23.2　标定：取 4 份 2.00 ml 钇载体溶液（3.23.1）分别置于烧杯中，加入 30 ml 水和 5 ml 饱和草酸溶液（3.15），用氢氧化铵（3.10）调节溶液 pH 至 1.5。在水浴中加热，使沉淀凝聚。冷却至室温。沉淀过滤在置有定量滤纸的三角漏斗中，依次用水、无水乙醇（3.7）各 10 ml 洗涤。取下滤纸置于瓷坩埚中，在电炉上烘干，炭化后，置于 900℃马弗炉中灼烧 30 min。在干燥器中冷却。称重，直至恒重。
3.24　锶-90 标准溶液（以钇-90 计，约 500 dpm/ml）：在 0.1 mol/L 的硝酸介质中。
3.25　镧溶液，5%（*m/m*）：将 15.5 g 硝酸镧［$La(NO_3)_3 \cdot 6H_2O$］溶于水中，加入几滴硝酸（3.4），转入 100 ml 容量瓶中，用水稀释至刻度。

4　仪器、设备

4.1　低本底β射线测量仪。
4.2　分析天平，感量 0.1 mg。
4.3　原子吸收分光光度计。
4.4　烘箱。
4.5　马弗炉。
4.6　可拆卸式过滤漏斗。
4.7　离心机，最大转速 4 000 r/min，容量 100 ml×4。
4.8　HDEHP-kel-F 色层柱（内径 8～10 mm，高约 150 mm）：
4.8.1　色层粉的制备：称取 3.0 g kel-F 粉(3.3)放入 50 ml 烧杯中，加入 5.0 ml HDEHP-正庚烷溶液(3.18)反复搅拌，放置 10 h 以上。在 80℃下烘至呈松散状。
4.8.2　装柱：色层柱的下部用玻璃棉填充，关紧活塞。将制备好的色层粉（4.8.1）用硝酸（3.13）移入柱内。打开活塞，让色层粉自然下沉。柱内保持一定的液面高度。备用。

4.8.3 每次使用后用 50 ml 硝酸（3.11）洗涤柱子，流速 1 ml/min。用水洗涤至流出液的 pH 为 1.0。

5 分析步骤

5.1 称取 5～20 g 试样，准确到 0.01 g，置于 100 ml 瓷坩埚内，加入 1.00 ml 锶载体溶液（3.21）和 1.00 ml 钇载体溶液（3.23）。用少许水润湿后，加入 5～10 ml 硝酸（3.4），3 ml 过氧化氢（3.5）。置于电热板上蒸干。移入 600℃马弗炉中灼烧至试样无炭黑为止。

5.2 取出试样，冷却至室温。用 30～50 ml 盐酸（3.19）加热浸取两次。经离心或过滤后，浸取液收集于 250 ml 烧杯中。再用盐酸（3.20）洗涤不溶物和容器。离心或过滤。洗涤液并入浸取液中。弃去残渣。浸取液的体积控制在 150 ml 左右。

5.3 加入 5～10 g 草酸（3.6），用氢氧化铵（3.10）调节溶液的 pH 至 3。在水浴中加热 30 min。冷却至室温。

5.4 用中速定量滤纸过滤沉淀，用 20 ml 草酸溶液（3.16）洗涤沉淀两次。弃去滤液。将沉淀连同滤纸移入 100 ml 瓷坩埚中，在电炉上烘干，炭化后，移入 600℃马弗炉中灼烧 1 h。

5.5 取出坩埚，冷却。先用少量硝酸（3.11）溶解沉淀，直至不再产生气泡为止。再加入 40 ml 硝酸（3.12）使沉淀完全溶解。溶解液用慢速定量滤纸过滤，滤液收集于 150 ml 烧杯中，用硝酸（3.12）洗涤沉淀和容器，洗涤液经过滤后合并于同一烧杯中，弃去残渣。滤液体积控制在 60 ml 左右。

5.6 快速法

5.6.1 溶液以 2 ml/min 流速通过 HDEHP-kel-F 色层柱（4.8）。记下从开始过柱至过柱完毕的中间时刻，作为锶、钇分离时刻。

5.6.2 流出液收集于 150 ml 烧杯中。用 40 ml 硝酸（3.12）以 2 ml/min 流速洗涤色层柱，收集前面的 10 ml 流出液合并于同一个 150 ml 烧杯中。保留该流出液 A 供步骤 5.7 条用。弃去其余流出液。

5.6.3 用 30 ml 硝酸（3.11）以 1 ml/min 流速解吸钇，解吸液收集于 100 ml 烧杯中。

5.6.4 向解吸液加入 5 ml 饱和草酸溶液（3.15），用氢氧化铵（3.10）调节溶液 pH 至 1.5~2.0，水浴加热 30 min，冷却至室温。

5.6.5 在铺有已恒重的慢速定量滤纸的可拆卸式漏斗上抽吸过滤。依次用草酸溶液（3.16）、水和无水乙醇（3.7）各 10 ml 洗涤沉淀。将沉淀连同滤纸固定在测量盘上，在低本底β测量仪上计数。记下测量进行到一半的时刻。

5.6.6 沉淀在 45～50℃下干燥至恒重。按草酸钇［$Y_2(C_2O_4)_3 \cdot 9H_2O$］的分子式计算钇的化学回收率。按本标准 5.8.2 的式（3）计算锶-90 的含量。

注：当只进行试样的快速法测定时，以下步骤可以省去。

5.7 放置法

5.7.1 使用由 5.6.2 得到的流出液 A，用氢氧化铵（3.10）调节 pH 至 1.0，以 2 ml/min 流速通过 HDEHP-kel-F 色层柱（4.8）。流出液收集于 100 ml 容量瓶中，用 10 ml 硝酸（3.13）淋洗色层柱，流出液并入同一容量瓶中。

5.7.2 向容量瓶中加入 1.00 ml 钇载体溶液（3.23），用硝酸（3.13）稀释至刻度。记下体积 V。取出 1.00 ml 溶液（记下体积为 V_1）至 50 ml 容量瓶中，此溶液 B 保留供 5.7.3 用。保留余下的溶液 C，供 5.7.4 用。

5.7.3 锶化学回收率的测定：

5.7.3.1 向 5.7.2 保留的溶液 B 加入 3.0 ml 镧溶液（3.25）和 1.0 ml 硝酸（3.4），用水稀释至刻度。记下体积 V_2。在原子吸收分光光度计上测定其吸光值。

5.7.3.2 工作曲线的绘制：向 7 个 50 ml 容量瓶中分别加入 0，2.50，5.00，10.0，15.0，20.0 和 25.0 ml 锶标准溶液（3.22），分别加入 3.0 ml 镧溶液（3.25），用硝酸（3.13）稀释至刻度。在原子吸收分光光度计上测定吸光值。以吸光值为纵坐标，锶浓度为横坐标，在普通坐标纸上绘制工作曲线。

5.7.3.3 根据试样溶液的吸光值从工作曲线上查出锶浓度。按式（1）计算锶的回收量：

$$q=\frac{CV_0V_2}{1\,000V_1} \tag{1}$$

式中：q——锶的回收量，mg；

C——从工作曲线上查得的锶浓度，μg/ml；

V_0——5.7.2 中试样溶液稀释后的体积，ml；

V_1——从 V_0 中吸取的溶液体积，ml；

V_2——将 V_1 再次稀释后的体积，ml；

1 000——将微克变成毫克的转换系数。

5.7.3.4 按式（2）计算锶的化学回收率：

$$Y_{Sr}=\frac{q}{q_0} \tag{2}$$

式中：Y_{Sr}——锶的化学回收率；

q_0——向试样中加入锶载体的量，mg；

q——按式（1）计算得到的锶的回收量，mg。

5.7.4 将 5.7.2 得到的溶液 C 放置 14 d 以上。然后以 2 ml/min 流速通过色层柱（4.8）。记下从开始过柱至过柱完毕的中间时刻，作为锶、钇分离时刻。用 40 ml 硝酸（3.12）以 2 ml/min 流速洗涤色层柱。弃去流出液。

注：如果试样中锶-90 的活度较高，溶液 C 的放置时间可以少于 14 d。

5.7.5 使用 5.6.3～5.6.6 规定的方法操作，并按本标准 6.3 的式（5）计算锶-90 的含量。

注：当只进行样品的放置法测定时，5.6 条可以省去。这时 5.7.1 中的流出液 A 由 5.5 条得到的滤液代替。并且在 5.1 条中不必加入钇载体溶液。

5.8 校准

用于测量钇-90 活度的计数器必须进行校准，即确定测量装置对已知活度钇-90 源的响应，它可用探测效率来表示。其方法是：

5.8.1 向四只烧杯中分别加入 30 ml 水，1.00 ml 钇载体溶液（3.23），1.00 ml 锶载体溶液（3.21）和 1.00 ml 锶-90 标准溶液(3.24)。调节溶液的 pH 至 1.0，以 2 ml/min 流速通过 HDEHP-kel-F 色层柱(4.8)，记下开始过柱和过柱完毕的时刻，并取其中间时刻作为锶、钇分离时刻。用 40 ml 硝酸（3.13）洗涤色层柱。按 5.6.3～5.6.6 规定的方法操作。在和试样相同的条件下测量钇-90 源的计数率。

5.8.2 按式（3）计算钇-90 的探测效率：

$$E_f=\frac{N_s}{DY_Y e^{-\lambda(t_3-t_2)}} \tag{3}$$

式中：E_f——钇-90 的探测效率；

N_s——钇-90 标准源的净计数率，cpm；

D——1.00 ml 锶-90 标准溶液（3.24）中钇-90 的活度，dpm；

Y_Y——钇的化学回收率；

$e^{-\lambda(t_3-t_2)}$——钇-90 的衰变因子，从附录 A1 中查得。此处的 t_2 为锶钇分离时刻，h；t_3 为测量钇-90 源进行到一半的时刻，h；

λ——钇-90 的衰变常数，等于 $0.693/T$。此处的 T 为钇-90 的半衰期，64.2 h。

5.8.3 在测量盘内均匀滴入 0.50 ml 锶-90 标准溶液（3.24），在红外灯下烘干，制成与试样源相同大小的检验源。在校准测量仪器的探测效率时，同时测定检验源的计数率。在测量试样时也定期测量其计数率。以便确定测量仪器是否正常地工作。

5.9　空白试验

每当更换试剂时必须进行空白试验，试样数不得少于4个。其方法如下：

5.9.1　向100 ml盐酸（3.19）中加入1.00 ml锶载体溶液（3.21）和钇载体溶液（3.23）。

5.9.2　使用在5.3～5.7条规定的方法操作，在和试样相同的条件下测量空白试样的计数率。

5.9.3　计算空白试样的平均计数率和标准误差，并检验其与仪器的本底计数率在95%的置信水平下是否有显著性的差异。

6　结果计算

6.1　试样锶-90含量最后表示为Bq/g。

注：如果需要表示为生物试样中锶-90的含量，可将最后结果乘以样品的灰鲜比（g/kg）。

6.2　快速法测定锶-90时按式（4）计算试样中锶-90的含量：

$$A=\frac{NJ_0}{60E_f mY_Y e^{-\lambda(t_3-t_2)}J} \tag{4}$$

式中：A——试样中锶-90的含量，Bq/g；

N——试样的净计数率，cpm；

J_0——校准测量仪器的探测效率时测得的锶-90检验源的净计数率，cpm；

m——称取的灰样量，g；

J——测量试样时锶-90检验源的净计数率，cpm；

60——将dpm变为Bq的转换系数。

其他符号及代号的意义见式（3）。

6.3　放置法测定锶-90时按式（5）计算试样中锶-90的含量：

$$A=\frac{NJ_0}{60E_f mY_{Sr}Y_Y(1-e^{-\lambda t_1})e^{-\lambda(t_3-t_2)}J} \tag{5}$$

式中：Y_{Sr}——锶的化学回收率；

$1-e^{-\lambda t_1}$——钇-90的生成因子，从附录A1中查得。此处的t_1为锶-90的平衡时间，h。

其他符号及代号的意义见式（3）和式（4）。

7　精密度

每种试样至少分析2个平行试样，重复性和再现性应达到下表所列的要求：

锶-90的总活度/Bq	重复性/%	再现性/%
＜1.0	30	40
1.0～10	20	30
＞10	15	20

附 录 A
钇-90 的衰变与生长因子
（补充件）

表 A.1 钇-90 的衰变因子

t_3-t_2/h	$e^{-\lambda(t_3-t_2)}$	t_3-t_2/h	$e^{-\lambda(t_3-t_2)}$	t_3-t_2/h	$e^{-\lambda(t_3-t_2)}$
0.0	1.000 0	10.0	0.897 6	26.0	0.755 2
0.5	0.994 6	10.5	0.892 8	27.0	0.747 1
1.0	0.989 3	11.0	0.888 0	28.0	0.739 1
1.5	0.983 9	11.5	0.883 2	29.0	0.731 1
2.0	0.978 6	12.0	0.878 5	30.0	0.723 3
2.5	0.973 4	12.5	0.873 7	31.0	0.715 5
3.0	0.968 1	13.0	0.869 0	32.0	0.707 8
3.5	0.962 9	13.5	0.864 4	33.0	0.700 2
4.0	0.957 7	14.0	0.859 7	34.0	0.692 7
4.5	0.952 6	15.0	0.850 5	35.0	0.685 3
5.0	0.947 4	16.0	0.841 3	36.0	0.677 9
5.5	0.942 3	17.0	0.832 3	37.0	0.670 6
6.0	0.937 3	18.0	0.823 4	38.0	0.663 4
6.5	0.932 2	19.0	0.814 5	39.0	0.656 3
7.0	0.927 2	20.0	0.805 8	40.0	0.649 3
7.5	0.922 2	21.0	0.797 1	41.0	0.642 3
8.0	0.917 2	22.0	0.788 5	42.0	0.635 4
8.5	0.912 3	23.0	0.780 1	43.0	0.628 6
9.0	0.907 4	24.0	0.771 7	44.0	0.621 9
9.5	0.902 5	25.0	0.763 4	45.0	0.615 1

表 A.2 钇-90 的生成因子

t_1/d	$1-e^{-\lambda t_1}$	t_1/d	$1-e^{-\lambda t_1}$	t_1/d	$1-e^{-\lambda t_1}$	t_1/d	$1-e^{-\lambda t_1}$
0.00	0.000 0	3.50	0.596 3	10.00	0.925 1	17.00	0.987 8
0.25	0.062 7	4.00	0.645 3	10.50	0.934 2	18.00	0.990 6
0.50	0.121 5	4.50	0.688 4	11.00	0.942 2	19.00	0.992 7
0.75	0.176 6	5.00	0.726 3	11.50	0.949 2	20.00	0.994 4
1.00	0.228 3	5.50	0.759 6	12.00	0.955 4	21.00	0.995 7
1.25	0.276 7	6.00	0.788 8	12.50	0.960 8	22.00	0.996 7
1.50	0.322 1	6.50	0.814 5	13.00	0.965 6	23.00	0.997 4
1.75	0.364 6	7.00	0.837 0	13.50	0.969 7	24.00	0.998 0
2.00	0.404 5	7.50	0.856 8	14.00	0.973 4	25.00	0.998 5
2.25	0.441 8	8.00	0.874 2	14.50	0.976 6	26.00	0.998 8
2.50	0.476 8	8.50	0.889 6	15.00	0.979 5	27.00	0.999 1
2.75	0.509 7	9.00	0.902 9	15.50	0.982 0		
3.00	0.540 4	9.50	0.914 7	16.00	0.984 2		

附 录 B
正确使用标准的说明
（参考件）

B.1 按下式决定测量试样的时间：

$$t_c=\frac{N_c+\sqrt{N_c\cdot N_b}}{N^2E^2} \qquad (B.1)$$

式中：t_c——测量试样的时间，min；

N_c——试样和本底的总计数率，cpm；

N_b——本底的计数率，cpm；

N——试样的计数率，cpm；

E——预定的相对标准误差。

B.2 用草酸钇重量法测定钇的化学回收率时，草酸钇中的结晶水数会随烘烤的温度而改变。在 45～50℃烘干时，草酸钇沉淀的组成为 $Y_2(C_2O_4)_3\cdot 9H_2O$。当烘烤温度升高时，结晶水数会减少。

B.3 试样中锶的总量超过 1 mg 时，应当进行试样中自身锶含量的测定，其方法为：

B.3.1 称取 5.00 g 样品灰，用少量水润湿，逐滴加入 10～15 滴王水（3.17），缓慢蒸干。加入 10 ml 盐酸（3.19）。加热至沸腾。趁热过滤至 100 ml 容量瓶中。先后用 5 ml 热盐酸（3.20）和水洗涤残渣数次。将滤液和洗涤液合并，用水稀释至刻度。

B.3.2 移取 25.0 ml 浸取液至 50 ml 容量瓶中。按 5.7.3.1～5.7.3.3 规定的方法操作。并按式（1）计算锶的含量，并在计算锶的化学回收率时将其扣除。

B.4 当试样中含有较多的钇-91 和稀土放射性核素时，应当用放置法进行分析。如果采用快速法的分析步骤，应当在试样第一次计数后放置 14 d，让钇-90 衰变后再次β计数。根据两次计数结果计算出长寿命的干扰核素对第一次计数的贡献，并将其扣除。

B.5 如果从采样到测量的时间超过 1a，在 6.2 条的式（4）和式（5）的分母应当乘以锶-90 的衰变校正因子，它等于 $e^{-0.693t_4}/T$。此处 t_4 为采样到测量经过的时间（a）；T 为锶-90 的半衰期（28.1a）。

附加说明：

本标准由国家环境保护局和核工业部提出。

本标准由中国辐射防护研究院负责起草。

本标准主要起草人沙连茂、王治惠、赵敏。

本标准由国家环境保护局负责解释。

中华人民共和国国家标准

生物样品灰中铀的测定 固体荧光法

GB 11223.1—89

Analytical determination of uranium in ash of biological samples — Solid fluorimetry

国家环境保护局 1989-03-16 发布　　1990-01-01 实施

1 主题内容与适用范围

本标准规定了生物样品灰中铀的固体荧光测定方法。测定范围为 5.0×10^{-9}～5.0×10^{-5} g/g 灰；回收率大于 80%。

本标准适用于各类动物和植物样品灰中铀的测定。

2 原理

生物样品经干式灰化，用王水处理，再用硝酸处理，然后将硝酸铀酰转化为硫氰酸铀酰络合物，用磷酸三丁酯-二甲苯溶液萃取，偶氮胂III溶液反萃取，蒸干，烧制珠球，用光电荧光光度计测定铀。

3 试剂

除非另有说明，分析时均使用符合国家标准或专业标准的分析纯试剂和蒸馏水或同等纯度的水。酸化水均为 pH2 的硝酸酸化水。

3.1 八氧化三铀（U_3O_8）：优级纯。

3.2 硝酸：密度为 1.42 g/ml。

3.3 盐酸：密度为 1.19 g/ml。

3.4 磷酸三丁酯［$(C_4H_9)_3PO_4$］：密度为 0.97 g/ml，化学纯。

3.5 二甲苯［$C_6H_4(CH_3)_2$］：密度为 0.86 g/ml。

3.6 碳酸钠。

3.7 硫氰酸铵（NH_4CNS）。

3.8 酒石酸（$C_4H_6O_6$）。

3.9 乙二胺四乙酸二钠盐（$C_{10}H_{14}N_2Na_2O_8\cdot2H_2O$）。

3.10 氨水：密度为 0.90 g/ml。

3.11 硝酸铵。

3.12 甲酸（CH_2O_2）：密度为 1.22 g/ml。

3.13 2，7-双-（2-苯砷酸偶氮）-1，8-二羟基萘-3，6-二磺酸，简称偶氮胂III，又名铀试剂III（$C_{22}H_{18}AS_2O_{14}N_4S_2$）。

3.14 硝酸铝［$Al(NO_3)_3\cdot9H_2O$］。

3.15 乙醚（$C_4H_{10}O$）：密度为 0.71 g/ml。
3.16 氟化钠：优级纯。
3.17 王水：硝酸（3.2）和盐酸（3.3）按 1+3 混合。
3.18 2%（*V/V*）硝酸（3.2）溶液。
3.19 50%（*V/V*）硝酸（3.2）溶液。
3.20 50 g/L 碳酸钠（3.6）溶液。
3.21 50%（*V/V*）氨水（3.10）溶液。
3.22 400 g/L 硝酸铵（3.11）溶液。
3.23 1.00×10^{-3} g/ml 铀标准贮备液：将八氧化三铀（3.1）于马弗炉（4.4）内在 850℃灼烧 0.5 h，取出放入干燥器中冷至室温，称取 0.117 9 g 于 50 ml 烧杯中，用 2～3 滴水润湿后，加入 5 ml 硝酸（3.2），在电炉上加热溶解并蒸至近干，然后用酸化水溶解，转入 100 ml 容量瓶中，用酸化水稀释至刻度，摇匀。
3.24 铀标准系列溶液（用时配制）：用酸化水将铀标准贮备液（3.23）逐级稀释成如下的铀标准系列溶液：

Ⅰ（1.00，2.00，4.00，6.00，8.00）$\times10^{-6}$ g/ml；
Ⅱ（1.00，2.00，4.00，6.00，8.00）$\times10^{-7}$ g/ml；
Ⅲ（1.00，2.00，4.00，6.00，8.00）$\times10^{-8}$ g/ml；
Ⅳ（1.00，2.00，4.00，6.00，8.00）$\times^{-9}$ g/ml。

3.25 20%磷酸三丁酯-二甲苯溶液：取一定体积的磷酸三丁酯（3.4），用等体积的碳酸钠溶液（3.20）洗涤 2～3 次，再用水洗到中性，与二甲苯（3.5）按 1+4 混合，贮存于棕色瓶中。
3.26 6 mol/L 硫氰酸铵（3.7）溶液。
3.27 2 mol/L 酒石酸（3.8）溶液。
3.28 7.5%乙二胺四乙酸二钠盐溶液：称取 7.5 g 乙二胺四乙酸二钠盐（3.9），加少量水，滴加氨水（3.10）使其完全溶解，用水稀释至 100 ml。
3.29 甲酸缓冲液：在 1 000 ml 容量瓶中加入 150 ml 甲酸（3.12），再加 150 ml 氨水（3.10），用水稀释至刻度。
3.30 0.002%偶氮胂Ⅲ溶液：称取 0.10 g 偶氮胂Ⅲ（3.13）于小烧杯中，用甲酸缓冲液（3.29）溶解，转入 100 ml 容量瓶中，用甲酸缓冲液稀释到刻度，此溶液的浓度为 0.1%，将该溶液 10 ml 加入 500 ml 容量瓶中，用甲酸缓冲液稀释到刻度，贮存于棕色瓶中。
3.31 75%硝酸铝-2 mol/L 硝酸溶液：称取 75 g 硝酸铝（3.14）溶于水中，加入 13 ml 硝酸（3.2），用水稀释至 100 ml，用等体积的乙醚（3.15）萃取洗涤两次备用。

4 仪器

4.1 光电荧光光度计：测定范围：$5.0\times^{-9}$～1.0×10^{-5} g。
4.2 酒精喷灯：温度可达 1 050℃。
4.3 铂丝环：将直径为 0.3～0.5 mm 的铂丝一端绕成内径为 3.0 mm 的圆环，另一端熔入玻璃棒。
4.4 马弗炉：温度可达 1 000℃。

5 操作步骤

5.1 标准曲线的绘制

在 20 个 20 ml 的瓷坩埚内分别加入 100 mg 氟化钠（3.16），再分别加入 1.00 ml 不同浓度的铀标准溶液（3.24），缓慢蒸干，加 2 滴硝酸溶液（3.18），用玻璃棒搅匀拌成小团。用铂丝环（4.3）托起，从酒精灯（4.2）火焰的上方慢慢移入氧化焰中（980～1 050℃）熔融后，持续 30 s，把熔珠慢慢从火焰上方移出，退火 5～10 s，冷却 15 min 后，用光电荧光光度计（4.1）测定其荧光强度。以荧光强度与相应珠球的铀含量作图，绘制四条不同量级的标准曲线。

5.2 样品处理

采来的生物样品及时洗净晾干，称量并记录总鲜重（误差不大于 1%）。切成小块，放在搪瓷盘内铺平，在恒温干燥箱内于 105～110℃烘干。转入瓷蒸发皿中，在电炉上炭化到不冒烟，再放入马弗炉（4.4）内，灰化至试样无黑色炭粒，取出放在干燥器中，冷至室温，去除明显异物，称量并记录总灰重（误差不大于 1%），研细放入试样袋（或瓶），保存于干燥器内。

5.3 铀的分离与测定

称取试样 0.200～1.000 g（视铀含量而定），于 30 ml 瓷坩埚中，滴加几滴水润湿，慢慢加入 10 ml 王水（3.17），在砂浴上蒸干。再加入 6 ml 硝酸（3.2）溶解，蒸干。加入 6 ml 硝酸溶液（3.19），趁热用蓝带定量滤纸过滤于 125 ml 分液漏斗中，坩埚和滤纸用热的硝酸溶液（3.18）15 ml 分次洗涤，洗液均收入同一分液漏斗中，向分液漏斗中加入 20 ml 水，再依次加入 2 ml 硫氰酸铵溶液（3.26）、2 ml 酒石酸溶液（3.27）、6 ml 乙二胺四乙酸二钠盐溶液（3.28）和 2 ml 硝酸铝-硝酸溶液（3.31），每加入一种试剂均应摇匀，用硝酸溶液（3.19）或氨水溶液（3.21）调节 pH 为 2～3（用精密 pH 试纸指示），加入 5 ml 磷酸三丁酯-二甲苯溶液（3.25），充分振荡 5 min，静置分层，弃去水相。加入 5 ml 硝酸铵溶液（3.22），洗涤有机相一次，振荡 2 min，弃去水相。加入 2 ml 偶氮胂III溶液（3.30），振荡 3 min，静置分层，将下层水相全部转入 20 ml 瓷坩埚中，缓慢蒸干。加入 100 mg 氟化钠（3.16），烧制珠球及测定荧光强度的操作与 5.1 相同。

6 结果计算和精密度

6.1 结果计算

试样中铀含量按下式计算：

$$C=\frac{A-A_0}{mR}$$

式中：C——试样中铀含量，g/g；

A——从标准曲线上查得珠球的铀含量，g；

A_0——从标准曲线上查得珠球空白试验值，g；

m——分析测定时称取试样的重量，g；

R——方法回收率，%。

结果以两位有效数字表示。

6.2 精密度

用相对标准偏差表示，实验室内小于 20%；实验室间小于 25%。

附 录 A
正确使用标准的说明
（参考件）

A.1 采样方法参照有关国家标准和专业标准。

A.2 测定结果以 g/kg 鲜重报出时，将结果计算值再乘以灰鲜比[即 m_2/m_1，其中：m_1 为试样总鲜重（kg)；m_2 为试样总灰重（g)]。

A.3 磷酸三丁酯的稀释剂也可用甲苯、煤油。

A.4 当样品灰中铀含量大于 1.0×10^{-7} g/g 时，可用 1.00 ml 磷酸三丁酯-二甲苯溶液萃取后直接取 0.050 ml 有机相烧制珠球。

A.5 烧制珠球的熔剂也可用 80 mg 氟化钠或 98 份氟化钠与 2 份氟化锂的混合熔剂。珠球的制备也可采用压片法。但是，试样珠球的制备方法必须与标准曲线珠球的制备方法完全一致。

A.6 在正常情况下，标准曲线的使用时间不得超过三个月。

A.7 测定试样时，必须同时作空白试验和回收试验。

附加说明：

本标准由国家环境保护局和核工业部提出。

本标准由核工业部国营 814 厂负责起草。

本标准主要起草人李善正。

本标准由国家环境保护局负责解释。

中华人民共和国国家标准

水中钍的分析方法

GB 11224—89

Analytical method of thorium in water

国家环境保护局 1989-03-16 发布　　1990-01-01 实施

1　主题内容与适用范围

本标准规定了水中钍的分析方法。

本标准适用于地面水、地下水、饮用水中钍的分析，测定范围：0.01～0.5 μg/L。

2　方法提要

水样中加入镁载体和氢氧化钠后，钍和镁以氢氧化物形式共沉淀。用浓硝酸溶解沉淀，溶解液通过三烷基氧膦萃淋树脂萃取色层柱选择性吸附钍；草酸-盐酸溶液解吸钍，在草酸-盐酸介质中，钍与偶氮胂III生成红色络合物，于分光光度计 660 nm 处测量其吸光度。

3　干扰

水样中锆、铀总量分别超过 10 μg、100 μg 时，会使结果偏高。

4　试剂

所有试剂均为符合国家标准或专业标准的分析纯试剂和蒸馏水或同等纯度的水。

4.1　氯化镁（$MgCl_2 \cdot 6H_2O$）。

4.2　盐酸溶液：10%（V/V）。

4.3　硝酸：浓度 65.0%～68.0%。

4.4　硝酸溶液：3 mol/L。

4.5　硝酸溶液：1 mol/L。

4.6　0.025 mol/L 草酸-0.1 mol/L 盐酸溶液。

4.7　0.1 mol/L 草酸-6 mol/L 盐酸溶液。

4.8　偶氮胂III溶液：1 g/L。

4.9　氢氧化钠溶液：10 mol/L 称取 200 g 氢氧化钠，用水溶解，稀释至 500 ml。贮存于聚乙烯瓶中。

4.10　钍标准溶液：10 mg 钍-10%盐酸溶液，最大相对误差不大于 0.2%。

4.10.1　用盐酸溶液（4.2）将上述 10 mg 钍标准溶液稀释至 1 000 ml，此溶液为每毫升含 10 μg 钍。

4.11　三烷基氧膦（TRPO）萃淋树脂：50%（*m/m*），60～75 目。

5　仪器设备

5.1　玻璃色层交换柱：内径 7 mm。

5.2　分光光度计。

5.3　离心沉淀机。

6　采样

按国家关于核设施水质监测分析取样的规定进行。

7　分析步骤

7.1　萃取色层柱的准备

7.1.1　树脂的处理

用去离子水将三烷基氧膦（4.11）浸泡 24 h 后弃去上层清液。用硝酸溶液（4.4）搅拌下浸泡 2 h，而后用去离子水洗至中性。自然晾干。保存干棕色玻璃瓶中。

7.1.2　萃取色层柱的制备

用湿法将树脂装入玻璃色层交换柱（5.1）中，床高 70 mm。床的上、下两端少量聚四氟乙烯丝填塞，用 25 ml 硝酸溶液（4.5）以 1 ml/min 流速通过玻璃色层交换柱（5.1）后备用。

7.1.3　萃取色层柱的再生

依次用 20 ml 草酸-盐酸溶液（4.6），25 ml 水，25 ml 硝酸溶液（4.5）依 1 ml/min 流速通过萃取色层柱后备用。

7.2　样品分析

7.2.1　取水样 10 L，加氢氧化钠溶液（4.9）调节至 pH 7，加 5.1 g 氯化镁（4.1）。在转速为 500 r/min 搅拌下，缓慢滴加 10 ml 氢氧化钠溶液（4.9）。加完后继续搅拌半小时，放置 15 h 以上。

7.2.2　弃去上层清液，沉淀转入离心管中，在转速为 2 000 r/min 下离心 10 min。弃去上层清液。用约 6 ml 硝酸（4.3）溶解沉淀。溶解液在上述转速下离心 10 min，上层清液以 1 ml/min 流速通过萃取色层柱。

7.2.3　用 200 ml 硝酸溶液（4.5）以 1 ml/min 流速洗涤萃取色层柱，然后用 25 ml 水洗涤，洗涤速度为 0.5 ml/min。

7.2.4　用 30 ml 草酸-盐酸溶液（4.6）以 0.3 ml/min 流速解吸钍。收集解吸液于烧杯中，在电砂浴上缓慢蒸干。

7.2.5　将上述烧杯中的残渣用草酸-盐酸溶液（4.7）溶解并转入 10 ml 溶量瓶中，加入 0.50 ml 偶氮胂Ⅲ（4.8）。用草酸-盐酸溶液（4.7）稀释至刻度。10 min 后，将此溶液转入 3 cm 比色皿中。以偶氮胂Ⅲ溶液作参比液，于分光光度计（5.2）660 nm 处测量其吸光度，从工作曲线上查出相应的钍量。

7.3　工作曲线绘制

准确移取 0，0.05，0.10，0.30，0.50 ml 钍标准溶液（4.10.1）置于一组盛有 10 L 自来水的塑料桶中，按 7.2.1～7.2.5 进行。以偶氮胂Ⅲ溶液作参比液，于分光光度计（5.2）660 nm 处测量其吸光度。数据经线性回归处理后，以钍量为横坐标，吸光度为纵坐标绘制工作曲线。

8　结果计算

试样中钍的浓度按下式计算：

$$C = \frac{W}{V}$$

式中：C——试样中钍的浓度，μg/L；

W——从工作曲线上查得的钍量，μg；

V——试样体积，L。

9 精密度

本方法的精密度［以含钍总量（μg）表示］。

水平范围	0.35～4.59
重复性 r	$0.115\,5+0.032\,0\,m$
再现性 R	$0.394\,2\,m^{0.606\,2}$

注：m 为试验平均值。

附 录 A
正确使用标准的说明
（参考件）

A.1 显色剂偶氮胂III溶液的使用期不得超过 1 个月，否则会影响钍的测定。

A.2 在分析中，若需要更换试剂或分光光度计需要调整，更换零件时，必须重作工作曲线。

A.3 对于碳酸盐结构地层的水样，由于含碳酸根较高，碳酸根与钍形成五碳酸根络钍阴离子［$Th(CO_3)_5^{5-}$］，从而影响钍的定量沉淀。此时，可在水样中加入过氧化氢，使钍形成溶度积小得多的水合过氧化钍（$Th_2O_7 \cdot 11H_2O$）沉淀。

A.4 用硝酸溶解沉淀时，要缓慢加入，硝酸用量以恰好溶解沉淀为宜。此溶解液在上柱前，一定要离心，防止硅酸盐胶体及其残渣堵塞柱子。

A.5 解吸液在蒸至近干时，应防止通风。

A.6 本方法的精密度是由四家实验室对四个水平的试样所作的试验确定的。

附加说明：

本标准由国家环境保护局和核工业部提出。

本标准由中国原子能科学研究院负责起草。

本标准主要起草人余耀仙。

本标准由国家环境保护局负责解释。

中华人民共和国国家标准

水中钚的分析方法

GB 11225—89

Analytical method of plutonium in water

国家环境保护局 1989-03-16 发布　　　　1990-01-01 实施

1 主题内容与适用范围

本标准规定了地下水、地面水中钚的分析和事故情况下环境水中及核工业排放废水中钚的常规监测方法。

本标准适用于钚的活度在 1×10^{-5} Bq/L 以上的测量范围。

2 引用标准

GB 6379　测量方法的精密度　通过实验室间试验确定测试方法的重复性和再现性

3 原理

水样品中的钚，在 pH 9～10 条件下用生成的钙、镁的氢氧化物共沉淀浓集。沉淀物用 6～8 mol/L 的硝酸溶解。经过还原，氧化后，钚以 $Pu(NO_3)_5^-$ 或 $Pu(NO_3)_6^{2-}$ 阴离子形式存在于溶液中。当此溶液通过三正辛胺-聚三氟氯乙烯粉或三正辛胺-硅烷化 102 白色担体萃取色层柱时，又以 $(R_3NH)Pu(NO_3)_5$ 或 $(R_3NH)HPu(NO_3)_6$ 络合物形式被吸附。经用盐酸和硝酸淋洗，而达到进一步纯化钚之目的。用低浓度的草酸-硝酸混合溶液将钚从色层柱上洗脱。在低酸度（pH 1.5～2）下，钚以氢氧化物形式被电沉积在不锈钢片上。最后用低本底α计数器或低本底α谱议测量钚的活度。

4 试剂

除非另有说明，分析时均使用符合国家标准的或专业标准的分析纯试剂和蒸馏水或同等纯度的水。其他等级的试剂只要预先确定其具有足够高的纯度，使用时不会降低测定准确度即可使用。

4.1　无水氯化钙：含量不低于 96.0%。

4.2　氯化镁：含量不低于 97.0%。

4.3　氨磺酸：含量不低于 99.5%。

4.4　还原铁粉：含量不低于 97.0%。

4.5　亚硝酸钠：含量不低于 99.0%。

4.6　草酸：含量不低于 99.8%。

4.7　聚三氟氯乙烯粉：辐照合成，40～60 目。

4.8　硅烷化 102 白色担体：60～80 目。

4.9　硝酸：浓度 65.0%～68.0%（*m/m*）。

4.10　盐酸：浓度 36.0%～38.0%（*m/m*）。

4.11 氢氧化铵：浓度 25.0%～28.0%（*m/m*）。
4.12 二甲苯：含量不低于 80.0%。
4.13 乙醇：含量不低于 99.5%（*m/m*）。
4.14 盐酸：10 mol/L。
4.15 硝酸：1+1。
4.16 硝酸：3 mol/L。
4.17 硝酸：0.1 mol/L。
4.18 氢氧化铵：1+1。
4.19 0.025 mol/L 草酸-0.150 mol/L 硝酸溶液。
4.20 亚硝酸钠溶液：4 mol/L。
4.21 三正辛胺：含量不低于 95.0%～99.0%。
4.22 氨基磺酸亚铁溶液：称取 3.0 g 还原铁粉（4.4）和 12.0 g 氨磺酸（4.3），用 40 ml 左右的硝酸（4.17）溶解，过滤除去不溶物，滤液用硝酸（4.17）稀释至 50 ml 棕色容量瓶中，在冰箱中保存，备用。使用期可达 30 d。
4.23 碘氢酸：浓度不少于 45.0%（*m/m*）。
4.24 0.4 mol/L 碘氢酸-6.0 mol/L 盐酸溶液。
4.25 精密试纸：pH0.5～5.0。
4.26 ^{239}Pu 和 ^{238}Pu 标准指示剂：国家计量院标定，不确定度为 2%。
4.27 ^{239}Pu 标准板源：外经为 16 mm，活性区为 13 mm，不确定度为 2%。

5 仪器与设备

5.1 低本底α计数器或低本底α谱仪：最低探测限为 2×10^{-4} Bq。
5.2 离心机：最高转速 4 000 r/min，容量 250 ml×4。
5.3 电动搅拌器：25～60 W，最高转速 2 000 r/min。
5.4 聚乙烯塑料桶：容量 60 L。
5.5 玻璃萃取色层柱：见附录 B（参考件）图 B.1。
5.6 电沉积装置：见附录 B（参考件）图 B.2。
5.7 玻璃萃取色层柱的准备
5.7.1 色层粉的调制：每 1.0 g 聚三氟氯乙烯粉（4.7）或每 1.0 g 硅烷化 102 白色担体（4.8）加入 2.0 ml 10%的三正辛胺（4.21）-二甲苯（4.12）溶液，充分搅拌均匀后放置在红外灯下烘烤，使二甲苯挥发并呈现松散状，用水悬浮法除去悬浮的粉后贮存在玻璃瓶中备用。
5.7.2 色层柱的制备：用湿法将色层粉（5.7.1）装入色层柱（5.5）中，柱的上下两端用少量的聚四氟乙烯细丝填塞，床高 60 mm，使用前用 20 ml 硝酸（4.15）以 2 ml/min 流速通过柱子以平衡柱上的酸度。

6 采样点的布设和样品的采集

6.1 采样点的布设原则
6.1.1 采样点主要应布设在核企业周围的水域，选择混合均匀的水段。
6.1.2 核企业下风向供城镇饮用和工业、灌溉用的地下水的出水口或开采井以及常规监测井、工业废水排放口、废水处理设施的排出口等均应布设采样点。
6.1.3 必须布设足够的采样点以满足整个水体分析结果的精密度要求。
6.1.4 对不受核设施影响的一般地面水和地下水也应布设适当数量的对照点。
6.2 样品采集原则和方法

6.2.1　采样前要实地考察采样点周围的自然环境特征和社会活动情况，并做好记录和标识。

6.2.2　所采样品必须保证对整个水体的实际情况具有代表性。

6.2.3　采集的样品量应按满足方法的精密度要求而定。

6.2.4　在样品的采集、运输、包装等过程中，必须保证待分析的组分及其特征不发生改变。

6.2.5　所使用的采样工具和容器应事先用将要采集的水荡洗三次，并加入适量的硝酸以调节水样 pH 为 2 左右。

6.2.6　当采集放射性水平高的水样时，应特别注意辐射防护和防止工作场所的污染以及样品之间的交叉污染。

6.2.7　当水面宽度小于 50 m 时，只在中泓线垂线水面下 0.3～0.5 m 采表层水样；水面宽度大于 50 m 时，可根据情况适当增设垂线采样。

6.2.8　当水深不超过 5 m 时，只在水面下 0.3～0.5 m 处采表层水样；水深超过 5 m 时，可根据情况适当增设采样层次。

6.2.9　采样时要及时填写采样记录，样品清单和做好标签。

7　分析步骤

7.1　水样的处理

7.1.1　将水样静置 12 h 以上。

7.1.2　从静置后的水样中抽取 50 L 上层清液放入 60 L 的聚乙烯塑料桶中，加入 50 ml 氢氧化铵（4.11），搅拌均匀后加入 15 g 无水氯化钙（4.1），30 g 氯化镁（4.2），待完全溶解，搅拌均匀后，再缓慢加入氢氧化铵（4.11），调节 pH 值为 9～10，继续搅拌 60 min 以上，然后静止 12 h 以上。

7.1.3　抽去上层清液，将剩下的少量上层清液和沉淀一起转入离心管中，离心 10～15 min（转速为 3 000 r/min）弃去上层清液，再用 200～300 ml 蒸馏水洗涤塑料桶后转入原离心管中，并将沉淀物搅拌洗涤后再离心 10～15 min（转速 3 000 r/min），弃去洗涤液。

7.1.4　用 80 ml 硝酸（4.15）洗涤搅拌棒和塑料桶壁，然后将洗涤液倒入 250 ml 的玻璃烧杯中，再用 70 ml 硝酸（4.15）重复洗涤一次，合并两次洗涤液并用来溶解离心管中的沉淀，将溶解后的溶液采用快速滤纸过滤，并用 10 ml 硝酸（4.15）洗涤滤纸及残渣，收集过滤液，供分析用。

7.2　分离纯化钚

7.2.1　按每 100 ml 上述溶液（7.1.4）加入 0.5 ml 氨基磺酸亚铁（4.22），进行还原，放置 5～10 min，再加入 0.5 ml 亚硝酸钠（4.20），进行氧化，放置 5～10 min，然后在电炉上煮沸溶液，使过量的亚硝酸钠完全分解，冷却至室温。

7.2.2　将上述溶液（7.2）的酸度调至 6～8 mol/L，并以 2 ml/min 的流速通过色层柱（5.7.2）。用 10 ml 硝酸（4.15）分三次洗涤原烧杯，并通过色层柱（5.7.2）。

7.2.3　依次用 20 ml 盐酸（4.14），30 ml 硝酸（4.16）以 2 ml/min 的流速洗涤色层柱，最后用 2 ml 蒸馏水以 1 ml/min 的流速洗涤色层柱。

7.2.4　在不低于 10℃条件下，用 0.025 mol/L 草酸-0.150 mol/L 硝酸溶液（4.19），以 1 ml/min 的流速洗脱钚，并将洗脱液收集到已准备好的电沉积槽中（5.6），用氢氧化铵（4.18）调节电沉积槽中的洗脱液的 pH 值为 1.5～2.0。

7.3　电沉积制源与测量

7.3.1　将上述电沉积槽（7.2.4）置于流动的冷水浴中，极间距离为 4～5 mm，电流密度在 500～800 mA/cm^2 下，电沉积 60 min，然后加入 1 ml 氢氧化铵（4.11），继续电沉积 1 min，断开电源，弃去电沉积液，并依次用水和乙醇（4.13）洗涤镀片，在红外灯下烤干。

7.3.2　将镀片（7.3.1）置于低本底α计数器或低本底α谱仪上（5.1）测量。

8 结果计算

试样中钚的放射性活度按式（1）计算：

$$A=\frac{N}{60\times E\cdot Y\cdot V} \tag{1}$$

式中：A——试样中钚的放射性活度，Bq/L；

N——试样源的净计数率，计数/min；

E——仪器对钚的探测效率，%；

Y——钚的全程放化回收率，%；

V——分析试样所用的体积，L；

60——将蜕变率换成 Bq 的转换系数。

9 钚的全程回收率的测定

取未被钚污染的水样，加入已知量的钚指示剂，按本标准 7.1～7.3 条操作，并按式（2）计算钚的全程回收率 Y：

$$Y=\frac{N_1}{N_0} \tag{2}$$

式中：N_1——水中测得钚的净计数率，计数/min；

N_0——水中加入已知钚的计数率，计数/min。

10 空白试验

每当更换试剂时，必须进行空白试验，样品数不能少于 5 个。量取 50 L 蒸馏水于聚乙烯桶中，按本标准 7.1～7.3 条操作。并计算空白样品的平均计数率和标准偏差。

11 精密度

首先对各比对实验室所分析的数据进行异常值的检验和处理，而后计算出每个水平的总平均值 m，临界差 r 和 R。经计算判定 r 和 R 与 m 之间存在着明显的函数关系。根据 GB 6379 所规定选择回归方程的原则，选出 r、R 与 m 之间的函数式并拟合出曲线如下图。最后根据拟合曲线的形式确定了本标准的精密度如下表。

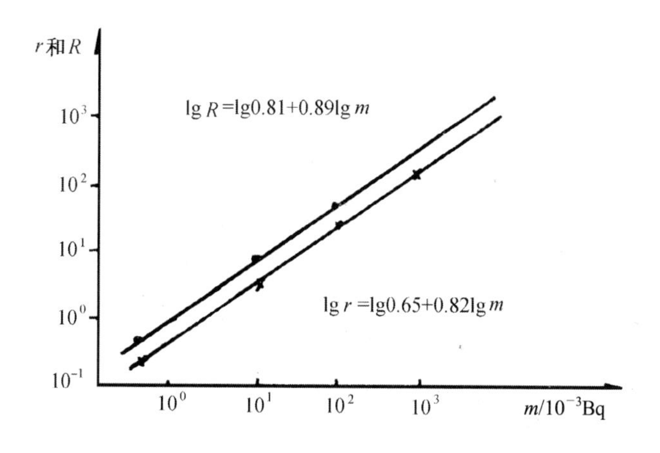

r、R 与 m 之间的函数拟合曲线图

精密度表

精密度 函数关系式 水平	$\lg r = \lg 0.65 + 0.82 \lg m$	$\lg R = \lg 0.81 + 0.89 \lg m$
$m/10^{-3}$Bq	重复性（r）	再现性（R）
589	124	216
61.8	19.4	29.3
7.30	3.34	4.42
0.296	0.239	0.258

附　录　A
正确使用本标准的说明
（参考件）

A.1　聚三氟氯乙烯粉（辐照合成 40～60 目）与硅烷化 102 白色担体（60～80 目）的效果相同。因此，可根据各个实验室的具体条件任意选用。

A.2　本标准对 ^{237}Np 的去污性能差，当土壤试样中含有干扰核素 ^{237}Np 时，可用α谱仪进行测量或采用碘氢酸-盐酸溶液（4.24）解吸钚，其步骤如下：

A.2.1　将 8.0 ml 0.025 mol/L 草酸-0.150 mol/L 硝酸（4.19）改用 8.0 ml 0.4 mol/L 碘氢酸-6.0 mol/L 盐酸溶液（4.24），以 1 ml/min 流速解吸，用小烧杯收集解吸液，在电砂浴上缓慢蒸干（防止崩溅）。

A.2.2　将蒸干的残渣用 8.0 ml 0.025 mol/L 草酸-0.150 mol/L 硝酸溶液（4.19）分多次溶解，并转移到电沉积槽中，以下操作步骤和测量、计算均见本标准 7.2.4～7.3.2 及第 8 章。

附 录 B
仪器设备图
（参考件）

B.1 玻璃萃取色层柱，见图 B.1。

B.2 电沉积槽装配图，见图 B.2。

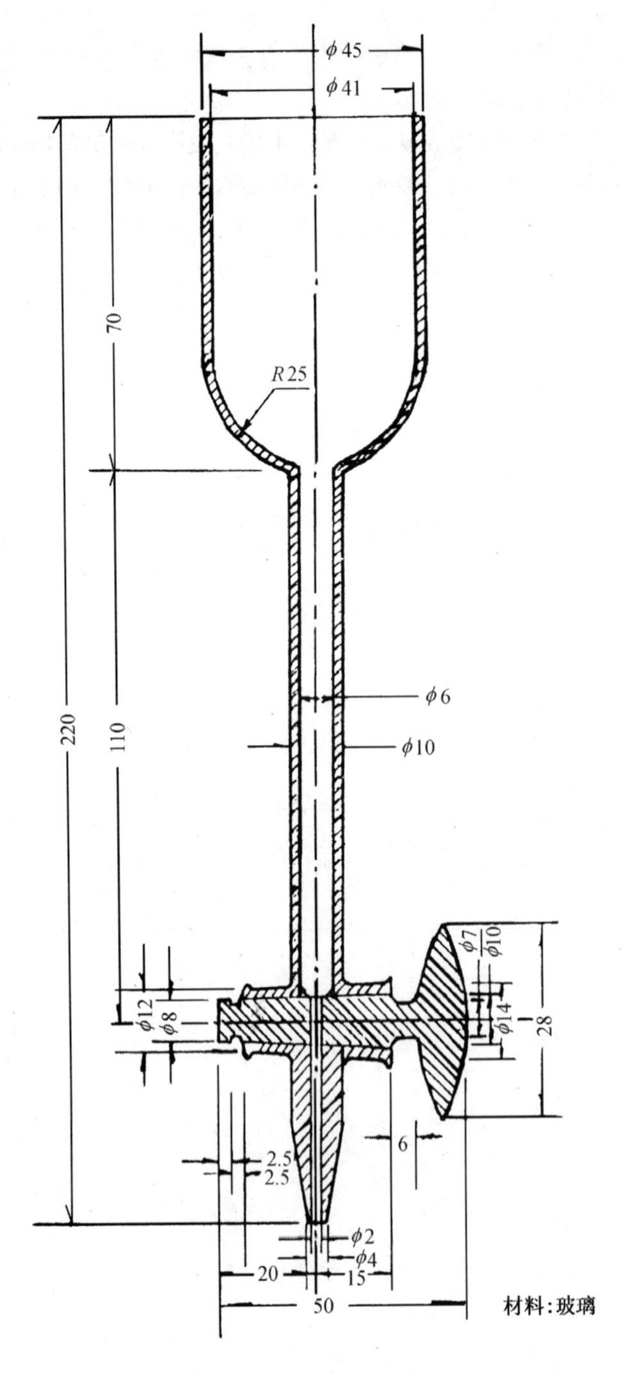

图 B.1 玻璃萃取色层柱

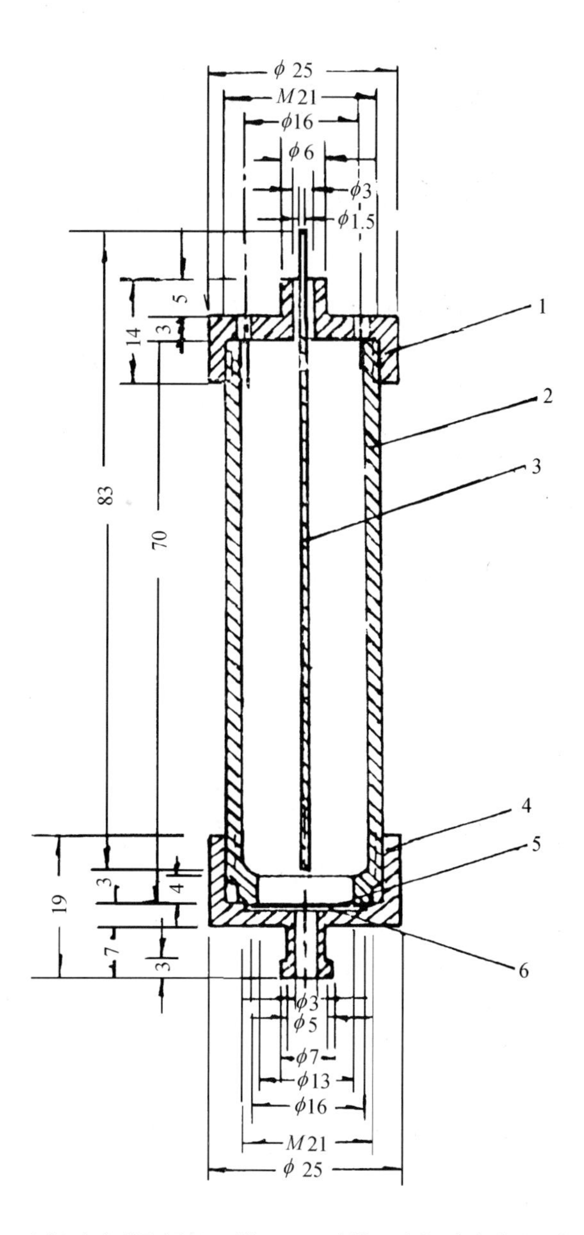

1—盖（有机玻璃或聚四氟乙烯）；2—液槽（有机玻璃或聚四氟乙烯）；
3—阳极（铂金丝ϕ1.5）；4—底座（不锈钢）；5—阴极（不锈钢片，厚 0.5 mm）；
6—垫片（不锈钢片，厚 0.2 mm）

图 B.2　电沉积槽装配图

附加说明：

本标准由国家环境保护局和核工业部提出。
本标准由中国原子能科学研究院负责起草。
本标准主要起草人颜启民、刘寿荪。
本标准由国家环境保护局负责解释。

中华人民共和国国家标准

水中钾-40的分析方法

GB 11338—89

Analytical methods of potassium-40 in water

国家环境保护局 1989-03-16 发布　　　　1990-01-01 实施

本标准规定了三种分析钾-40的标准方法：

1）原子吸收分光光度法；

2）火焰光度法；

3）离子选择电极法。

它们的测量范围分别为：

1）$2.0\times10^{-4}\sim1.0\times10^{-2}$ g/L（$6.2\times10^{-3}\sim3.1\times10^{-1}$ Bq/L）

2）$7.0\times10^{-5}\sim2.0\times10^{-2}$ g/L（$2.2\times10^{-3}\sim6.2\times10^{-1}$ Bq/L）

3）$8.0\times10^{-5}\sim3.9$ g/L（$2.5\times10^{-3}\sim1.2\times10^{2}$ Bq/L）

1 主题内容与适用范围

本标准规定了水中钾-40的分析方法。

本标准适用于环境水样（河水、湖水、泉水、海水、井水、自来水和废水）中钾-40的分析。

第一篇　原子吸收分光光度法

2 方法提要

用乙炔-空气火焰原子吸收仪测定水样中元素钾，然后按公式计算钾-40。在各种元素或混合物存在下测定钾，均无干扰或影响，当和钠共存时，可加入一定量的铯消除影响。

3 试剂

所有试剂除非有特殊说明外，均为分析纯，作为试剂加入的水均指去离子水。

3.1 氯化钾：优级纯，含量大于99.8%。

3.2 盐酸：密度1.19 g/ml。

3.3 钾标准溶液：将氯化钾（3.1）在500～550℃马弗炉中灼烧1 h后，放入干燥器中冷却30 min。在分析天平上准确称取1.907 0 g，溶于1 L容量瓶中，用去离子水稀释至刻度，摇匀。贮于塑料瓶中备用，该溶液为1.00 mg K/ml。

3.4 氯化铯溶液：取0.20 g氯化铯溶于500 ml容量瓶中，用去离子水稀释至刻度，摇匀。该溶液为400.0 μg CsCl/ml。

4 仪器设备

4.1 原子吸收分光光度计。

4.2 钾空心阴极灯，波长大于 66.49 nm。

5 工作条件的选择

5.1 吸收值与乙炔用量

钾的吸收值随乙炔用量增加而增大，至乙炔用量达 1 L/min 后而降低。

5.2 吸收值与炬高

钾的吸收值随火炬高度稍有增加，一般选用 10 nm。

5.3 吸收值与酸度

盐酸浓度增大吸收值有降低的趋向。在 50 ml 溶液中加入 0.5 ml 盐酸。

5.4 工作曲线的绘制

吸取不同体积钾标准溶液（3.3）分别置于 50 ml 容量瓶中，各加 0.5 ml 盐酸（3.2），1 ml 氯化铯溶液（3.4），用水稀释至刻度，狭缝选择 0.5 mm，乙炔用量 0.66 L/min，空气用量 6.6 L/min。灯电流 5 mA。按上述条件进行测定，并绘制成工作曲线。

6 分析步骤

取定量水样于 50 ml 容量瓶中（如水样有悬浮物需过滤，或含有有机物，则加密度为 1.42 mg/ml 硝酸 10.0 ml 和少许密度为 1.84 mg/ml 硫酸。将水样蒸发至干，并生成三氧化硫烟雾，重复处理一次，冷却后移入 50 ml 容量瓶中。如水清澈不含有有机物则不必处理）加 0.5 ml 盐酸（3.2），1 ml 氯化铯溶液（3.4）用水样稀释至刻度，按仪器工作条件进行测量。从工作曲线上查出钾含量。

7 结果计算

钾-40 含量按式（1）计算：

$$A_r = k \cdot n \tag{1}$$

式中：A_r——试样中钾-40 的含量，Bq/L；

k——常数，为 31.2；

n——试样中测出的钾含量，g/L。

常数 k 按式（2）求出：

$$k = \frac{\ln 2 \cdot N_A \cdot f}{M \cdot T_{1/2} \cdot \eta} \tag{2}$$

式中：N_A——阿佛加德罗常数；

f——钾-40 在天然钾中的丰度；

M——钾-40 的原子量；

$T_{1/2}$——钾-40 的半衰期；

η——年换算成秒的数值。

8 精密度

本方法分析钾浓度为 1.0 μg/g 的水样时，同一实验室的最大误差小于 6.0%，不同实验室之间的最大误差小于 15.0%。

本方法的精密度如表 1 所示：

表 1

试样	钾浓度范围/（μg/g）	总平均值/ m	重复性（r）		再现性（R）	
			绝对值	相对值	绝对值	相对值
		μg/g	μg/g	%	μg/g	%
A	0.99～1.18	1.08	0.06	5.6	0.14	13.0
B	14.4～15.2	14.8	0.40	2.7	0.68	4.6
C	17.6～20.4	19.0	0.64	3.4	1.99	10.5

第二篇　火焰光度法

9　方法提要

当被测样品溶液喷入火焰时，钾原子受激发，其中的电子由基态跃迁至较高能级的轨道上。当电子由较高能级的轨道恢复到基态时，发射出具有固定波长 766 nm 的辐射线。经单色仪照到光电池上，产生光电效应，从而把被测元素的谱线光强转换成电讯号，通过检流计测量出电流的大小。而谱线光强与钾的含量成正比。

当钠、铯离子浓度大于 10^{-3} mol/L 时，钙离子浓度大于 10^{-2} mol/L 时，产生正干扰。

10　试剂

所有试剂除非有特殊说明外，均为分析纯，加入的水均指去离子水。

10.1　氯化钾：优级纯，含量大于 99.8%。

10.2　硝酸：浓度 65.0%～68.0%，密度为 1.42 g/cm^3。

10.3　硝酸 1∶1：将 250 ml 硝酸（10.2）倒入 500 ml 容量瓶中，用去离子水稀释至刻度，摇匀。

10.4　钾标准溶液：将氯化钾（10.1）在 500～500℃马弗炉中灼烧 1 h 后，放入干燥器中冷却 30 min，在分析天平上准确称取 1.907 0 g，溶于 1 L 容量瓶中，用去离子水稀释至刻度，摇匀。贮于聚乙烯瓶中备用，该溶液为 1.00 mg K/ml。

11　仪器设备

11.1　火焰光度计。

11.2　空气压缩泵。

11.3　120 号汽油或 80 号汽油。

12　标准曲线的绘制

分别吸取 2，4，6，8，10，12，15 ml 稀释后的钾标准溶液（10.4）于 100 ml 容量瓶中，加入 1 ml 1∶1 硝酸（10.3），用去离子水稀释至刻度，以蒸馏水作空白，分别取部分溶液在火焰光度计（11.1）上测量，绘制成标准曲线。

13　分析步骤

取适量试样于 50 ml 容量瓶中（若试样有悬浮物需过滤），加 0.5 ml1∶1 硝酸（10.3），用试样稀释至刻度。在火焰光度计上测量，将测得的读数，在标准曲线上查得相应的钾含量。

14 结果计算

钾-40的含量按式（3）计算：

$$A_r = k \cdot n \tag{3}$$

式中：A_r——试样中钾-40的含量，Bq/L；

k——常数为31.2；

n——试样中测出的钾含量，g/L。

常数k按式（4）求出：

$$k = \frac{\ln 2 \cdot N_A \cdot f}{M \cdot T_{1/2} \cdot \eta} \tag{4}$$

式中：N_A——阿佛加德罗常数；

f——钾-40在天然钾中的丰度；

M——钾-40的原子量；

$T_{1/2}$——钾-40的半衰期；

η——年换算成秒的数值。

15 精密度

本方法分析钾浓度为1.0 μg/g的试样时，同一实验室的最大误差小于9.0%，不同实验室间的最大误差小于26.0%。

本方法的精密度如表2所示：

表2

试样	钾浓度范围/（μg/g）	总平均值/ m	重复性（r）		再现性（R）	
			绝对值	相对值	绝对值	相对值
		μg/g	μg/g	%	μg/g	%
A	0.89～1.21	1.07	0.08	8.7	0.26	25.9
B	13.3～15.4	14.4	0.55	3.8	1.63	11.3
C	17.8～20.4	18.9	0.72	3.8	1.98	10.5

第三篇 离子选择电极法

16 方法提要

试样pH值在3.5～10.5范围内，钾离子电极与双液接参比电极在溶液中组成化学电池。在共离子存在下，不需分离纯化，可迅速准确地测出结果。钾离子浓度在8.0×10^{-5}～3.9 g/L范围内呈线性关系。

当铵离子浓度超过钾离子浓度3倍时，有30%的正误差，铵离子浓度越高，误差越大。

17 试剂

所有试剂除非有特殊说明外，均为分析纯；作为试剂加入的水均指去离子水。

17.1 氯化钾：优级纯，含量大于99.8%。

17.2 乙二胺（CH_2NH_3-CH_2N_3）。

17.3 乙酸锂（$LiCH_3CO_2 \cdot 2H_2O$）。

17.4 硝酸：浓度 65.0%～68.0%，密度 1.42 g/ml。

17.5 氯化镁（$MgCl_2 \cdot 6H_2O$）。

17.6 氯化钙（$CaCl_2$）。

17.7 氯化钠（NaCl）。

17.8 5%乙二胺：量取 5 ml 乙二胺（17.2）溶液用水稀释到 100 ml。

17.9 0.1 mol/L 乙酸锂溶液：称取 5.1 g 乙酸锂（17.3）溶于 500 ml 容量瓶中，用水稀释至刻度。

17.10 10^{-2} mol/L 混合离子强度缓冲液：称取 2.033 0 g 氯化镁（17.5），1.470 3 g 氯化钙（17.6），0.584 4 g 氯化钠（17.7）于 1 L 容量瓶中，加水溶解，并稀释至刻度。

17.11 钾标准溶液：将氯化钾（17.1）置于 500～550℃马弗炉中灼烧约 1 h 后，放入干燥器中冷却 30 min，在分析天平上准确称取 7.455 0 g，于 100 ml 容量瓶中，加水溶解并稀释至刻度，摇匀。此溶液为 39 g/L 钾标准溶液。以后将此溶液逐级稀释成 3.9，3.9×10^{-1}，3.9×10^{-2}，3.9×10^{-3}，3.9×10^{-4} g/L 系列标准溶液。

18 仪器设备

18.1 钾离子电极。

18.2 双液接参比电极（外充液为 0.1 mol/L 乙酸锂）。

19 标准曲线的绘制

在 6 个 50 ml 容量瓶中，分别准确地加入不同量的钾标准溶液（17.11），使其钾浓度分别为 0，3.9，3.9×10^{-1}，3.9×10^{-2}，3.9×10^{-3}，3.9×10^{-4} g/L 的标准系列，再在各瓶中分别加入 25 ml 混合离子强度缓冲液（17.10），加水至刻度，摇匀，倒入 100 ml 烧杯中。放入钾离子选择电极（18.1）和双液接参比电极（18.2），在磁力搅拌器上搅拌 1 min，静置 1 min 后读取稳定电位值。用半对数坐标纸绘成标准曲线。

20 分析步骤

取 25 L 试样（若有悬浮物需过滤）于 100 ml 烧杯中，用酸度计测定其 pH 值，并用 5%乙二胺（17.8）或 5%硝酸调节试样 pH 为 3.5～10.5。加入 25 ml 混合离子强度缓冲液（17.10），放入钾离子选择电极（18.1）和双液接参比电极（18.2）。在磁力搅拌器上搅拌 1 min，静置 1 min 后读取稳定电位值。在标准曲线上查出相应的钾含量。

21 结果计算

钾-40 的含量按式（5）计算：

$$A_r = k \cdot n \tag{5}$$

式中：A_r——试样中钾-40 的含量，Bq/L；

k——常数为 31.2；

n——试样中测出的钾含量，g/L。

常数 k 按式（6）求出：

$$k = \frac{\ln 2 \cdot N_A \cdot f}{M \cdot T_{1/2} \cdot \eta} \tag{6}$$

式中：N_A——阿佛加德罗常数；

f——钾-40 在天然钾中的丰度；

M——钾-40 的原子量；

$T_{1/2}$——钾-40 的半衰期；

η——年换算成秒的数值。

22 精密度

本方法分析钾浓度为 1.0 μg/g 的试样时，同一实验室的最大误差小于 8.0%，不同实验室间的最大误差小于 22.0%。

本方法的精密度如表 3 所示：

表 3

试样	钾浓度范围/（μg/g）	总平均值/m	重复性（r）		再现性（R）	
			绝对值	相对值	绝对值	相对值
		μg/g	μg/g	%	μg/g	%
A	0.75～0.92	0.85	0.06	7.6	0.18	21.3
B	14.5～17.5	15.2	0.34	2.2	3.28	21.6
C	17.0～19.0	18.1	0.54	3.0	3.17	17.5

附 录 A
正确使用第一篇的说明
（参考件）

钾含量在 0.2～10.0 mg/L 之间呈现线性关系。钾含量高的试样要逐级稀释后测量。

附 录 B
正确使用第二篇的说明
（参考件）

B.1 试样若含有有机物，可用硝酸-过氧化氢法硝化破坏后再溶解测量。

B.2 当试样中钾含量很低时，可用苯做燃料，并加入 20%的酒精，能提高灵敏度。

B.3 考虑到气体压力的变化，每次测量试样时，应带标准试样。

附 录 C
正确使用第三篇的说明
（参考件）

C.1 试样若含有有机物，可用硝酸-过氧化氢湿法硝化破坏后再溶解测量。

C.2 混合离子强度缓冲液可改用 5 ml 0.1 mol/L 乙酸锌，这样可不必调节溶液 pH 值。

C.3 试样加标回收率为 98.0%～104.0%。

附加说明：

本标准由国家环境保护局和核工业部提出。

本标准由江西省工业卫生研究所和核工业部辐射防护研究所负责起草。

本标准主要起草人：钱位成、朱震南、武清华、宋毅、于祖光、李莹、牛忠毅、焦志兰、周连珠。

本标准由国家环境保护局负责解释。

中华人民共和国国家标准

水中氚的分析方法

GB 12375—90

Analytical method of tritium in water

国家技术监督局 1990-06-09 批准　　1990-12-01 实施

1 主题内容与适用范围

本标准规定了分析水中氚的方法。

本标准适用于测量环境水（江、河、湖水和井水等）中的氚，本方法的探测下限为 0.5 Bq/L。

2 方法提要

向含氚水样中依次加高锰酸钾，进行常压蒸馏，碱式电解浓缩，二氧化碳中和，真空冷凝蒸馏。然后将一定量的蒸馏液与一定量的闪烁液混合，用低本底液体闪烁谱仪测量样品的活性。

3 试剂

除非另有说明，分析时均使用符合国家标准的分析纯试剂。

3.1 高锰酸钾，$KMnO_4$。

3.2 2,5-二苯基噁唑，$OC(C_6H_5)=NCH=CC_6H_5$，简称 PPO，闪烁纯。

3.3 甲苯，$C_6H_5CH_3$。

3.4 1,4-［双-（5-苯基噁唑-2）］苯，$[OC(C_6H_5)=CHN=C]_2C_6H_4$，简称 POPOP，闪烁纯。

3.5 氢氧化钠，NaOH。

3.6 TritonX-100（曲吹通 X-100），$C_8H_{17}(C_6H_4)(OCH_2CH_2)_{10}OH$。

3.7 标准氚水，浓度和待测试样尽量相当，误差±3%。

3.8 无氚水，含氚浓度低于 0.1 Bq/L 的水。

3.9 二氧化碳。

3.10 液氮。

4 仪器和设备

4.1 低本底液体闪烁谱仪，计数效率大于 15%本底小于 2 cpm。

4.2 分析天平，感量 0.1 mg，量程大于 10 g。

4.3 蒸馏瓶，500 ml。

4.4 蛇形冷凝管，250 cm。

4.5 磨口塞玻璃瓶，500 ml。

4.6 容量瓶，1 000 ml。

4.7 样品瓶，聚乙烯或聚四氟乙烯，或石英瓶，20 ml。

4.8 电解槽，见附录B（参考件）。
4.9 真空冷凝蒸馏收集瓶，见附录B（参考件）。
4.10 井形电炉，见附录B（参考件）。
4.11 直流电源，电压范围0～90 V，连续可调，电流0～60 A。
4.12 真空泵，10 L/min。
4.13 温度控制器，可调范围0～100℃。

5 分析步骤

5.1 蒸馏

5.1.1 取300 ml水样，放入蒸馏瓶（4.3）中，然后向蒸馏瓶中加入1 g高锰酸钾（3.1）。盖好磨口玻璃塞子，并装好蛇形冷凝管（4.4），待用。

5.1.2 加热蒸馏，将开始蒸出的几毫升蒸馏液弃去，然后将蒸馏液收集于磨口塞玻璃瓶（4.5）中。密封保存。

5.2 电解浓缩

5.2.1 先要调节阳极位置，使电解后剩下的溶液体积为8 ml。

5.2.2 将250 ml蒸馏液（5.1.2），放入电解槽（4.8）中，并加入2.5 g氢氧化钠（3.5）。

5.2.3 将电解槽放入冷却水箱，通自来水冷却。然后连接线路，接通电源，并使起始电解电流为40～50 A。进行电解。

5.2.4 电解结束后，向电解槽缓慢地通入二氧化碳20 min。

5.3 真空冷凝蒸馏

5.3.1 把称重过的收集瓶（4.9），放入液氮中冷却5 min后，将其与放在井形电炉（4.10）中的电解槽连接。然后打开收集瓶上的阀门，抽真空，并同时对电解槽加热，温度控制在100℃以内。冷凝蒸馏30 min。

5.3.2 再次称重收集瓶，确定其蒸馏液净重。

5.4 制备试样

5.4.1 配制溶剂

以1份曲吹通X-100（3.6）与2.5份甲苯（3.3）的比例，配制适量溶剂，摇荡混合均匀后放置待用。

5.4.2 配制闪烁液

将6.00 g PPO（3.2）和0.30 g POPOP（3.4），放入1 000 ml容量瓶（4.6）中，用溶剂（5.4.1）溶解并稀释至刻度。摇荡混合均匀后放入暗箱保存。

5.4.3 制备本底试样

将无氚水按5.1步骤进行蒸馏，取其蒸馏液6.00 ml放入20 ml聚乙烯样品瓶中，再加入闪烁液(5.4.2) 14.0 ml，摇荡混合均匀后密封保存。

5.4.4 制备待测试样

取6.00 ml蒸馏液（5.3.2）和14.0 ml闪烁液（5.4.2），放入20 ml聚乙烯样品瓶中，摇荡混合均匀后密封保存。

5.4.5 制备标准试样

取6.00 ml标准氚水（3.7）和14.0 ml闪烁液（5.4.2），放入到20 ml聚乙烯样品瓶中，摇荡混合均匀后密封保存。

6 测量

把制备好的试样［包括本底试样（5.4.3），待测试样（5.4.4）和标准试样（5.4.5）］，同时放入低本底液体闪烁谱仪的样品室中，避光12 h。

6.1 仪器准备

调试仪器使之达到正常工作状态。

6.2 测定本底计数率

选定一确定的计数时间间隔进行计数。

6.3 测定仪器效率

选用一确定计数时间间隔，对标准试样进行计数，求出标准试样的计数率，然后用下式计算仪器的计数效率：

$$E=\frac{N_d-N_b}{D} \tag{1}$$

式中：E——仪器的计数效率，（计数/min）/（衰变/min）；

N_d——标准试样计数率，计数/min；

N_b——本底试样计数率，计数/min；

D——加入到标准试样中氚的衰变数，衰变/min。

6.4 测量样品

选用一确定的计数时间间隔，对待测样品进行计数。

7 分析结果的计算

计算水中氚的放射性浓度公式为

$$A=\frac{V_f(N_g-N_b)}{KV_iV_mR_eE} \tag{2}$$

式中：A——水中氚的放射性浓度，Bq/L；

V_i——电解浓缩前水样的体积，ml；

V_f——电解浓缩后水样的体积，ml；

V_m——测量时所用水样的体积，ml；

E——仪器对氚的计数效率，（计数/min）/（衰变/min）；

N_g——待测试样的总计数率，计数/min；

K——单位换算系数，6.00×10^{-2}（1 衰变/min）/（Bq · ml）；

R_e——电解浓缩回收率；

N_b——本底试样的计数率，计数/min。

注：用标准氚水，按电解浓缩步骤进行电解，然后进行制样测量，用 $R_e=D_f/D_i$ 算出 R_e 值，式中 D_i 是电解前水样中氚的衰变数；D_f 是经电解浓缩后水中氚的衰变数。

8 精密度

方法的重复性和再现性。

水平值/（Bq/L）	重复性		再现性	
	S_R	r	S_t	R
0.63	0.062	0.17	0.24	0.68
2.84	0.31	0.87	0.56	1.58
5.42	0.33	0.93	0.70	1.97

本方法在正常和正确操作情况下，由同一操作人员，在同一实验室内，使用同一仪器，并在短期内，

对相同试样所作两个单次测试，结果之间的差值超过重复性，平均来说20次中不多于1次。

本方法在正常和正确操作情况下，由两名操作人员，在不同实验室内，对相同试样所作两个单次测试，结果之间差值，超过再现性，平均来说20次中不多于1次。

如果两个单次测试结果之间的差值超过了相应的重复性和再现性数值，则认为这两个结果是可疑的。

注：本精密度数据是在1987年和1988年由7个实验室对3个水平的试样所作的试验中确定的。

9 误差

分析结果的相对标准误差由下式确定：

$$\sigma_m=\left[\frac{1}{N_s^2}\left(\frac{N_b+N_s}{t_s}+\frac{N_b}{t_b}+\sigma_{R_e}^2+\sigma_e^2\right)\right]^{1/2} \qquad (3)$$

式中：σ_m——分析方法的相对标准偏差；

N_s——待测试样的净计数率，计数/min；

N_b——本底试样的计数率，计数/min；

t_s——待测试样的计数时间，min；

t_b——本底试样的计数时间，min；

σ_{R_e}——电解浓缩回收率的标准偏差；

σ_e——仪器对氚的计数效率的标准偏差。

附 录 A
正确使用标准的说明
（参考件）

A.1 如果待测试样中氚的浓度较高，或仪器的灵敏度足够高，用仪器直接测量，能得到满意的结果时，可以省去电解浓缩一步，样品经常压蒸馏，制样后，直接用仪器测量即可。

A.2 电解浓缩时，应首先调节好阳极位置，正确的调节方法是，先在电解槽中，加入 8 ml 含 1%（*m/V*）氢氧化钠溶液，然后将阳极插入电解槽中，边上、下调节阳极位置，边用万用表测量阴阳极间的电阻，当获得一个突然变小或变大的电阻值时，再仔细调节一下，在突然变化的那个位置上，用阳极上的两个螺母，把阳极管固定在法兰盘上，阳极位置便可调节好了。

A.3 电解浓缩时，如果采用比附录 B 中的电解槽的阴极面积大或者小的阴极时，则电解的起始电流，可按阴极电流密度控制在 0.1～0.2 A/cm^2 范围值，计算出新采用的电解槽的起始电流范围。

A.4 在操作过程中，例如制备试样、蒸馏等每一可能引起样品间交叉污染的步骤中，要注意避免交叉污染。操作要按先低水平，后高水平顺序进行等。

A.5 电解浓缩回收率 R_e 与电解槽的电极材料，电解质，冷却水温度，电流密度，体积浓缩倍数以及电解方式等有关。采用减容电解方式（即本标准采用的方式）则 $R_e=\left(\frac{V_f}{V_i}\right)1/\beta$，式中的β是氚的电解分离系数。如果上述条件有任何一个发生了改变，则原来的 R_e 和β值不能再使用，这时应该用标准氚水，按电解步骤进行电解，重新确定新的参数 R_e 和β值。如果只是冷却水温度发生了变化，可按每升高 1℃，β降低 1.3%，对β进行修正，再由β算出 R_e，一般可以不必重作实验。冷却水温度变化多少度，就该修正β和 R_e 值，这要根据测量误差的要求而定。

A.6 如果标准氚水比待测试样中的氚放射性浓度高出几个数量级，例如 2.21×10^6 dpm/g 误差±3%的标准氚水，应将标准氚水进行稀释后，方可使用。稀释方法是用分析天平（4.2）精确地称取一定量标准氚水，一般是 0.1 g 左右，加入到一定容积（如 1 000 ml 的）容量瓶中，然后再用无氚的蒸馏水稀释至刻度，摇荡混合均匀，按下式算出稀释后标准氚水的比放射性活度：

$$C=\frac{D_s}{V_s} \tag{A.1}$$

式中：C——比放射性活度，（衰变/分）/ml；

D_s——加入到容量瓶中的标准氚水绝对活度，衰变/分；

V_s——容量瓶的容积，ml。

附　录　B
仪器设备图
（参考件）

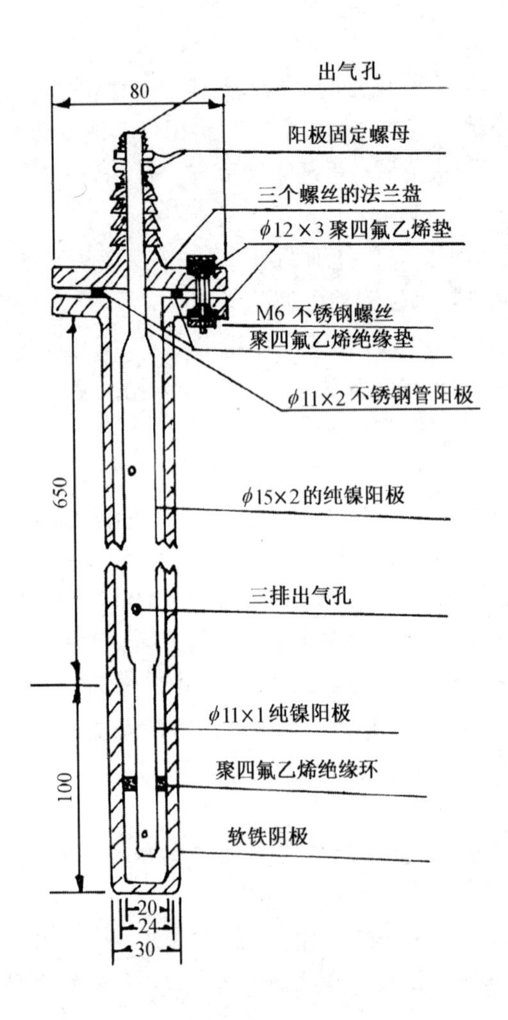

图 B.1　电解槽

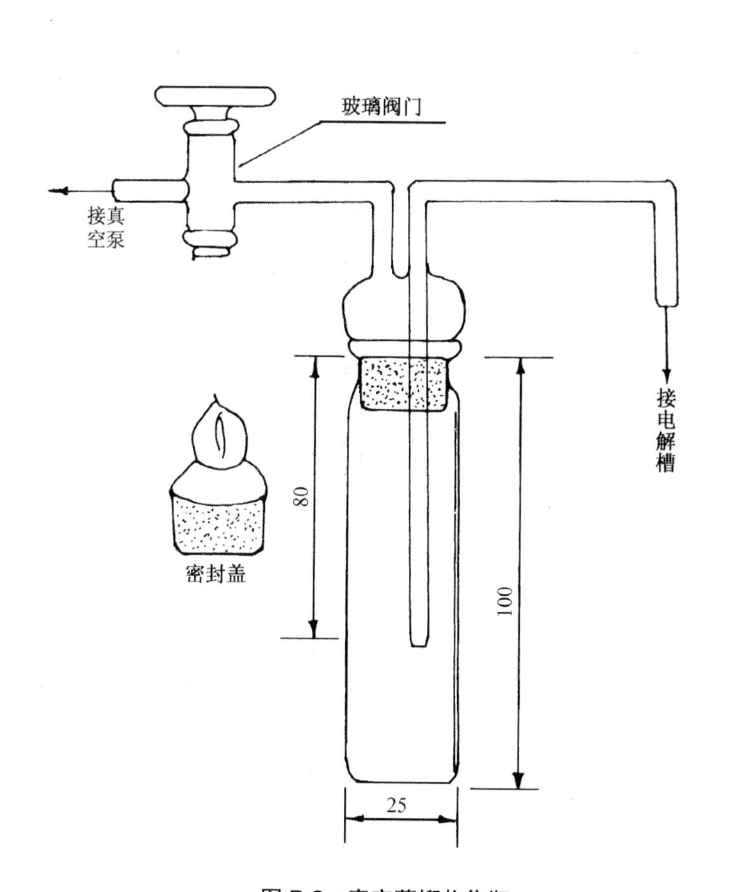

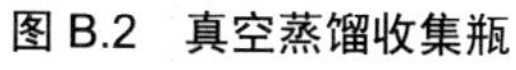

图 B.2 真空蒸馏收集瓶

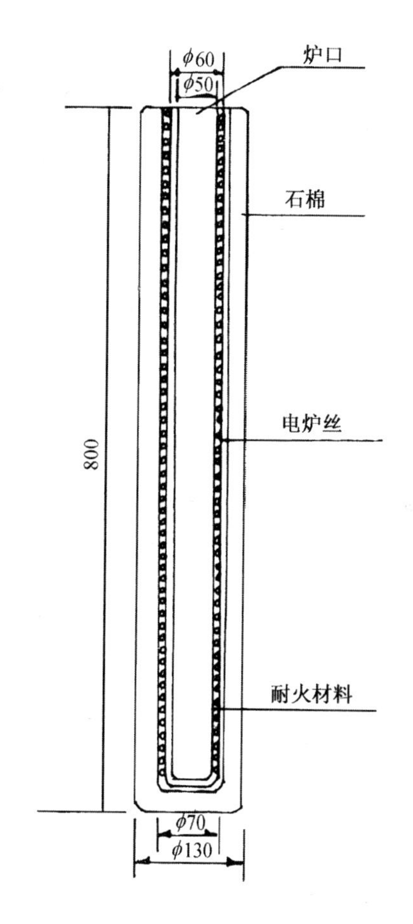

图 B.3 井形电炉

附加说明：

本标准由国家环保局和中国核工业总公司提出。

本标准由中国原子能科学研究院负责起草。

本标准主要起草人孔繁信。

中华人民共和国国家标准

水中钋-210的分析方法 电镀制样法

GB 12376—90

Analytical method of polonium-210 in water —Method of preparing sample by electroplating

国家技术监督局 1990-06-09 发布　　1990-12-01 实施

1 主题内容与适用范围

本标准适用于饮用水、地面水和核工业排放废水中 ^{210}Po 的测定。^{210}Po 的测定浓度大于 1×10^{-3} Bq/L。

2 引用标准

GB 12379　环境核辐射监测规定

3 方法提要

以氢氧化铁为载体，吸附载带水中 ^{210}Po。盐酸溶解沉淀后，加入抗坏血酸还原三价铁，在盐酸溶液中，使 ^{210}Po 自镀到铜片上，用低本底α测量仪测量计数率。

4 干扰

当每个样品中含有 25 μg 金、25 μg 铂、25 μg 碲、50 μg 汞、100 μg 钒会使 ^{210}Po 测定结果偏低。

5 试剂

除非另有说明，分析时均使用符合国家标准或专业标准的分析试剂。试剂用水为蒸馏水。试剂及水的放射性纯度必须保证空白样品测得的计数率不超过探测器本底的统计误差。

a. 抗坏血酸，$C_6H_8O_6$；

b. 高锰酸钾溶液，ρ_{KMnO_4}=20 g/L；

c. 盐酸，HCl，浓度 36.0%～38.0%（*m/m*）；

d. 盐酸（1＋1）；

e. 盐酸（1＋5）；

f. 盐酸，0.1 mol/L；

g. 三氯化铁溶液，$FeCl_3$，20 mg Fe/ml，1 mol/L 的盐酸溶液。

h. 氢氧化钠溶液，ρ_{NaOH} = 400 g/L；

i. 过氧化氢，H_2O_2，浓度不低于 30%（*m/m*）；

j. 无水乙醇，C_2H_3OH，含量不少于 99.5%（*m/m*）；

k. ^{210}Po 标准贮备溶液，约 10 Bq/ml，2 mol/L 的盐酸溶液，含氯化钙 0.1 mol/L。贮于聚乙烯塑料瓶中；

l. ^{210}Po 标准溶液，移取适量的贮备液(5.11)，用 2 mol/L 的盐酸稀释到一定体积。含氯化钙 0.1 mol/L。

m. 精密 pH 试纸，pH 8.2～9.7；

n. 紫铜片，铜含量不少于 99.5%，厚 0.2 mm，制成ϕ20 mm 的圆片，用细砂布（或细砂纸）将两面擦亮，临用前在 0.5 mol/L 的盐酸中浸泡 10 min 即可使用。

6 仪器

a. 低本底α测量仪，本底小于 0.5 计数/h；

b. 分析天平，感量 0.1 mg；

c. 恒温水浴锅；

d. 转速稳定的搅拌器。

7 采样

样品的采集应符合 GB 12379 中的规定。

8 步骤

8.1 将水样采到聚乙烯塑料桶中，加入适量的盐酸（5.3），调节 pH 值为 2，静置 12 h 以上。

8.2 从静置后的水样中抽取 5 L，置于相应容积的玻璃烧杯中，边搅拌边滴加高锰酸钾溶液（5.2）至水样呈稳定的紫色。

8.3 加入 5.0 ml 三氯化铁溶液（5.7）。搅匀后，在室温下（不低于 20℃）边搅拌边缓慢滴加氢氧化钠溶液（5.8），直至 pH 值为 8.5（用精密 pH 试纸测量），继续搅拌 5 min，静置 2 h 以上。

8.4 用虹吸法吸去上清液，剩余溶液和氢氧化铁沉淀用快速滤纸在三角漏斗上过滤（亦可用离心法分离）。

8.5 用 12 ml 盐酸（5.5）分两次洗涤烧杯（8.2），用此盐酸溶液溶解滤纸上的沉淀，溶液收集于 50 ml 烧杯中。依次用 10 ml 盐酸（5.6）和 5 ml 水洗涤滤纸，洗涤液合并入 50 ml 烧杯中。

8.6 加两滴过氧化氢（5.9），在沙浴上微沸 2～3 min。

8.7 稍冷后，往溶液中加入适量抗坏血酸(5.1)，搅拌，使溶液中三价铁的黄色恰好消失，再过量 20 mg。

8.8 用水将溶液稀释到 40 ml，将烧杯放到约 80℃的恒温水浴中。

8.9 将铜片置于搅拌器下部的网兜中（用塑料皮细导线制成），把铜片浸入溶液，启动马达，使转速达到 350～400 rpm，自镀 120 min。

8.10 取出铜片，依次用水和无水乙醇（5.10）冲洗一次。晾干，放置 7 h。

8.11 在低本底α测量仪上测量铜片两面的计数率。

9 计算方法

$$A=\frac{N}{60\cdot E_{\mathrm{f}}\cdot Y\cdot V} \tag{1}$$

式中：A——水中 ^{210}Po 的浓度，Bq/L；

N——样品源的净计数率，cpm；

E_{f}——仪器对 ^{210}Po 的探测效率，%；

V——水样体积，L；

60——将 dpm 变为 Bq 的转换系数。

10　^{210}Po 全程放化回收率的测定

取已知 ^{210}Po 浓度的水样，加入已知活度的 ^{210}Po，按本标准 8.1～8.11 条操作，按下式计算 ^{210}Po 的全程放化回收率：

$$Y = \frac{N_s}{N_O} \tag{2}$$

式中：N_s——样品源 ^{210}Po 的净衰变率，dpm；

N_o——样品中加入 ^{210}Po 的衰变率，dpm。

11　仪器的刻度

用于测量 ^{210}Po 活度的低本底α测量仪必须校准。用已知活度的 ^{210}Po 标准溶液制成与样品源活性区相同的、强度相当的标准源，刻度出仪器对 ^{210}Po 的探测效率。用活性区与样品源相同的 ^{241}Am（或 ^{239}Pu）源作为工作源，在每批样品分析的前后进行常规效率校正。

12　空白试验

每当更换试剂时必须进行空白试验，样品数不能少于 5 个。

12.1　取 5 L 蒸馏水，加入 8.0 ml 盐酸（5.4），加入 5.0 ml 三氯化铁溶液（5.7），搅匀后滴加氢氧化钠溶液（5.8）至溶液 pH 值为 8.5。

12.2　按 8.3～8.11 条操作，与样品源相同的条件下测量空白样品的计数率。计算空白样品的平均计数率和标准偏差，检验其与仪器本底计数在 95%的置信水平下是否有显著性差异。

13　精密度

本方法的重复性标准差 S_r 与临界差 r 以及再现性标准差 S_R 与临界差 R 列表如下：

样品浓度/（Bq/L）	重复性		再现性	
	S_r	r	S_R	R
0.020	1.7×10^{-3}	4.9×10^{-3}	2.5×10^{-3}	7.0×10^{-3}
0.200	1.1×10^{-2}	3.0×10^{-2}	1.1×10^{-2}	3.0×10^{-2}
0.600	2.5×10^{-2}	7.0×10^{-2}	2.5×10^{-2}	7.1×10^{-2}

本方法在正常和正确操作情况下，由同一操作人员，在同一实验室内，使用同一仪器，并在短期内，对相同试样所作两个单次测试结果之间的差值超过重复性，平均来说 20 次中不多于 1 次。

本方法在正常和正确操作情况下，由两名操作人员，在不同实验室内，对相同试样所作两个单次测试结果之间的差值超过再现性平均来说 20 次中不多于 1 次。

如果两个单次测试结果之间的差值超过了相应的重复性或再现性数值，则认为这两个结果是可疑的。

注：本精密度数据是在 1987 年，由 5 个实验室对 3 个水平的试样所作的试验中确定的。

附　录　A
正确使用标准的说明
（参考件）

A.1　按下式决定样品计数的时间

$$t_c = \frac{N_c + \sqrt{N_c \cdot N_b}}{N^2 \cdot E^2} \qquad (A.1)$$

式中：t_c——样品计数时间，min；

N_c——样品加本底的计数率，cpm；

N_b——本底计数率，cpm；

N——样品净计数率，cpm；

E——预定的相对标准偏差。

A.2　^{210}Po 的母体 ^{210}Bi（半衰期 5.0 天）随同 ^{210}Po 一起自镀到铜片上。若 ^{210}Bi 和 ^{210}Po 的起始浓度均为 A_0，则 ^{210}Po 的活度与时间的关系按下式计算：

$$A_{Po}^{210} = A_0 e^{-\lambda 2t} + A_0 \cdot \frac{\lambda_1}{\lambda_2}(1-e^{-\lambda_1 t})e^{-\lambda_2 t} \qquad (A.2)$$

式中：λ_1——^{210}Bi 的衰变常数；

λ_2——^{210}Po 的衰变常数。

时间/d	1	2	3	4
^{210}Po 活度	0.999 7	0.998 7	0.997 2	0.995 3

根据上表，在样品源制好后的 2～3 d 内，^{210}Po 的活度不必进行衰变校正。

A.3　有条件的实验室可采用银片作镀源材料。

A.4　^{210}Po 在中性或碱性水中极易吸附在器壁或水中悬浮物上取来的水样必须立即用盐酸酸化至 pH2。如果样品需要运输或贮放，酸度应提高到 2 mol/L。分析时应考虑酸化时样品被稀释问题。

A.5　部分铀水冶厂用软锰矿作氧化剂，外排废水中含较多的二价锰离子，在氢氧化铁沉淀时生成较多的二氧化锰，在溶解氢氧化铁时应加入适量的盐酸羟胺。

附加说明：

本标准由国家环境保护局和核工业总公司提出。

本标准由核工业总公司北京铀矿选冶研究所负责起草。

本标准主要起草人顾明杰、岑运骅。

中华人民共和国国家标准

空气中微量铀的分析方法 激光荧光法

GB 12377—90

Analytical method of microquantity uranium in air by laser — fluoremetry

国家技术监督局 1990-06-09 发布　　1990-12-01 实施

1　主题内容与适用范围

本标准规定了环境空气中微量铀的分析方法。

本标准适用于空气取样体积为 10 m^3 时，$7.5\times10^{-11}\sim3.0\times10^{-8}$ g/m^3 铀的测定范围。

2　方法提要

用过滤集尘法过滤的空气取样滤膜，经干法灰化、氢氟酸脱硅、硝酸处理，硝酸浸出液中的铀酰离子与荧光增强剂生成络合物，在激光（波长 337 nm）激发下产生荧光，用“标准加入法”直接测定其含铀量。

空气中主要干扰元素硅，用氢氟酸脱硅，存在溶液中的元素经加入抗干扰荧光增加剂络合后，4 μg 的铬锰、6 μg 的铁、20 μg 的氟、30 μg 的铜、100 μg 的钙、100 μg 的镁、200 μg 的铝、其他硅、磷、硼不干扰测定。

3　主要试剂

除非另有说明，分析时均使用符合国家标准或专业标准的分析纯试剂，所用水均为去离子水或二次蒸馏水（比电阻为 $1\times10^{-6}\sim1.5\times10^{-6}\,\Omega\cdot cm$）。所用酸没有注明浓度时，均为浓酸。酸化水均为 pH2 的硝酸酸化水。

3.1　八氧化三铀，U_3O_8，GR。

3.2　硝酸，HNO_3，密度 1.42，含量 65.0%～68.0%（*m/m*）。

3.3　荧光增加剂，荧光增强倍数不小于 100 倍。

3.4　氢氟酸，HF_2，40%（以 HF 含量计），密度 1.130。

3.5　铀标准贮备液[（1.000±0.001）mg/ml]：将八氧化三铀（3.1）于温度为 850℃马弗炉内灼烧 0.5 h，取出，放入干燥器内，冷却至室温。准确称取（0.117 9±0.000 1）g，于 50 ml 烧杯中，用几滴水润湿后，加入 5 ml 硝酸（3.2），放在电热砂浴上加热溶解，并蒸至近干，再转入 100 ml 容量瓶中，并稀释到刻度。

3.6　铀标准工作液Ⅰ[（1.00±0.01）μg/ml]：取 1.00 ml 铀标准贮备液（3.5），用酸化水稀释至 100 ml。再取此溶液 10.00 ml，用酸化水稀释至 100 ml，摇匀（贮存期不超过三个月）。

3.7　铀标准工作液Ⅱ[（0.100±0.010）μg/ml]：取 10.00 ml 铀标准工作液Ⅰ（3.6）用酸化水稀释至 100 ml

（贮存期不超过三个月）。

4 主要仪器

4.1 激光铀分析仪，测定范围 0.05～20×10^{-6} g/L 铀。稳定性小于±10%，激光强度不小于 40%。
4.2 空气取样器，流速 50～100 cm/s。
4.3 铂坩埚，20 ml。
4.4 微量注射器，50 μl。
4.5 酸度计，pH 0.00～14.00。
4.6 马弗炉，0～1 000℃。

5 取样

空气取样器装上直径ϕ100 mm国产一号过氯乙烯树脂合成纤维滤布，取样头距地高 1.5 m，流速 50～100 cm/s。取样不小于 10 m^3 空气体积（视含铀量而定）。取样完毕，滤布存放于样品盒内，并记录取样时气温、气压、取样体积并换算成标准状况下的气体体积。

6 分析步骤

6.1 样品处理

空白滤布和取样后的滤布，撕去纱布，分别放入铂坩埚中（4.3），并置于马弗炉内（4.6），缓慢升温至 700℃，灼烧 1 h，取出坩埚冷却，向坩埚加入 2 ml 硝酸（3.2），在电热砂浴上加热，冒烟后，滴加氢氟酸（3.4）0.5 ml，继续加热至近干。如果灰分大，可再滴加氢氟酸至脱硅完全。取下坩埚，再加入硝酸（3.2）2 ml，蒸至近干，用酸化水洗涤坩埚三次，合并于 10 ml 容量瓶中，并稀释至刻度，摇匀。

6.2 测定

取 5.00 ml 样品溶液（6.1），于石英杯中，在激光铀分析仪（4.1）测定并记录荧光强度读数（N_0），加入 0.500 ml 荧光增强剂（3.3），充分混匀，测定并记录荧光强度读数（N_1），再用微量注射器（4.4）加入铀标准工作液Ⅱ（3.7）0.050 ml，充分混匀，测定并记录荧光强度读数（N_2）。

7 计算结果

$$M=\frac{N_1-N_0}{N_2-N_1} \tag{1}$$

式中：M——样品液或空白试验液荧光强度读数计算值；

N_0——溶液未加荧光增强剂前荧光强度读数；

N_1——溶液加入荧光增强剂后荧光强度读数；

N_2——溶液再加铀标准工作液后荧光强度读数。

$$C=(M_{样}-M_{空})\frac{KC_1V_1V_2}{RV_0V_3} \tag{2}$$

式中：C——空气中含铀量，μg/m^3；

$M_{样}$——样品液荧光强度读数计算值；

$M_{空}$——空白试验液荧光强度读数计算值；

C_1——加入铀标准工作液浓度，μg/ml；

V_1——加入铀标准工作液体积，ml；

V_2——样品溶液的总体积，ml；

V_0——标准状况下空气取样体积，m^3；

V_3——测定用溶液总体积，ml（5.00+0.50）；

R——回收率，%；

K——样品若稀释测量时，为稀释倍数。分析结果表示至二位小数。

8 回收率的测定

取样滤布撕去纱布，加入铀标准溶液，按（6.1～6.2）样品处理、测定，用下式计算全程回收率（%）：

$$R=\frac{C_1}{C_0}\times 100 \tag{3}$$

式中：C_1——样品中加入铀的测定值，μg；

C_0——样品中加入铀量，μg。

9 精密度

样品水平/ μg	重复性偏差 S_r	重复性 r	再现性偏差 S_R	再现性 R
0.100	0.008 1	0.023	0.008 6	0.024
1.000	0.100 1	0.280	0.111 1	0.311
1.500	0.119 1	0.334	0.140 5	0.393

注：本精密度数据是由七个实验室对三个水平样品所做的精密度试验确定的（不包括取样误差）。

附　录　A
（标准的附录）
正确使用标准的说明
（参考件）

A.1　样品亦可在石墨坩埚中灰化和酸处理。

A.2　样品溶液必须无色透明。加入荧光增强剂后，若产生沉淀，必须把待测液经稀释或离心处理后，不再混浊方可测量。

A.3　标准状况下空气体积按下式换算：

$$V_0=\frac{PT_0V}{P_0T} \qquad (A.1)$$

式中：P——取样时的气压，Pa；

V——取样时空气体积，m^3；

T——取样时气温，K；

P_0——标准状况下气压，1.01×10^5Pa；

T_0——标准状况下的气温，273 K。

附加说明：

本标准由核工业部提出。

本标准由核工业部国营八一二厂负责起草。

本标准起草人陈进堂。

中华人民共和国国家标准

空气中微量铀的分析方法 TBP 萃取荧光法

GB 12378—90

Analytical method of microquantity uranium in air by spectropho to fluoremetry after extraction with TBP

国家技术监督局 1990-06-09 发布　　1990-12-01 实施

1 主题内容与适用范围

本标准规定了环境空气中微量铀的分析方法。

本标准适用于空气取样体积为 30 m^3，熔珠重（80±5）mg 时，$6.7\times10^{-10}\sim1.3\times10^{-6}$ g/m^3 铀的测定范围。

2 方法提要

用过滤集尘法过滤的空气滤膜，经干法灰化、氢氟酸脱硅，硝酸处理，磷酸三丁酯（TBP）二甲苯萃取铀，直接取有机相烧制熔珠，光电荧光光度计测定。

空气中主要干扰元素硅，用氢氟酸除去，溶液中含 15 μg 的铬、300 μg 的铁、1.5 mg 的锰、3.0 mg 的铜、15 mg 的镁、9 mg 的钙或铝、硅、氟、磷不干扰测定。

3 主要试剂

除非另有说明，分析时均使用符合国家标准或专业标准的分析纯试剂。所用水均为去离子水或二次蒸馏水（比电阻为 $1\times10^6\sim1.5\times10^6\ \Omega\cdot cm$）。所用酸没有注明浓度时，均为浓酸，酸化水均为 pH2 的硝酸酸化水。

3.1 八氧化三铀，U_3O_8，GR。

3.2 硝酸，HNO_3，密度 1.42，含量 65.0%～68.0%（*m/m*）。

3.3 磷酸三丁酯（TBP），$(C_4H_9O)_3PO$ 含量不少于 98.0%（*m/m*），密度 0.976～0.981。

3.4 二甲苯，$C_6H_4(CH_3)_2$，沸点范围 137.0～140.0℃。

3.5 无水碳酸钠，Na_2CO_3，含量不少于 99.8%（*m/m*）。

3.6 硝酸钠，$NaNO_3$，GR。

3.7 氟化钠，NaF，GR，氟化钠含量不少于 99.0%。

3.8 氢氟酸，HF，40%（以氟化氢含量计），密度 1.130。

3.9 铀标准贮备液，（1.000±0.001）mg/ml：将八氧化三铀（3.1）于温度为 850℃马弗炉内灼烧 0.5 h，取出，放入干燥器内，冷却至室温。准确称取（0.117 9±0.000 1）g，于 50 ml 烧杯中，用几滴水润湿后，加入 5.0 ml 硝酸（3.2），放在电热砂浴上溶解，并蒸至近干。然后用酸化水溶解，转入 100 ml 容量瓶中，并稀释到刻度。

3.10 铀工作标准系列溶液（临用前配制）：将铀标准贮备液（3.9），用酸化水逐级稀释成不同浓度的铀标准工作系列溶液：

Ⅰ （1.00，2.00，4.00，6.00，8.00）μg/ml；

Ⅱ （1.00，2.00，4.00，6.00，8.00）$\times 10^{-7}$ g/ml；

Ⅲ （1.00，2.00，4.00，6.00，8.00）$\times 10^{-8}$ g/ml；

Ⅳ （1.00，2.00，4.00，6.00，8.00）$\times 10^{-9}$ g/ml。

3.11 碳酸钠，5%（*m/V*）溶液：称取碳酸钠（3.5）5 g 溶于 100 ml 水中。

3.12 TBP-二甲苯溶液，20%（*V/V*）：取样一定体积的 TBP（3.3），用等体积的碳酸钠溶液（3.11）在分液漏斗中洗涤 2～3 次，再用水洗至中性。取洗涤过的 TBP 与二甲苯按 1+4 体积比混匀。贮于棕色玻璃瓶中。

3.13 氟化钠片：将氟化钠（3.7）压制成 80±5 mg，直径ϕ4 mm 的圆片。

3.14 50%（*m/V*）硝酸钠-0.8 mol/L 硝酸溶液：称取 250 g 硝酸钠（3.6）溶于 0.8 mol/L 的硝酸中，并用 0.8 mol/L 的硝酸稀释到 500 ml。

4 主要仪器

4.1 光电荧光光度计，测定范围 5×10^{-9}～1×10^{-5} g 铀/珠。

4.2 空气取样器，流速 50～100 cm/s。

4.3 酒精喷灯（挂式）或煤气灯。

4.4 铂丝环：将直径ϕ0.5 mm 的铂丝一端熔入细玻璃棒中，另一端绕成直径ϕ3 mm 的圆环。

4.5 铂坩埚，20 ml。

4.6 微量注射器，50 μl。

4.7 高温计，0～1 200℃。

4.8 马弗炉，0～1 000℃。

5 取样

空气取样器装上直径ϕ100 mm 国产一号过氯乙烯树脂合成纤维滤布，取样头距地高 1.5 m，流速 50～100 cm/s。取样不小于 30 m^3 空气体积（视含铀量而定）。取样完毕，滤布存放于样品盒内，并记录取样时气温、气压、取样体积并换算成标准状况下的气体体积。

6 分析步骤

6.1 标准曲线的绘制

用微量注射器（4.6）分别准确吸取 0.050 ml 铀标准工作系列溶液（3.10），滴在氟化钠片上烧制熔珠。控制火焰（氧化焰）温度为 980～1 050℃，全熔后持续 20～30 s，退火 10 s，放入干燥器中，冷却 15 min，用光电荧光光度计（4.1）测定荧光强度，以荧光强度对含铀量绘制四条不同量级的标准曲线。

6.2 样品处理

空白滤布和取样后滤布，撕去纱布，分别放入坩埚（4.5）中，并置于马弗炉（4.8）内，缓慢升温至 700℃，灼烧 1 小时，取出坩埚冷却，向坩埚内加入 2 ml 硝酸（3.2），在电热砂浴加热，冒烟后，滴加氢氟酸（3.8）0.5 ml，继续加热蒸至近干。如果灰分大，可再滴加氢氟酸至脱硅完全。取下坩埚，再加入硝酸（3.2）2 ml，蒸至近干。

6.3 萃取和测定

用 3 ml 硝酸钠-硝酸（3.14）溶液，分四次洗涤坩埚中灰盐，并转入 10 ml 具塞刻度试管中，加入 1.00 ml TBP-二甲苯溶液（3.12），摇动 3 min，静置 15 min，完全分相后，用微量注射器（4.6）吸取 0.050 ml

有机相烧制熔珠。光电荧光光度计上测量荧光强度。

7 计算结果

$$C=\frac{(A-A_0)\cdot V_1}{R\cdot V_0\cdot V_2} \tag{1}$$

式中：C——空气中含铀量，$\mu g/m^3$；

A——标准曲线上查得样品珠含铀量，μg；

A_0——标准曲线上查得空白珠含铀量，μg；

V_1——萃取有机相体积，ml；

V_2——用于烧制熔珠的有机相体积，ml；

V_0——标准状况下空气取样体积，m^3；

R——回收率，%。

分析结果表示至二位小数。

8 回收率的测定

取样滤布撕去纱布，加入铀标准溶液，按（6.2 至 7）进行样品处理、萃取和测定，用下式计算全程回收率（%）：

$$R=\frac{C_1}{C_0}\times 100 \tag{2}$$

式中：C_1——样品中加入铀的测定值，μg；

C_0——样品中加入铀量，μg。

9 精密度

样品水平/ μg	重复性偏差 S_r	重复性 r	再现性偏差 S_R	再现性 R
0.100	0.007 3	0.021	0.007 5	0.021
1.000	0.072 6	0.203	0.101 9	0.285
1.500	0.108 2	0.303	0.129 1	0.361

注：本精密度数据是由七个实验室对三个水平样品所做的精密度试验确定的（不包括取样误差）。

附　录　A
正确使用标准的说明
（参考件）

A.1　样品亦可在石墨坩埚中灰化和酸处理。

A.2　标准曲线必须进行线性回归，并定期（最长不得超过三个月）重做或修正。标准溶液重配和仪器修理、调整后，必须重做标准曲线。

A.3　烧制熔珠的方式亦可选择下列方式中任一种：

a. 含 98%（*m/m*）氟化钠，2%（*m/m*）氟化锂片，重 80±5 mg，取 0.050 ml 含铀溶液滴在片上烧制熔珠，熔融温度为 840～940℃。

b. 取 0.10 ml 含铀溶液滴入盛有 100 mg98%（*m/m*）氟化钠，2%（*m/m*）氟化锂混合熔剂的铂皿内（直径 10 mm，高 2 mm），于烘箱内 150℃烘干，转入马弗炉，于 900℃熔融 5 min，制取熔片。

c. 用 80±5 mg 熔剂与铀溶液混合蒸至近干，拌成滚球样的团，再烧制熔珠。

不管采用何种方式，每样必须烧制三个平行熔珠或熔片。无论采用上述任何制珠方法，均须与标准曲线的制作相一致。

A.4　标准状况下空气体积（V_0）按下式换算：

$$V_0 = \frac{PT_0V}{P_0T} \tag{A.1}$$

式中：P——取样时气压，Pa；

V——取样时空气体积，m^3；

T——取样时气温，K；

P_0——标准状况的气压，1.01×10^5 Pa；

T_0——标准状况的气温，273K。

附加说明：

本标准由核工业部提出。

本标准由核工业部国营八一二厂负责起草。

本标准起草人陈进堂。

中华人民共和国国家标准

环境核辐射监测规定

GB 12379—90

Regulations of monitoring for environmental nuclear radiations

国家技术监督局 1990-06-09 发布　　1990-12-01 实施

1　主题内容与适用范围

本标准规定了环境核辐射监测的一般性准则。

本标准适用于在中华人民共和国境内进行的一切环境核辐射监测。

2　引用标准

GB 8703　辐射防护规定

3　术语

3.1　源项单位

从事伴有核辐射或放射性物质向环境中释放并且其辐射源的活度或放射性物质的操作量大于GB 8703 规定的豁免限值的一切单位。

3.2　环境保护监督管理部门

国家和各省、自治区、直辖市及国家有关部门负责环境保护的行政监督管理部门。

3.3　核设施

从铀钍矿开采冶炼、核燃料元件制造、核能利用到核燃料后处理和放射性废物处置等所有必须考虑核安全和（或）辐射安全的核工程设施及高能加速器。

3.4　同位素应用

利用放射性同位素和辐射源进行科研、生产、医学检查、治疗以及辐照、示踪等实践。

3.5　环境本底调查

源项单位在运行前对其周围环境中已存在的辐射水平、环境介质中放射性核素的含量，以及为评价公众剂量所需的环境参数、社会状况等所进行的调查。

3.6　常规环境监测

源项单位在正常运行期间对其周围环境中的辐射水平以及环境介质中放射性核素的含量所进行的定期测量。

3.7　监督性环境监测

环境保护监督管理部门为管理目的对各核设施及放射性同位素应用单位对环境造成的影响所进行的定期或不定期测量。

3.8　质量保证

为使监测结果足够可信，在整个监测过程中所进行的全部有计划有系统的活动。

3.9 质量控制

为实现质量保证所采取的各种措施。

3.10 代表性样品

采集到的样品与在取样期间的样品源具有相同的性质。

3.11 准确度

表示一组监测结果的平均值或一次监测结果与对应的正确值之间差别程度的量。

3.12 精密度

在数据处理中，用来表达一组数据相对于它们平均值偏离程度的量。

4 环境核辐射监测机构和职责

4.1 一切源项单位都必须设立或聘用环境核辐射监测机构来执行环境核辐射监测。核设施必须设立独立的环境核辐射监测机构。其他伴有核辐射的单位可以聘用有资格的单位代行环境核辐射监测。

4.1.1 源项单位的核辐射监测机构的规模依据其向环境排放放射性核素的性质、活度、总量、排放方式以及潜在危险而定。

4.1.2 源项单位的环境核辐射监测机构负责本单位的环境核辐射监测，包括运行前环境本底调查，运行期间的常规监测以及事故时的应急监测；评价正常运行及事故排放时的环境污染水平；调查污染变化趋势，追踪测量异常排放时放射性核素的转移途径；并按规定定期向有关环境保护监督管理部门和主管部门报告环境核辐射监测结果（发生环境污染事故时要随时报告）。

4.2 各省、自治区、直辖市的环境保护管理部门要设立环境核辐射监测机构。

4.2.1 环境保护监督管理部门的环境核辐射监测机构的规模依据所辖地区当前及预计发展的伴有核辐射实践的规模而定。

4.2.2 环境保护监督管理部门的环境核辐射监测机构负责对本地区的各源项单位实施监督性环境监测；对所辖地区的环境核辐射水平和环境介质中放射性核素含量实施调查、评价和定期发布监测结果；在核污染事故时快速提供所辖地区的环境核辐射污染现状；并负责审查和核实本地区各源项单位上报的环境核辐射监测结果。

5 环境核辐射监测大纲

5.1 在实施环境核辐射监测之前，必须制定出切实可行的环境核辐射监测大纲。

5.2 制定环境核辐射监测大纲，要遵循辐射防护最优化原则。

5.2.1 制定环境核辐射监测大纲，首先要考虑实施监测所期望达到的目的：

a. 评价核设施对放射性物质包容和排出流控制的有效性；

b. 测定环境介质中放射性核素浓度或照射量率的变化；

c. 评价公众受到的实际照射及潜在剂量，或估计可能的剂量上限值；

d. 发现未知的照射途径和为确定放射性核素在环境中的传输模型提供依据；

e. 出现事故排放时，保持能快速估计环境污染状态的能力；

f. 鉴别由其他来源引起的污染；

g. 对环境放射性本底水平实施调查；

h. 证明是否满足限制向环境排放放射性物质的规定和要求。

5.2.2 制定环境核辐射监测大纲，还要考虑下列客观因素：

a. 源项单位排出流中放射性物质的含量，排放量，排放核素的相对毒性和潜在危险；

b. 源项单位的运行规模，可能发生事故的类型、概率以及环境后果；

c. 排出流监测现状，对实施环境核辐射监测的要求程度；

d. 受照射群体的人数及其分布；

e. 源项单位周围土地利用和物产情况；

f. 实施环境核辐射监测的代价和效果；

g. 实用环境核辐射监测仪器的可获得性；

h. 环境核辐射监测中可能出现的各种干扰因素。

5.3 对于核设施，其环境核辐射监测大纲应包括运行前环境本底调查大纲和运行期间的环境核辐射监测大纲。

5.3.1 运行前环境本底调查大纲

5.3.1.1 运行前环境本底调查大纲应体现下述目的：鉴别出核设施向环境排放的关键核素，关键途径和关键居民组；确定环境本底水平的变化；以及对运行时准备采用的监测方法和程序进行检查和模拟训练。

5.3.1.2 核设施运行前环境本底调查的内容应包括环境介质中放射性核素的种类、浓度、γ辐射水平及其变化；核设施附近的水文、地质、地震和气象资料；主要生物（水生、陆生）种群与分布；土地利用情况；人口分布、饮食及生活习惯等。

5.3.1.3 核设施运行前放射性水平调查至少要取得运行前连续两年的调查资料，要了解一年内放射性本底的变化情况以及年度间的可能变化范围。

5.3.1.4 运行前环境本底调查的地理范围决定于源项单位的运行规模，对于大型核设施供评价用的环境参数一般要调查到 80 km。

5.3.2 运行期间的环境监测大纲

5.3.2.1 核设施运行期间环境核辐射监测大纲的制定要依据监测对象的特点以及运行前本底调查所取得的资料而定。

5.3.2.2 核设施运行期间的环境核辐射监测应考虑运行前本底调查所确定的关键核素、关键途径、关键居民组。测量或取样点至少必须有一部分与运行前本底调查时的测量或取样位置相同。

5.3.2.3 对于存在事故排放危险的核设施，运行期间环境核辐射监测大纲必须包括应急监测内容。

5.3.2.4 对于准备退役的核设施，必须制定退役期间以及退役后长期管理期间的环境核辐射监测大纲。

5.4 对于放射性同位素及伴生放射性矿物资源的利用活动，环境核辐射监测大纲的内容可相应简化。

5.4.1 对于 5.4 条中指出的实践，一般不需要进行广泛的运行前本底调查工作，但在运行前应取得可以作为比较基础的环境放射性本底数据。

5.4.2 对于 5.4 条中所指明的实践，在正常运行条件下，其环境核辐射监测主要应针对放射性排出流的排放口或排放途径进行。

5.5 随着情况（源和环境）的变化，以及环境核辐射监测经验的积累，监测大纲要及时调整。一般在积累足够监测资料后，环境核辐射监测大纲应当从简。

6 就地测量

6.1 就地测量准备

6.1.1 就地核辐射测量之前必须先要制定详细的测量计划。作计划时，下列因素应予以考虑：

a. 测量对象的性质，包括要测量核素的种类，预期活度范围，物理化学性质等；

b. 环境条件（地形、水文、气象等）的可能影响；

c. 测量仪器的适应性，包括量程范围，能量响应特性和最小可探测限值等；

d. 设备及测量仪器在现场可能出现的故障及补救办法；

e. 测量人员的技术素质；

f. 测量的重要性以及资金的保障情况。

6.1.2 就地测量之前必须准备好仪器和设备。

6.1.2.1 对于常规性的就地测量，每次出发前均要清点仪器和设备，检查仪器工作状态。

6.1.2.2 作为应急响应的就地测量，事先必须准备好应急监测箱，应急监测箱内的仪表必须保持随时可以工作状态。

6.1.3 从事就地核辐射监测的人员事先必须经过培训，使之熟悉监测仪器的性能，在现场可以进行简单维修，并应具备判断监测数据是否合理的能力。

6.2 就地测量实施

6.2.1 就地核辐射监测必须选在有代表性的地方进行，通常测量点应选择在平坦开阔的地方。

6.2.2 在测量现场核对仪器的工作状态，确保仪器工作正常后方可读取数据。

6.2.3 当辐射场自身不稳定，应增加现场测量时间，以求测出辐射场的可能变化范围。

6.2.4 在现场进行放射性污染测量时，一定要防止测量仪器受到污染。

6.3 就地测量数据应在现场进行初步分析，判断数据是否有异常，以便及时采取补救措施。

6.4 就地测量的一切原始数据必须仔细记录，对可能影响测量结果的环境参数应一并记录。所有需要记录的事项，事先均应编印在原始数据记录表中。

7 样品采集

7.1 样品采集的基本原则

7.1.1 环境样品采集必须按照事先制定好的采样程序进行。

7.1.2 采集环境样品时必须注意样品的代表性，除了特殊目的之外，采集环境样品时应避开下列因素的影响：

a. 天然放射性物质可能浓集的场合；

b. 建筑物的影响；

c. 降水冲刷和搅动的影响；

d. 产生大量尘土的情况；

e. 河流的回水区；

f. 靠近岸边的水；

g. 不定型的植物群落。

7.1.3 采集环境样品时参数记载必须齐备，这些参数要包括采样点附近的环境参数，样品性状描述参数以及采样日期和经手人等。

7.1.4 采样频度要合理。频度的确定决定于污染源的稳定性，待分析核素的半衰期以及特定的监测目的等。

7.1.5 采样范围的大小决定于源项单位的运行规模和可能的影响区域。

7.1.5.1 对于核设施，采样范围应与其环境影响报告的评价范围相一致。

7.1.5.2 对于放射性同位素及伴生放射性矿物资源的应用实践，采样应在排出流的排放点附近进行。

7.1.6 环境样品的采集量要依据分析目的和采用的分析方法确定，现场采集时要留出余量。

7.1.7 采集的环境样品必须妥善保管，要防止运输及储存过程中损失，防止样品被污染或交叉污染，样品长期存放时要防止由于化学和生物作用使核素损失于器壁上，要防止样品标签的损坏和丢失。

7.2 空气取样

7.2.1 确定取样对象，并由此确定出合适的取样方法和取样程序。

7.2.2 确定取样时取样元件相对待取样空气的运动方式：主动流气式或被动吸附式。

7.2.2.1 采用主动流气式取样时，流量误差必须予以控制。取样前，要校准流量器件，要对整个取样系统的密封性要进行检验。

7.2.2.2　采用被动吸附式取样时，取样材料要放在空气流动不受限制、湿度不是太大的地方，并对取样现场的平均温度和湿度进行记录。

7.2.3　要确保取样效率稳定

7.2.3.1　采用主动流气式取样时，取样气流要稳定，要防止取样材料阻塞或使取样材料达到饱和而出现穿透现象。

7.2.3.2　采用被动吸附式取样时，要注意湿度对取样效率的影响，必要时需进行湿度修正。

7.3　沉降物收集

7.3.1　沉降物收集的布点

7.3.1.1　对于特定的核设施，沉降物收集器应布放在主导风向的下风向，沉降物要定期收集并对其活度和核素种类进行分析。

7.3.1.2　监测大范围放射性沉降，沉降物收集器应该多布放几个，布放成收集网。

7.3.2　采集大气沉降物时，应使用合适的取样设备，要防止已收集到的样品的再悬浮，并尽量减小地面再悬浮物的干扰。

7.3.3　大气沉降物取样频度视沉降物中放射性核素活度变化的情况而定。

7.3.4　进行大气沉降取样时，必须同时记录气象资料。

7.4　水样采集

7.4.1　确定采样对象，并由此确定合适的采样计划和采样程序。

7.4.1.1　若放射性液体排出流的排放量和浓度变化较大，则应在排出流排放口采用连续正比取样装置采集样品。

7.4.1.2　在江、河、湖等放射性流出物的受纳水体采集地表水时，要避免取进水面上的悬浮物和水底的沉渣。

7.4.1.3　对于大型流动水体应在不同断面和不同深度上采集水样。

7.4.1.4　取海水样时，河口淡水、交混水和远离河口的海水应分别采集。

7.4.2　采集水样时，采样管路和容器先要用待取水样冲刷数次。

7.4.3　采集到的水样必须进行预处理，以便防止因化学或生物作用使水中核素浓度发生变化。在水样的处理和保管要考虑下列因素：

a. 在低浓度时，某些核素可能会被器皿构成材料中的特定元素交换；

b. 容器及取样管路中的藻类植物可以吸收溶液中的放射性核素；

c. 酸度较低，放射性核素有可能吸附在器壁上；

d. 酸度过高时，可使悬浮粒子溶解，使可溶性放射性核素含量增加；

e. 加酸会使碘的化合物变成元素状态的碘，引起挥发；

f. 酸可以引起液体闪烁液产生猝灭现象，使低能β分析失效。

7.5　水底沉积物取样

7.5.1　为评价不溶性放射性物质的沉积情况，应对放射性排出流受纳水体的沉积物进行定期取样和分析。

7.5.2　采集沉积物样品的时间最好在春汛前。

7.5.3　采集沉积物样品时要采用合适的工具和办法，确保不同深度上的样品彼此不受干扰。

7.5.4　采集沉积物样品时要同时记录水体情况。

7.5.5　采集沉积物样品需及时进行烘丁处理，烘干温度要适宜。

7.6　土壤样品的采集

7.6.1　下列情况需要采集并分析土壤样品：

a. 调查土壤中天然放射性水平含量；

b. 确定核设施运行对其周围土壤的污染情况；

c. 评价核事故对土壤的污染情况。

7.6.2 针对分析目的，选定合适的采样办法。

7.6.2.1 对于天然放射性水平调查，要取能代表基壤的样品，表层的浮土应铲除。

7.6.2.2 调查人工放射性核素的沉降污染，必须采集表层土壤。

7.6.2.3 评价液体排出流排放点附近污染，必须取不同深度的土壤。

7.6.3 采集土壤样品时必须对采样点附近的自然条件进行记录。

7.6.4 土壤样品若需长期保存，必须进行风干处理。

7.7 生物样品采集

7.7.1 对于确定的源项单位，需要采集的生物样品种类决定于当地的环境条件和评价目的。

7.7.1.1 为评价对人的影响，要采集与人的食物链有关的生物，并且分析可食部分。

7.7.1.2 进行放射生态研究，还要采集虽不属于人类食物链但能够浓集放射性核素的生物。

7.7.2 生物样品要在源项单位液体排出流排放点附近及地面空气中放射性浓度最高的地方采样。

7.7.3 生物样品如不能立即分析，必须进行预处理。

8 实验室分析测量

8.1 放化分析

8.1.1 样品处理 要采用标准的或已证明是合适的程序处理样品。在对样品进行处理中要防止核素损失和使样品受到污染。

8.1.2 放化分离

8.1.2.1 要采用标准的或证明是合适的程序。

8.1.2.2 分析时要加进适量的平行样和放射性含量已知的加标样。但不能让分析者识别出那些是平行样和加标样。

8.1.2.3 放化实验室应定期参加实验室间的比对活动。

8.1.3 测量样品制备

8.1.3.1 制备供放射性测量的样品必须严格操作，要保证样品厚薄均匀，大小一致，要防止样品起皱变形。

8.1.3.2 对于精确的测量，要制备与样品同样形状和质量的本底样品和标准样品。

8.2 放射性测量

8.2.1 测量仪器选择

8.2.1.1 要根据待分析核素的种类，样品的活度范围，样品的理化状态选择出合适的仪器。

8.2.1.2 要选用的仪器必须足够灵敏，务使它的最小可探测限，见附录 A（参考件）低于推定的管理限值。

8.2.2 测量准备

8.2.2.1 任何测量仪器在进行测量之前必须仔细检查，使之处于正常工作状态。

8.2.2.2 任何严格的测量，在测量样品之前要用与样品形状、几何尺寸以及质量相同的标准源测定计数效率。

8.2.2.3 对于低本底α，β测量，事先必须进行本底检验。严格测量时应该用与样品形状、几何尺寸以及质量相同的本底样品进行本底计数。

8.2.3 放射性测量

8.2.3.1 在进行放射性测量时，应采用本底、样品、本底，或本底、标准源、样品的程序进行。

8.2.3.2 在用γ谱仪时，应定期用标准源进行仪器稳定性检验。

8.2.3.3 在用液体闪烁计数器测低能β时，必须注意猝灭校正。

8.2.3.4 对热释光剂量片测量时，须按环境热释光剂量计技术标准进行。

8.2.4 测量结果记录

测量结果记录必须完整，对任何显著影响测量值的因素应一并记录。

9 数据统计学处理

9.1 数据可靠性分析

9.1.1 为使环境监测数据可以有效地用于评价和相互比较，对任何监测结果均应给出准确度估计和精密度估计。

9.1.1.1 准确度估计是给出监测数据最大可能的误差，它应包括取样、放化分离和放射性测量等各个环节所致的误差。

9.1.1.2 精密度估计是给出一组监测数据（至少是 10 个）相对均值的偏差。

9.2 数据分布检验

9.2.1 在对一组监测数据在进行平均之前，应首先进行统计学检验，以确定是否属于同一整体。

9.2.2 对任何可疑数据的剔除均应进行统计分布检验。

9.3 中心值和分散度估计

9.3.1 如果监测数据服从正态分布，应计算算术平均值和标准差。如果服从对数正态分布，应计算几何平均值和几何标准差，如果进行剂量评价，此时应同时给出算术平均值和标准差。

9.3.2 在计算中心值时必须排除异常数据，以求平稳的平均值。

9.3.3 整筛平均值，见附录 B（参考件），是一种可获得平稳平均值的方法。

9.3.4 当环境放射性水平非常低，数据有一多半小于仪器的探测限时，此时可用概率图外推法确定中心值和偏差。

9.4 测量数据在最后上报之前要仔细检查，使之符合有效字、均值和标准差的表示规范。

10 环境监测结果评价与报告

10.1 评价

环境监测结果的评价要按事先确定的监测目的进行。

10.1.1 为评价公众受到的剂量，必须根据有关模式、参数估算出公众剂量，并将计算得到的剂量与有关剂量限值进行比较。

10.1.2 如果监测目的是估计放射性物质在环境中的积累情况，监测结果应以比活度表示，并且将之与运行前调查以及以往监测结果相比较，评价变化趋势。

10.1.3 如果监测目的是检查源项单位向环境的排放是否满足所规定的排放限值，监测结果应同时给出排放浓度和排放总量，并与规定的排放导出限值和总量限值进行比较。

10.2 报告

10.2.1 各源项单位上报的环境监测报告的内容、格式及频度应根据报告的目的决定。

10.2.2 各源项单位向主管部门和环境保护监督管理部门上报的监测报告的内容应包括：

a. 取样或现场测量地点的几何位置；

b. 核素种类；

c. 分析方法；

d. 测量方法；

e. 监测结果及其误差；

f. 简单评价。

11 质量保证

11.1 质量保证必须贯穿于环境核辐射监测的整个过程。

11.2 环境核辐射监测所用的仪器仪表必须可靠，在选购时就需考虑其技术指标能满足环境监测的要求。

11.3 测量仪器必须定期校准，校准时所用的标准源应能追踪到国家标准。当有重要元件更换或工作位置变动或维修后必须重新进行校准，并做记录。

11.4 环境核辐射监测仪在开始测量前，应检查本底计数率和探测效率，并且将它们记入质量控制图中。

11.5 环境核辐射监测仪必须执行日记登记制度。

11.6 环境样品的采集必须由有经验的人员按照事先制定的程序进行。

11.7 放化实验室必须建立严格的质量控制体系。

11.8 从事环境监测的人员必须经过专业训练，不经考试合格不能独立从事环境核辐射监测工作。

11.9 监测数据必须经复核或复算并签字。

11.10 环境核辐射监测机构应建立并保存好完整的有关质量保证文件。

附 录 A
分析或测量下限估计
（参考件）

设分析或测量的下限为 A，A 与其他参数有下列关系：

$$A=\frac{a(tc)}{vfrete^{-\lambda\Delta T}} \tag{A.1}$$

式中：a——单位转换因子；

v——取样总体积；

f——用来测量的样品量占取样总量的份数；

r——放化分析中核素的回收率；

e——探测器的计数效率；

(tc)——探测器在规定时间 t 内的最小可探测的计数数目；

λ——待测放射性核素的衰变常数；

ΔT——从取样到放射性测量的时间间隔。

附　录　B
整筛法求中值（算术平均值）
（参考件）

设 x_1，x_2……x_n 是一组按由小到大排列的测量结果，则整筛平均值 T_α为：

$$T_\alpha = \frac{px_{[\alpha n]+1} + x_{[\alpha n]+2} \cdots\cdots + x_{n-[\alpha n]-1} + px_{n-[\alpha n]}}{n(1-2\alpha)} \qquad \text{(B.1)}$$

式中：$p=1+[\alpha n]-\alpha n$；

αn——是以αn 表示的最大整数；

α——是把一组数据按由小到大的顺序排列后，在计算平均值时序列两端删去的百分数，通常取 $\alpha=25\%$；

n——是一组数据的总个数；

T_α——为算术平均值，由于在计算 T_α时删去了两端过大和过小的数据，因而这种平均值是平稳平均值。

附加说明：

本标准由国家环保局和中国核工业总公司联合提出。
本标准由核工业总公司华清公司负责起草。
本标准主要起草人赵亚民。

中华人民共和国国家标准

水中碘-131的分析方法

GB/T 13272—91

Analytical method for ^{131}I in water

国家环境保护局、国家技术监督局 1991-10-24 发布　　1992-08-01 实施

1　主题内容与适用范围

本标准规定了水中碘-131 含量的分析方法。

本标准适用于有关核设施、同位素生产和应用单位在正常运行和事故情况下环境水中碘-131 的分析。

本方法对β放射性的探测下限为 3×10^{-3} Bq/L 和对γ放射性的探测下限为 4×10^{-3} Bq/L。对 ^{106}Ru-^{106}Rh 核素和总裂片的去污系数在 1.2×10^{5} 以上。

2　方法提要

水样品中，碘-131 用强碱性阴离子交换树脂浓集、次氯酸钠解吸、四氯化碳萃取、亚硫酸氢钠还原。水反萃，制成碘化银沉淀源。用低本底β测量装置或低本底γ谱仪测量。

3　试剂和材料

所用试剂，除特别注明者外，均使用符合国家标准的分析纯试剂和蒸馏水或同等纯度的水。

3.1　碘载体溶液：

3.1.1　配制：

溶解 13.070 g 碘化钾于蒸馏水中，转入 1 L 容量瓶。加少许无水碳酸钠，稀释至刻度。碘的浓度为 10 mg/ml。

3.1.2　标定：

在 6 个 100 ml 烧杯中，分别用移液管吸取 5 ml 碘载体溶液（3.1.1），加 50 ml 蒸馏水，搅拌下滴加浓硝酸（3.10），溶液呈金黄色，加 10 ml 硝酸银溶液（3.6）。加热至微沸，冷却后用 G4 玻璃砂坩埚抽滤。依次用 5 ml 水和 5 ml 无水乙醇各洗三次。在烘箱内 110℃下烘干，冷却后称重。计算碘的浓度。

3.2　^{131}I 参考溶液：核纯；

3.3　次氯酸钠溶液（NaClO）：活性氯含量为 2.6%；

3.4　四氯化碳（CCl_4）：99.5%；

3.5　盐酸羟胺溶液：c（$NH_2OH\cdot HCl$）=3 mol/L；

3.6　硝酸银溶液（$AgNO_3$）：1%（m/m）；

3.7　亚硫酸氢钠溶液（$NaHSO_3$）：5%（m/m）；

3.8　氢氧化钠溶液（NaOH）：5%（m/m）；

3.9　氢氧化钠溶液：c（NaOH）=1 mol/L；

3.10 硝酸（HNO_3）：ρ=1.40 g/ml；

3.11 盐酸：c（HCl）=1 mol/L。

3.12 离子交换树脂：

3.12.1 树脂型号：

3.12.1.1 201×7Cl^-型阴离子交换树脂，40～60 目；

3.12.1.2 251×8Cl^-型阴离子交换树脂，40～60 目。

3.12.2 树脂处理：

将新树脂于蒸馏水中浸泡 2 h，洗涤并除去漂浮在水面的树脂。用 5%NaOH（3.8）浸泡 16 h，弃 NaOH 溶液。蒸馏水洗涤树脂至中性。再用 HCl（3.11）浸泡 2 h 后，弃 HCl 溶液，树脂转为 Cl^-型。用蒸馏水洗至中性。

3.12.3 树脂装柱：

将树脂（3.12.1）装入玻璃交换柱中（4.3），柱床高 10.4 cm，柱的上下端用少量聚四氟乙烯细丝填塞。再用 20 ml 蒸馏水洗柱。

3.12.4 树脂再生：

用 50 ml 蒸馏水将树脂洗至中性。再用 50 ml 1 mol/L HCl 以 1 ml/min 的流率通过树脂柱，树脂转为 Cl^-型。最后用蒸馏水洗至中性。

4 仪器和设备

4.1 低本底β测量装置：对铯-137 平面源测量 100 min，置信度为 95%时，最小探测限 0.05 Bq；

4.2 低本底γ谱仪或γ测量装置：对单一的铯-137 薄源测量 1 000 min，置信度为 95%时，最小探测限 0.1 Bq；

4.3 玻璃交换柱：见附录 A（补充件）中图 A.1；

4.4 分析天平：感量 0.1 mg；

4.5 高频热合机；

4.6 玻璃可拆式漏斗：见附录 A（补充件）中图 A.2；

4.7 不锈钢压源模具：见附录 A（补充件）中图 A.3；

4.8 封源铜圈：见附录 A（补充件）中图 A.4。

5 采样与样品制备

5.1 取样：按国家有关水质取样规定执行。

5.2 试样制备：将 10 L 环境水样品于 20 L 聚乙烯塑料桶中，调 pH 为 6.5～7.0，经澄清后，取上清液。

6 分析步骤

6.1 吸附

在试样中（5.2）加入 20 mg 碘载体。以 100～120 ml/min 流速通过离子交换柱（3.2.3），用蒸馏水洗柱。

6.2 解吸

用 60 ml NaClO（3.3）解吸液，流速为 0.5 ml/min 解吸，解吸液转入 250 ml 分液漏斗中。

6.3 萃取

向分液漏斗中加入 20 ml 四氯化碳（3.4），6 ml 盐酸羟胺（3.5）和 5 ml 硝酸（3.10），振荡 2 min（注意放气），四氯化碳呈紫色。静置分相，有机相转移到 100 ml 分液漏斗中。用 15 ml 和 5 ml 四氯化碳分别进行第二次、第三次萃取。各振荡 2 min，静置后合并有机相。

6.4 水洗

用等体积蒸馏水洗涤有机相，振荡 2 min，静置分相，有机相转入另一个分液漏斗中，弃水相。

6.5 反萃

在有机相中加等体积的蒸馏水，加亚硫酸氢钠溶液（3.7）8 滴。振荡 2 min（注意放气）。紫色消褪，静置分相，弃有机相。水相移入 100 ml 烧杯中。

6.6 沉淀

将上述烧杯加热至微沸，除净剩余的四氯化碳。冷却后，在搅拌下滴加浓硝酸（3.10），当溶液呈金黄色时，立即加入 6 ml 硝酸银溶液（3.6）。加热至微沸，取下冷却至室温。

6.7 制源

将碘化银沉淀转入垫有已恒重滤纸的玻璃可拆式漏斗（4.6）抽滤。用蒸馏水和乙醇各洗三次。取下载有沉淀的滤纸，放上不锈钢压源模具（4.7），置烘箱中，于 110℃烘干 15 min。在干燥器中冷却后称重。计算化学产额。

6.8 封源

将沉淀源夹在两层质量厚度为 3 mg/cm^2 的塑料膜中间，放好封源铜圈（4.8）。将高频热合机刀（4.5）压在封源铜圈上。加热 5 s，粘牢后取下样品源，剪齐外缘，待测。

6.9 测量和计算

6.9.1 β测量

6.9.1.1 绘制自吸收曲线

取 0.1 ml 适当活度的碘-131 参考溶液（3.2）滴在不锈钢盘内。加 1 滴碱溶液（3.9），使其慢慢烘干，制成与样品测定条件一致的薄源。在低本底β测量装置（4.1）上测量，其放射性活度为 I_0。

取 6 个 100 ml 烧杯分别加入 0.5，1.0，1.5，2.0，2.5，3.0 ml 碘载体溶液（3.1.1）。各加入 0.1 ml 碘-131 参考溶液（3.2），按 6.7～6.8 操作制源。将薄源和制备的 6 个沉淀源，同时在低本底β测量装置上测定放射性活度。各源的放射性活度经化学产额校正为 I，以 I_0 为标准，求出不同样品厚度的碘化银沉淀源 I 的自吸收系数 E。然后，以自吸收系数为纵坐标，以碘化银沉淀源质量厚度为横坐标，在方格坐标纸上绘制自吸收标准曲线。

6.9.1.2 仪器探测效率

用已知准确活度的铯-137 参考溶液制备薄源用于测定β探测效率。

6.9.1.3 计算

用公式（1）计算试样中碘-131 放射性浓度：

$$A_\beta = \frac{N_c - N_b}{\eta_\beta \cdot E \cdot Y \cdot V \cdot e^{-\lambda t}} \qquad (1)$$

式中：A_β——^{131}I 放射性浓度，Bq/L；

N_c——试样测得的计数率，计数/s；

N_b——试样空白的本底计数率，计数/s；

η_β——β探测效率；

E——^{131}I 的自吸收系数；

Y——化学产额；

t——采样到测量的时间间隔；

V——所测试样的体积，L；

λ——^{131}I 的衰变常数。

6.9.2 γ测量

用低本底γ谱仪（4.2）测量 0.364 MeV 全能峰的计数率。水中碘-131 放射性浓度计算公式（2）如下：

$$A_r = \frac{N_c - N_b}{\eta_\gamma \cdot Y \cdot V \cdot K \cdot e^{-\lambda t}} \tag{2}$$

式中：A_r——^{131}I 放射性浓度，Bq/L；

N_c——0.364 MeV 全能峰的计数率，计数/s；

N_b——0.364 MeV 全能峰下相应的本底计数率，计数/s；

η_γ——谱仪对 0.364 MeV 左右（ϕ20 平面薄膜源）全能峰的探测效率；

K——0.364 MeV 全能峰的分支比。

6.10 空白试验

每当更换试剂时，必须进行空白试验，样品数不能少于 6 个。取量 10 L 蒸馏水于 10 L 下口瓶中。按 6.1～6.8 条操作，并计算空白试样平均计数率和标准偏差。

7 精密度

本精密度数据是在 1989 年 4 月至 10 月，由 3 个实验室对 4 个水平的试样所做的实验确定的。每个实验室对 4 个水平各做四个平行测试样品。

精密度测试结果

单位：Bq

水平[1)]	I	II	III
均值 m	6.38	51.25	112.23
重复性 r	0.78	7.31	13.30
再现性 R	3.25	16.94	29.23

注：1）本底水平原始测试数据结果均小于探测限，不再列表。

附 录 A
设备图
（补充件）

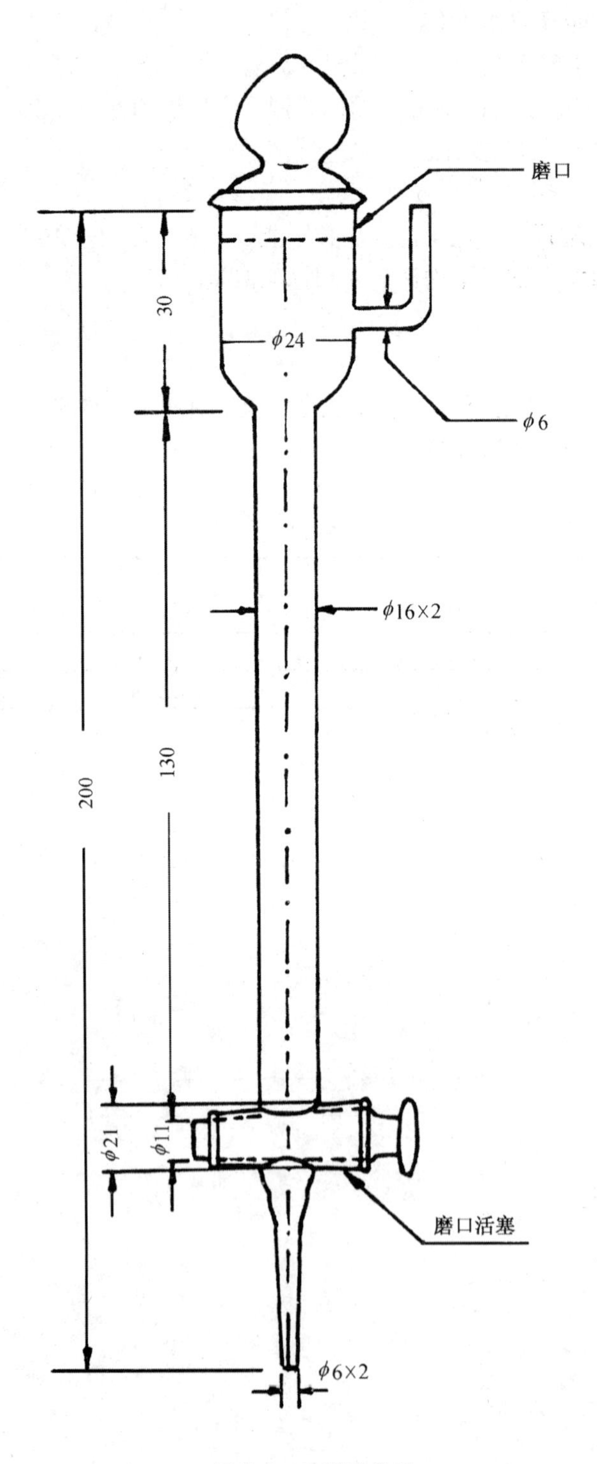

图 A.1 玻璃交换柱

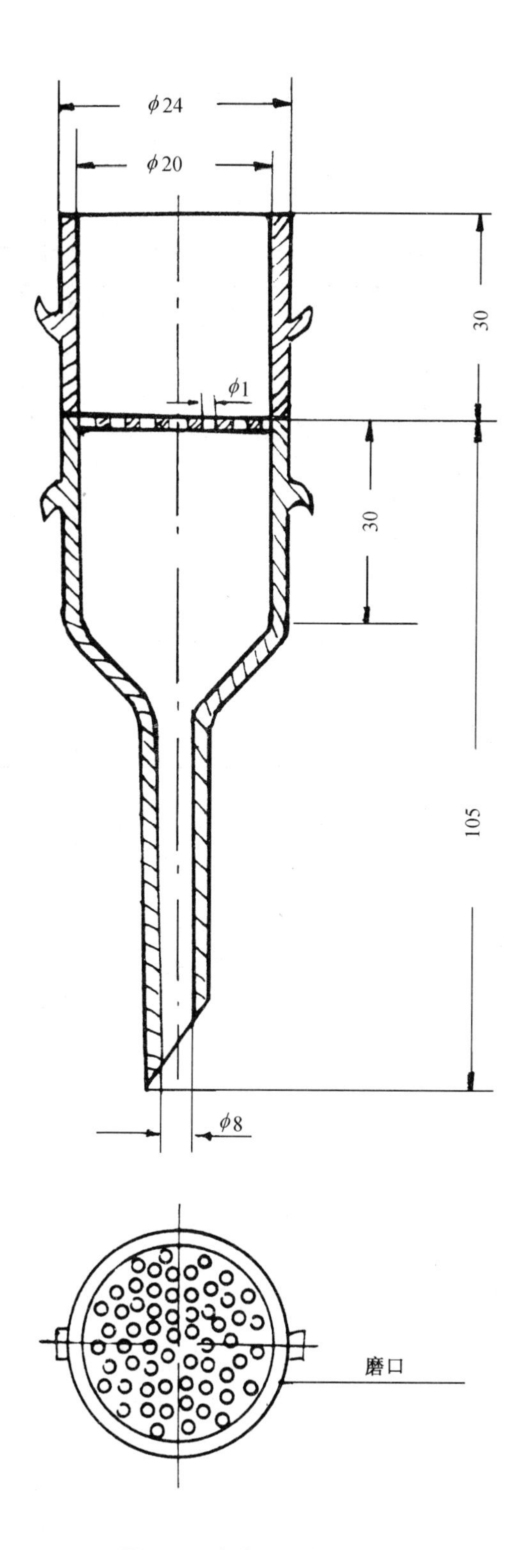

图 A.2　玻璃可拆式漏斗

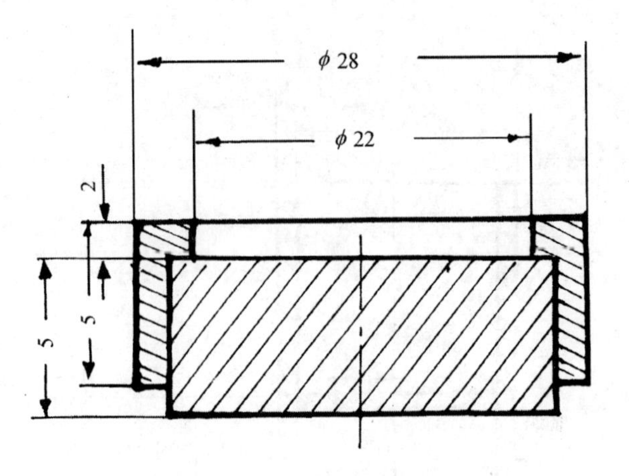

图 A.3　不锈钢压源模具

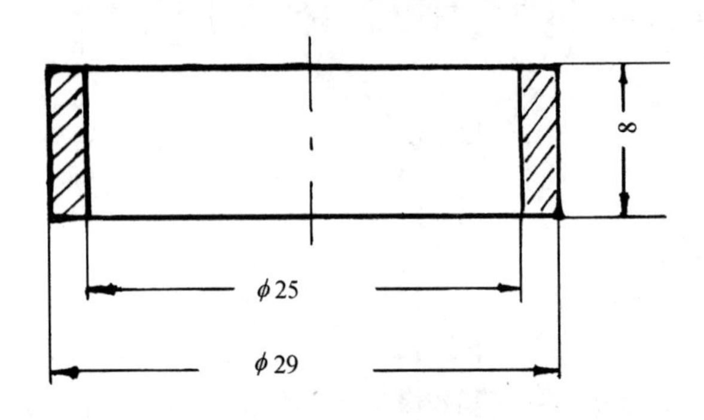

图 A.4　封源铜圈

附 录 B
正确使用标准的说明
（参考件）

B.1 本标准所用次氯酸钠化学试剂必须在低温下保存。

B.2 本标准分析流程中用次氯酸钠溶液解吸，解吸与温度有关，适宜温度在 10～32℃。次氯酸钠在 35℃将分解失效。

B.3 按公式（B.1）决定样品测量的时间 t_c（min）：

$$t_c=\frac{N_c+\sqrt{N_c\cdot N_b}}{N^2\cdot S^2} \tag{B.1}$$

式中：t_c——样品计数时间，min；

N_c——样品源加本底的计数率，计数/min；

N_b——本底计数率，计数/min；

N——样品源净计数率，计数/min；

S——预定的相对标准偏差。

B.4 碘化银源必须用塑料薄膜封源。膜的质量厚度为 3 mg/cm^2。膜的本底在仪器涨落范围内。

B.5 如果没有高频热合机条件，可将沉淀源夹在塑料膜内，盖一层黄蜡绸，用 5 W 电烙铁沿沉淀源周围画一圈封合，剪齐外缘，待测。

B.6 关于用铯-137 薄源代替碘-131 源测定β探测效率的问题。按铯-137β衰变的分支比，加权以后的β粒子平均最大能量值为 0.547 MeV，碘-131β粒子平均最大能量值为 0.576 MeV，二者相对偏差为 4.9%。由此引起探测效率（包括空气层自吸收、反散射等）偏差在实验误差范围之内，因此用铯-137 薄源刻度β探测效率是可行的。

附加说明：

本标准由国家环境保护局和中国核工业总公司提出。

本标准由中国原子能科学研究院负责起草。

本标准主要起草人胡征兰、杜秀领。

本标准由国家环境保护局负责解释。

中华人民共和国国家标准

植物、动物甲状腺中碘-131的分析方法

GB/T 13273—91

Analytical method for ^{131}I in plant and animal thyroid gland

国家环境保护局、国家技术监督局 1991-10-24 发布　　1992-08-01 实施

1　主题内容与适用范围

本标准规定了植物、动物甲状腺中碘-131 的分析方法。

本标准适用于植物、动物甲状腺样品中碘-131 含量分析。β探测下限对植物为 0.17 Bq/kg，对动物甲状腺为 6×10^{-3} Bq/g。γ探测下限对植物为 0.01 Bq/kg，对动物甲状腺为 8×10^{-3} Bq/g。对裂变核素 ^{90}Sr-^{90}Y、^{106}Ru-^{106}Rh、^{137}Cs、^{95}Zr-^{95}Nb、^{141}Ce-^{141}Pr 以及总裂片的去污系数均在 10^4 以上。

2　方法提要

植物样品、动物甲状腺，用氢氧化物固定碘，过氧化氢助灰化，水浸取，四氯化碳萃取，水反萃，碘化银沉淀，用低本底β测量装置或低本底γ谱仪测量。

3　试剂

所用试剂，除特别注明者外，均使用符合国家标准的分析纯试剂和蒸馏水或同等纯度的水。

3.1　碘载体溶液

3.1.1　配制

溶解 13.070 g 碘化钾于蒸馏水中，转入 1 L 容量瓶。加少许无水碳酸钠，稀释至刻度。碘的浓度为 10 mg/ml。

3.1.2　标定

在 6 个 100 ml 烧杯中，分别用移液管吸取 5 ml 碘载体溶液（3.1.1），加 50 ml 蒸馏水，搅拌下滴加浓硝酸（3.6），溶液呈金黄色，加 10 ml 硝酸银溶液（3.7）。加热至微沸，冷却后用 G4 玻璃砂坩埚抽滤。依次用 5 ml 水和 5 ml 无水乙醇各洗三次。在烘箱内 110℃下烘干，冷却后称重。计算碘的浓度。

3.2　^{131}I 参考溶液：核纯；

3.3　四氯化碳（CCl_4）：99.5%；

3.4　亚硝酸钠溶液（$NaNO_2$）：5 mol/L；

3.5　过氧化氢（H_2O_2）：30%；

3.6　硝酸（HNO_3）：ρ=1.40 g/ml；

3.7　硝酸银溶液（$AgNO_3$）：1%（*m/m*）；

3.8　亚硫酸氢钠溶液（$NaHSO_3$）：5%（*m/m*）；

3.9　2 mol/L 氢氧化钠+2 mol/L 氢氧化钾混合溶液（3+2）；

3.10　氢氧化钠溶液：*c*（NaOH）＝1 mol/L。

4　仪器和设备

4.1　低本底β测量装置：

对铯-137 平面源测量 100 min，置信度为 95%时，最小探测限 0.05 Bq；

4.2　低本底γ谱仪或γ测量装置：

对单一的铯-137 薄源测量 1 000 min，置信度为 95%时，最小探测限 0.1 Bq；

4.3　高频热合机；

4.4　玻璃可拆式漏斗：见附录 A（补充件）中图 A.1；

4.5　不锈钢压源模具：见附录 A（补充件）中图 A.2；

4.6　封源铜圈：见附录 A（补充件）中图 A.3；

4.7　研钵锤；

4.8　瓷蒸发皿：750～600 ml。

5　采样与样品制备

5.1　取样

按国家有关环境辐射监测中生物采样的基本规定（HB）执行。

5.2　试样制备

5.2.1　植物样品

5.2.1.1　将采集的各种植物样品，称取 250 g 鲜样，放入 750 ml 瓷蒸发皿中。加 20 mg 碘载体，并按 1 g 样品加入 1 ml 混合溶液（3.9），搅拌均匀。

5.2.1.2　样品在电炉上蒸干后，将瓷蒸发皿转移在 450℃马弗炉内灰化 1 h。冷却、研碎，用 30%过氧化氢湿润后完全蒸干，放入马弗炉内 450℃灰化 30 min。如灰仍有明显的碳粒，再加入助灰化剂过氧化氢（3.5），继续在马弗炉内 450℃灰化，直至样品呈灰白色。

5.2.2　动物甲状腺

称 5 g 甲状腺样品的腺体组织。剪碎，置于 60 ml 瓷蒸发皿中。加入 10 mg 碘载体和 10 ml 混合碱溶液（3.9）。搅拌均匀，样品按（5.2.1.2）步骤灰化。

6　分析步骤

6.1　浸取

将灰样转入到 100 ml 离心管，每次用 30 ml 水浸取三次。离心，上清液转移到 250 ml 分液漏斗中。

6.2　萃取

向分液漏斗中加入 20 ml 四氯化碳（3.3），加 2 ml 亚硝酸钠溶液（3.4），逐渐加入浓硝酸，调 pH 为 1。振荡 2 min（注意放气），静置分相。有机相转移到 100 ml 分液漏斗中。用 15 ml 和 5 ml 四氯化碳分别进行第二次、第三次萃取。各振荡 2 min，静置后合并有机相。

6.3　水洗

用等体积蒸馏水洗涤有机相，振荡 2 min，静置分相。有机相转入另一个分液漏斗中，弃水相。

6.4　反萃

在有机相中加等体积的蒸馏水，加亚硫酸氢钠溶液（3.8）8 滴。振荡 2 min（注意放气）。紫色消退，静置分相。弃有机相。水相移入 100 ml 烧杯中。

6.5　沉淀

将上述烧杯加热至微沸，除净剩余的四氯化碳。冷却后，在搅拌下滴加浓硝酸（3.6），当溶液呈金黄色时，立即加入 6 ml 硝酸银溶液（3.7）。加热至微沸，取下冷却至室温。

6.6 制源

将碘化银沉淀转入垫有已恒重滤纸的玻璃可拆式漏斗（4.4）抽滤。用蒸馏水和乙醇各洗三次。取下载有沉淀的滤纸，放上不锈钢压源模具（4.5），置烘箱中，于 110℃烘干 15 min。在干燥器中冷却后称重。计算化学产额。

6.7 封源

将沉淀源夹在两层质量厚度为 3 mg/cm^2 的塑料膜中间，放好封源铜圈（4.6）。热合机刀（4.3）压在封源铜圈上。加热 5 s，粘牢后取下样品源，剪齐外缘。待测。

6.8 测量和计算

6.8.1 β测量

6.8.1.1 绘制自吸收曲线

取 0.1 ml 适当活度的碘-131 参考溶液（3.2）滴在不锈钢盘内。加 1 滴碱溶液（3.10），使其慢慢烘干，制成与样品测定条件一致的薄源。在低本底β测量装置（4.1）上测量，其放射性活度为 I_0。

取 6 个 100 ml 烧杯分别加入 0.5，1.0，1.5，2.0，2.5，3.0 ml 碘载体溶液（3.1）。各加入 0.1 ml 碘-131 参考溶液（3.2），按 6.6～6.7 条操作制源。将薄源和制备的 6 个沉淀源，同时在低本底β测量装置上测定放射性活度。各源的放射性活度经化学产额校正为 I，以 I_0 为标准，求出不同样品厚度的碘化银沉淀源 I 的自吸收系数 E。然后，以自吸收系数为纵坐标，以碘化银沉淀源质量厚度为横坐标，在方格坐标纸上绘制自吸收曲线。

6.8.1.2 仪器探测效率

用已知准确活度的铯-137 参考溶液制备薄源，用于测定β探测效率。

6.8.1.3 计算

用公式（1）计算试样中碘-131 放射性活度：

$$A_\beta = \frac{N_c - N_b}{\eta_\beta \cdot E \cdot Y \cdot W \cdot e^{-\lambda t}} \tag{1}$$

式中：A_β——^{131}I 放射性活度，Bq/kg 或 g；

N_c——试样测得的计数率，计数/s；

N_b——试样空白的本底计数率，计数/s；

η_β——β探测效率；

E——^{131}I 的自吸收系数；

Y——化学产额；

t——采样到测量的时间间隔；

W——所测试样的重量，kg 或 g；

λ——^{131}I 的衰变常数。

6.8.2 γ测量

用低本底γ谱仪（4.2）测量 0.364 MeV 全能峰的计数率。植物、动物甲状腺试样中碘-131 放射性活度计算公式（2）如下：

$$A_r = \frac{N_c - N_b}{\eta_r \cdot Y \cdot W \cdot K \cdot e^{-\lambda t}} \tag{2}$$

式中：A_r——^{131}I 放射性活度，Bq/kg 或 g；

N_c——0.364 MeV 全能峰的计数率，计数/s；

N_b——0.364 MeV 全能峰下相应的本底计数率，计数/s；

η_r——谱仪对 0.364 MeV 左右（ϕ20 平面薄膜源）全能峰的探测效率；

K——0.364 MeV 全能峰的分支比。

6.9 空白试验

每当更换试剂时，必须进行空白试验，样品数不能少于 6 个。取未被污染的植物样 250 g，或羊甲状腺 5 g。按 5.2.1～6.7 条操作，并计算空白试样平均计数率和标准偏差。

7 精密度

本精密度数据是在 1989 年 4 月至 10 月，由三个实验室对 4 个水平的试样所做的实验确定的。每个实验室对 4 个水平各做四个平行测试样品。

表 1 植物样精密度测试结果

单位：Bq

水平[1)]	Ⅰ	Ⅱ	Ⅲ
均值 m	7.05	49.93	108.12
重复性 r	0.95	5.99	6.97
再现性 R	2.3	15.23	25.96

注：1）本底水平原始测试数据结果均小于探测限，不再列表。

表 2 羊甲状腺精密度测试结果

单位：Bq

水平[1)]	Ⅰ	Ⅱ	Ⅲ
均值 m	6.57	48.17	109.88
重复性 r	1.74	5.46	11.83
再现性 R	2.8	5.63	17.47

注：1）本底水平原始测试数据结果均小于探测限，不再列表。

附　录　A
设备图
（补充件）

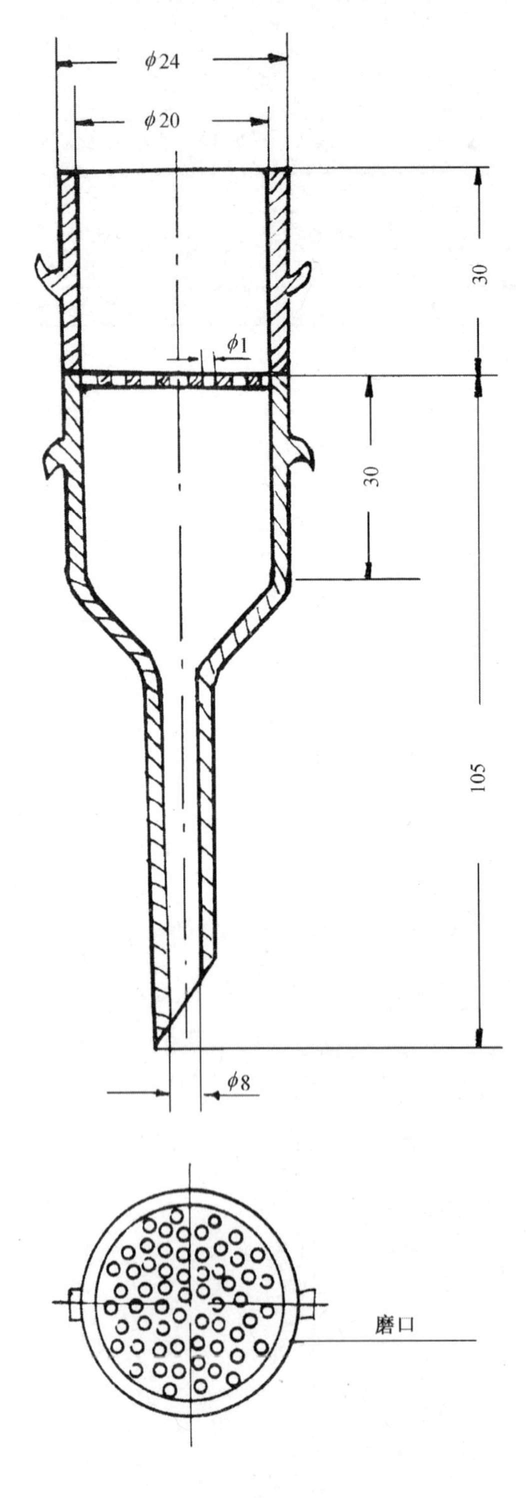

图 A.1　玻璃可拆式漏斗

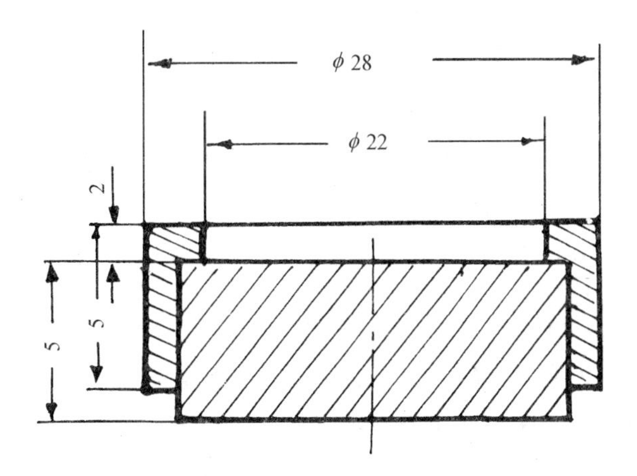

图 A.2　不锈钢压源模具

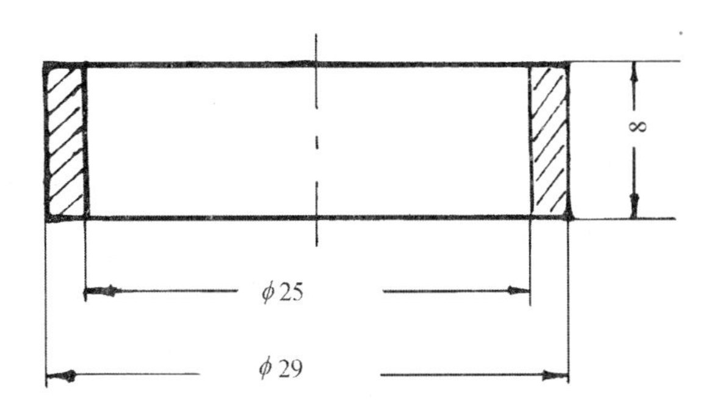

图 A.3　封源铜圈

附　录　B
正确使用标准的说明
（参考件）

B.1　灰化温度必须低于 450℃。

B.2　动物甲状腺必须进行样品自身的稳定碘含量的测定。相应地取其他腺体（如颌下腺等）为对照样。并在计算碘的化学回收率时将其扣除。否则会使碘的化学回收率偏高。

B.3　按公式（B.1）决定样品测量的时间 t_c（min）；

$$t_c = \frac{N_c + \sqrt{N_c \cdot N_b}}{N^2 \cdot S^2} \tag{B.1}$$

式中：t_c——样品计数时间，min；

N_c——样品源加本底的计数率，计数/min；

N_b——本底计数率，计数/min；

N——样品源净计数率，计数/min；

S——预定的相对标准误差。

B.4　碘化银源必须用塑料薄膜封源。膜的质量厚度为 3 mg/cm^2。膜的本底在仪器涨落范围内。

B.5　如果没有高频热合机条件，可将沉淀源夹在塑料膜内，盖一层黄蜡绸，用 5 W 电烙铁沿沉淀源周围画一圈封合，剪齐外缘，待测。

B.6　关于用铯-137 薄源代替碘-131 源测定β探测效率的问题。按铯-137β衰变的分支比，加权以后的β粒子平均最大能量值为 0.547 MeV，碘-131β粒子平均最大能量值为 0.576 MeV，二者相对偏差为 4.9%。由此引起探测效率（包括空气层自吸收、反散射等）偏差在实验误差范围之内，因此用铯-137 薄源刻度β探测效率是可行的。

附加说明：

本标准由国家环境保护局和中国核工业总公司提出。

本标准由中国原子能科学研究院负责起草。

本标准主要起草人胡征兰、杜秀领。

中华人民共和国国家标准

环境空气中氡的标准测量方法

GB/T 14582—93

Standard methods for radon measurement in environmental air

国家环境保护局、国家技术监督局 1993-08-30 发布　　1994-04-01 实施

1　主题内容与适用范围

本标准规定了可用于测量环境空气中氡及其子体的四种测定方法，即径迹蚀刻法、活性炭盒法、双滤膜法和气球法。

本标准适用于室内外空气中氡-222 及其子体α潜能浓度的测定。

2　术语

2.1　氡子体α潜能

氡子体完全衰变为铅-210 的过程中放出的α粒子能量的总和。

2.2　氡子体α潜能浓度

单位体积空气中氡子体α潜能值。

2.3　滤膜的过滤效率

用滤膜对空气中气载粒子取样时，滤膜对取样体积内气载粒子收集的百分数率。

2.4　计数效率

在一定的测量条件下，测到的粒子数与在同一时间间隔内放射源发射出的该种粒子总数之比值。

2.5　等待时间

从采样结束至测量时间中点之间的时间间隔。

2.6　探测下限

在 95%置信度下探测的放射性物质的最小浓度。

3　径迹蚀刻法

3.1　方法提要

此法是被动式采样，能测量采样期间内氡的累积浓度，暴露 20 d，其探测下限可达 2.1×10^{3}Bq・h/m^{3}。探测器是聚碳酸酯片或 CR-39，置于一定形状的采样盒内，组成采样器，如图 1 所示。

氡及其子体发射的α粒子轰击探测器时，使其产生亚微观型损伤径迹。将此探测器在一定条件下进行化学或电化学蚀刻，扩大损伤径迹，以致能用显微镜或自动计数装置进行计数。单位面积上的径迹数与氡浓度和暴露时间的乘积成正比。用刻度系数可将径迹密度换算成氡浓度。

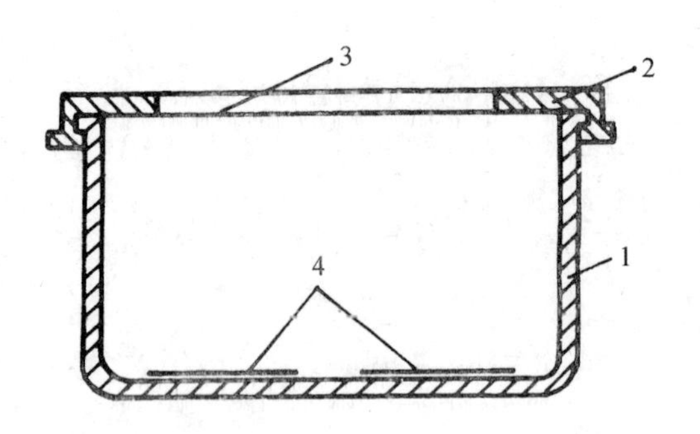

1—采样盒；2—压盖；3—滤膜；4—探测器

图 1　径迹蚀刻法采样器结构图

3.2　设备或材料

a. 探测器，聚碳酸酯膜、CR-39（简称片子）；

b. 采样盒，塑料制成，直径 60 mm，高 30 mm；

c. 蚀刻槽，塑料制成；

d. 音频高压振荡电源，频率 0～10 kHz，电压 0～1.5 kV；

e. 恒温器，0～100℃，误差±0.5℃；

f. 切片机；

g. 测厚仪，能测出微米级厚度；

h. 计时钟；

i. 注射器，10 ml、30 ml 两种；

j. 烧杯，50 ml；

k. 化学试剂，分析纯氢氧化钾（含量不少于 80%）、无水乙醇（C_2H_5OH）；

l. 平头镊子；

m. 滤膜。

3.3　聚碳酸酯片操作程序

3.3.1　样品制备

3.3.1.1　切片。用切片机把聚碳酸酯膜切成一定形状的片子，一般为圆形，也可为方形。

3.3.1.2　测厚。用测厚仪测出每张片子的厚度，偏离标称值 10%的片子应淘汰。

3.3.1.3　装样。用不干胶把 3 个片子固定在采样盒的底部，盒口用滤膜覆盖。

3.3.1.4　密封。把装好采样器密封起来，隔绝外部空气。

3.3.2　布放

3.3.2.1　在测量现场去掉密封包装。

3.3.2.2　将采样器布放在测量现场，其采样条件要符合附录 A（补充件）A.2 的要求。

3.3.2.3　室内测量。采样器可悬挂起来，也可放在其他物体上，其开口面上方 20cm 内不得有其他物体。

3.3.3　采样器的回收

采样终止时，取下采样器再密封起来，送回实验室。布放时间不少于 30 d。

3.3.4　记录

采样期间应记录的内容见附录 A（补充件）A.3。

3.3.5　蚀刻

3.3.5.1　蚀刻液配制

3.3.5.1.1　氢氧化钾溶液配制：取分析纯氢氧化钾（含量不少于 80%）80 g 溶于 250 g 蒸馏水中，配成浓度为 16%（*m/m*）的溶液。

3.3.5.1.2 化学蚀刻液：氢氧化钾溶液（3.3.5.1.1）与 C_2H_5OH 体积比为 1∶2。

3.3.5.1.3 电化学蚀刻液：氢氧化钾溶液（3.3.5.1.1）与 C_2H_5OH 体积比为 1∶0.36。

3.3.5.2 化学蚀刻

3.3.5.2.1 抽取 10 ml 化学蚀刻液加入烧杯中，取下探测器置于烧杯内，烧杯要编号。

3.3.5.2.2 将烧杯放入恒温器内，在 60℃下放置 30 min。

3.3.5.2.3 化学蚀刻结束，用水清洗片子，晾干。

3.3.5.3 电化学蚀刻

3.3.5.3.1 测出化学蚀刻后的片子厚度，将厚度相近的分在一组。

3.3.5.3.2 将片子固定在蚀刻槽中，每个槽注满电化学蚀刻液，插上电极。

3.3.5.3.3 将蚀刻槽置于恒温器内，加上电压，以 20 kV/cm 计（如片厚 200 μm，则为 400 V），频率 1 kHz，在 60℃下放置 2 h。

3.3.5.3.4 2 h 后取下片子，用清水洗净，晾干。

3.3.6 计数和计算

3.3.6.1 计数。将处理好的片子用显微镜测读出单位面积上的径迹数。

3.3.6.2 计算。用式（1）计算氡浓度：

$$C_{Rn}=\frac{n_R}{T\cdot F_R} \quad (1)$$

式中：C_{Rn}——氡浓度，Bq/m^3；

n_R——净径迹密度，T_c/cm^2；

T——暴露时间，h；

F_R——刻度系数，$T_c/cm^2/Bq\cdot h/m^3$；

T_c——径迹数。

3.4 CR-39 片操作程序

3.4.1 样品制备

3.4.1.1 切片。用切片机将 CR-39 片切成一定尺寸的圆形或方形片子。

3.4.1.2 装样。同 3.3.1.3 条。

3.4.1.3 密封。同 3.3.1.4 条。

3.4.2 布放

同 3.3.2 条。

3.4.3 采样器的回收

同 3.3.3 条。

3.4.4 记录

同 3.3.4 条。

3.4.5 蚀刻

3.4.5.1 蚀刻液配制

用化学纯氢氧化钾配制成 *c*（KOH）＝6.5 mol/L 的蚀刻液。

3.4.5.2 化学蚀刻

3.4.5.2.1 抽取 20 ml 蚀刻液加入烧杯中，取下片子置于烧杯内，烧杯要编号。

3.4.5.2.2 将烧杯放入恒温器内，在 70℃下放置 10 h。

3.4.5.2.3 化学蚀刻结束，用水清洗片子，晾干。

3.4.6 计数和计算

同 3.3.6 条。

3.5 质量保证

3.5.1 刻度

3.5.1.1 把制备好的采样器置于氡室内，暴露一定时间，用规定的蚀刻程序处理探测器，用式（2）计算刻度系数 F_R。

$$F_R = \frac{n_R}{T \cdot C_{Rn}} \quad (2)$$

式中符号意义见 3.3.6.2。

3.5.1.2 刻度时应满足下列条件：

a. 氡室内氡及其子体浓度不随时间而变化。

b. 氡室内氡水平可为调查场所的 10～30 倍。且至少要做两个水平的刻度。

c. 每个浓度水平至少放置 4 个采样器。

d. 暴露时间要足够长，保证采样器内外氡浓度平衡。

e. 每一批探测器都必须刻度。

3.5.2 采平行样

要在选定的场所内平行放置 2 个采样器，平行采样，数量不低于放置总数的 10%，对平行采样器进行同样的处理，分析。

由平行样得到的变异系数应小于 20%，若大于 20%时，应找出处理程序中的差错。

3.5.3 留空白样

在制备样品时，取出一部分探测器作为空白样品，其数量不低于使用总数的 5%。空白探测器除不暴露于采样点外，与现场探测器进行同样处理。空白样品的结果即为该探测器的本底值。

4 活性炭盒法

4.1 方法提要

活性炭盒法也是被动式采样，能测量出采样期间内平均氡浓度，暴露 3 d，探测下限可达到 6 Bq/m^3。

采样盒用塑料或金属制成，直径 6～10 cm，高 3～5 cm，内装 25～100 g 活性炭。盒的敞开面用滤膜封住，固定活性炭且允许氡进入采样器。如图 2 所示：

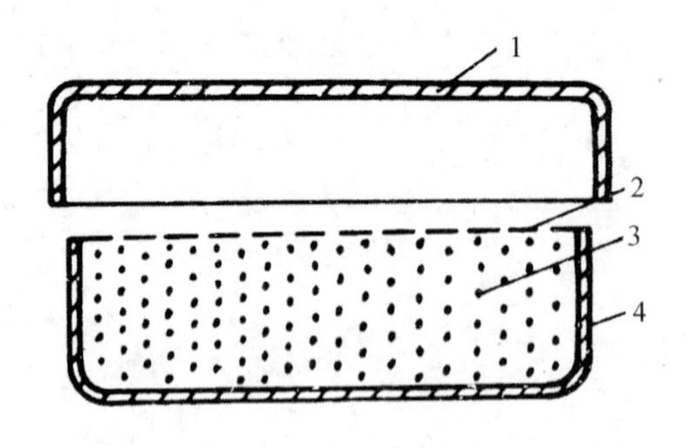

1—密封盖；2—滤膜；3—活性炭；4—装炭盒

图 2 活性炭盒结构

空气扩散进炭床内，其中的氡被活性炭吸附，同时衰变，新生的子体便沉积在活性炭内。用γ谱仪测量活性炭盒的氡子体特征γ射线峰（或峰群）强度。根据特征峰面积可计算出氡浓度。

4.2 设备或材料

a. 活性炭，椰壳炭 8～16 目；

b. 采样盒，尺寸同 4.1 条；

c. 烘箱；

d. 天平，感量 0.1 mg，量程 200 g；

e. γ谱仪，NaI（Tl）或半导体探头配多道脉冲分析器；

f. 滤膜。

4.3 操作程序

4.3.1 样品制备

4.3.1.1 将选定的活性炭放入烘箱内，在 120℃下烘烤 5～6 h。存入磨口瓶中待用。

4.3.1.2 装样。称取一定量烘烤后的活性炭装入采样盒中，并盖以滤膜。

4.3.1.3 再称量样品盒的总重量。

4.3.1.4 把活性炭盒密封起来，隔绝外面空气。

4.3.2 布放

4.3.2.1 在待测现场去掉密封包装，放置 3～7 d。

4.3.2.2 将活性炭盒放置在采样点上，其采样条件要满足附录 A（补充件）A.2 的要求。

4.3.2.3 活性炭盒放置在距地面 50 cm 以上的桌子或架子上，敞开面朝上，其上面 20 cm 内不得有其他物体。

4.3.3 样品回放

采样终止时将活性炭盒再密封起来，迅速送回实验室。

4.3.4 记录

采样期间应记录的内容见附录 A（补充件）A.3。

4.3.5 测量与计算

4.3.5.1 测量

a. 采样停止 3 h 后测量。

b. 再称量，以计算水分吸收量。

c. 将活性炭盒在γ谱仪上计数，测出氡子体特征γ射线峰（或峰群）面积。测量几何条件与刻度时要一致。

4.3.5.2 计算

用式（3）计算氡浓度：

$$C_{Rn}=\frac{an_r}{t_1^{\,b}\cdot e^{-\lambda_{Rn}t_2}} \tag{3}$$

式中：C_{Rn}——氡浓度，Bq/m^3；

a——采样 1 h 的响应系数，Bq/m^3/计数/min；

n_r——特征峰（峰群）对应的净计数率，计数/min；

t_1——采样时间，h；

b——累积指数，为 0.49；

λ_{Rn}——氡衰变常数，7.55×10^{-3} h；

t_2——采样时间中点至测量开始时刻之间的时间间隔，h。

4.4 质量保证措施

用活性炭盒法测氡的质量保证措施见 3.5 条。要在不同的湿度下（至少三个湿度：30%、50%、80%）刻度其响应系数 a。

5 双滤膜法

5.1 方法提要

此法是主动式采样，能测量采样瞬间的氡浓度，探测下限为 3.3 Bq/m^3。

采样装置如图 3 所示。抽气泵开动后含氡空气经过滤膜进入衰变筒，被滤掉子体的纯氡在通过衰变筒的过程中又生成新子体，新子体的一部分为出口滤膜所收集。测量出口滤膜上的α放射性就可换算出氡浓度。

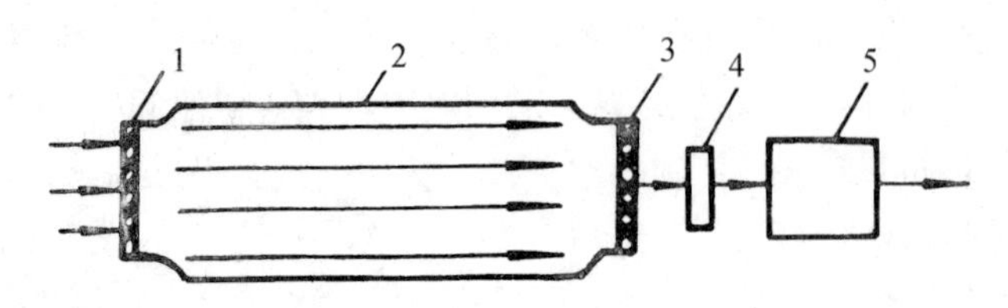

1—入口膜；2—衰变筒；3—出口膜；4—流量计；5—抽气泵

图 3 双滤膜法采样系统示意图

5.2 设备或材料

a. 衰变筒，14.8 L；

b. 流量计，量程为 80 L/min 的转子流量计；

c. 抽气泵；

d. α测量仪，要对 RaA、RaC′ 的α粒子有相近的计数效率；

e. 子体过滤器；

f. 采样夹，能夹持ϕ60 的滤膜；

g. 秒表；

h. 纤维滤膜；

i. α参考源，^{241}Am 或 ^{239}Pu；

j. 镊子。

5.3 测量前的检查

5.3.1 采样系统检查

a. 抽气泵运转是否正常，能否达到规定的采样流速。

b. 流量计工作是否正常。

c. 采样系统有无泄漏。

5.3.2 计数设备检查

a. 计数秒表工作是否正常。

b. α测量仪的计数效率和本底有无变化。

c. 检查测量仪稳定性，对α源进行每分钟一次的十次测量。对结果进行 X^2 检验，若工作状态不正常，要查明原因，加以处理。

5.4 布点

5.4.1 室内测量

室内采样测量应满足下列要求：

a. 布点原则与采样条件要满足附录 A（补充件）A.2 的要求。

b. 进气口距地面约 1.5 m，且与出气口高度差要大于 50 cm，并在不同方向上。

5.4.2 室外测量

在室外采样测量应满足下列要求：

a. 采样点要有明显的标志。

b. 要远离公路，远离烟囱。

c. 地势开阔，周围 10 m 内无树木和建筑物。

d. 若不能做 24 h 连续测量，则应在上午 8～12 时采样测量，且连续 2 d。

e. 在雨天，雨后 24 h 内或大风过后 12 h 内停止采样。

5.5 记录

采样期间应记录的内容见附录 A（补充件）A.3。

5.6 操作程序

a. 装好滤膜，按图 3 把采样设备连接起来。

b. 以流速 q（L/min）采样 t min。

c. 在采样结束后 T_1～T_2 时间间隔内测量出口膜上的α放射性。

d. 用式（4）计算氡浓度：

$$C_{Rn}=K_t \cdot N_\alpha = \frac{16.65}{VE\eta\beta ZF_f} N_\alpha \tag{4}$$

式中：C_{Rn}——氡浓度，Bq/m³；

K_t——总刻度系数，Bq/m³/计数；

N_α——T_1～T_2 间隔的净α计数，计数；

V——衰变筒容积，L；

E——计数效率，%；

η——滤膜过滤效率，%；

β——滤膜对α粒子的自吸收因子，%；

Z——与 t、T_1～T_2 有关的常数；

F_f——新生子体到达出口滤膜的份额，%。

5.7 系数标定

5.7.1 E 的确定方法

a. 在与样品测量相同的几何条件下，测得α标准源的净计数率；

b. 将计数率除以源的活度，即得到计数效率 E；

c. 针对不同的探测器要进行能量修正。

5.7.2 β的确定方法

a. 按规定采样条件，将氡子体收集在滤膜上。等待 30 min 后，在相同的条件下依次快速地（如每次 1 min）测量滤膜正面、反面反正面盖上同类质量厚度相近的空白滤膜后的α计数，记为 C_1、C_2、C_3；

b. 按式（5）计算β：

$$\beta = \frac{2C_1}{2C_1 + C_2 - C_3} \tag{5}$$

式中：C_1——正面α计数率，计数/min；

C_2——反面α计数率，计数/min；

C_3——正面盖上同类空白滤膜后的α计数率，计数/min。

c. 对每一批滤膜都要测定β值，每次至少测 3 个样品，求出β平均值。

5.7.3 η的测定方法

a. 选2张质量厚度相近的滤膜，重叠在一起，滤膜之间要有2.0 mm的距离。以规定的流速采样5 min；

b. 采样结束后，将2张滤膜分别装在两个同样的采样头上，在同一台仪器上交替测量或在两台仪器上平行测量（两台仪器效率不同应加以修正），得到两条衰变曲线；

c. 取同一时刻或同一时间间隔的计数，得到 n_1，n_2，代入式（6）即得 η 值。

$$\eta = 1 - \frac{n_2}{n_1} \tag{6}$$

式中：n_1——第一张滤膜计数；

n_2——第二张滤膜计数。

5.7.4 Z 的确定方法

a. 用式（7）求出氡通过衰变筒的时间：

$$T_s = \frac{0.06 l \cdot S}{q} \tag{7}$$

式中：T_s——氡通过衰变筒时间，s；

l——衰变筒长度，cm；

S——衰变筒横截面积，cm^2；

q——采样流速，L/min。

b. 当 T_s＜10 s 时，由表1查 Z 值。

表1 Z 值表（T_s＜10 s）

t/min	5	5	5	5	10	10	10	10	15	15	15	15
T_1/min	1	1	1	1	1	1	1	1	1	1	1	1
T_2/min	6	15	30	100	6	15	30	100	6	15	30	100
Z	1.673	2.597	3.411	6.314	2.312	3.803	5.425	11.068	2.656	4.634	7.070	15.281

c. 当 T_s≥10 s 时，由表2查Z值。

表2 Z 值表（T_s≥10 s）

T_s/s	t/min	T_1～T_2/min					
		1～11		1～21		1～31	
		Z	σ/%	Z	σ/%	Z	σ/%
10	5	2.273	1.64	2.890	1.40	3.425	1.18
	10	3.274	1.48	4.403	1.19	5.481	0.94
	20	4.403	1.19	6.634	0.82	8.797	0.62
	30	5.461	0.94	8.797	0.62	11.898	0.46
	60	8.506	0.63	14.570	0.40	20.166	0.31
40	5	2.165	6.32	2.774	5.32	3.310	4.50
	10	3.108	5.70	4.255	4.49	5.334	3.60
	20	4.255	4.49	6.480	3.15	8.640	2.38
	30	5.334	3.60	8.640	2.38	11.820	1.78
	60	8.363	2.42	14.401	1.50	19.997	1.15
90	5	2.002	13.37	2.599	11.23	3.136	9.52
	10	2.898	12.07	4.031	9.52	5.111	7.63
	20	4.031	9.52	6.24	6.68	8.404	5.05
	30	5.111	7.63	8.424	5.65	11.580	3.77
	60	8.123	5.10	14.145	3.31	19.716	2.54

5.7.5 F_f的确定方法

a. 按式（8）计算μ：

$$\mu = \frac{\pi D l}{q} \tag{8}$$

式中：μ——无量纲常数；

D——新生子体的扩散系数，0.085 cm^2/s；

l——衰变筒长度，cm；

q——采样流速，cm^3/s。

b. 根据μ值从表 3 中查出 F_f值。

表 3 F_f值表

μ	F_f	μ	F_f	μ	F_f	μ	F_f	μ	F_f
0.005	0.877	0.06	0.654	0.16	0.562	0.45	0.320	1.50	0.110
0.008	0.849	0.07	0.633	0.18	0.481	0.50	0.282	2.00	0.083
0.01	0.834	0.08	0.614	0.20	0.462	0.60	0.248	2.50	0.067
0.02	0.778	0.09	0.596	0.25	0.420	0.70	0.220	3.00	0.056
0.03	0.731	0.10	0.580	0.30	0.384	0.80	0.197	4.00	0.042
0.04	0.705	0.12	0.551	0.35	0.349	0.90	0.178	5.00	0.033
0.05	0.678	0.14	0.525	0.40	0.324	1.00	0.162		

5.8 质量保证措施

5.8.1 刻度

每年用标准氡室对测量装置刻度一次，得到总的刻度系数。

5.8.2 平行测量

用另外一种方法与本方法进行平行采样测量。用成对数据 t 检验方法来检验两种方法结果的差异，若 t 超过临界值，应查明原因。平行采样数不低于样品数的 10%。

5.8.3 操作注意事项

a. 入口滤膜至少要 3 层，全部滤掉氡子体；

b. 采样头尺寸要一致，保证滤膜表面与探测器之间的距离为 2 mm 左右；

c. 严格控制操作时间，不得出任何差错，否则样品作废；

d. 若相对湿度低于 20%时，要进行湿度校正；

e. 采样条件要与流量计刻度条件相一致。

6 气球法

6.1 方法提要

此法属主动式采样，能测量出采样瞬间空气中氡及其子体浓度，探测下限：氡 2.2 Bq/m^3，子体 5.7×10^{-7} J/m^3。

气球法采样系统示于图 4，其工作原理同双滤膜法，只不过气球代替了衰变筒。把气球法测氡和马尔柯夫法测潜能联合起来，一次操作用 26 min，即可得到氡及其子体α潜能浓度。其时间程序示于图 5。

6.2 仪器和设备

气球法所需仪器或设备有：

a. 采样头，能夹持ϕ50 mm 的滤膜；

b. 流量计，量程为 80 L/min 的叶轮流量计；

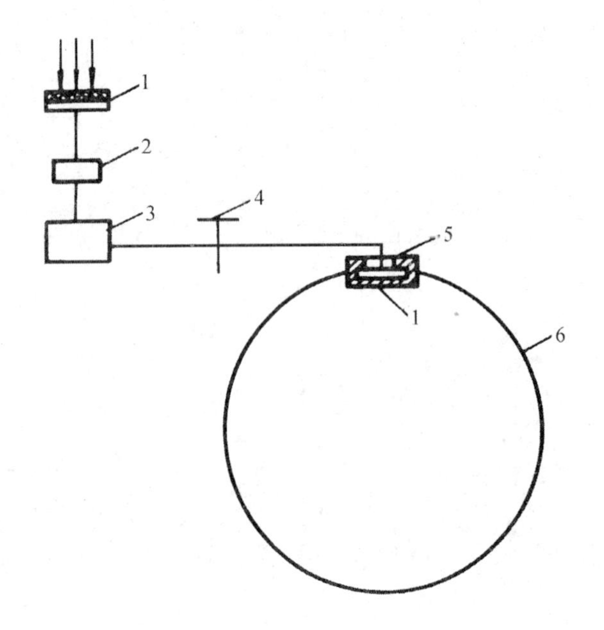

1—采样头；2—流量计；3—抽气泵；4—调节阀；5—套环；6—气球

图4 气球法采样系统示意图

c. 抽气泵；

d. 气球，20～50号乳胶球；

e. α测量仪，探测器直径在5 cm以上，对RaA和RaC′的α粒子有相近的计数效率；

f. α参考源，^{241}Am或^{239}Pu源；

g. 滤膜；

h. 秒表；

i. 镊子。

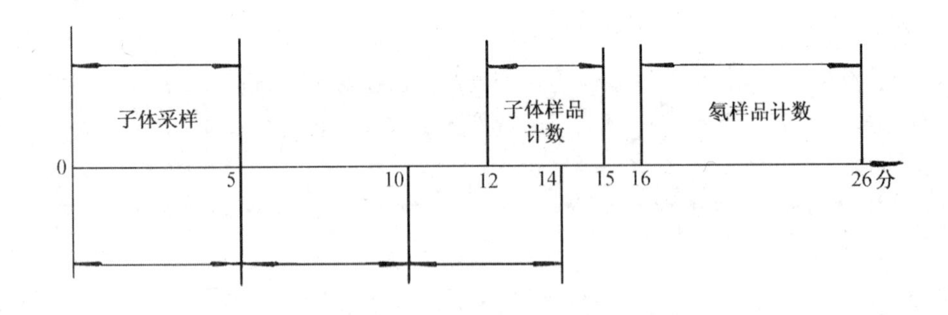

图5 气球法测量的时间程序

6.3 测量前的检查

每次测量前，要对采样设备、计数仪器进行严格的检查，检查内容见5.3条。

6.4 布点

6.4.1 室内测量

a. 在室内采样测量，其布点原则与采样条件要满足附录A（补充件）A.2的要求。

b. 进气口距地面1.5 m左右。

6.4.2 室外测量

在室外采样测量，其布点原则与采样条件同5.4.2条。

6.5 记录

采样期间应记录的内容见附录A（补充件）A3。

6.6 操作程序

a. 装好入、出口滤膜，把采样设备连接起来；

b. 在0～5 min内以流速40 L/min向气球充气；

c. 取下入口采样头，置于计数器上，气球出口接到抽气泵入口；

d. 在10～14 min内以流速50 L/min排气；

e. 在12～15 min内测量入口滤膜上的α放射性；

f. 在16～26 min内测量出口滤膜上的α放射性；

g. 用式（9）计算α潜能浓度：

$$C_p = K_m (N_E - 3R) \tag{9}$$

式中：C_p——α潜能浓度，J/m^3；

K_m——马尔柯夫法总系数，J/m^3·计数；

N_E——入口滤膜的总α计数，计数；

R——本底计数率，计数/min。

h. 用式（10）计算氡浓度：

$$C_{Rn} = K_b (N_R - 10R) \tag{10}$$

式中：C_{Rn}——氡浓度，Bq/m^3；

K_b——气球刻度常数，Bq/m^3·计数；

N_R——出口滤膜的总α计数，计数；

R——同式（9）。

6.7 K_m的确定

用库斯尼茨法标定马尔柯夫法的总系数K_m。

6.7.1 标定方法

a. 以规定流速采样5 min；

b. 在采样结束后7～10 min内测滤膜样品的α计数（N_E）；

c. 在采样结束后40～90 min内任意时间间隔对此样品进行第二次α计数（如测量10 min），其α净计数为N_R。

d. 用式（11）计算K_m：

$$K_m = \frac{K_K \cdot N_K}{N_E - 3R} \tag{11}$$

式中：K_K——库斯尼茨法系数，J/m^3·计数。

e. 至少作3次测量，求出K_m平均值。

6.7.2 K_K的确定

6.7.2.1 K_K由式（12）确定：

$$K_K = \frac{4.16 \times 10^{-6}}{vE\eta\beta t_m K_{(T)}} \tag{12}$$

$$K_{(T)}=\begin{cases}230-2T & (40\leqslant T\leqslant 70)\\ 195-1.5T & (70<T\leqslant 90)\end{cases} \tag{13}$$

式中：v ——采样流速，L/min；

E ——计数效率，%；

η——滤膜过滤效率，%；

β——滤膜对α粒子的自吸收因子，%；

t_m——第二次α计数时间，min；

$K_{(T)}$——与等待时间 T（min）有关的系数。

6.7.2.2　E、η、β 测定方法见 5.7.1、5.7.2、5.7.3 条。

6.8　质量保证措施

6.8.1　刻度

每年用标准氡室对测量装置刻度一次，得到总的刻度系数。

6.8.2　平行测量

用另一种方法与本方法平行采样测量，用成对数据的 t 检验方法检查两种方法结果的差异。若 t 值大于临界值，则应查明原因。平行采样数不少于全部样品数的 10%。

6.8.3　操作中注意事项：

a. 入口滤膜至少要 3 层，全部滤掉氡子体；

b. 气球颈部应尽量短，使采样器端面处于球面上；

c. 排气过程中，气球始终要保持为球形，排气结束时要及时停泵；

d. 采样头尺寸要一致，保证滤膜表面与探测器表面之间的距离为 2 mm 左右；

e. 严格控制操作时间，每一步都不得出现差错，否则样品作废；

f. 应在不同湿度下标定出刻度系数。

附 录 A
室内标准采样条件
（补充件）

A.1 室内空气中氡测量的目的

A.1.1 普查

调查一个地区或某类建筑物内空气中氡水平，发现异常值。

A.1.2 追踪

追踪测量的目的是：

a. 确定普查中的异常值；

b. 估计居住者可能受到的最大照射；

c. 找出室内空气中氡的主要来源；

d. 为治理提供依据。

A.1.3 剂量估算

测量结果用于居民个人和集体剂量估算，进行剂量评价。

A.2 标准采样条件

A.2.1 普查的采样条件

A.2.1.1 总的要求是：测量数据稳定，重复性好。

A.2.1.2 具体条件：

a. 采样要在密闭条件下进行，外面的门窗必须关闭，正常出入时外面门打开的时间不能超过几分钟。这种条件正是北方冬季正常的居住条件，因此普查测量最好在冬季进行。

b. 采样期间内外空气调节系统（吊扇和窗户上的风扇）要停止运行。

c. 在南方或者北方夏季采样测量，也要保持密闭条件。可在早晨采样，要求居住者前一天晚上关闭门窗，直到采样结束再打开。

d. 若采样前 12 h 或采样期间出现大风，则停止采样。

A.2.1.3 选择采样点要求：

a. 在近于地基土壤的居住房间（如底层）内采样。

b. 仪器布置在室内通风率最低的地方，如内室。

c. 不设在走廊、厨房、浴室、厕所内。

A.2.1.4 采样时间：对于不同的方法、仪器所需要的采样时间列于表 A.1。

A.2.2 追踪测量的采样条件

A.2.2.1 总的要求：

a. 真实、准确。

b. 找出氡的主要来源。

A.2.2.2 具体条件同 A.2.1.2 条。

表 A.1 普查测量的采样时间

仪器（方法）	采样时间
α径迹探测器	在密闭条件下，放置 3 个月
活性炭盒	在密闭条件下，放置 2～7 d
氡子体累积采样单元	在密闭条件下，连续采样 48 h
连续资用水平监测仪	在密闭条件下，采样测量 24 h
连续氡监测仪	在密闭条件下，采样测量 24 h
瞬时法	在密闭条件下，上午 8～12 时采样测量，连续 2 d

A.2.2.3 选择采样点的要求：

a. 重测普查中采样点；

b. 为找出氡的主要来源，可在其他地方布点。

A.2.2.4 采样时间：追踪测量中的采样时间见 A.2.1.4 条。

A.2.3 剂量估算测量的采样条件

A.2.3.1 总的要求：

a. 良好的时间代表性。测量结果能代表一年中的平均值，并反映出不同季节氡及其子体浓度的变化。

b. 良好的空间代表性。测量结果能代表住房内的实际水平。

A.2.3.2 具体条件。采样条件即为正常的居住条件。

A.2.3.3 采样点的选择。在室内布置采样点必须满足下列要求：

a. 在采样期间内采样器不被扰动；

b. 采样点不要设在由于加热、空调、火炉、门、窗等引起的空气变化较剧烈的地方；

c. 采样点不设在走廊、厨房、浴室、厕所内；

d. 采样点应设在卧室、客厅、书房内；

e. 若是楼房，首先在一层布点；

f. 被动式采样器要距房屋外墙 1 m 以上，最好悬挂起来。

A.2.3.4 采样时间。剂量估算测量的采样时间列于表 A.2。

表 A.2 剂量估算测量的采样时间

仪器（方法）	采样时间
α径迹探测器	正常居住条件下，放置 12 个月
活性炭盒	正常居住条件下，每季测一次，每次放置 2～7 h
氡子体累积采样单元	正常居住条件下，每季测 1 次，每次采样 48 h
连续资用水平监测仪	正常居住条件下，每季测 1 次，每次测 24 h
连续氡监测仪	正常居住条件下，每季测 1 次，每次测 24 h
瞬时法	正常居住条件下，每季测 1 次，每次测 2 d

A.3 采样记录内容

在采样期间必须做好记录，其内容如下：

a. 村庄（街道）、房号、户主姓名；

b. 采样器的类型、编号；

c. 采样器在室内的位置；

d. 采样开始和终止日期、时间；

e. 是否符合标准采样条件；

f. 采样器是否完好，计算结果时要做何修正；

g. 采样温度、湿度、气压等气象参数；

h. 采样者姓名；

i. 其他有用资料，如房屋类型、建筑材料、采暖方式、居住者的吸烟习惯，室内电扇、空调器等运转情况。

附 录 B
剂量估算公式
（参考件）

B.1 居民吸入氡子体所产生的年有效剂量当量用式（B.1）计算：

$$H_E(\alpha) = 8\ 760\ [k_{in}f_{in}c_{pin} + k_{ou}f_{ou}c_{pou}] \quad (B.1)$$

式中：H_E（α）——年有效剂量当量，Sv；

8 760——全年的小时数，h；

k——居留因子，脚标 in、ou 分别表示室内室外；

f——剂量转换因子，脚标 in、ou 分别表示室内室外；

c_p——氡子体α潜能浓度，J • h/m^3，脚标 in、ou 分别表示室内室外。

B.2 居留因子 k，由实际调查结果确定，也可采用国内外的推荐值。

B.3 居民吸入氡子体的剂量转换因子列于表 B.1。子体浓度是以 J/m^3 和平衡等效氡浓度两种形式给出的。

表 B.1 居民吸入氡子体的剂量转换因子

核素	单位	成人		儿童（0～10 岁）	
		室内	室外	室内	室外
氡子体	Sv/（J·h/m^3）	1.8	2.5	2.7	3.8
	Sv/（Bq • h/m^3）	1.0×10^{-8}	1.4×10^{-8}	1.5×10^{-8}	2.1×10^{-8}

附 录 C
适用于环境空气中氡及其子体的测量方法
（参考件）

C.1 氡的测量方法

适用于环境空气中氡的测量方法摘要列于表 C.1。

表 C.1 环境空气中氡的测量方法

方法	采样方式	采样动力	探测器	探测下限	说明
α径迹蚀刻法	累积	被动式	聚碳酸酯膜 CR-39	2.1×10^{3} Bq·h/m^{3}	
活性炭盒法	累积	被动式	NaI（Tl）或半导体	6 Bq/m^{3}	
双滤膜法	瞬时	主动式	金硅面	3.3 Bq/m^{3}	
气球法	瞬时	主动式	金硅面	2.2 Bq/m^{3}	200 L 气球
连续氡监测仪	连续	主动式	金硅面	10 Bq/m^{3}	
闪烁室法	瞬时或连续	主动式	闪烁室	40 Bq/m^{3}	0.5 L 闪烁室
活性炭浓集法	瞬时	主动式	闪烁室或电离室	3 Bq/m^{3}	

C.2 子体测量方法

适用于环境空气中氡子体测量方法摘要列于表 C.2。

表 C.2 环境空气中氡子体测量方法

方法	采样方式	采样动力	探测器	探测下限	说明
被动式α径迹蚀刻法	累积	被动式	聚碳酸酯膜 CR-39	6×10^{-5}J·h/m^{3}	
主动式α径迹蚀刻法	累积	主动式	聚碳酸酯膜 CR-39	2.1×10^{-5}J·h/m^{3}	用泵或加静电场
氡子体累积采样单元	累积	主动式	TLD	1×10^{-8}J/m^{3}	
库斯尼茨法	瞬时	主动式	金硅面	1×10^{-8}J/m^{3}	
马尔柯夫法	瞬时	主动式	金硅面	5.7×10^{-8}J/m^{3}	
三段法	瞬时	主动式	金硅面	2.0×10^{-8}J/m^{3}	

附加说明：

本标准由国家环境保护局提出。

本标准由中国辐射防护研究院负责起草。

本标准主要起草人张智慧。

本标准由国家环境保护局负责解释。

中华人民共和国国家标准

环境地表γ辐射剂量率测定规范

GB/T 14583—93

Norm for the measurement of environmental terrestrial gamma-radiation dose rate

国家环境保护局、国家技术监督局 1993-08-30 发布　　1994-04-01 实施

1　主题内容与适用范围

本标准规定了环境地表γ辐射剂量率测定的原则和要求以及应遵守的技术规定。

本标准适用于测定核设施和其他辐射装置附近环境地表的γ辐射剂量率，也适用于其他环境地表γ辐射剂量率的测定。

2　引用标准

E.J 379　环境贯穿辐射监测一般规定

3　术语

3.1　环境

指人类生活的公共环境，而不涉及辐射工作场所。

3.2　环境监测

对核设施及其他辐射装置附近环境进行的监测。

3.3　环境地表γ辐射剂量率

田野、道路、森林、草地、广场以及建筑物内，地表上方一定高度处（通常为 1 m）由周围物质中的天然核素和人工核素发出的γ射线产生的空气吸收剂量率。

3.4　源相关的环境监测

指测量某一特定的源或实践所导致的地表γ剂量率水平，以确定特定源或实践所给出的贡献。

3.5　人相关的环境监测

指在可能有几个源照射同一人群组的情况下进行的环境地表γ辐射剂量率测量，主要目的在于估算全部的源给出的剂量当量。

3.6　重要源

日常流出物的排放量较大和可能产生较高的剂量率的源，从监测角度上被认为是重要源。

3.7　次要源

在公共可以接近的地方其外照射剂量当量率非常低（年剂量当量约 1μSv 左右），流出物中放射性核素的正常释放量也非常小，并且很少或者不存在事故性外泄的可能性，这一类的各个独立的源在合适的屏蔽和控制下被认为是次要的照射源。

3.8　中等性质的源

介于重要源和次要源之间的源被认为是中等性质的源。

3.9　公众

除辐射工作人员以外的所有其他社会成员，包括离开工作岗位后的辐射工作人员。

3.10　实践

指包含电离辐射照射的实践。

3.11　关键人群组

从某一给定实践受到的照射在一定程度内是均匀的且高于受照射群体中的其他成员的人群组，称为关键人群组。他们受到的照射可用以量度该实践所产生的个人剂量的上限。

4　测定目的和要求

4.1　测定目的

环境地表γ辐射剂量率测定是环境辐射监测的组成部分，其主要目的为：

a. 为核设施或其他辐射装置正常运行和事故情况下，在环境中产生的γ辐射对关键人群组或公众所致外照射剂量的估算提供数据资料；

b. 验证释放量符合管理限值和法规、标准要求的程度；

c. 监视核设施及其他辐射装置的源的状况，提供异常或意外情况的警告；

d. 获得环境天然本底γ辐射水平及其分布资料和人类实践活动所引起的环境γ辐射水平变化的资料。

4.2　测定大纲的制定

4.2.1　根据源的性质制定测定大纲

4.2.1.1　重要源　辐射工作单位必须制定测定大纲（例如核电厂等大型核设施）。核电厂的环境地表γ剂量率的测定应着重于连续测定γ放射性烟云和地表沉积物产生的γ辐射剂量率水平。还须获取当地某些气象参数，如：风向、风速和降雨（雪）量等，以便于区分天然辐射变化对地表γ辐射剂量率的影响。

必须准备好应急测定计划，辐射工作单位的应急测定计划应报送上级主管部门和所在地省级环境保护部门备案，其内容应包括监测原则、方法与步骤、测量网点、数据报告等。

4.2.1.2　中等性质的源　由辐射工作单位根据源的性质接近于重要源或次要源的程度决定测定大纲的制定。

4.2.1.3　次要源　例如某些工作中使用的密封源。对这类各个独立的源，在合适的屏蔽与严格保管控制下，不需制订测定大纲。

4.2.2　测定大纲的内容：

a. 测定的目的、规模和范围；

b. 测定的源的类型和频数；

c. 测点布设原则；

d. 使用的仪表和方法；

e. 测量程序；

f. 数据处理方法及统计学检验程序；

g. 工作记录和结果评价；

h. 质量保证。

4.2.3　测量点位的布设取决于测量目的，需根据源和照射途径以及人群分布和人为活动情况仔细选择。

4.2.3.1　全国性或一定区域内的环境γ辐射本底调查，通常以适当距离的网格均匀布点。

4.2.3.2　核电厂等大型核设施，以反应堆为中心按不同距离和方位分成若干扇形进行布设，包括关键人群组所在地区，距反应堆最近的厂区边界上，盛行风向的厂区边界上，人群经常停留的地方以及地表γ剂量率平均最高的地点（若此点在厂区外）。为了对照还需包括一些不易受核设施影响的测量点。

4.2.3.3 城市中的草坪和公园中的草地以及某些岛屿、山脉、原始森林等不易受人为活动影响的地方，可适当选设点位，定期观测，以研究和发现环境辐射水平的变化。

4.3 测定大纲的实施

4.3.1 环境地表γ辐射剂量率测定

可分为源相关和人相关的γ剂量率测定。

4.3.2 源相关的环境地表γ辐射剂量率的测定

4.3.2.1 属于重要源的核设施，辐射工作单位和环境保护部门在该设施运行前必须对周围 50 km 范围内进行环境地表γ辐射剂量率测量，以确定本底水平及变化规律。对于核电厂等大型核设施，此种测定至少应连续进行两年。

4.3.2.2 对于重要源，在固定测量点上进行连续、季度或即时剂量率测量，由辐射工作单位与当地的环境保护部门分别制定计划并付诸实施。

4.3.2.3 对于其他能够产生环境γ辐射的新装置，例如高能加速器、微功率堆、工业探伤用加速器和强同位素源，如果它们的隔离区比较小时，最可能的关键途径是γ和中子的外照射。对于这类设施在调试或投入使用的初期，辐射工作单位应进行环境地表γ辐射剂量率测定。

4.3.2.4 事故情况下，辐射工作单位和当地环境保护部门接到事故应急监测指令后，按所制定的应急计划迅速做出反应，采用现有的多种测量方法和手段，快速测定出事故影响范围及γ辐射剂量率水平。

4.3.3 人相关的环境地表γ辐射剂量率的测定

该项测定通常由辐射防护和环境保护主管部门会同其他有关部门进行，内容一般包括：

a. 调查全国或一定区域内的天然γ辐射水平与变化趋势；

b. 调查为数甚多的源或广泛分布、扩散的源产生的累积影响，例如大气层核武器实验或者地下核试验泄漏以及核事故扩散至大气对公众产生的烟云浸没γ照射和地表沉积γ照射剂量。

5 测量仪器与方法

5.1 测量环境地表γ辐射剂量率的仪表应具备以下主要性能和条件：

a. 量程范围：

低量程：$1\times10^{-8}\sim1\times10^{-5}$Gy • h^{-1}

高量程：$1\times10^{-5}\sim1\times10^{-2}$Gy • h^{-1}

b. 相对固有误差：＜±15%；

c. 能量响应：50 keV～3 MeV 相对响应之差＜±30%（相对 ^{137}Cs 参考γ辐射源）；

d. 角响应：0°～180° $\overline{R}/R\geqslant0.8$（^{137}Csγ辐射源）；$\overline{R}$：角响应平均值；$R$：刻度方向上的响应值；

e. 温度：－10～+40℃（即时测量仪表），-25～+50℃（连续测量仪表）；

f. 相对湿度：95%（+35℃）。

5.2 环境地表γ辐射剂量率的测定应采用高气压电离室型、闪烁探测点型和具有能量补偿的计数管型γ辐射剂量率仪等仪表。具有能量补偿的热释光剂量计，可用于固定测点的常规测量，也为发生事故时提供数据。

5.3 环境γ辐射剂量率连续监测系统，探测器采用高气压电离室或 NaI（Tl）晶体，能量补偿型 G-M 计数管，数据应自动采集、存储或遥控传输，量程必须兼顾正常与事故情况下的水平。

5.4 对核电厂等大型核设施可配备环境放射性监测车，该车具有测量地表γ剂量率测定以及某些气象参数等功能。核设施正常运行时，用于定期环境巡测，事故时配合固定式环境监测系统以及气象观测资料可快速确定环境地表γ辐射剂量率水平与分布状况。

5.5 发生重大核反应堆事故时，可由装载在飞机上大体积 NaI（Tl）晶体探测器对污染地区进行γ辐射测量以提供测区地面污染水平及γ放射性核素污染物的浓度和空间分布。为事故的最初评价提供资料。

5.6 环境地表γ辐射剂量率的测定方法：

5.6.1 环境地表γ辐射剂量率测量方式有两种：

a. 即时测量。用各种γ剂量率仪直接测量出点位上的γ辐射空气吸收剂量率瞬时值。

b. 连续测量。在核电厂等大型核设施的环境固定监测点上，测量从本底水平到事故的环境辐射场空气吸收剂量率的连续变化值。布设在固定监测点位上的热释光剂量计测出一定间隔时间内环境辐射场的累积剂量值。

5.6.2 在进行γ辐射剂量率测量时需扣除仪表对宇宙射线的响应部分。不同仪表对宇宙射线的响应不同，可根据理论计算，或在水深大于 3 m，距岸边大于 1 km 的淡水面上与对宇宙射线响应已知的仪表比较得出。

5.6.3 全国性或一定区域内的环境γ辐射本底调查，对同一网格点的建筑物、道路和原野（城市中的草坪和广场），γ辐射剂量率的测量可同时进行。

5.6.3.1 建筑物内测量，要考虑建筑物的类型与层次，在室内中央距地面 1 m 高度处进行。

5.6.3.2 在城市中的道路、草坪和广场测量时，测点距附近高大建筑物的距离需大于 30 m，并选择在道路和广场的中间地面上 1 m 处。

5.6.4 环境地表γ辐射剂量率水平与地下水位、土壤中水分、降雨的影响、冰雪的覆盖、放射性物质的地面沉降、射气的析出和扩散与植被的关系等环境因素有关，测量时应注意其影响。

6 数据的记录、报告和测量估算

6.1 环境地表γ辐射剂量率测定数据必须详细记录，主要内容包括：

a. 测量日期（年、月、日、时、分）；

b. 测量者（对累积测量或连续测量而言剂量计或记录磁带、纸带的收取者），数据处理者（本人签名）；

c. 测量仪的名称、型号和编号等；

d. 固定测点的编号，非固定测点的点位名称及地理特征描述；

e. 测量的原始数据必须登记造册保存，数据的单位必须是仪表实际给出的剂量单位；

f. 环境气象参数，例如温度、湿度、风速、风向等。

6.2 环境地表γ辐射剂量率测定报告：

6.2.1 报告内容：

a. 测定日期；

b. 测量仪器名称、型号；

c. 季度γ辐射空气吸收剂量率。

6.2.2 对测量结果的不确定度必须做出估算，测定报告必须由有关人员和负责人复核、签署。

6.2.3 测定报告由辐射工作单位按有关规定，定期向主管部门和环境保护部门报告。全年测定结果会同其他项目环境监测数据于第二年一季度内报送。事故测量数据随时报告上级主管机构及地方应急管理中心。

6.2.4 大规模环境本底水平调查报告以及对某项实践进行环境影响评价，在一定区域内进行的本底水平调查报告，按主管部门的要求总结上报。

6.3 剂量估算：

环境γ辐射照射对居民产生的有效剂量当量可用下式进行估算：

$$H_e = D_\gamma \cdot K \cdot t$$

式中：H_e——有效剂量当量，Sv；

$\dot{D}_\gamma$——环境地表γ辐射空气吸收剂量率，$Gy \cdot h^{-1}$；

K——有效剂量当量率与空气吸收剂量率比值，本标准采用 $0.7\ Sv \cdot Gy^{-1}$；

t——环境中停留时间，h。

7 质量保证

7.1 制定质量保证计划应考虑以下因素：

a. 测量设备和仪表的质量；

b. 人员所受的训练和他们的经验；

c. 仪表刻度标准的溯源性；

d. 为证明已经达到并保持所要求的质量需提供的文件范围。

7.2 质量控制措施：

a. 测量人员需经专门培训，考核合格后方可上岗工作；

b. 仪表须定期校准，对某些仪表工作期间每天都应用检查源对仪表的工作状态进行检验；

c. 参加比对测量以发现不同类型仪表和方法间测量的系统偏差，统一量值，提高测量结果的可比性；

d. 在能够保持较稳定的室内、外环境辐射场中定期进行测量，绘出质量控制图，以检验仪表工作状态的稳定性；

e. 更新仪表和方法时，应在典型的和极端的辐射场条件下与原仪表和方法的测量结果进行对照，以保证数据的前后一致性；

f. 环境地表γ辐射剂量率测定的总不确定度应不超过20%；

g. 对大规模环境γ辐射水平的调查结果应由质量保证单位或主管部门进行现场抽样检查，以检验调查结果是否符合质量要求。

7.3 数据统计方法和剂量估算的细节都应有详细文字记载，数据处理的具体要求由各测量主管部门做出规定。

7.4 原始记录及其他重要数据资料要建档保存，保存期限应当足够长。具体时间由有关法规规定。环境监测数据至少保存20年。重要记录的副本必须分地保存。

附加说明：

本标准由国家环境保护局提出。

本标准由中国原子能科学研究院负责起草。

本标准主要起草人岳清宇。

中华人民共和国国家标准

空气中碘-131的取样与测定

GB/T 14584—93

Sampling and determination of ^{131}I in air

国家环境保护局、国家技术监督局 1993-08-30 发布　　1994-04-01 实施

1 主题内容与适用范围

本标准规定了空气中碘-131的取样与测定的原则和方法。

本标准适用于环境和工作场所空气中碘-131浓度的测定。

2 术语

2.1 分布参数

如果一种物质在某种介质中按指数形式（$e^{-\alpha x}$）分布，其中的α称为分布参数。

2.2 收集效率

被过滤介质滞留下来的物质占通过这一过滤介质的空气中最初具有的该物质总量的百分比。

2.3 计数效率

在一定测量条件下，测到的由某一标准源发射的粒子或光子产生的计数与在同一时间间隔内该标准源发射出的该种粒子或光子总数的比值。

3 方法提要

用取样器收集空气中微粒碘、无机碘和有机碘。微粒碘被收集在玻璃纤维滤纸上，元素碘及非元素无机碘主要收集在活性炭滤纸上，有机碘主要收集在浸渍活性炭滤筒内。取样系统见图A3。

用低本底γ谱仪测量样品中碘-131的能量为0.365 MeV的特征γ射线。

在γ谱仪的探测下限为3.7×10^{-1} Bq、取样体积为100 m^3的条件下，本方法可测到空气中碘-131的浓度为3.7×10^{-3} $Bq\cdot m^{-3}$。

4 仪器或设备

4.1 取样器：收集介质由玻璃纤维滤纸、活性炭滤纸和浸渍活性炭滤筒组成。滤筒直径5 cm，深2 cm。部件及结构见附录A。

4.2 真空表：1.5级，0～101 325 Pa（短期流动取样不需要）。

4.3 转子流量计：流量范围0～60 $L\cdot min^{-1}$或0～250 $L\cdot min^{-1}$（根据需要选用）。

4.4 累积流量计：流量范围15～250 $L\cdot min^{-1}$（短期流动取样不需要）。

4.5 流量调节阀。

4.6 抽气泵：空载流量250 $L\cdot min^{-1}$或500 $L\cdot min^{-1}$（根据需要选用），最大负载不小于60 kPa。

4.7 低本底γ谱仪：对碘-131的探测下限低于3.7×10^{-1} Bq。

4.8 标准源：^{131}I 源或 ^{133}Ba 源，最大相对误差不大于±5%。
4.9 气流加热器（高相对湿度下使用）。
4.10 烘箱。
4.11 干湿温度计（长时间取样时应设置相对湿度自动记录仪）。

5 刻度

5.1 流量计
5.1.1 流量计应在标准温度和标准大气压下，经过标准仪器进行刻度。
5.1.2 用标准流量计刻度时，应把被刻度的流量计接在标准流量计的后面。
5.2 谱仪对滤纸的计数效率
5.2.1 应使标准源（^{131}I 或 ^{133}Ba）溶液尽可能均匀地分布在滤纸上，标样滤纸的直径应与样品滤纸的直径相同。
5.2.2 刻度时的条件应与样品测量时的条件相同。
5.3 玻璃纤维滤纸和活性炭滤纸的收集效率
5.3.1 玻璃纤维滤纸对微粒碘的收集效率可取 100%。
5.3.2 活性炭滤纸对无机碘的收集效率见附录 B。
5.4 谱仪对滤筒的计数效率与滤筒对有机碘的收集效率之积（$\eta_{cou}\cdot\eta_{col}$）
5.4.1 用标准面源刻度滤筒不同深度的截面层的计数效率（要求同 5.2 条），求出截面层的计数效率与层深的关系曲线或表达式。
5.4.2 根据取样期间的平均气流面速度和平均相对湿度，按附录 C 中的公式（C1），求出对应面速度下的α值，再乘以附录 D 表 D1 中对应相对湿度的归一化因子，得出样品的分布参数α。
5.4.3 按公式（1）求出不同深度处每毫米炭层的收集效率。

$$\eta_{coli}=(e^{\alpha}-1)e^{-\alpha x_i} \quad (1)$$

$$x_i=1,2,3,\cdots,20$$

式中：η_{coli}——滤筒深度 x_i 处 1 mm 炭层的收集效率（即第 i 炭层的收集效率）；
α——分布参数，mm^{-1}；
x_i——离滤筒进气表面的垂直距离，mm。
5.4.4 按公式（2）求$\eta_{cou}\cdot\eta_{col}$值。

$$\eta_{cou}\cdot\eta_{col}=\sum_{i=1}^{20}\eta_{coui}\cdot\eta_{coli} \quad (2)$$

式中：η_{coui}——滤筒第 i 炭层（每层 1 mm）的计数效率；
η_{coli}——滤筒第 i 炭层的收集效率。
5.4.5 作为示例，附录 E 给出了不同分布参数α所对应的$\eta_{cou}\cdot\eta_{col}$值。

6 取样

6.1 取样准备
6.1.1 将浸渍活性炭放入烘箱内，在 100℃下烘烤 4 h 后，存入磨口瓶中待用。
6.1.2 把烘烤后的浸渍活性炭、活性炭滤纸及玻璃纤维滤纸依次装入取样筒，并检查取样器的气密性。
6.2 取样点的选择

取样点的选择必须考虑样品的代表性。环境监测取样点的位置和数目，应视污染区域和居民分布情况而定。污染区域可根据碘排放口的位置和气象条件按大气扩散模式估算。应着重在最大污染点和关键居民区设置取样点。工作场所的取样应使取样头尽量靠近呼吸带，可设在操作人员附近，或装在通风柜、手套箱等装置的表面处。

6.3 取样体积

取样体积视取样目的、预计浓度及γ谱仪的探测下限而定。

6.4 相对湿度

6.4.1 为消除相对湿度对取样的影响，应采用加热器把取样器入口处的气流温度加热到60～70℃。

6.4.2 如未设置加热器，应记下取样期间的相对湿度。计算平均相对湿度时，对小于 50%的值，均按50%计算。平均相对湿度的误差应不大于±10%。

6.4.3 在不能满足6.4.1和6.4.2条要求的情况下，取样时也可以不考虑相对湿度的影响。

6.5 流量

取样时的流量应在20～200 $L \cdot min^{-1}$范围内。通过调节流量控制阀，把流量调到所需要的数值。平均流量的误差应不大于±5%。

6.6 取样管道

6.6.1 应选择适当的管道材料。一般取样采用铝管，高精度取样采用不锈钢管或聚四氟乙烯管，不可使用橡胶管。

6.6.2 管道长度应尽可能短，并要尽量避免弯头，管道长于3 m时应测定气态碘在管道中的沉积率。

6.6.3 设计取样管道时，应防止取样器收集到从抽气泵排出的气体。

6.7 大气灰尘阻塞

长时间取样时，由于灰尘阻塞，会使流量下降，流量下降20%时，应更换玻璃纤维滤纸。

6.8 取样器的放置

取样器的入口气流应取铅垂方向（见图A.3）。

7 测量与计算

7.1 测量

7.1.1 对浓度低的样品，应在取样结束4 h后测量。

7.1.2 用低本底γ谱仪分别测定玻璃纤维滤纸、活性炭滤纸和滤筒中碘-131能量为0.365 MeV的特征γ射线的净计数。放置滤筒时应把进气表面朝上。

7.1.3 应选择适当的测量时间，使在95%置信度下净计数的误差不大于±10%。

7.2 计算

7.2.1 按公式（3）对流量计读数进行修正。

$$q_r = q_i \sqrt{\frac{P \cdot T_c}{P_e \cdot T_u}} \tag{3}$$

式中：q_r——实际流量，$L \cdot min^{-1}$；

q_i——流量计的读数，$L \cdot min^{-1}$；

P_e——环境绝对大气压力，Pa；

P——取样器之后的绝对压力，其值为$P_e - R$，R系取样器的阻力，见附录A图A.2，Pa；

T_c——刻度时的热力学温度，K；

T_u——使用时的热力学温度，K。

7.2.2 按公式（4）分别计算空气中碘-131的微粒碘、无机碘、有机碘的浓度。

$$c = 7.38 \times 10^{-11} \frac{c_s}{\eta_{cou} \cdot \eta_{col} \cdot \overline{q}_e (1 - e^{-\lambda t_1})(e^{-\lambda t_2})(1 - e^{-\lambda t_3})} \tag{4}$$

式中：c——空气中碘-131的浓度，$Bq \cdot m^{-3}$；

c_s——计数时间内样品的净计数；

η_{col}——收集效率；

η_{cou}——计数效率；

$\bar{q}_e$——平均流量，$m^3 \cdot min^{-1}$；

λ——碘-131 的衰变常数，$5.987 \times 10^{-5}\ min^{-1}$；

t_1——取样时间，min；

t_2——取样结束至计数开始之间经过的时间，min；

t_3——计数时间，min。

7.2.3 穿透活性炭滤纸的无机碘对有机碘浓度的影响按公式（5）进行修正。

$$c'_o = c_o - c_i (1 - \eta_{col}) \tag{5}$$

式中：c_o——修正前的有机碘的浓度，$Bq \cdot m^{-3}$；

c'_o——修正后的有机碘的浓度，$Bq \cdot m^{-3}$；

c_i——无机碘的浓度，$Bq \cdot m^{-3}$；

$(1-\eta_{col})$——活性炭滤纸对无机碘的穿透率。其中，η_{col} 为活性炭滤纸对无机碘的收集效率，见附录 B 图 B.1。

7.3 误差

7.3.1 在平均流量的最大相对误差为±5%、计数误差为±10%（置信水平 95%）的条件下，微粒碘和无机碘浓度的最大相对误差都为±20%。

7.3.2 在平均流量的最大相对误差为±5%、计数误差为±10%（置信水平 95%）的条件下，有机碘浓度的误差还与取样期间的相对湿度有关，若相对湿度不大于 50%，则浓度的最大相对误差为±20%；若平均相对湿度大于 50%，并且平均相对湿度的最大相对误差为±10%，则浓度的最大相对误差为±23%；若不考虑相对湿度的影响，则浓度的最大相对误差为±27%。

附 录 A
取样器和取样系统
（补充件）

A.1 取样器的结构如图 A.1 所示：

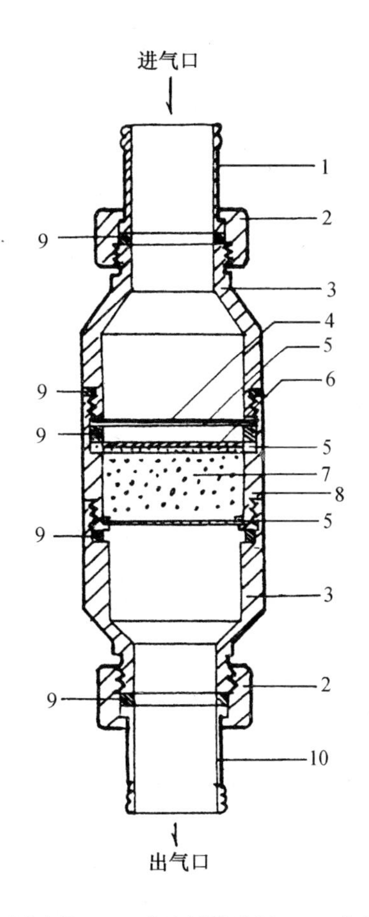

1—进气管；2—固定环；3—缓冲筒；4—玻璃纤维滤纸；5—金属筛网；6—活性炭滤纸；7—浸渍活性炭滤筒；8—取样筒；9—橡皮垫圈；10—排气管

图 A.1 取样器结构示意图

A.2 取样器部件的材料及规格：

a. 玻璃纤维滤纸：材料为超细玻璃纤维，质量厚度 7.46 mg·cm^{-2}，有效直径 5 cm，对小于 1 μm 的气溶胶微粒的过滤效率近似 100%；

b. 活性炭滤纸：衬底材料为桑皮浆，纸浆厚度 10 mg·cm^{-2}，椰子壳活性炭，活性炭质量厚度 13～15 mg·cm^{-2}，粒度 50 μm 以下，有效直径 5 cm；

c. 浸渍活性炭滤筒：20 g 浸渍活性炭（基炭为油棕炭，浸渍剂为 2.0%TEDA（三乙撑二胺）+2.0%KI（碘化钾），粒度为 12～16 目）装在内径 5 cm、深 2 cm 的不锈钢筒内；

d. 缓冲筒：内径 5 cm、高 3 cm 的不锈钢筒；

e. 进气管和出气管：内径 3 cm、长 5 cm 的不锈钢管；

f. 固定环：材料为不锈钢，尺寸与相接的进气管、出气管、缓冲筒的尺寸配合。

A.3 取样器的阻力与流量的关系如图 A.2 所示：

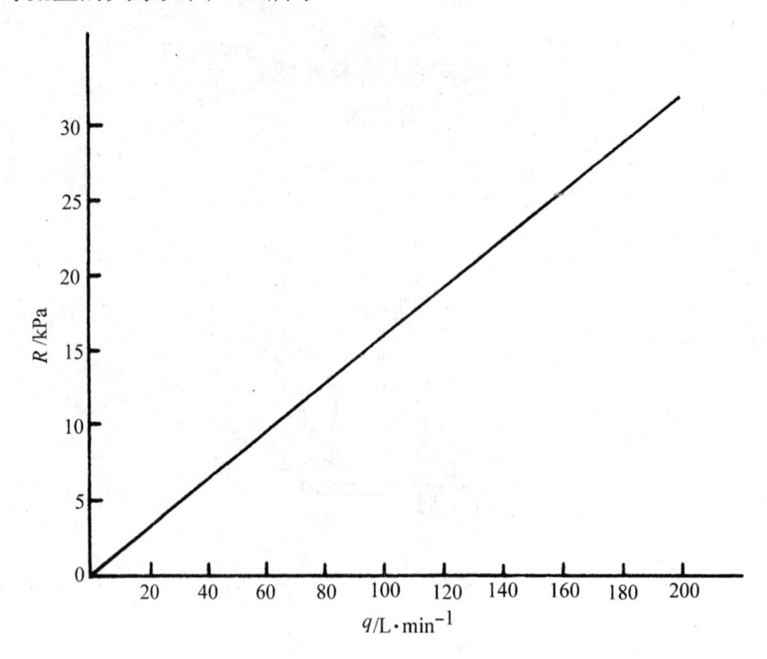

图 A.2 取样器的阻力与流量的关系

A.4 取样系统的设备及连接方式如图 A.3 所示：

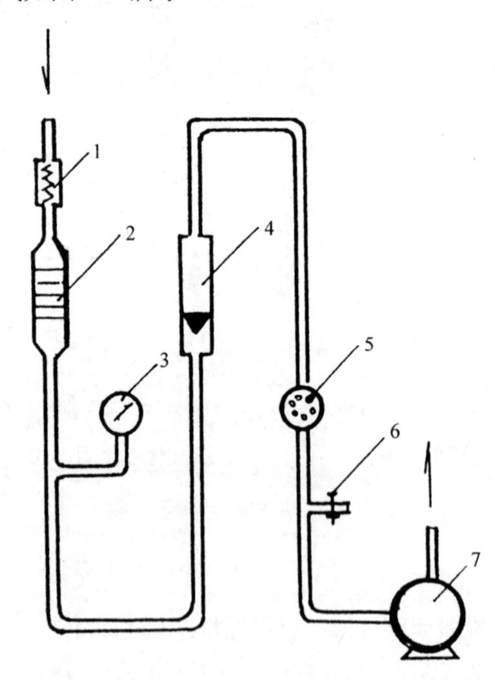

1—加热器；2—取样器；3—真空压力表；4—转子流量计；

5—累积流量计；6—气流调节阀；7—抽气泵

图 A.3 取样器系统示意图

附 录 B
活性炭滤纸对无机碘的收集效率
（补充件）

活性炭滤纸对无机碘的收集效率与气流面速度和相对湿度的关系曲线如图 B.1：

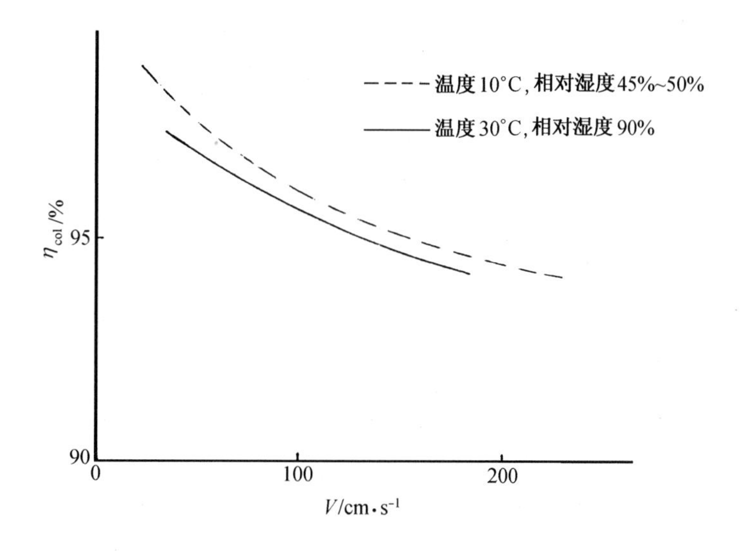

注：图 B.1 所示的收集效率是滤纸对元素碘的收集效率，这里近似地用它表示滤纸对无机碘的收集效率。

图 B.1　滤纸收集效率与气流面速度和相对湿度的关系

附 录 C
气流面速度对分布参数的影响
（补充件）

C.1 在相对湿度不大于50%、气流面速度不大于170 $cm \cdot s^{-1}$的条件下，α值随气流面速度变化的关系式如下：

$$\alpha = 3.58 \times 10^{-1} - 1.04 \times 10^{-3} V - 1.12 \times 10^{-6} V^2 \qquad (C.1)$$

式中：α——分布参数，mm^{-1}；

V——气流面速度，$cm \cdot s^{-1}$。

C.2 按上述拟合公式算出的不同气流面速度下的α值见表C.1：

表C.1 各种气流面速度下的α值

气流面速度/($cm \cdot s^{-1}$)	16.7	40.8	77.9	111.2	140.5
分布参数/mm^{-1}	0.34	0.31	0.27	0.23	0.19

附　录　D
相对湿度对分布参数的影响
（参考件）

D.1 相对湿度不大于50%时，分布参数α与相对湿度无关；相对湿度大于50%时，α随相对湿度的增大而减小。

D.2 在面速度为16.7 $cm \cdot s^{-1}$条件下，相对湿度在50%～100%范围内，α值随相对湿度变化的关系式如下：

$$\alpha = 7.28\times10^{-1} - 8.88\times10^{-1}H + 2.55\times10^{-1}H^2 \qquad (D.1)$$

式中：α——分布参数，mm^{-1}；

H——相对湿度。

D.3 按上述拟合公式算出的各种相对湿度下的α值及归一化因子见表D.1：

表D.1　各种相对湿度下的α值及归一化因子

相对湿度/%	50	55	60	65	70	75	80	85	90	95	100
分布参数/mm^{-1}	0.35	0.32	0.29	0.26	0.23	0.21	0.18	0.16	0.14	0.11	0.09
归一化因子	1	0.91	0.83	0.74	0.66	0.60	0.51	0.46	0.40	0.31	0.26

D.4　表D.1中的归一化因子可用于修正其他面速度下相对湿度对α值的影响。

附 录 E
不同分布参数下的$\eta_{cou} \cdot \eta_{col}$值示例
（参考件）

对主探测器灵敏体积为 78 cm^3 的反康普顿 Ge（Li）γ谱仪，不同分布参数α所对应的$\eta_{cou} \cdot \eta_{col}$值见表 E.1：

表 E.1 不同分布参数下的$\eta_{cou} \cdot \eta_{col}$值

α/mm^{-1}	0.35	0.32	0.29	0.26	0.23	0.21	0.18	0.16	0.14	0.11	0.09	0.07	0.05
$\eta_{cou} \cdot \eta_{col}$/%	1.15	1.17	1.18	1.20	1.21	1.22	1.24	1.25	1.26	1.27	1.28	1.29	1.30

附加说明：

本标准由国家环境保护局和中国核工业总公司提出。
本标准由中国原子能科学研究院负责起草。
本标准主要起草人哈继录、夏益华、张超、甘霖、岳维宏。

中华人民共和国国家标准

牛奶中碘-131的分析方法　　GB/T 14674—93

Analytical method for ^{131}I in milk

国家环境保护局、国家技术监督局 1993-10-27 发布　　1994-05-01 实施

1　主题内容与适用范围

本标准规定了牛奶样品中碘-131 含量的分析方法。

本标准适用于牛奶样品中碘-131 含量的分析，也适用于羊奶等样品中碘-131 含量的分析。本方法β放射性的探测下限为 7×10^{-3}Bq/L 和测γ放射性的探测下限为 1×10^{-2} Bq/L。对环境中的裂变核素 ^{99}M-^{99m}Tc 和总裂片的去污系数分别为 5.2×10^{4} 和 1.3×10^{5}。

2　方法提要

牛奶样品中碘-131 用强碱性阴离子交换树脂浓集。次氯酸钠解吸，四氯化碳萃取，亚硫酸氢钠还原。水反萃，制成碘化银沉淀源。用低本底β测量装置或低本底γ谱仪测量。

3　试剂和材料

所用试剂，除特别注明者外，均使用符合国家标准的分析纯试剂和蒸馏水或同等纯度的水。

3.1　碘载体溶液：

3.1.1　配制

溶解 13.070 g 碘化钾于蒸馏水中，转入 1 L 容量瓶内，加少许无水碳酸钠，稀释至刻度。碘的浓度为 10 mg/ml。

3.1.2　标定

在 6 个 100 ml 烧杯中，用移液管分别吸取 5 ml 碘载体溶液（3.1.1），加 50 ml 蒸馏水，搅拌下滴加浓硝酸。溶液呈金黄色，加 10 ml 硝酸银溶液（3.8）。加热至微沸，冷却后，用 G4 玻璃砂坩埚抽滤。依次用 5 ml 水和 5 ml 无水乙醇各洗三次。在烘箱内 110℃烘干、冷却后称重。计算碘的浓度。

3.2　碘-131 参考溶液：核纯；

3.3　次氯酸钠（NaClO）：活性氯含量 5.2%以上；

3.4　四氯化碳（CCl_4）：99.5%；

3.5　盐酸羟胺溶液：c（$NH_2OH\cdot HCl$）＝3 mol/L；

3.6　硝酸（HNO_3）：ρ＝1.40 g/ml；

3.7　硝酸溶液（HNO_3）：1＋1（V/V）；

3.8　硝酸银溶液（$AgNO_3$）：1%（m/m）；

3.9　亚硫酸氢钠溶液（$NaHSO_3$）：5%（m/m）；

3.10　氢氧化钠溶液（NaOH）：5%（m/m）；

3.11　盐酸溶液：c（HCl）=1 mol/L；

3.12　甲醛（CH_2O）：37%；

3.13　氢氧化钠溶液：c（NaOH）＝1 mol/L；

3.14　离子交换树脂：

3.14.1　树脂型号

201×7Cl^-型阴离子交换树脂　20～50 目；

251×8Cl^-型阴离子交换树脂　20～50 目。

3.14.2　树脂处理

将新树脂于蒸馏水中浸泡 2 h，洗涤并除去漂浮在水面的树脂。用氢氧化钠溶液（3.10）浸泡 16 h，弃氢氧化钠溶液。蒸馏水洗涤树脂至中性。再用盐酸溶液（3.11）浸泡 2 h 后，弃盐酸溶液，树脂转为 Cl^-型。用蒸馏水洗至中性。

4　仪器和设备

4.1　低本底β测量装置：对铯-137 平面源测量 100 min，置信度为 95%时，最小探测限为 0.05 Bq；

4.2　低本底γ谱仪或γ测量装置：对单一的铯-137 薄源测量 1 000 min，置信度为 95%时，最小探测限为 0.1 Bq；

4.3　电动搅拌器；

4.4　玻璃解吸柱：见附录 A（补充件）中图 A.1；

4.5　分析天平：感量 0.1 mg；

4.6　高频热合机；

4.7　玻璃可拆式漏斗：见附录 A（补充件）中图 A.2；

4.8　不锈钢压源模具：见附录 A（补充件）中图 A.3；

4.9　封源铜圈：见附录 A（补充件）中图 A.4。

5　取样

按国家关于《环境辐射监测中生物采样的基本规定（HB）》执行。

6　分析步骤

6.1　吸附

将牛奶样品搅拌均匀，每份试样 4 L，装入 5 L 烧杯中。加入 30 mg 碘载体溶液（3.1），用电动搅拌器（4.3）搅拌 15 min。加入 30 ml 阴离子交换树脂（3.14.2），搅拌 30 min，静置 5 min，将牛奶转移到另一个 5 L 烧杯中，再加入 30 ml 阴离子交换树脂（3.14.2），重复以上步骤。将树脂合并于 150 ml 烧杯中，用蒸馏水漂洗树脂中残余牛奶。

6.2　硝酸处理

向装有树脂的烧杯中，加入硝酸溶液（3.7）40 ml，在沸水浴中沸煮 1 h（不时搅拌）。冷却至室温，把树脂转入玻璃解吸柱（4.4）内，弃酸液。加入 50 ml 蒸馏水洗涤树脂，弃洗液。

6.3　解吸

向玻璃解吸柱（4.4）内加入 30 ml 次氯酸钠（3.3），用电动搅拌器（4.3）搅拌 30 min。将解吸液收集到 500 ml 分液漏斗中，重复上次解吸程序。再用 15 ml 次氯酸钠（3.3）和 15 ml 蒸馏水搅拌解吸 20 min。合并三次解吸液。用 40 ml 蒸馏水分两次洗涤，每次搅拌 3～5 min，将洗液与解吸液合并。

6.4　萃取

向解吸液中加入四氯化碳 30 ml（3.4），加 8 ml 盐酸羟胺溶液（3.5）。搅拌下加硝酸（3.6）调水相酸度，调 pH 值为 1，振荡 2 min（注意放气），静置。把四氯化碳转入 250 ml 分液漏斗中，再重复萃取两次。每次用四氯化碳（3.4）15 ml，合并有机相，弃水相，将有机相转入另一个分液漏斗中。

6.5 水洗

用等体积蒸馏水洗有机相。振荡 2 min，静置分相。将有机相转入另一个分液漏斗中。

6.6 反萃

在有机相中加等体积蒸馏水，加 8 滴亚硫酸氢钠溶液（3.9）。振荡 2 min（注意放气），紫色消退，静置分相，弃有机相。水相转入 100 ml 烧杯中。

6.7 沉淀

将上述烧杯加热至微沸，除净剩余的四氯化碳。冷却后，在搅拌下滴加硝酸（3.6），当溶液呈金黄色时，立即加入 7 ml 硝酸银溶液（3.8）。加热至微沸，冷却至室温。

6.8 制源

将碘化银沉淀转入垫有已恒重滤纸的玻璃可拆式漏斗中（4.7）抽滤。用蒸馏水和乙醇各洗三次。取下载有沉淀的滤纸，放上不锈钢压源模具（4.8），置烘箱中 110℃烘干 15 min。在干燥器中冷却后称重。计算化学产额。

6.9 封源

将沉淀源夹在两层质量厚度为 3 mg/cm^2 的塑料膜中间，放好封源铜圈（4.9），将高频热合机（4.6）的刀压在封源铜圈上（4.9），加热 5 s，粘牢后取下样品源。剪齐外缘，待测。

6.10 测量和计算

6.10.1 β测量

6.10.1.1 绘制自吸收曲线

取 0.1 ml 适当活度的碘-131 参考溶液（3.2）滴在不锈钢盘内。加 1 滴碱溶液（3.13），使其慢慢烘干，制成与样品测定条件一致的薄源。在低本底β测量装置上（4.1）测量，放射性活度为 I_0。

取 6 个 100 ml 的烧杯，分别加入 0.5、1.0、1.5、2.0、2.5、3.0 ml 碘载体溶液（3.1.1）。各加入 0.1 ml 碘-131 参考溶液（3.2），按 6.7～6.9 操作制源。将薄源和制备的 6 个沉淀源，同时在低本底β测量装置上测定放射性活度。各源的放射性活度经化学产额校正为 I，以 I_0 为标准，求出不同厚度的碘化银沉淀源的自吸收系数 E。然后，以自吸收系数为纵坐标，以碘化银沉淀源质量厚度为横坐标，在方格坐标纸上绘制自吸收曲线。

6.10.1.2 仪器探测效率

用已知准确活度的铯-137 参考溶液制备薄源用于测定β探测效率。

6.10.1.3 计算

用式（1）计算试样中碘-131 放射性浓度。

$$A_\beta=\frac{n_c-n_b}{\eta_\beta\cdot E\cdot Y\cdot V\cdot e^{-\lambda t}} \qquad (1)$$

式中：A_β——^{131}I 放射性浓度，Bq/L；

n_c——试样测得的计数率，计数/s；

n_b——试样空白本底计数率，计数/s；

η_β——β探测效率；

E——^{131}I 的自吸收系数；

Y——化学产额；

V——所测试样的体积，L；

t——采样到测量的时间间隔；

λ——^{131}I 的衰变常数。

6.10.2 γ测量

用低本底γ谱仪（4.2）测量 0.364 MeV 全能峰的计数率。

牛奶中碘-131 放射性浓度按式（2）计算：

$$A_\gamma = \frac{n_c - n_b}{\eta_\gamma \cdot Y \cdot V \cdot K \cdot e^{-\lambda t}} \tag{2}$$

式中：A_γ——^{131}I 放射性浓度，Bq/L；

n_c——0.364 MeV 全能峰的计数率，计数/s；

n_b——0.364 MeV 全能峰相应的本底计数率，计数/s；

η_γ——谱仪对 0.364 MeV 左右（ϕ20 平面薄膜源）全能峰的探测效率；

K——0.364 MeV 全能峰的分之比。

6.11 空白试验

每当更换试剂时，必须进行空白试样试验，样品数不少于 6 个。取未污染的牛奶样 4 L 于 5 L 烧杯中，按分析步骤 6.1～6.9 操作。并计算空白试样的平均计数率和标准偏差。

7 精密度

本精密度数据是在 1989 年 4～10 月，由 3 家实验室对 4 个水平的试样所做的实验确定的。每个实验室对 4 个水平各做 4 个平行测试样品。

精密度测试结果

单位：Bq

水平 1)	I	II	III
平均值 m	6.14	52.10	112.44
重复性 r	0.87	5.91	5.96
再现性 R	1.51	23.90	35.31

注：1）本底水平原始测试数据结果小于探测限，不再列表。

附　录　A
设备图
（补充件）

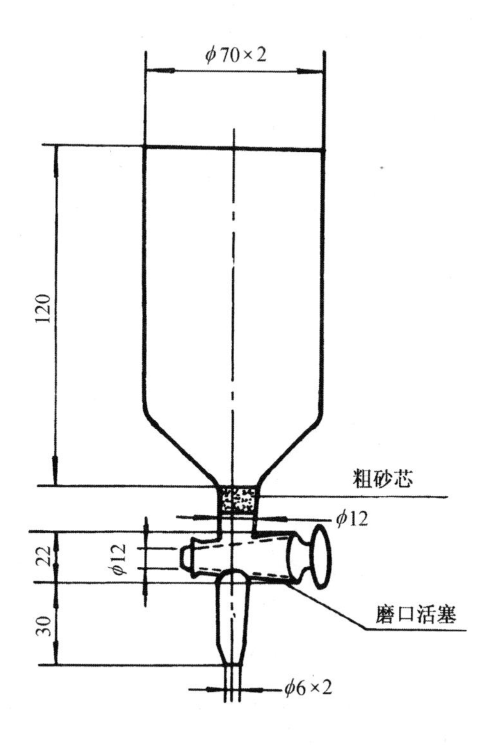

图 A.1　玻璃解吸柱

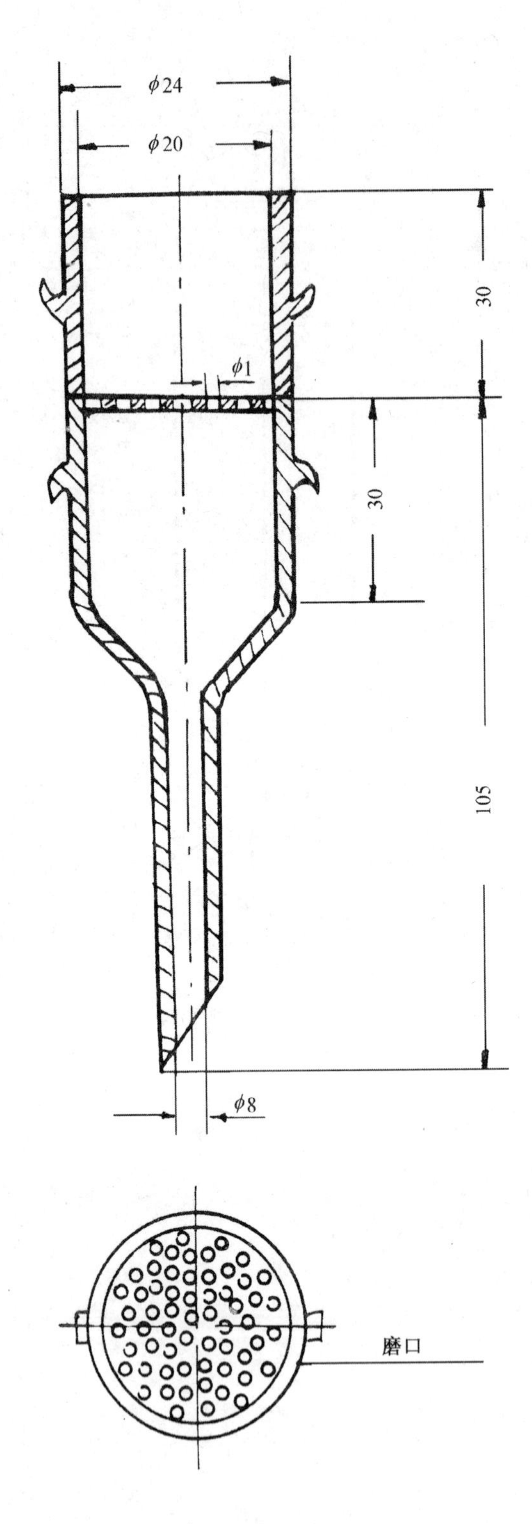

图 A.2　玻璃可拆式漏斗

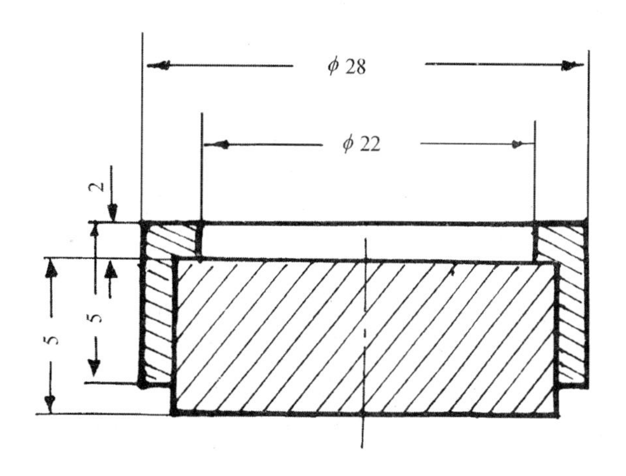

图 A.3　不锈钢压源模具

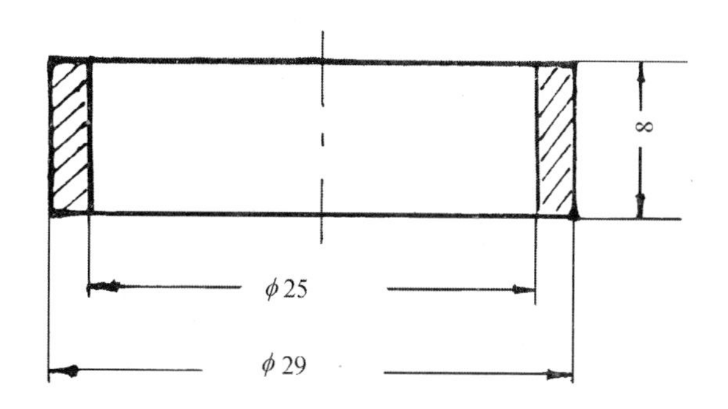

图 A.4　封源铜圈

附 录 B
正确使用标准的说明
（参考件）

B.1 牛奶鲜样应立即分析。如需放置时，要在牛奶中加37%甲醛（3.12）防腐（5 ml/L）。

B.2 若使用容易解吸的树脂，可以省去分析步骤中的6.2。

B.3 本标准分析流程中用次氯酸钠溶液解吸。解吸与温度有关，适宜温度在 10～32℃。次氯酸钠在35℃将分解失效。

B.4 本标准所采用次氯酸钠化学试剂必须在低温下保存。

B.5 按式（B.1）决定样品测量的时间 t_c。

$$t_c = \frac{N_c + \sqrt{N_c \cdot N_b}}{N^2 \cdot S^2} \qquad (B.1)$$

式中：t_c——样品计数时间，min；

N_c——样品源加本底的计数率，计数/min；

N_b——本底计数率，计数/min；

N——样品源净计数率，计数/min；

S——预定的相对标准偏差。

B.6 碘化银源必须用塑料膜封源，膜的质量厚度为3 mg/cm^2。膜的本底在仪器涨落范围内。

B.7 如果没有高频热合机的条件，可将沉淀源夹在塑料膜内，盖上一层黄蜡绸，用5 W 电烙铁沿沉淀源周围画一圈封合，剪齐外缘，待测。

B.8 关于用铯-137 薄源代替碘-131 源测定β探测效率的问题。按铯-137β衰变的分之比，加权以后的β粒子平均最大能量值为0.547 MeV，碘-131β粒子平均最大能量值为0.576 MeV，二者相对偏差为4.9%。由此引起探测效率（包括空气层自吸收、反散射等）偏差在实验误差范围之内，因此用铯-137 薄源刻度β探测效率是可行的。

附加说明：

本标准由国家环境保护局和中国核工业总公司提出。

本标准由中国原子能科学研究院负责起草。

本标准主要起草人杜秀领、胡征兰。

中华人民共和国国家标准

水中钴-60的分析方法

GB/T 15221—94

Analytical method of cobalt-60 in water

国家技术监督局 1994-09-24 发布

1995-08-01 实施

1 主题内容与适用范围

本标准规定了用氢氧化物共沉淀浓集，氨水络合，阴离子交换分离，电沉积和β计数测定水中钴-60的分析方法。

本标准适用于地表水、地下水、饮用水及核设施和同位素应用设施排放废水中钴-60的分析。测定范围0.03～4.20 Bq/L。

2 引用标准

GB 12379 环境核辐射监测规定

3 方法提要

水样中加入钴载体，并以氢氧化物形式共沉淀浓集钴-60。用氨水络合钴，使钴与铁、锰、钌、锆等放射性核素分离。通过阴离子交换树脂柱使钴进一步纯化。将解吸液蒸干，用电解液溶解，进行电沉积制源，在低本底β测量装置上进行测量。

4 试剂和材料

所有试剂均为符合国家标准或行业标准的分析纯试剂和蒸馏水或同等纯度的水。

4.1 氯化铵：NH_4Cl。

4.2 亚硫酸氢钠：$NaHSO_3$。

4.3 氯化钴：$CoCl_2 \cdot 6H_2O$。

4.4 氢氧化铵：NH_4OH，含量25%～28%（*m*/*m*）。

4.5 盐酸：HCl，含量36%～38%（*m*/*m*）。

4.6 无水乙醇：C_2H_5OH。

4.7 盐酸溶液：9 mol/L。

4.8 盐酸溶液：6 mol/L。

4.9 盐酸溶液：4 mol/L。

4.10 盐酸溶液：1.0 mol/L。

4.11 盐酸溶液：0.1 mol/L。

4.12 氢氧化钠溶液：10 mol/L。

4.13 氢氧化钠溶液：1 mol/L。

4.14 钴-60标准溶液：约8 Bq/ml，0.1 mol/L的盐酸介质。

4.15 钴载体溶液：10 mg/ml。

4.15.1 配制

称取 40.9 g 氯化钴（4.3）溶解于 100 ml 盐酸溶液（4.11）中，转入 1 000 ml 容量瓶中，用盐酸溶液（4.11）稀释至刻度。

4.15.2 标定

4.15.2.1 吸取 6 份 1.00 ml 钴载体溶液（4.15）分别置于 50 ml 烧杯中。

4.15.2.2 在电炉上小心蒸干。以下参照 7.8 操作，并计算钴载体溶液的浓度。

4.16 电解液

称取 25 g 氯化铵（4.1），2.5 g 亚硫酸氢钠（4.2），溶于 300 ml 氨水（4.4）和 200 ml 水中。

4.17 717 苯乙烯型强碱性阴离子交换树脂：80～120 目。

4.17.1 将树脂（4.17）用 3 倍于树脂体积的水浸泡 24 h，弃去上清液和漂浮物，再用水漂洗一次，静置后弃去上清液和漂浮物，湿法装入交换柱（5.5），柱床高 150 mm，依次用水，氢氧化钠溶液（4.13），水，盐酸溶液（4.10），水各 50 ml 淋洗交换柱，再用 30 ml 盐酸溶液（4.7）通过交换柱，待用。

4.17.2 树脂的再生

依次用水和盐酸溶液（4.7）各 50 ml 淋洗交换柱，待用。

4.18 电沉积片：纯度 99.9%的铜片。厚度 0.2 mm，直径 20 mm。

用水砂纸将其表面磨光，用盐酸溶液（4.11）浸泡 1～2 min，取出用水和无水乙醇（4.6）冲洗，在烘箱中 100℃下干燥 20 min，称重，备用。

5 仪器与设备

5.1 低本底β测量装置：本底小于 0.03 s^{-1}，探测器灵敏区直径不小于 20 mm。

5.2 烘箱。

5.3 变温电沙浴。

5.4 分析天平：感量 0.1 mg。

5.5 玻璃交换柱：内径 20 mm，柱高 250 mm。

5.6 电沉积装置：见附录 A（参考件）图 A.1、图 A.2。

6 采样

按 GB 12379 中的规定进行。

7 分析步骤

7.1 取水样 1～20 L，加 1.00 ml 载体溶液（4.15），在搅拌下，缓慢滴加氢氧化钠溶液（4.12），至 pH 值为 10，继续搅拌 5 min，放置 10 h 以上。

7.2 虹吸弃去上清液，沉淀转入离心管内，在转速 2 000 r/min 下离心 15 min，弃去上清液。

7.3 滴加盐酸（4.5）至沉淀完全溶解。在搅拌下，快速加入 80 ml 氢氧化铵（4.4），继续搅拌 2 min。在转速 2 000 r/min 下离心 15 min，上清液倒入烧杯。

7.4 重复 7.3 步骤。弃去沉淀。

7.5 将上清液在变温电沙浴上蒸发至不冒白烟，冷却至室温。

7.6 加盐酸溶液(4.7)至蒸残物完全溶解，并将该溶液以 2 ml/min 流速通过阴离子交换权树脂柱(4.17.1)，用 25 ml 盐酸溶液（4.7）淋洗，再用 25 ml 盐酸溶液（4.8）淋洗。

7.7 用盐酸溶液（4.9）解吸，流速 1.5 ml/min。当柱上的蓝色带到达柱子底端时开始接收解吸液，直至蓝色带完全消失为止。

7.8 将解吸液在电炉上小心蒸干。蒸残物用电解液（4.16）溶解，转入装有称重过铜片的电沉积槽内。分别用 2.5 ml 电解液（4.16）洗涤烧杯两次，洗涤液并入电沉积槽内。装上铂电极，使电极距离为 5～10 mm，打开沉积装置电源开关，调节电流密度为 70 mA/cm^2，通电约 1.5 h，至电解液无色。关掉电源，取下电沉积槽，弃去电解液。用水冲洗电沉积槽两次，取下电沉积好的铜片，用无水乙醇（4.6）冲洗一次。在烘箱中 100℃下干燥 20 min，称至恒重。计算化学回收率。

7.9 用低本底β测量装置测量电沉积后铜片的β计数。

8 仪器的刻度

8.1 钴-60 探测效率-质量厚度曲线的绘制。

取 6 个 50 ml 烧杯，分别加入 0.20、0.40、0.60、0.80、1.00、1.20 ml 钴载体溶液（4.15），各加 1.00 ml 钴-60 标准溶液（4.14）。以下参照 4.15.2、7.8、7.9 操作。将 6 个源所测得的净计数率（cps）除以加入的钴-60 的衰变率（dps），即为钴-60 的探测效率。

8.2 检验源

8.2.1 检验源的制作

制备或购置一个与样品源面积相近的长寿命β辐射源。或取一定量的钴-60 溶液，参照本标准 7.8 提供的方法制成检验源。检验源表面发射率约 10 粒子 $s^{-1} \cdot cm^{-2}$。

8.2.2 检验源的使用

在刻度仪器时，同时测出检验源（8.2.1）的计数率（J_0）。在常规分析中也同时测出该检验源的计数率（J）。用 J_0/J 检验仪器的稳定性，并对分析结果进行校正。对于用钴-60 溶液制成的检验源在使用时要进行衰变校正。

9 计算

用下式计算水中钴-60 的浓度：

$$A_V = \frac{NJ_0}{VE_f Y e^{-\lambda(t_2-t_1)} J}$$

式中：A_V——水中钴-60 的浓度，Bq/L；

N——样品源的净计数率，s^{-1}；

E_f——钴-60 的探测效率，由钴-60 探测效率-质量厚度曲线中查出；

V——水样体积，L；

Y——钴的化学回收率；

J_0——刻度仪器时测得检验源的计数率，s^{-1}；

J——测量样品时测得检验源的计数率，s^{-1}；

$e^{-\lambda(t_2-t_1)}$——钴-60 的衰变因子。t_2-t_1 为从采样到测量的时间间隔，d；λ为钴-60 的衰变常数，d^{-1}。

10 精密度

本精密度数据是在 1991 年由 3 个实验室对 4 个水平的试样所作的试验中确定的。

本标准的精密度（Bq/L）如下：

水平范围：0.033 4～4.15

重复性 r：$r = 0.011\,3+0.164\,m$

再现性 R：$R = 0.049\,2+0.241\,m$

附　录　A
正确使用标准的说明
（参考件）

A.1 为了使分析步骤 7.6 的蒸残物完全溶解，可进行加热，放至室温后再过柱。如有结晶析出，应再加盐酸溶液（4.7），至在室温下无结晶析出。溶解过程中如有不溶物，应离心弃去。

A.2 电沉积装置连接见图 A.1。

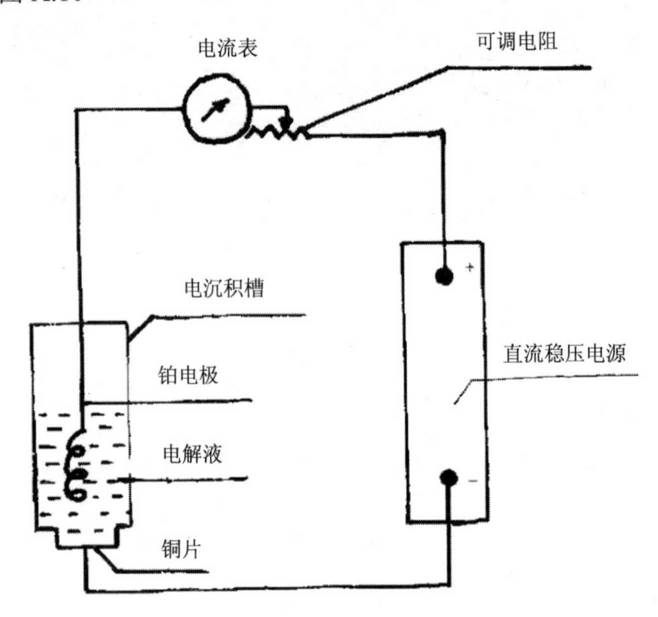

图 A.1　电沉积装置连接示意图

A.3 电沉积装置中的电沉积槽见图 A.2。

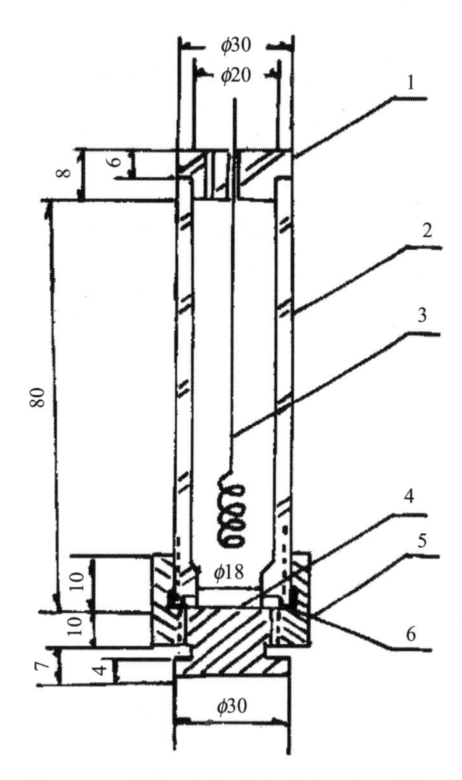

1—盖（有机玻璃或聚四氯乙烯）；2—液槽（有机玻璃或聚四氯乙烯）；3—铂电极（φ1 mm）；4—镀片（铜）；5—底座（不锈钢）；6—垫圈（耐酸碱橡皮）

图 A.2　电沉积槽装配示意图

附加说明：

本标准由中国核工业总公司提出。

本标准由中国辐射防护研究院负责起草。

本标准主要起草人王治惠、沙连茂、郑鸿、程萍。

中华人民共和国核行业标准

水中总β放射性测定 蒸发法

EJ/T 900—94

中国核工业总公司 1994-10-24 发布　　1995-01-01 实施

1 主题内容与适用范围

本标准规定了测定水中总β放射性浓度的蒸发浓缩法。

本标准适用于饮用水、地面水、地下水和核工业排放废水中放射性核素（不包括在本标准规定条件下属挥发性核素）的总β放射性的测定。也可用于咸水或矿化水中β放射性的测定。测定范围：5×10^{-2}～10^{2} Bq/L 的水样。

2 引用标准

GB/T 11216　核设施流出物的环境放射性监测质量保证的一般规定。

GB/T 12997　水质采样　方案设计技术规定

GB/T 12998　水质采样　技术指导

GB/T 12999　水质采样　样品保存与管理技术规定

3 方法提要

用蒸发法使水中放射性核素浓集到固体残渣中，灼烧后制成样品源，用优级纯氯化钾作为参考源，在低本底β测量仪上测量β放射性。

4 试剂和材料

除非另有说明，分析时均使用符合国家标准或专业标准的分析试剂和蒸馏水或同等纯度的水。所用试剂的放射性本底计数与仪器的本底计数比较不应当有显著性的差别。

4.1 氯化钾，KCl，优级纯。

4.2 无水乙醇，C_2H_5OH。

4.3 硝酸溶液，5%（*V*/*V*）。

4.4 检查源，可以是任何一种半衰期足够长的β放射性核素的电镀源。源的活性区面积不大于探测器的灵敏区，表面发射率为 1～10 粒子/s。

5 仪器、设备

5.1 低本底β测量仪。

5.2 马弗炉。

5.3 电热板。

5.4 不锈钢刀。
5.5 不锈钢测量盘。
5.6 红外线干燥灯。
5.7 干燥器。
5.8 塑料桶。
5.9 锥形瓶，1 000 ml。
5.10 坩埚，100 ml。
5.11 天平，感量 0.1 mg。
5.12 不锈钢压样器。

6 水样的采集和贮存

关于采集样品的代表性、取样方法及水样的保存，按 GB 12997、GB 12998 和 GB 12999 规定执行。

水样采集后盛于用 4 mol/L 的盐酸浸泡过的塑料桶（5.8）内，用硝酸（4.3）酸化到 pH=1～2。放置 10 h 以上，取上清液为水样。

如果要求分别测量原水样中及悬浮物中的总β放射性，应当在酸化之前将水样通过 0.45 μm 的滤膜过滤。

7 测定步骤

7.1 水样的蒸发

7.1.1 取 0.5～3 L 水样，按每升水样中加入 10 ml 硝酸溶液（4.3）分次倒入锥形瓶中，置于电热板上缓慢加热，在微沸条件下蒸发浓缩至约 30 ml。

7.1.2 将浓缩液全部转入已称重的坩埚中，先后用硝酸溶液（4.3）和水各 20 ml 洗涤锥形瓶。洗涤液合并到坩埚中，继续蒸发至干。

7.2 样品源的制备和测量

7.2.1 将坩埚移入马弗炉中，在 350℃温度下灼烧 1 h。

7.2.2 取出坩埚移入干燥器中冷却至室温。称量，求出残渣总重量。

7.2.3 残渣用不锈钢刀刮，研细，混匀。借助压样器或无水乙醇将固体粉末均匀地铺在测量盘内。在红外灯下烘干。

7.2.4 在低本底β测量仪上测量样品源β计数。

7.3 β探测效率的测定

7.3.1 取一定量的氯化钾（4.1）放入玛瑙钵内研细，转入称量瓶中，置于电热恒温干燥箱内，在 120℃温度下烘 30 min，在干燥器中冷却至室温。

7.3.2 称取不同量的氯化钾粉末（7.3.1）放入不锈钢测量盘内，制成一系列厚度不等的钾-40 参考源，分别用低本底β测量仪在与被测样品源相同的条件下测量β计数。算出不同质量厚度的钾-40 参考源的β计数效率。

7.3.3 在半对数坐标纸上绘制探测效率曲线。

7.3.4 根据测量盘中样品源的质量厚度，在探测效率曲线上查出相应的探测效率。

7.4 β测量仪稳定性检验

仪器工作正常后每天或定期测量检验源（4.4）和仪器本底的计数率。在获得 20 个以上数据后，分别绘制检查源计数率和本底计数率的质量控制图。在例行测量中以此检验β测量仪的运行是否处于质控状态。

7.5 回收率的测定

7.5.1 取同体积的 12 份水样，其中 6 份加入 200 mg 氯化钾（4.1）按 7.1.1～7.2.4 步骤操作。

7.5.2 按下式计算回收率：

$$R=\sum_{i=1}^{6}\frac{N_i}{dm_0E_i} \tag{1}$$

式中：R——回收率；

N_i——掺入氯化钾的第 i 个水样与原水样计数率之差，s^{-1}；

d——氯化钾中钾-40 的比活度，14.6 Bq/g；

m_0——掺入氯化钾的量，g；

$E_{.i}$——从第 i 个水样获得的样品源的探测效率，$s^{-1}\cdot Bq^{-1}$。

8 结果和报告

8.1 按下式计算水中总β放射性浓度：

$$A_v=\frac{(N_c-N_b)\omega}{E\cdot R\cdot m\cdot V} \tag{2}$$

式中：A_v——水中总β放射性浓度，Bq/L；

N_c——样品的β计数率（包括仪器本底），s^{-1}；

N_b——仪器的本底计数率；

ω——水样中残渣总重量，g；

E——仪器的β计数效率，$s^{-1}\cdot Bq^{-1}$；

R——回收率；

m——测量的残渣重量，g；

V——水样的体积，L。

8.2 按下列形式报告测量结果：

（××.××±0.0×）$Bq\cdot L^{-1}$（用氯化钾为参考源），结果的误差只包括计数的统计涨落，按 2σ给出。

8.3 报告还应包括下列内容：

平行样品数；

采样日期；

测量日期；

样品源厚度（mg/cm^2）。

如果在操作过程中使用过在本标准中没有规定的其他附加步骤，应当作出说明。

9 精密度

1984 至 1989 年，有 13 个实验室测量了总β放射性水平为 0.9～2.1Bq/L 的水样，室内变异系数小于 10%，相对误差小于 30%。实验室间变异系数为 18.3%。

10 质量控制

按 GB/T 11216 的规定执行。

附　录　A
正确使用标准的说明
（参考件）

A.1 测定水样的体积应当视水样蒸干后的残渣量和β放射性水平而定。

A.2 样品源的厚度应在 10～50 mg/cm^{2}之间。在不超过探测器灵敏区面积的条件下应尽量使用大面积的测量盘。

A.3 如果已知水中β放射性核素的成分，也可以用水中主要β放射性核素取代钾-40 作为参考源去测定总β探测效率。

附加说明：

本标准由核工业总公司安防环保卫生局提出。
本标准由中国辐射防护研究院负责起草。
本标准主要起草人：沙连茂、王治惠。

中华人民共和国国家标准

低、中水平放射性废物近地表处置场环境辐射监测的一般要求

GB/T 15950—1995

General requirements for environmental radiation monitoring around near surface disposal site of low-intermediate level radioactive solid waste

国家环境保护局、国家技术监督局 1995-12-21 发布　　1996-08-01 实施

1　主题内容与适用范围

本标准规定了低、中水平放射性废物近地表处置场不同阶段环境辐射监测的目标、内容和要求。

本标准适用于低、中水平放射性废物近地表处置场的常规环境辐射监测，岩洞处置场也应参照使用。

2　引用标准

GB 8703　辐射防护规定

GB 9132　低、中水平放射性固体废物的浅地层处置规定

GB 12379　环境核辐射监测规定

3　术语

3.1　近地表处置：指地表或地表下、半地下的、具有防护覆盖层的、有工程屏障或没有工程屏障的浅埋处置，深度一般在地下 50 m 以内。

3.2　处置场：指一个有界限限定的并受到有效控制的陆地处置废物的设施区，它由若干处置单元、构筑物和缓冲区等组成。

4　总则

4.1　低、中水平放射性废物近地表处置场的环境辐射监测计划应符合 GB 8703 中 2、4、7 章及 GB 9132、GB 12379 中的有关规定。

4.2　低、中水平放射性废物近地表处置场的环境辐射监测应分运行前、运行期间和关闭后三个阶段进行。

4.3　运行前阶段的辐射监测目标是获得场址特征资料和环境辐射本底水平及其变化规律。运行阶段的监测目标是鉴别关键途径、关键核素和关键人群组，确定运行期间处置场对环境的辐射影响。关闭后阶段的监测目标是检查处置场关闭后包容设施的效能，并提供资料估计长期的环境辐射影响。

上述监测均为公众询问提供资料。

4.4　上述三个阶段的监测都应遵照经批准的环境监测计划实施。

5 运行前阶段

5.1 自然环境资料的观测和收集

5.1.1 气象

应该收集现场的风速、风向、大气稳定度频率；降水量；混合层高度；蒸发量；太阳辐射等数据。

5.1.2 水文

5.1.2.1 地表水

运行前阶段应该获取地表水的下述资料：

a. 水系分布及其特征参数；

b. 入渗量；

c. 侵蚀速率；

d. 地表水排泄率；

e. 水的理化性质；

f. 水系底质样品的理化性质。

5.1.2.2 地下水

运行前阶段应该获取下述地下水资料：

a. 地下水的补给和排泄；

b. 地下水的流速和流向；

c. 低、中水平放射性废物处置场附近区域和潜在受影响的含水层地下水水位和含水层厚度；

d. 地下水含水层中有关元素的分配系数。

5.1.3 地球化学和水化学

在运行前阶段，应该收集地球化学和水化学资料，包括：

a. 饱和带和非饱和带水样中的常量、微量元素组成(包括放射性)、氧化还原电位和酸碱度(Eh-pH)；

b. 土壤离子交换容量；

c. 有环境影响意义的放射性核素在土壤和水之间的分配系数；

d. 废物中重要放射性核素的浸出率及其浸出核素的迁移率。

5.1.4 生态

5.1.4.1 运行前阶段应该收集生态方面的资料，包括：

a. 陆生动、植物群种及生长环境；

b. 水生物种及生长环境；

c. 家畜；

d. 迁徙物种，如候鸟；

e. 有灭绝危险的和重点保护的物种。

5.1.4.2 应该指明在场区内存在的潜穴啮齿动物和深根植物。

5.2 社会环境资料的收集

5.2.1 人口

5.2.1.1 根据自然和社会环境收集场址一定范围内的现有人口分布及其预计增长方面的统计数据，包括：

a. 人口密度；

b. 地区居民的分布；

c. 流动人口；

d. 预计人口增长率；

e. 居民的饮食和生活习惯。

5.2.1.2 应该收集重大的军事、工业和交通设施，以及学校、医院、监狱、农场、养殖场、旅游风景点等的分布情况。

5.2.2 土地

需要收集场址附近土地利用的资料，包括：

a. 农田利用分类；

b. 农产品的生产和消费。

5.3 本底辐射特性的调查

5.3.1 必须调查场址周围环境放射性本底的水平及变化情况，以此作为评价处置场运行和关闭后对环境影响的依据。

5.3.2 运行前阶段环境辐射监测包括环境辐射水平的测量和对环境介质（空气、土壤、底质、地表水、地下水、生物群等）中活度浓度的测定。

5.3.2.1 空气采样点应设在有代表性的点上，以主导下风向为重点，但在场址周围四方位上都应有点。比如：处置场的上风向和下风向，关键人群组的点上，最近的居住区，以及场区边界。在运行阶段这些点也能继续应用。

5.3.2.2 地表水采样点应设在（但不限于）废水受纳水体排放口上、下游、集中用水点（人群饮水与灌溉用水）的出口处。

5.3.2.3 地下水采样点应取自处置场四周的监测井。可能时，应在附近的居民区和城镇区的农业和工业用井中采样。

5.3.3 运行前阶段的调查应该至少获得连续两年的数据。

6 运行阶段

6.1 运行阶段环境辐射监测应考虑的因素

6.1.1 途径分析

了解废物从埋藏场址到公众成员的可能迁移途径，确定对人体照射的关键途径。关键途径随废物流出物特性、设施运行状况以及场址环境因素而定。运行阶段环境辐射监测还应根据关键途径选择适当的地点采集相应的环境样品。

6.1.2 关键核素和关键人群组

必须了解在该处置场埋藏的废物特征，确定关键放射性核素。结合途径分析，应用运行前阶段所获得的人口统计数据和人群组的地点、饮食、家庭及职业的习惯，确定关键人群组。

6.2 环境参数的测定

6.2.1 气象水文参数

6.2.1.1 应该连续观测或收集代表场址区的风速，风向和大气稳定度等方面的数据。

6.2.1.2 应该测量场址区的降水量、蒸发量数据。

6.2.1.3 应以五年为周期，对地下水流速进行再评价。

6.2.2 放射性污染物

采样地点、采样频度和放射性核素测量内容应根据处置场的具体情况确定。

6.2.2.1 辐射水平

采用高压电离室，闪烁剂量仪和热释光剂量计（TLD）等直接测量环境γ辐射水平。

6.2.2.2 环境采样介质

6.2.2.2.1 空气

应该根据气象数据（风向）和关键人群组的位置来选择气溶胶采样点的位置。放射性气溶胶的测量可以采用总α、总β、γ谱或特殊放射性核素活度分析测量方法。总α、总β的测量用来筛选是否进行特殊放射性核素分析。

6.2.2.2.2　地表水

应该在处置场四周的径流区域内，进行地表水采样。当排放物直接进入地表河流时，应该在排放口和流入河道的上游和下游进行监测。必要时，可在运行阶段设置其他取样点取样监测。样品分析方法和要求与地下水样品分析相同。

6.2.2.2.3　地下水

在运行的处置沟的上方和下方，或在处置单元和积水坑内应设置地下水采样点以探测来自处置沟的潜在渗滤液。

对处置单元周围的探测井定期取样测量。

总α、总β、γ谱可用作放射性筛选项目，必要时进行特殊放射性核素的分析。

非放射性参数，如pH、电导率、硝酸盐、氟化物、总有机炭等，可作指示潜在问题早期报警。

6.2.2.2.4　土壤和沉积物

在处置场周围关键人群组所在地或有意义的重要地点，都应该进行土壤和沉积物的采样。应着重考虑主导风向的下风向，最大影响区域（按照早先所确定的），径流区域，排泄口（河口、渠口），以及现行的废物处理操作区。

分析可以包括：总α、总β、γ谱，必要时，应做放射性核素的分析。土壤和沉积物一般作为监测指示物，它们可以反映出由于长期运行而产生的影响。

6.2.2.2.5　植物、农作物和其他指示物

应该定期地采集代表本地区主要品种的植物和农作物样品。采样地点应包括可能受影响的有代表性的地区和本底对照地区。

分析项目与土壤和沉积物的相同。这些内容可作为食入途径影响分析的指示物。另外，小的哺乳动物、猎鸟、掘穴鼠或它们的粪粒、鱼、介壳类水生物，牛奶等可作为其他的指示物。

6.2.3　调查水平和报告水平

应该建立有关重要环境介质活度水平的调查水平和报告水平。

6.2.3.1　调查水平

该水平是按照环境介质中放射性核素活度浓度，或者化学物质指示剂的浓度是否超过相应本底水平的标准偏差的三倍来规定的。当发现达到调查水平时，应采取下列行动：

a. 审核实验室程序；

b. 检查污染；

c. 再采样；

d. 放射性核素分析；

e. 增加采样频度；

f. 监测大纲扩展。

调查水平应该与本底浓度的倍数或适当的剂量限值的份额有关。

6.2.3.2　报告水平

该水平是按照放射性核素活度浓度或化学物质指示剂的浓度超过或大约超过管理标准来规定的。如果超过了管理标准，则必须向主管当局报告监测结果和为解决问题所采取的缓解措施。

7　关闭后阶段

在处置场关闭和有关构筑物及场地退役后，应去除残留污染以达到可接受的水平，防御闯入者和阻止生物侵入。必须继续对地下水等进行监测以对环境的长期影响作出评价。

7.1 地下水

在场址关闭后的初期，应继续执行运行阶段的地下水监测，如已确认没有潜在问题，经审管部门批准，可逐渐减少地下水监测频度。应该继续进行化学指示物和放射性物质的分析。

如果已知地下水到达地表面并最终进入溪流、河流和湖泊，应监测这些水体。

7.2 其他采样介质

应该定期采集植物，特别是深根植物，以测定对放射性核素的吸收。也应采集掘穴动物或它们的粪便进行分析，以此来指示生物屏障是否继续有效。

8 质量保证和质量控制

8.1 环境辐射监测计划应包括质量保证大纲。质保大纲保证监测计划在监测全过程中的正确执行并取得可信的监测结果。

8.2 质量保证大纲的设计至少应考虑以下因素：

a. 设备和仪器的质量；

b. 设备和仪器的校准与维修频度；

c. 人员的培训；

d. 通过对控制样品的常规分析及标准分析方法的应用，对方法进行验证；

e. 监测结果对国家标准的溯源性；

f. 为证明达到并且保持了所要求的质量而需要的文档管理。

8.3 质量控制应用于测量的所有步骤。这些步骤包括：

a. 采样程序；

b. 样品运输过程中的保护措施；

c. 样品的预处理；

d. 放射化学分离；

e. 放射性测量；

f. 数据处理；

g. 测量结果的解释与评价；

h. 报告；

i. 记录的保存。

8.4 质量保证应该贯穿于处置场的环境辐射监测的所有阶段。

附加说明：

本标准由国家环境保护局和中国核工业总公司提出。

本标准由核工业标准化研究所负责起草。

本标准主要起草人高米力。

中华人民共和国环境保护行业标准

核设施水质监测采样规定

HJ/T 21—1998

Sampling requirements for water quality monitoring in nuclear facilities

国家环境保护局 1998-01-08 发布　　　　1998-07-01 实施

1　范围

本标准规定了监测核设施地下水、地表水（不包含海水）、工艺排放水的采样要求。

本标准适用于核设施和操作放射性物质的各单位。

2　引用标准

GB/T 14581—1993　水质　湖泊和水库采样技术指导

3　目的与要求

采样的目的是要获得能真正反映水体特征的样品，因此采样方法确定后关键因素是选定采样点、采样频率与周期、样品分析前的保存与运输等。同时所有采样方法必须满足下述原则：

a. 样品必须代表该采样点的实际情况；

b. 采样必须具有足够的采样体积和采样频率，使监测结果具有充分的可靠性和代表性；

c. 样品在采集、包装、运输以及分析前的任何一种处理过程中，必须确保监测的特性组分不发生改变。

4　采样方法

4.1　单次采样法

4.1.1　在特定地点单次（瞬间内）采集水样。

4.1.2　单次采样无论是在水面、规定深度或底层，通常均可手工采集，其水样只代表该点在采样时刻的状况。

4.1.3　单次采样适用于以下情况：

a. 流量不稳定，所测参数不恒定时；

b. 考察可能存在的污染物及其特性；

c. 需要根据较短一段时间内的数据确定水质的变化规律时；

d. 在制定较大范围的采样方案前等。

4.2　采组合样法

4.2.1　在同一采样点不同时刻所采样品的混合样，亦称为时间组合样品；或者在不同采样点同时（或接近同时）所采样品的混合样，称为空间组合样品；或者在不同采样点不同时刻所采样品的混合样，称为时间空间组合样品。比例于被研究物质体积的混合样称为体积比例组合样品；比例于被研究物质流量的混合样称为流量比例组合样品。

4.2.2 组合样品代表几个样品的混合平均。按平均含义的不同分为空间平均、时间平均、流量平均和体积平均。

4.2.3 组合样品适用于生产下水和各种工业下水的水质的监测，还适用于环境水体（地下水、地表水）水质的监测。

4.3 连续采样法

4.3.1 在特定地点不间断地采水样叫连续采样。

4.3.2 连续采样可分为正比流量采样与等速率采样。

4.3.3 连续采样适用于排放情况复杂、浓度变化很大的工业下水。

5 采样点的选定

5.1 环境水

5.1.1 对于河流，需在水流混合均匀的流段取一横断面，当其河宽小于 50 m 时，可在该断面的中心线上采样；当河宽大于 100 m 时，在其水流横断面中心部位左右两边增设采样点。然后在每个表层点的垂直线上不同深度处选定几个采样点，当水深小于等于 5 m 时，距离水面 0.5 m 处选一取样点；水深 5～10 m 时，距离水面 0.5 m 处选一点，河底以上 0.5 m 处选一点；水深大于 10 m 时，水面下 0.5 m，1/2 水深，离河底 0.5 m 处各选一点，以此组成一个横断面采样点网络。采样方法有两种，一种是将从横断面上各点采出的水样混合，以获得各种水流的整体样品；另一种是直接分析单个获取的样品，确定其浓度的分布，找出高峰值及其位置。求出其横断面平均值。如果只采一个水样，必须在河的中间或主水道处采中间深度的水样。乘船采样时，不能在被螺旋桨或摇橹引起的旋涡处采样。

5.1.2 在有支流汇入的河段上，可以把采样点选在离支流出口或污染源下游水流完全混合均匀的地方。一般情况，支流入口下游 40 倍河宽处就已基本混合均匀。可在支流入口或污染源排放口的上游采对照水样，同时再采支流或污染源样。

5.1.3 在水坝或瀑布下方采样时，为使卷进的空气能够逃逸出来，采样点至少应当设在水坝或瀑布下游 1 km 处。在湖泊、水库或其他水体中采水样时，要避开那些没有代表性的区域，如汇入支流泾渭区，死水或回水区，或者岸线发生急剧变化的区域，除非采样计划中包括要研究这些局部条件的效应。如果为了评价水质的不均匀性，应按 GB/T 14581 的 5.1.1 和 5.1.2 的规定进行采样。

5.1.4 为了监测排放口下游最近采水区（包括城镇工业企业集中式给水区，农村生活饮水区，集中停泊船只的码头等）的水质，可在其采水口处或趸船远岸的一侧采样。为监测城市用水水质的变化，应在城市水源的上、中、下游各设采样点。城市供水点上游 1 km 处至少设一个采样点。

5.1.5 在确定常规监测采样点时，应先采一系列水样，测定其组分和特性是否有差别，最后再定点。

5.1.6 采地下水水样作放射性监测和物理化学检验时要将专用采样器放置在预定深度处等扰动平稳后再开始采样。

5.1.7 在沿海河口地段采样时，要考虑潮汐的影响。

5.2 工业下水（生产下水）

5.2.1 工业下水来自生产车间工艺排出水、冷却水、洗涤水等，它们可能含有微量的污染物质，由于工艺上的不同，排放量、浓度、排放方式等有很大的差异，采样点的选择要全面考虑。

5.2.2 当工业下水从排放口直接排放到环境中时，采样点应设在厂、矿的总排污口、车间或工程排污口处。

5.2.3 在输水管线、水渠和容器内采水样时，要根据管道和整套设备的外形、进水口和出水口之间水的成分和特征的变化情况以及水流流速等条件来选定采样点，设法使水混匀后即可获得有代表性的样品。

5.2.4 在临近阀门或配件的下游管线内有可能出现湍流。因此，该处可以作为合适的采样点。如果找不到合适的湍流区，则需把采样管插进管道内某一深度（插入深度从管道垂直直径的百分之二十五到百分之七十五，以避免在管道附面层内采样）。

5.2.5 采冷却塔和工业下水暂存池的水样时，在没有专用的采样管时，可从排水口或其他低于水面水位的出水口处采样。采样前应把暂存池内水搅匀。

6 采样频率与周期

6.1 确定采样频率时要综合考虑许多有关因素。包括污染来源、污染物的特性、污染物出现的周期、污染物浓度的变化规律等。一般来说，污染物监测的采样频率要高于水质质量控制的采样频率。

6.2 对于工业下水（普通生产废水和特种工业下水）在工艺稳定连续排放的情况下可每周采一次样；对于间断性排放，则需于排放前逐池采样监测。对于污染潜在危害性大的大型核设施，如核电厂和后处理厂或者当连续排放废水的浓度经常接近排放控制限时，必须增加采样频率或连续采样。

6.3 对于环境水体的污染监测，采样频次要视水体的利用情况和废水排放情况而定，对于地下水可每月或每季度采一次；对于地表水可每两周或每月采一次。当发现水体受污染时，则应增加采样频率。

6.4 当在水体中采组合样时，一般是由连续几天（例如一周）之内逐日采出等量水的样品组成。

6.5 对于放射性监测，为了能以预定的置信水平发现超过本底水平的污染，可以用统计检验方法来确定采样频率。

6.6 对于排放水的监测，至少在一周内要采集一个组合样品（即取周组合样）。对于污水暂存池的监测，应当逐池采组合样（采集时间组合样或空间组合样）。

7 采样工具、采样容器及其准备

7.1 采样工具

a. 采样绳

b. 采样桶

c. 管线

d. 泵、阀门

e. 水样收集系统

7.2 采样容器

7.2.1 采样容器应由惰性物质制成，除减少对待测成分的吸附外，密封性、抗裂性能、清洗去污等均应考虑。硬质（硼硅）玻璃、高压聚乙烯瓶是经常采用的采样容器。取含 ^{3}H 水样时，应采用硬质玻璃容器。

7.2.2 附录 A 列出了各种监测项目适用的容器。

7.3 采样容器的准备

7.3.1 在采集供化学和物理学监测的水样时，采样前将采样容器用洗液和去污剂洗净，然后用蒸馏水刷洗 3 次，晾干。

7.3.2 在采集供放射化学分析的水样时，应针对待测核素可能存在的形态选合适的采样容器，并用待测核素的稳定性同位素浸泡一天以上，以减少采样容器对待测核素的吸附。

8 样品的采集

8.1 供化学和物理监测用的样品。

8.1.1 当从塞子或阀门处采水样时，应先把采样管所积累的水放光，再把采样管插入采样容器，先用水样清洗采样容器之后再采样。

8.1.2 如果样品与空气接触后会使待测定成分的浓度或特性发生变化，采集这种样品时，必须确保样品不与空气接触，并装满整个采样容器。

8.1.3 在水库和水池等的特定深度处采水样时，要采用专门的采样器以防止采样期间扰动了水体或使样品与空气接触而引起待测定成分的浓度或特性发生改变。采样时使待测深度处的水通过一根管子流到容器底部，将容器清洗后再装入样品。

8.1.4 在监测溶解气体（例如测定溶解氧和二氧化碳）时，应尽量避免抽水泵扰动气体-液体间的平衡。

8.1.5 在利用自动采水器采样时，吸水管头应装上筛网（筛孔ϕ2 mm）以防止杂质进入泵内。

8.1.6 包在泵入水口处的滤网面积应当有足够的大小，以防止在部分网孔被堵塞的情况下滤网两端产生明显的压差。

8.1.7 泵、滤网、阀门和管道必须抗腐蚀，以防止样品被腐蚀产物污染。

8.1.8 关于泵的选取可见附录 B 的要求。

8.1.9 泵到样品容器之间的管线系统应当设计得使泵在其最低压头下仍能运行。

8.1.10 安装采样管线系统时，必须使泵与出水点之间连接管线连续增高（防止自流）。

8.1.11 设置采连续样品管线时要防止固体沉积物和藻类的淤塞和气堵。

8.2 供放射性测量的样品

8.2.1 采样方法一般应当遵守 8.1 条中所述规定。

8.2.2 采样人员必须注意辐射防护，遵守有关的放射防护规定。

8.2.3 当采集高水平放射性水样时，必须避免滴或洒到采样容器的外面，严防工作场所被污染。若采样时有可能造成空气污染，则应设置采样柜、采样手套箱并加以屏蔽，以避免气载放射性物质对采样人员和周围其他人员的危害。当水中含 ^{3}H 水平高时，采样人员应穿戴气衣，防止 ^{3}H 通过裸露皮肤和呼吸进入人体内。采样时应将管线内的积水放掉，放掉的水应作为放射性废水处理。

8.2.4 在高压水龙头下采集水样时，假如水中含有气态放射性物质，则所用容器应能防止采样期间气体逸出。

8.2.5 在采水样时，如果水样中含有颗粒状物质，应注意防止放射性核素从悬浮状态向溶解状态转移。

8.2.6 对于低放射性废水排放池（槽），要逐池（槽）采样。采样前要搅拌均匀。在没有搅拌设施的条件下，要采上、中、下三个深度的水样。

8.3 样品的温度调节

8.3.1 当被采样水体的温度远高于周围环境气温时，采水样时要用冷却器调节样品温度使其接近于周围环境温度。

8.3.2 如果分析中已指出某些监测项目要求把样品温度调节到与周围环境不同的某个温度，则应当按要求进行这种调节。

8.4 样品中的颗粒状物质处理

8.4.1 一般情况下采样时不要分离颗粒状物质。如果水中含有胶状或絮状悬浮物，采样时要使其在样品中的比例与被采样水体中的大致相同。

8.4.2 为使样品中颗粒状物质的比例与被采样水体中的相近，对于流动水体采样时应满足等流态条件。

8.5 采样体积。

8.5.1 样品的体积视分析方法和监测目的而定。在分析测量水中某些放射性核素浓度时，还应根据分析方法的最小探测限和样品的浓度来确定采样体积。

8.5.2 当被采水样的放射性浓度较高时，在满足分析最小探测限要求的前提下应尽量少采样品，以减少辐射照射。

8.5.3 对水样作一般测定和几种专门监测项目所需的样品体积，见附录 A。

9 样品的预处理和保存

9.1 对于要进行化学、物理学和放射性监测的样品，只有在分析方法中有明确规定时，才能向样品中加入化学保存剂，并在标签上写上所加入的保存剂。对于某些有机成分可用快速冷冻法加以保存。

9.2 对于接收排放废水的环境水体的放射性监测，采样后应尽快分离清液与颗粒物，之后再向清液中加入保存剂（一般用硝酸），这样可以避免水体中颗粒物质上吸附的放射性核素向清液中转移。

9.3 样品在贮存期间，有些阳离子会被容器壁吸附或与器壁发生离子交换，这些阳离子包括铝、镉、铬、铁、铜、铅、锰、银和锌等，测定这些成分的水样应单独存放，并加酸使 pH≤2。

9.4 有些监测内容要求采样后立即加入保存剂，有时则要求采样前向采样容器内加入保存剂。对于这种样品应严格按照分析方法中的要求执行。

9.5 各类保存剂的应用范围列于附录 C，各分析项目可对照选用。

10 采样到分析之间的时间间隔

10.1 原则上，从采样到样品分析这段时间应尽可能短。在某些情况下，需要在现场进行分析以保证分析结果的可靠性。在采样到样品分析之间实际允许的时间间隔随监测项目、样品特性以及允许进行修正的时间间隔等因素而变。

10.2 供物理、化学监测用的水样，存放时间大致可定为：

a. 清洁水为 72 h；

b. 轻微污染水为 48 h；

c. 严重污染水为 12 h。

10.3 对于特定监测项目，允许存放时间见附录 A，在报告监测结果时，应当说明从采样到进行样品监测这段时间的间隔。

10.4 在测溶解气体（如氧、硫化氢和二氧化碳等）的含量时，除了在某些情况下该组分可以被固定，可稍后按专门的监测方法测定外，应在现场测量。

10.5 在作放射性监测时，如果待测的是短寿命放射性核素，则应准确记录采样时刻并尽快地进行分析，以减少放射性衰变的损失。如果关心的只是长寿命放射性核素，则在分析样品之前可放置足够长的时间让短寿命放射性核素衰变掉。这样做有时可以大大简化测量工作，但必须采取措施防止容器壁的吸附损失。

10.6 连续采样系统的时间响应定义为从该系统入口处引入一个阶跃形变化开始，到接受点水样达到此跃变量的 63.2%时所需的时间。系统时间响应反映了系统对水源瞬间状态变化的响应能力。在设计采样系统时应考虑系统的响应时间。

11 样品的标记和运输

11.1 在采样容器蚀刻画上或容器的标签上和采样记录本上要记录下述内容：

a. 测定项目；

b. 采样时间；

c. 样品编号；

d. 样品来源；

e. 采样点描述（要足够详细，以使任何人据此可以从同一地点采回第二个样品），从设备内采水样时，要记录设备内水流的温度和流速；

f. 样品的温度；

g. 加入保存剂的名称及数量；

h. 对样品进行现场检验的结果；

i. 采样者签名。

11.2 密封好采样容器，防止转运时洒漏。采样容器的大小应留有一定的空间，以备液体膨胀用，但

8.1.2 条中指明的成分例外。

11.3 运输采样容器对可能破碎的容器要用隔成一些单间的木箱，每个单间放一个采样容器，用软材料把样品瓶四周塞牢。对于快速冷冻样品要采用单独的容器（具有冷冻装置），以保持样品处于冰冻状态。

11.4 在运输放射性水平差别很大的几种水样时，应按放射性水平分级包装，严防样品交叉污染。不允许将环境样品与工艺水样品放在一起运输。

12 安全保护

在大面积水体采样时，应按照 GB/T 14581—1993 第六章的规定执行。

附 录 A
（标准的附录）
水质监测采样要求

监测项目	采样容器材质 1)	保存方法	最长保存时间	样品体积 2)	建议与说明
放射性监测：					
强放工艺水监测	G 或 P			0.1～1 ml	
放射性监测——					
冷却水，排放水监测：					
总α	G	加 HNO_3，使 pH≈2，室温	90 d	0.2～1 L	
总β，γ	G 或 P	加 HNO_3，使 pH≈2，室温	30 d	0.2～1 L	
^{3}H	G	室温	30 d	0.2～1 L	
核素分析	G 或 P	加 HNO_3，使 pH≈2，室温		0.5～5 L	
环境放射性监测：					
总α	G	加 HNO_3，使 pH≈2，室温	90 d	3～50 L	
总β，γ	G 或 P	加 HNO_3，使 pH≈2，室温	30 d	3～50 L	
^{3}H	G	室温	30 d	0.5～5 L	
核素分析	G 或 P	加 HNO_3，使 pH≈2，室温		5～50 L	
物理检验：					
色度		2～5℃	8 h	0.1～0.5 L	最好现场测定
嗅	G		6 h		取流动水样，现场测定
电导率	G	2～5℃	6 h	0.1～1 L	最好现场测定
悬浮物	G 或 P	2～5℃	24 h	0.1～0.5 L	单独定容采样尽快测定
温度	G 或 P				取流动水样，现场测定
浊度	G 或 P			0.1～1 L	现场测定
pH（电导法）	G 或 P	暗处 2～5℃	6 h	0.1 L	最好现场测定
化学检验——溶解气体：					
氨	G 或 P	2～5℃		0.5 L	现场测定
游离二氧化碳 3)	G 或 P			0.2 L	现场测定
游离氯 3)	G 或 P			0.2 L	最好现场测定
氢 3)	G			1 L	
硫化氢 3)	G 或 P	用 NaOH 调至中性	7 d	0.5 L	
氧 3)	G	加硫酸锰和碱性碘化钾	8 h	0.1～1 L	
游离二氧化硫 3)	G 或 P			0.1 L	
化学检验——其他：					
酸度及碱度	G 或 P	2～5℃	24 h	0.1 L	最好现场测定
硬度	G 或 P	2～5℃	7 d	0.1 L	
二氧化碳总量 3)	G 或 P			0.2 L	
COD	G	加 H_2SO_4 至 pH<2　2～5℃	24 h	0.1～1 L	暗处可用棕色玻璃

监测项目	采样容器材质[1]	保存方法	最长保存时间	样品体积[2]	建议与说明
BOD_5	G或P	冷冻	30 d	0.1～1 L	
溶解氧	G	加硫酸锰和碱性碘化钾	48 h	2～4 L	
余氯	G			0.2 L	
去垢剂	G			0.1～0.2 L	
溶解物	G或P	2～5℃	4 d	0.1～20 L	
颗粒物	G或P	2～5℃	4 d	0.05～1 L	
油状物	G	加H_2SO_4调至pH＜2	2 d	0.5～5 L	单独采样，全量分析
有机氮	G或P	每L水加0.8 ml H_2SO_4，加HCl调至pH≈5.2～5℃	1 d	0.5～1 L	
酚类	G	加H_3PO_4调至pH≤4		0.4～4 L	
离子型表面活性剂	G	加入氯仿2～5℃	7 d	0.5～1 L	
非离子型表面活性剂	G	加入40%（*v/v*）的甲醛，使样品含1%的甲醛	30 d	1～5 L	
硅	G	使采样容器充满2～5℃		0.1～1 L	
阳离子可溶性铝	G或P	现场过滤，加HNO_3调pH＜2　2～5℃	180 d	0.1～1 L	
铝总量	G或P	加HNO_3调pH＜2　2～5℃	180 d	0.1～1 L	
氨水	G或P			0.1～1 L	
锑	G或P	同Al	180 d	0.5 L	
砷	G或P	加H_2SO_4调pH＜2	7 d	0.1～1 L	
钡	G或P	同Al		0.1～1 L	
镉	G或P	同Al	6 d	0.1～1 L	
钙	G或P	同Al	180 d	0.1～1 L	
铬	G	加HNO_3调pH＜2	15 d	0.5～1 L	
铬（Ⅵ）	P	加NaOH至pH为8～9	0.5 d	0.5～1 L	
铜	P	加HNO_3调pH＜2	60 d	0.2～4 L	
铁	G或P	加HNO_3调pH≤1.5		0.05～1 L	
铅	P	加HNO_3调pH＜2	60 d	0.1～4 L	
镁	G或P	同Al		0.1～1 L	
锰	G或P	同Al		0.1～1 L	
汞	G或P	加HNO_3调pH＜2并加入$K_2Cr_2O_7$使其浓度为0.05%	1 d	0.1～1 L	
钾	G或P			0.1～1 L	
镍	G或P	同Al　室温		0.1～1 L	
银	G或P	加浓氨水调至碱性然后每100 ml水样加1 ml碘化氰　室温		0.1～1 L	
钠	G或P	2～5℃		0.1～1 L	
锡	G或P	同Al　室温		0.1～1 L	
锶	G或P	室温		0.1～1 L	
锌	P	加HNO_3调pH＜2　2～5℃	60 d	0.1～1 L	
钍	P	加HNO_3至HNO_3的浓度至1 mol/L		1～5 L	
铀	P				
铍	G或P	同Al	180 d	1～5 L	
钴	G或P	同Al	180 d		
碳酸氢根阴离子	G			0.1～0.2 L	
溴化物	G	2～5℃	28 d	0.1～0.2 L	样品避光保存

监测项目	采样容器材质[1)]	保存方法	最长保存时间	样品体积[2)]	建议与说明
碳酸根	G			0.1～0.2 L	
氯化物	G或P	2～5℃		0.025～0.1 L	
氰化物	G或P	加NaOH调pH为12～13 2～5℃	1 d	0.025～1.5 L	现场固定
氟化物	P	2～5℃	7 d	0.2～0.5 L	
氢氧根	G			0.05～0.1 L	
碘化物	G	2～5℃	24 d	0.1 L	
硝酸根	G或P			0.01～0.1 L	
亚硝酸根	G或P	0℃		0.05～0.1 L	
硫酸根	G或P	2～5℃	28 d	0.1～0.5 L	
硫化物[3)]	G	用NaOH调至中性，每升水样加2 ml，1 mol/L醋酸锌和2 ml，1 mol/L NaOH 0℃	1 d	0.1～0.5 L	
亚硫酸根[3)]	G			0.05～0.1 L	
高磷酸盐	G	加H_2SO_4调pH<2　2～5℃	100 d	0.1～0.2 L	

1）G=硬质玻璃，P=聚乙烯。

2）表中所列体积是特定分析所需样品量的近似范围，分析时所用的准确数量应当用标准分析方法所规定的体积。

3）对于不稳定成分的样品，必须单用容器取，按照本标准正文中所述方法，完全充满取样瓶和盖紧防光照。

附　录　B
（标准的附录）

表 B.1　连续监测时采样的速度

分析检测内容	最小速度/（m/s）
溶解氧	0.6
混浊度	1.4
pH 值	0.6
氧化还原势	0.6
温度	0.3
比电导	0.3

附　录　C
（标准的附录）

表 C.1　各类保存剂的应用范围

保存剂	作　　用	
氯化汞	保存氮和磷	多种形态的氮，多种形态的磷
硝酸	金属溶剂防止沉淀吸附	多种金属
硫酸	保存有机水样	有机水样（COD，油，有机碳等）
	与有机碱形成盐类	氨、胺类
氢氧化钠	与挥发化合物形成盐类	氰化物、有机酸类
冷冻	减慢化学反应速率	酸度、碱度、有机物、BOD、色、溴有机磷、有机氮、碳与生物机体

附加说明：

本标准由中国核工业总公司提出。

本标准起草单位：中国原子能科学院。

本标准由国家环境保护局负责解释。

中华人民共和国环境保护行业标准

气载放射性物质取样一般规定　　HJ/T 22—1998

General rules for sampling airborne radioactive materials

国家环境保护局 1998-01-08 发布　　1998-07-01 实施

1　范围

本标准规定了核设施中气载放射性物质的取样原则以及对取样方法与设备的一般要求。

本标准适用于实施气载放射性物质监测的各类工作场所、管道和烟囱以及大气环境的空气取样。

2　定义

本标准采用下列定义。

2.1　气载放射性物质（airborne radioactive material）

由空气或其他气体介质所载带的放射性物质，通常是放射性气溶胶和放射性气体与蒸气的总称。气载放射性物质取样通常简称为空气取样。

2.2　气溶胶（aerosal）

固体或液体粒子悬浮于空气或其他气体介质中形成的分散系。气溶胶粒子的大小一般为 10^{-3}～10^{2}μm 量级。含放射性固体或液体粒子的气溶胶称为放射性气溶胶。

2.3　放射性气体（radioactive gas）

在室温下为气态的放射性物质。

2.4　放射性蒸气（radioactive vapour）

室温下为液态或固态的放射性物质所呈现的气态形式。但要注意与非可凝气体加以区分。

2.5　代表性样品（representative sample）

样品是所关心的被取样对象的一部分，代表性样品则是与被取样对象的性质和特点相同的样品。能获取代表性样品的取样称为代表性取样。

2.6　吸附剂（absorbent）

通过短程分子力作用把与其接触的物质阻留下来的收集介质。这种收集介质通常为固体物质，被阻留的物质一般吸附在收集介质的吸附表面上。

2.7　个人空气取样器（personal air sampler）

工作人员个人佩带的呼吸带空气样品取样器。

2.8　空气动力学直径（aerodynamic diameter）

某个气溶胶粒子在空气中沉降时的沉降末速度，与一个密度为 1 g/cm^{3} 的球形粒子在相同的空气动力学条件下沉降时的沉降末速度相等时，此球形粒子的直径称为该气溶胶粒子的空气动力学直径。如果在所有的气溶胶粒子中大于或小于某空气动力学直径的粒子的活度占总活度的一半，则此直径称为活度中值空气动力学直径（AMAD）。同理有质量中值空气动力学直径（MMAD）、粒子数中值空气动力学直径（CMAD）等。

2.9 几何标准偏差（geometric standard deviation）

几何标准偏差σ_g是表征服从对数正态分布的气溶胶粒度分布的参数之一。表达式为：

$$\sigma_g = D_{84.13}/D_{50} = D_{50}/D_{15.87} \tag{1}$$

式中：$D_{84.13}$、D_{50}、$D_{15.87}$——分别为气溶胶的某一物理量的累积百分比为 84.13%、50%和 15.87%时所对应的粒子直径。

2.10 粒度分布（particle size distribution）

气溶胶粒子的某一物理量（例如粒子数、表面积、质量或放射性活度等）随粒子大小的变化关系。表征某物理量粒度分布的特征参数为该物理量相应的中值空气动力学直径（见 2.8）及其几何标准偏差（见 2.9）或标准偏差。

2.11 同流态取样（isodynamic sampling）

置于流动气流中的取样头或收集器所抽吸的入口气流速度与取样点的被取样气流速度相等的取样。同流态取样也称等速取样。

2.12 非同流态取样（anisodynamic sampling）

置于流动气流中的取样头或收集器所抽吸的入口气流速度与取样点的被取样气流速度不相等的取样。非同流态取样也称非等速取样。

2.13 直接生物分析（direct measuring for biological body）

利用探测人体内放射性核素的仪器直接测量人体内的放射性活度。

2.14 间接生物分析（indirect measuring for biological body）

对人体的排泄物样品或取自人体其他部位的样品进行放射性测量，再根据放射性核素在人体组织和器官内迁移的生物学模式估算人体内的放射性含量。

3 取样的原则

所取样品必须对被取样对象具有代表性，其后的测量与分析才有意义。样品的代表性应体现在空间、时间及理化特性上。为体现空间位置的代表性，必须合理选定取样点；为体现时间分布的代表性，必须合理选定取样时间和频次；为体现理化特性的代表性，必须合理选定取样流量以及相应的取样方法和设备。

取样者的经验与操作也是实现代表性取样的重要因素。

3.1 取样点的选定

根据监测目的、放射性物质的可能来源、区域大小、人员活动情况、通风状况以及其他一些因素来确定取样位置及取样点的数目。

3.1.1 工作场所

3.1.1.1 呼吸带取样

从工作人员的呼吸带内取得的样品是代表性较好的样品，因此在整个操作过程中应使取样器尽量靠近人的口腔和鼻孔。采用工作人员直接佩带的个人空气取样器可以较好地达到此目的。但这种取样器流量低，在污染浓度不高的情况下，可能会给样品的活度测量带来困难；更为常用的是固定在某一位置的流量较大的“呼吸带”静止取样器，使用这种取样器时，在不影响操作的情况下，应使取样头尽量靠近呼吸带。例如可装在操作人员前面稍高出头部的高度上，或装在通风柜、手套箱或其他包容放射性物质的装置的前表面处。

3.1.1.2 定点取样

在许多工作场所也可采用合理定点的固定式取样器，这种取样器通常用市电供电，取样流量较大，其后的样品测量不会有困难，但这种取样器的结果与真实呼吸带取样器（例如个人空气取样器）的结果会产生偏离。因此，若进行定点取样则必须找出它与呼吸带取样结果之间的关系。

如果合理定点的固定式取样器的长期平均结果具有不可忽视的污染水平，则应采用个人空气取样器。

在设计操作放射性物质的设施时，就应根据取样点的选定原则，考虑取样点的位置和数目。设施启用初期，应做较密的布点实验，以获取工作场所最具有代表性特征的取样点方面的资料。

3.1.1.3　气溶胶取样头入口方式

工作场所取样一般是静止空气中的取样，为了克服粒子的惯性运动的影响，取样头的入口气流一般应取水平方位，应选好取样流量和取样头入口的最小直径，选取原则见附录 A（提示的附录）。

3.1.2　管道和烟囱

3.1.2.1　取样点设计

为取得排放管道和烟囱中排放气流的有代表性样品，管道和烟囱内的取样点应选在排放气流已混合均匀的地方。对于烟囱排放，最好是把取样点选在混合最为均匀的顶部，但过高的取样点和过长的取样管道会带来其他麻烦。折衷的办法是把取样点选在气流方向突变点或管径明显变化点的下游方向，距离至少要相当于管径的五倍以上（矩形管道则为长边的五倍以上）。

对内径大于 20 cm 的管道，必须考虑横向截面上气载放射性物质分布和排放气流速度分布的不均匀性。如果横向截面上放射性物质分布不均匀，则要考虑在管道横截面内设置多个取样点。对圆形管道和烟囱，最少的取样点数见附录 B（提示的附录）中的表 B.1；对正方形或矩形管道，其最少的取样点数见附录 B（提示的附录）中的表 B.2。

3.1.2.2　气流速度均匀性的判别

判别横截面内气流速度分布是否均匀，必须判明流动气流是层流还是紊流。当流动气流的雷诺数 $Re \leqslant 2\,100$ 时，流动气流为层流；当 $Re > 2\,100$ 时，随雷诺数 Re 的增大而逐渐变为紊流。雷诺数 Re（无量纲）用下述公式计算：

$$Re = DU\rho/\eta \tag{2}$$

式中：D——管道内径，cm；

U——管道内气流的平均速度，cm/s；

ρ——空气（气体）密度，g/cm^3；

η——空气（气体）的黏度［对于空气，$\eta = 1.83 \times 10^{-4}$ g/（cm • s)］。

在层流状态，管道截面内气流速度的分布是不均匀的，呈抛物线分布：在管轴处速度最大，为平均速度的 2 倍，平均速度则在从管轴到管壁的径向距离的 0.7 倍处。在这种情况下，在进行取样设计时必须考虑取样位置并限定取样入口速度，以免引起管道内气流流动模式的改变。附录 B（提示的附录）中的表 B.3 给出了取样头设置在管道内气流的平均速度处时，为保证管道内层流模式不发生变化而必须限定的最大取样流量。

在紊流状态下，随雷诺数的增大，平均速度与最大速度之比逐渐接近于 1，说明管内流速分布逐渐趋于均匀。附录 B（提示的附录）中的图 B.1 表示了这种情况。

3.1.2.3　取样头结构

管道和烟囱取样，要合理设计取样头的结构，一些推荐的取样头结构见附录 B（提示的附录）中的图 B.2～图 B.5。

3.1.2.4　传导管损失

气溶胶取样头应直接置于被取样气流中，在排出气流与取样头之间必须采用传导管时（如附录 B（提示的附录）中的图 B.2 和图 B.5），应使传导管尽量短，避免取水平方位并要估算在传导管中的管壁损失，估算方法见附录 C（提示的附录）。

3.1.2.5　同流态取样

管道与烟囱取样要尽量实现同流态取样，若为非同流态取样，则必须找出与同流态取样的关系。非同流态取样引起的误差见附录 D（提示的附录）。

在管道与烟囱取样中，要同时满足 3.1.2.1～3.1.2.5 中的各项要求和条件会有一定困难，因为这些条件相互制约甚至发生矛盾，因此在核设施设计及其后实际运行中，要正确制定最佳的取样方案并合理估算取样误差。

3.1.3　大气环境

对于核设施周围的大气环境，应根据污染源的性质、分布情况和气象条件等确定取样点的位置与数目。一般在核设施的上风向和下风向都应设取样点，根据污染范围，在下风向应多布点。在障碍物的下风向取样时，取样点离障碍物的距离应为障碍物高度的 10 倍。取样头入口气流的速度一般应与被取样气流的速度（即风流速度）大体一致。取样高度距地面约为 1.5 m。

3.2　取样时间和频次

3.2.1　工作场所

原则上在工作人员的整个操作过程中都应进行取样。个人空气取样器或“呼吸带”静止取样器在一个工作班内连续运行，因而除空间代表性较好以外，时间上的代表性也较好。采用固定式取样器，应使取样频次和取样时间合理分配。在可能对工作人员造成显著危害的工作场所或岗位，必须进行连续取样或连续监测。

3.2.2　管道和烟囱

一般用固定式取样器进行连续取样，每天取一个到数个样品，但在工艺稳定、排放连续的情况下，可一周取一个或数个样品；对环境具有显著潜在危害的连续排放，应进行连续取样或连续监测，并应具有超预置水平及事故释放的报警装置；对于排放速率和浓度显著变化的排放，应采取连续按比例取样；对于浓度与排放率在一定时间间隔保持不变的间歇排放，可采用相应的间歇取样。无论哪种情况，在排放的高峰都应有样品。

3.2.3　大气环境

环境取样由于其浓度低，需要取样流量大，取样时间长，在作本底调查时尤为如此。环境取样无需高频次和短周期，一般能反映旬、月甚至季度的变化即可，但在某些特殊情况下，可根据需要适当增加取样频次。对长半衰期的核素监测，除非是排放率波动较大或环境条件变化显著，取样频次可适当减少，例如一个月一次。

3.3　取样流量

取样流量或体积视取样目的、取样对象的浓度以及测量分析方法的灵敏度而定，对单次取样和连续取样所要求的最小取样流量或体积应有如下关系：

$$F = Q/CT\eta \qquad (3)$$

$$V = FT = Q/C\eta \qquad (4)$$

式中：F——取样流量，L/min；

Q——测量或分析方法的最小可探测放射性活度，Bq；

C——对待测放射性核素要求测得的放射性浓度，Bq/L；

T——取样时间，min；

V——取样体积，L；

η——包括计数效率在内的总的校正系数。

通过调节抽气装置的流量 F 和取样时间 T 可达到一定的取样体积，从而满足测量分析方法的灵敏度和待测浓度的要求，但需注意，选择取样流量应考虑到获取代表性样品取样流速的要求以及流速与取样介质的收集效率等的关系；选择取样时间要考虑到能否尽快得到取样结果，以保证有足够的取样频次。

取样流量可由每分钟几毫升到每分钟几千升。工作场所与排放管道取样，常用的取样流量为 2～200 L/min；环境取样流量为 20～2 000 L/min。在可能的条件下，取样体积都应当足够大，特别是对于环境取样，至少要能有效地测到待测放射性核素活度的环境放射性本底水平。

对于短半衰期的核素取样，要求在短时间内取到足够大的体积，因而取样流量必须大。对长半衰期的核素取样，在正常情况下，空气中放射性物质的浓度很低，也需要大体积，以保证辐射测量有必要的准确度。

对于大流量取样器，要合理安排进气口与出气口的位置，防止取样器收集到自身的抽吸设备所排出的气体。

3.4 取样对象的理化特性

取样的代表性还需反映出所取样品的物理性质和化学性质与被取样对象的物理和化学性质相同。这就要求传导管和取样器在取样过程中不使被取样品发生化学变化，不致因为取样过程中的物理机制（例如重力沉降、撞击和凝聚等）而使被取样品的物理形态（例如粒度分布）发生变化。因此，有必要对被取样的气载放射性物质的物理和化学性质进行经常的考查，以保证所取样品在理化特性上的代表性。

在某些情况下只有知道了气载物质的理化特性之后，才能正确地评价其放射学意义。例如放射性碘在环境中转移和在人体内代谢的规律与碘的化学状态和稳定性碘的含量有密切关系，因此，有必要对不同化学状态的碘分别取样。氚在空气中的两种主要形态即水蒸气形态和气体形态其危害差异很大，为准确评价其辐射危害，应使用能区分并能分别测定二者的选择性监测仪及全氚取样器。对于惰性气体以及在氡等放射性气体监测中，都要考虑取样过程中可能出现的理化特性的变化，并对可能引起的变化给予正确利用或校正。

在取样过程中的温度和湿度影响也要给予考虑。

3.5 粒度分布特性

对放射性气溶胶的取样应能反映其粒度分布特征，因为气溶胶的粒度分布是评价吸入危害的重要参数。气溶胶粒子大小用空气动力学直径描述，放射性气溶胶的粒度分布特征用活度中值空气动力学直径（AMAD）及相应的（几何）标准偏差（σ_g）描述。根据具体情况，也可用其他表征粒度分布性质的参数描述。

对不同取样点和不同取样时间，原则上都应测气溶胶的粒度分布特征。在粒度分布特征比较稳定的地方，在常规取样中可以只采浓度样品，不定期地作粒度分析，以便利用浓度样品分析所给出的结果来估算气溶胶在呼吸系统的沉积情况。

3.6 样品的保护

取样后必须保护好样品（取样前的空白样品也要注意保护），防止放射性物质的自然沉积或收集介质上已收集的放射性物质脱落，样品不能互相重叠，不能暴露于空气中。特别要防止样品的交叉污染，防止收集容器内已收集的放射性物质外逸，注意避光、避热等。

4 取样方法与设备

选择气载放射性物质的取样方法与设备应考虑的关键因素是：取样目的、取样对象、应用场所及样品的测量分析方法。

4.1 放射性气溶胶

放射性气溶胶取样器有两种类型：其一是对粒子大小无选择的总浓度取样器；其二是对粒子大小有选择的粒度分级取样器。这两类取样器都应配有相应的抽气设备、流量测量和调节装置等。

4.1.1 总浓度取样器

操作中产生的气载放射性微粒不发生显著变化，并通过专门研究已知微粒物质的粒度分布特性和其他理化特性之后，在常规取样中可采用对粒子大小无选择的总浓度取样器。

4.1.1.1　过滤器

用过滤器把所关心的气溶胶粒子收集在过滤介质上的方法，由于所用设备简单、操作方便，是放射性气溶胶取样最常用的方法。

4.1.1.1.1　过滤介质

对过滤介质的要求是，收集效率高，对气流的阻力低以及对α放射性粒子的自吸收小。实际上，根据取样对象和取样条件在这些相互矛盾的要求中要有所折衷。可供选择的常用过滤介质有：玻璃纤维滤纸、薄膜滤纸、合成纤维滤材、纤维素型滤纸和混合纤维素滤纸等。

对不同批号的过滤介质，在使用前用户应进行检查。几种常用滤材的几项主要性能测试结果见附录E（提示的附录）。

4.1.1.1.2　过滤盒

必须把过滤介质固定在一个设计合理的过滤盒内。过滤盒的设计要求是：

a. 滤纸边缘必须用可压缩密封圈密闭，滤纸背面用网托支撑，防止侧漏和滤纸损坏；

b. 有关部件必须光洁，便于擦洗，防止黏附损失和交叉污染；

c. 结构材料对被取样气流有耐腐蚀性，无静电效应，不发生化学变化；

d. 气流入口及内部结构设计合理，不能引起不可预知的粒子大小分离和粒子损失；

e. 环境大气中使用的过滤装置可在过滤介质前的气流入口处加一筛网，防止昆虫、树叶及其他碎片进入。

4.1.1.2　沉积器

4.1.1.2.1　静电沉积器

静电沉积器是使被取样的待测的微粒物质预先带上电荷，然后把它们收集在带相反电荷的电极（收集板）上。这种静电沉积器如果工作电压和几何条件选取正确，可把所关心的粒子全部收集到，且随着粒子的累积不会引起阻力的增加，可直接对收集板进行放射性测量，无需或只需作很小的α自吸收修正。由于工作电压高，使用不便，这种取样器只限于在一些特殊场合下使用。

4.1.1.2.2　重力沉降器

利用粒子的自然沉降以收集气溶胶粒子的敞口型重力沉降器例如“沉降盘”及结构稍复杂的“沉淀器”，常用以测定气载放射性粒子在物体表面沉积的程度。布设足够数量的这种沉降盘，可获得有关表面污染分布的数据，但不能给出放射性气溶胶污染的总浓度。

4.1.2　粒度分级取样器

当气载放射性微粒的粒度分布特性不明确，或每隔一定时间预计粒度分布或理化特性有改变时，应当研究气载放射性微粒物质的粒度分布特征。各类粒度分级取样器基本上都是利用粒子运动时的惯性原理来达到分离不同大小粒子的目的。用于表征气溶胶粒子大小的是空气动力学直径。测定粒子大小分布的取样器一般是多级的，即把被监测气溶胶粒子按大小分成多个部分，以给出被测气溶胶的粒度分布特性；也可以是两级的，只把被测气溶胶粒子按大小分成两部分。对于这类取样器，制造者应给出取样器各收集级的收集特性的实验刻度结果。

4.1.2.1　撞击取样器

撞击取样器的工作原理是，在抽气取样过程中具有一定线速度的气溶胶粒子，在作为粒子收集介质的撞击板前气流发生转弯时，较大的粒子由于其惯性较大，则继续前冲而撞击在收集板上被收集，较小的粒子由于其惯性较小，则随气流运动而不被收集。利用这一原理，把被取样的气溶胶粒子按大小分成若干部分而分别撞击在不同的收集板上，这就组成了串级撞击取样器。撞击取样器的优点是分级可以较多，对粒度分布的研究较细。缺点是撞击在收集板上的粒子容易过载而形成滑脱，造成粒谱失真，操作比较繁琐。

环形撞击取样器是专门设计用于收集粒径较大的、含长寿命核素的放射性粒子的特殊单级撞击器，它对同时存在于空气中的粒径很小的氡子体粒子收集很少，有利于在取样中把大部分天然氡子体本底去除掉。

4.1.2.2　向心分离取样器

其工作原理与撞击取样器基本相同，所不同者只是收集粒子的方式。向心分离器也是通过惯性力把气溶胶粒子按大小进行分离，但粒子是收集在锥形管嘴底部的收集滤纸上，避免了已沉积粒子的滑脱现象，样品制备和测量都较简单，因而更适合于常规取样监测。缺点是分级不能太多（通常为4～5级），不适合做过细的粒谱研究。

4.1.2.3　旋风取样器

这种取样器利用运动中的气溶胶粒子的旋转惯性力，将其大于一定粒径的粒子筛选掉，只把较小的粒子收集在过滤纸上。这种取样器通常只把被取样气溶胶粒子分成两部分，除非切割直径不同的多台旋风取样器同时组装使用，一般情况下给不出被测气溶胶粒度分布特性。

4.1.2.4　肺沉积取样器

上述的各种粒度分级取样器都可设计成肺沉积曲线取样器，其中利用环形注流孔的取样器，使得两种粒度级别的气溶胶粒子被收集在同一张滤纸的不同位置上，其粒子大小沉积特征可以模拟肺沉积曲线，由这种样品可直接测量出可能沉积在人体肺区的可吸入粒子的放射性活度。这类取样器做成个人空气取样器能较好地表征人体的吸入量。

4.1.3　抽气设备

对抽气设备的要求是：

a. 能给出所要求的取样流量；

b. 具有较好的负载特性，随收集介质上粒子的积累而阻力逐渐增加时，不引起流量的明显下降；

c. 流量要稳定，特别是用于粒度分级取样器的抽气设备，要有稳定的瞬时流量，气流脉动小；

d. 工作特性好，要适合长时间取样，噪音低，耗电小，尺寸适宜，维修方便也是一些基本要求。

各类叶片泵和隔膜泵都可大体满足上述要求，其他各类抽气设备也可酌情选用。当抽气泵所给出的流量有较大脉动时，应在气路中加缓冲装置以减小或消除脉动。

4.1.4　流量测量装置

各类取样器几乎都要求记录取样的瞬时流量和总的取样体积。对于总浓度取样器，记录总的取样体积是重要的；对粒度分级取样器既要记录总的取样体积，更重要的尚需指示出稳定的瞬时流量，因为粒度分级取样器各级的收集特性与瞬时流量直接相关。对流量测定装置的基本要求是：

a. 有合适的流量测定范围；

b. 能给出瞬时流量，或能确定总的取样体积；

c. 要定期检验和刻度，以保证足够的准确度。

测定流量的装置有转子流量计、标准孔板、煤气表等。对于总浓度取样器，可采用只给出总取样体积的累积式流量计，如煤气表。

流量计必须装在取样器的下游一边，由于取样器的阻力影响，一般是在低于标准大气压的情况下测定流量，对于在标准大气条件下标定的测量测定装置（例如转子流量计），要注意对所指示的流量值给予必要的压力修正（包括温度修正）。

4.1.5　流量调节装置

流量调节装置，通常采用控制阀和其他措施。对于总浓度取样若能正确测定累积的取样总体积，则不一定设置流量调节装置，但对于粒度分级取样器，则始终应把瞬时流量调节在取样器规定的流量值。流量调节装置同样应装在取样器的下游，当使用可能引起气流阻力的节流阀之类的调节装置时，同样要注意调节装置可能引起的压力损失对流量测量的影响并给予正确的修正。

4.2　气体和蒸气

放射性气体和蒸气往往是重要的气载污染物质，通常采用两种取样方法：

a. 特定成分取样。

b. 不区分特定成分取样。

4.2.1 特定成分取样

特定成分取样是指用收集器把某种特定的成分从气流中分离出来并加以收集的取样。进行这种取样时，要详细了解取样对象以及与之同时存在的其他气体和干扰物质的化学性质和物理性质。当需要分离和收集某一特定成分时，一般是进行连续取样，且取样流量要适当以保证满足所选取的辐射测量方法的灵敏度要求，同时又要兼顾收集器的收集特性。这类基本的收集方法有吸附、吸收、冷凝和催化等方法。

4.2.1.1 吸附

采用颗粒床的固体吸附剂作收集器时，需考虑下列几点：

a. 吸附剂对放射性气体或蒸气要有选择性和有效性，适合于相应的放射性测量；

b. 吸附剂的效率不受非放射性物质的干扰和破坏，避免吸附剂的失效、饱和以及穿透等效应；

c. 吸附剂性能要不受温度和湿度的影响，或对温度和湿度的影响给予了解。

4.2.1.1.1 活性炭

活性炭是放射性碘的有效吸附剂，浸渍活性炭也是碘的有机化合物的收集剂，低温活性炭也可用来吸附惰性气体。测氡也常用活性炭吸附技术。气流通过吸附床的时间要足够长，以保证有效的吸附。活性炭应维持在适当的温度以提高被吸附物质的稳定性。必须注意不能让气流中的粒子和非放射性的有机化合物阻塞了活性炭的活化中心或使之达到饱和。

渗有活性炭的滤纸有时也可作这种收集器，但在使用这种或其他类似的介质时，通常在其后都要跟一个活性炭床，以保证收集和留存所有的元素碘和有机碘蒸气。

4.2.1.1.2 金属网、栅、床

银和纯铜网是去除特殊气载放射性蒸气的收集器。筛孔约为 150 μm 的多层（3～6 层）银栅或铜栅是去除元素态气载碘的有效收集器，效率约为 100%，但不能作为碘的有机化合物的收集器。使用这类收集器时，一般在其前面要放一张微孔滤纸以去除气载粒子，而在其后要放一张浸渍活性炭滤纸或活性炭床以收集其他形态的碘。

根据各种过滤介质对不同状态碘的吸附差异的特点，可利用几种过滤介质做成组合取样器来区分不同物理和化学状态的碘，以便分别测量气溶胶状态、元素态和化合态的碘。

4.2.1.1.3 硅胶

硅胶也是一种收集剂，特别是一些水蒸气形态的氚（如氚的氧化物）可以用硅胶收集。气流速度必须选择适当，使被取样气流中的氚有足够时间扩散并吸附到硅胶中去。被收集物质可直接由收集床测量，也可用加热解析或用一种合适的溶剂把污染物洗脱下来进行测量。硅胶取样方法因其灵敏度较高，可用于环境氚的监测。

4.2.1.1.4 分子筛

分子筛是一种多微孔体，能从周围介质有选择地吸收分子小于微孔的物质，因而也可作为氚化水蒸气等放射性气体的收集剂。

4.2.1.2 吸收

用装有吸收溶液的容器作收集器，使被取样的空气从中通过，利用一些特殊的化学反应或者利用溶液的特殊溶解性，可把某种放射性气体和蒸气分离出来而加以收集。在气流进入溶液之前应先通过过滤器以把粒子除去。

吸收取样器通常都在容器中充填陶瓷物质、玻璃小球等以增大接触面积，保证密切接触，提高吸收效率。对吸收器的流量、采用的溶液及整体结构的效率，都应由实验确定。

4.2.1.3 冷凝

冷凝方法可用来收集挥发性的放射性物质。由置于干冰池中的 U 形管构成的冷凝收集器，可用于有机的挥发性化合物的收集。由液氮冷阱系统构成的冷凝收集器，适用于收集惰性气体如氪和氙等。上述两种方法，都应先用特殊收集器除去被取样气流中的水蒸气。样品送到实验室分析时，需用杜瓦瓶使它保持在沸点以下。

冷凝法也是一种常用的水蒸气形态氚的取样方法。

4.2.1.4 催化

利用能改变化学反应速度的各种催化剂作收集剂，是实现放射性气体某些特定成分取样的有效方法，要注意选取和利用。

4.2.2 不区分特定成分的取样

有时不区分空气中特定成分的放射性气体或蒸气，只确定空气中放射性气体或蒸气的总的污染水平，可实行放射性气体物质的总成分取样。例如，用抽空容器收集总的空气样品，这种取样容器可以是电离室，其电离电流大小就代表空气中放射性气体物质的总污染水平。要注意，取样系统和电离室内的气体必须远高于露点，同时还要注意电离室内的污染将随取样次数的增加而逐渐累积，因而必须设法去污，并随时用干净空气来检验电离室是否有累积下来的污染。由于只是单纯测量放射性气体或蒸气的总放射性水平，在取样容器前加过滤器不仅可以去除气载放射性粒子，而且有助于保持取样容器内的清洁。

由于这种取样方法没有对气体放射性进行浓集，使得测量灵敏度较低，有可能限制甚至排除这类取样方法。所以，对各种情况应作出具体估价，以确定这种总成分取样方法的适用性。

5 取样效果的验证

气载放射性物质的取样分析结果是否能真正反映被监测现场的实际情况，是否能正确提供评价和控制吸入危害方面的资料，应与其他方法的分析测量结果相互印证。其中主要是与直接生物分析和间接生物分析结果相比较。如果空气取样监测进行得正确，空气取样结果与生物分析结果应有较好的可比性。因此空气取样监测与生物分析两者应经常进行对照，发现异常，找出原因，不断改进空气取样监测方法。

但是，生物分析也有其局限性，过分依赖生物分析数据也是不适宜的。特别在低放射性水平时，只要按本标准提出的原则要求和规定方法进行取样，取样器选取适当，取样的布点、时间、频次和取样流量或体积等设计合理，取样后的样品测量与分析进行得正确，数据的处理与解释合理，应该能给出对被监测对象的有意义的评价，从而为控制气载放射性物质潜在危害提供有用的数据资料。

通过烟囱和管道进行的气载排出流取样结果，与排出流下风向或邻近区域的大气环境取样结果也应该具有可比性。虽然大气环境的监测结果要受到气象条件等因素的影响，因而具有更大的不确定性，但是只当两者之间存在一定的可比性或相关性时，才能证明排出气流的取样结果是有效的，或者反过来证明大气环境的取样结果是有效的。

附　录　A
（提示的附录）
静止气体中的取样

表 A.1　静止气体中取样的取样流量与水平取样头入口的最小内径

粒子直径/μm	不同取样流量的取样头入口最小内径/cm			
	1 cm^3/s	10 cm^3/s	100 cm^3/s	1 000 cm^3/s
1	0.07	0.14	0.30	0.56
2	0.10	0.22	0.46	1.02
5	0.19	0.40	0.86	1.86
10	0.30	0.62	1.36	4.6
20	0.46	1.00	2.2	8.4

注：1. 表中推荐的入口内径是最小尺寸，但也要注意入口尺寸不能无限放大，以至使气流入口速度接近于粒子的沉降速度，特别是对于大粒子小流量取样的情况尤其应当注意。

2. 粒子直径指的是空气动力学直径，以下各表凡涉及粒子直径者均同此。

附 录 B
（提示的附录）
管道与烟囱取样

表 B.1 圆形排放管道内的取样点数

管道内径/mm	最少取样点数
50～200	1
201～305	2
306～457	3
458～711	4
712～1 219	5
＞1 220	6

表 B.2 正方形或矩形排放管道内的取样点数

管道截面/m^2	建议的取样点数
＜0.047	1
0.047～0.186	2～4
0.186～2.32	4～12
＞2.32	20

表 B.3 圆形管道层流条件下的最大取样流量

管道内径/cm	雷诺数为 2 100 的平均速度/（cm/s）	取样流量/（cm^3/s）
7.6	41.5	1 880
12.6	25.0	3 117
15.2	20.8	3 773
20.3	15.5	5 015
25.4	12.4	6 282
30.5	10.3	7 525
40.6	7.8	10 100
50.8	6.2	12 620
61.0	5.2	15 140
76.0	4.1	18 820
91.2	3.4	22 470
101.6	3.1	24 800

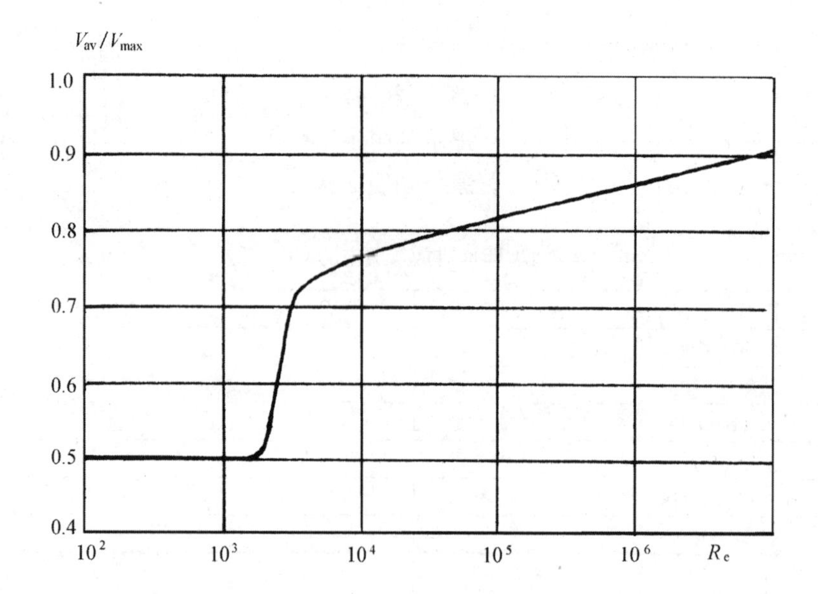

Re——管道内气流的雷诺数；V_{av}——管流平均速度；V_{max}——管流最大速度

图 B.1　速度比与管道雷诺数的关系

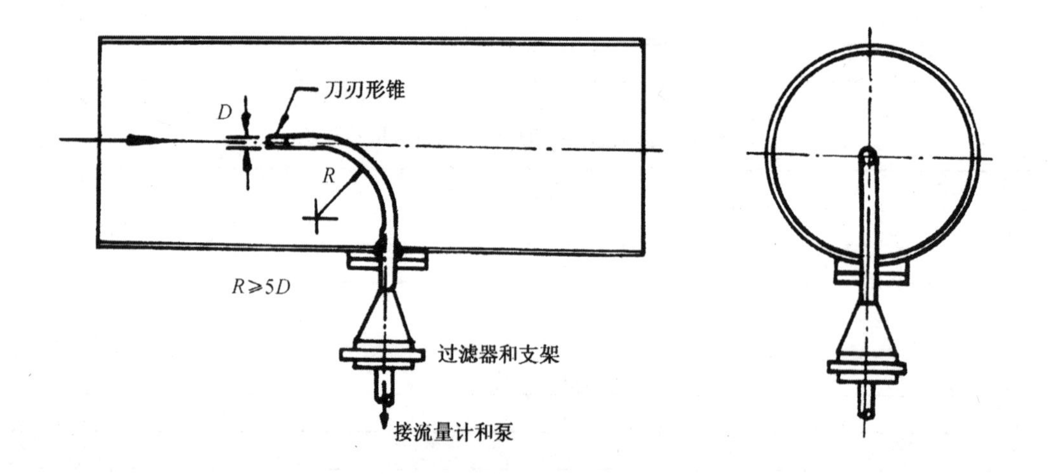

图 B.2　单点取样的圆孔状取样头入口及取样头

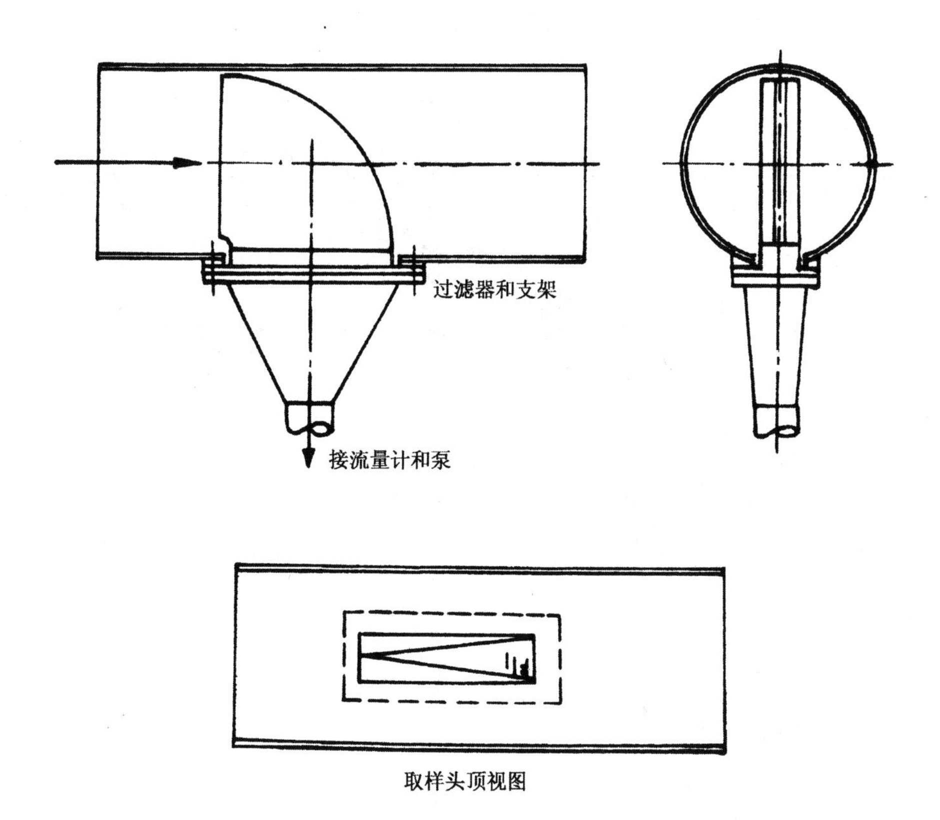

图 B.3　单点取样的矩形缝状取样头入口及取样头

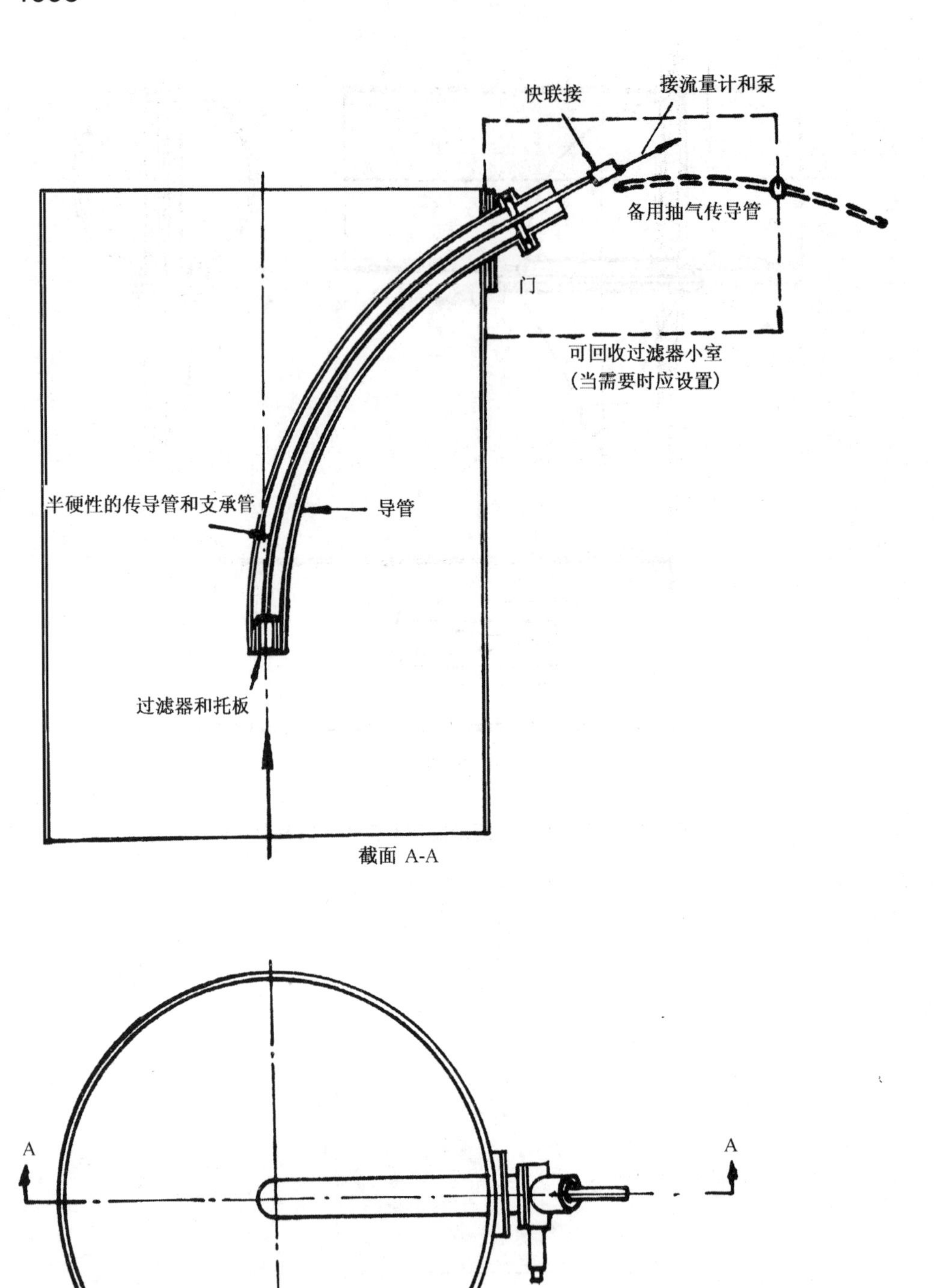

图 B.4　无传导损失单点取样的取样头

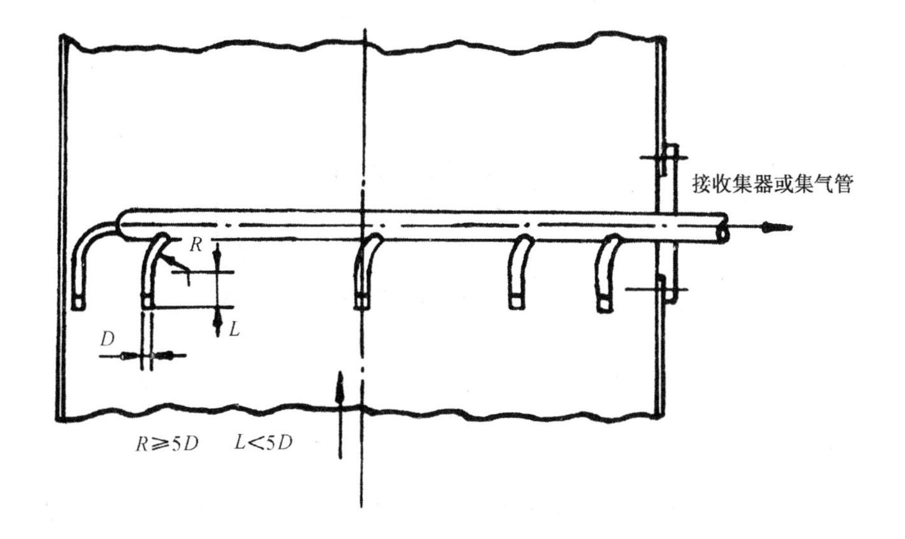

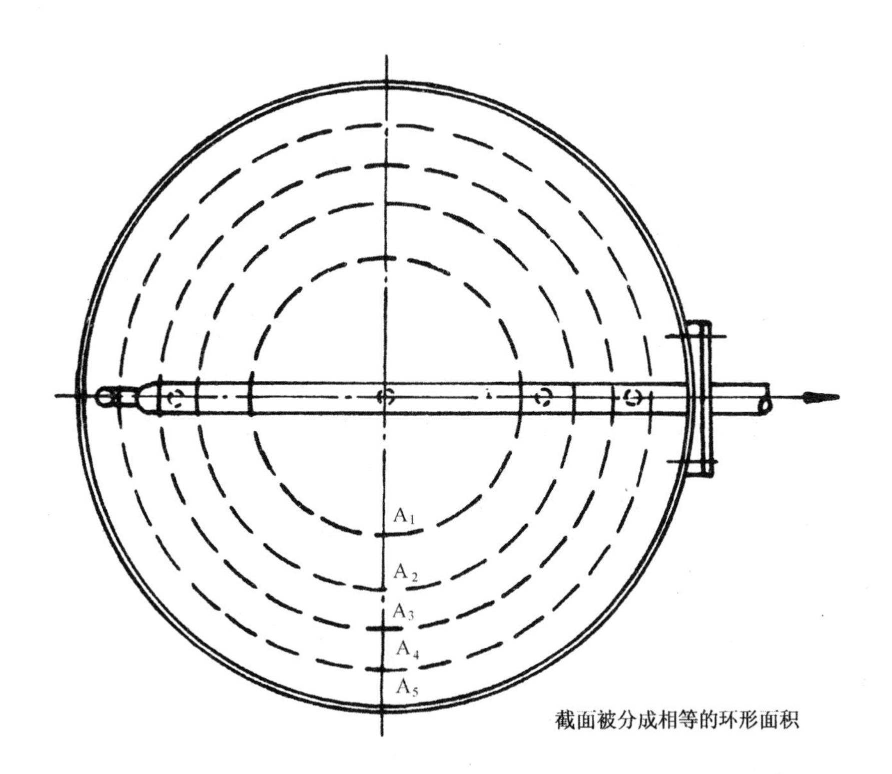

图 B.5 用于大管道或烟囱的多点取样的取样头入口

附 录 C
（提示的附录）
粒子在取样导管中的沉积

虽然粒子在传输管道内的沉积机制并不完全清楚，但根据已有的实验数据已能较好地估计出粒子在取样导管中的沉积。

在层流情况下，粒子沉积的基本机制是重力沉降和布朗扩散；在紊流的情况下，则是紊流沉积。

C.1 重力沉积

在水平管道内运动气流中的粒子由于重力的影响而逐渐沉降到管壁上。对于层流情况可用公式合理估算重力作用引起的粒子沉积份额。表 C1 列出了平均流速为 50 cm/s 时，三种粒径的粒子在不同内径的水平管道内分别沉积 100%和 50%时的管道长度。

100%沉积的长度计算公式：

$$L_{100}=8rV_{av}/3U_t \tag{C.1}$$

式中：L_{100}——100%沉积的长度，cm；

r——管道半径，cm；

U_t——粒子沉降末速度，cm/s；

V_{av}——管道内平均流速，cm/s。

50%沉积的长度 L_{50} 计算公式：

$$L_{50}=0.354\,L_{100} \tag{C.2}$$

可见 100%或 50%沉积的长度都正比于管道半径和平均速度，而反比于沉降末速度。

根据斯托克斯定律可计算气溶胶粒子的沉降末速度：

$$U_t=g\,d_p^2\,(\rho_p-\rho_g)C_m/18\eta \tag{C.3}$$

式中：U_t——沉降末速度，cm/s；

g——重力常数，980 cm/s^2；

d_p——粒子直径，cm；

ρ_p——粒子密度，g/cm^3；

ρ_g——空气密度，g/cm^3；

η——空气黏度［1.83×10^{-4}/（cm · s）］；

C_m——坎宁安（Cunningham）滑脱修正系数。

对于 d_p=0.1 μm，C_m=3.015；

d_p=1.0 μm，C_m=1.176；

d_p=10 μm，C_m=1.018。

通过对表 C.1 数据的内插和外推可确定重力沉降的相对数值。

C.2 布朗扩散沉积

非常小的粒子（例如小于 0.1 μm 的粒子）因布朗运动可能扩散到管壁上。对于圆形管道在层流情况下扩散沉积的粒子份额由下式给出：

$$F_p = 1 - [0.819\exp(-3.657\mu) + 0.097\exp(-22.3\mu) + 0.032\exp(-57\mu)] \quad (C.4)$$

式中：F_p——粒子沉积的份额；

$\mu = \pi D_B L/Q$（量纲为一）；

D_B——扩散系数，可作如下估算

$$D_B = \frac{2.4\times10^{-11}}{d_p}\left(1+\frac{1.8\times10^{-5}}{d_p}\right)$$（对空气），cm^2/s；

L——管道长度，cm；

Q——流量，cm^3/s。

当μ<<0.01 时，式（C4）将引入较大误差，需用下式进行计算：

$$F_p = 2.56\mu^{2/3} - 1.2\mu - 0.177\mu^{4/3} \quad (C.5)$$

若要求不高时也可用下式进行计算：

$$F_p = 2.56\mu^{2/3} \quad (C.6)$$

当 $0.01 \leqslant \mu \leqslant 0.1$ 时，由式（C4）和（C5）计算出的 F_p 值差别小于 1%。

当 C2 列出了用（C4）式算出的不同粒径的粒子在导管内沉积不同百分比的管长。

扩散沉积与管径无关，例如对于给定的流量，管道直径增加一倍，管流的速度将减少到 1/4，粒子将用四倍于原来的时间在同样长的管道内扩散。

粒子大小是非常重要的因素，当气流速度很低时，非常小的粒子很快损失到管壁上。为了防止布朗扩散引起明显的损失，必须保持足够高的气流速度。

C.3 紊流沉积

紊流中的粒子在导管壁上沉积的份额取决于粒子的大小和密度、管道长度和直径以及取样的平均流量。估算沉积损失的公式是：

$$C./C_0 = \exp(-\pi KLD/Q) \quad (C.7)$$

式中：C_0——起始点的粒子浓度；

$C.$ ——起始点下游方向所考虑点处的粒子浓度；

L ——起始点到所考虑点的距离，cm；

$D.$ ——取样管的内径，cm；

Q ——取样管内的平均流量，cm^3/s；

K ——粒子的沉降速度，cm/s。

若令 L_{50} 为 50%沉积的长度，则有

$$L_{50} = 0.693Q/\pi DK \quad (C.8)$$

沉降速度 K 与许多因素有关，还没有推导出 K 与有关变量关系的一般表达式。实验表明，K 与取样速度和粒子大小是高次方关系。由于气流速度和粒子性质的微小变化都会显著影响沉积损失，所以沉积损失的估算受到一些不确定因素的影响。表 C.3 列出了一定条件下紊流造成的管壁损失的估算值。对于给定的粒度谱，在应用时必须先确定每种粒径的损失，然后加权求和算出总的损失百分比。

当取样速度和粒径增大时，紊流沉积并不是无限制增加。当速度超过某一数值时粒子将被再携带，出现再携带的初始速度与粒子大小、粒子密度、管道直径和粒子与管壁黏附特性有关。

表 C3 所列数据是对应于干燥和清洁的管道，在表中所涉及的流量、粒径和管径范围内其再携带的可能性最小。对表列黑体字所示的数值，可能会有较小的再携带，因而实际沉积要小于表列数值。一些反应堆工作方面的实验数据也证明粒子黏附到管壁的可能性毕竟是相当小的，理论明显高估了气流中的粒子损失。当大于表列的流量、管径和粒径时，肯定将出现明显的再携带，因此超过表列数值的外推是

不合适的。由于对再携带的了解很有限，所以进行定量的估计非常困难。

C.4 在取样传导管弯头内的沉积

不管是层流还是紊流情况，导管弯头内的流态都是复杂的，会引起比在同样长度的直管中更多的粒子沉积。目前尚无合适的理论处理这类问题，只有非常少的实验数据可以用来确定沉积损失与管径、管弯半径、流量和粒径的定量关系。表 C.4 所列数据可以较典型的说明导管弯头内沉积的重要性。粒子的沉积随着粒径和流量的增加而显著增加，而导管曲率半径越大沉积损失越小。因此应尽量避免取样管道中的弯头，当需要时，其曲率半径应当尽可能大，取样流量应适当降低。

表 C.1 重力沉降引起 100%和 50%沉积的水平取样管长度（平均速度＝50 cm/s）

粒子直径 d_p/μm	管道内径 $2r$/cm	流速/（cm^3/s）	ρ=2		ρ=5		ρ=10	
			L_{100}/cm	L_{50}/cm	L_{100}/cm	L_{50}/cm	L_{100}/cm	L_{50}/cm
2	1	39	2 563	907	1 026	363	511	181
	2	157	5 126	1 815	2 052	726	1 027	366
	4	628	10 252	3 629	4 102	1 452	2 051	726
	6	1 413	15 376	5 444	6 154	2 178	3 076	1 089
5	1	39	427	151	171	61	86	30
	2	157	854	302	342	121	171	61
	4	628	1 708	605	683	242	342	121
	6	1 413	2 562	907	1 025	363	512	182
10	1	39	108	38	43	15	22	8
	2	157	217	77	87	21	43	16
	4	628	434	154	174	62	87	31
	6	1 413	651	230	260	92	130	46

表 C.2 扩散沉积引起不同沉积百分比的管长

流量/（cm^3/s）	（不同粒子直径）沉积相应百分比的管长/cm								
	20%			50%			75%		
	0.001 μm	0.01 μm	0.1 μm	0.001 μm	0.01 μm	0.1 μm	0.001 μm	0.01 μm	0.1 μm
0.25	0.043	3.4	268	0.23	18	1 400	0.53	42	3 330
0.50	0.085	6.8	536	0.45	36	2 800	1.06	83	6 600
1	0.17	13.6	1 070	0.90	72	5 630	2.12	166	13 200
2	0.34	27	2 140	1.81	143	11 300	4.24	332	
5	0.85	68	5 280	4.5	358	28 150	10.6	830	
10	1.7	136	10 560	9.0	715	56 300	21.2	1 660	
20	3.4	272	24 120	18.1	1 430		42.4	3 320	
40	6.8	544		36.2	2 860		85	6 640	
100	17	1 360		90	7 150		212		
200	34	2 720		181	14 300		424		
400	68	5 440		362	28 600		848		

表 C.3　在垂直取样管道内紊流沉积引起的粒子损失

粒径/μm	管径/cm	气流雷诺数	流量/(cm³/s)	沉积的粒子份额											
				ρ=1			ρ=4			ρ=6			ρ=8		
				管长/cm			管长/cm			管长/cm			管长/cm		
				200	500	2 000	200	500	2 000	200	500	2 000	200	500	2 000
1	0.5	4 000	241	<0.01			<0.01			0.01	0.01	0.05	0.01	0.02	0.09
	1.0	6 000	723							0.00	0.00	0.02	0.00	0.01	0.04
	2.0	8 000	1 928							0.00	0.00	0.01	0.00	0.00	0.01
	4.0	10 000	4 820							0.00	0.00	0.00	0.00	0.00	0.00
5	0.5	4 000	241	<0.01			0.04	0.09	0.31	0.08	0.19	0.87	0.14	0.31	0.77
	1.0	6 000	723				0.01	0.04	0.14	0.04	0.08	0.29	0.06	0.14	0.45
	2.0	8 000	1 928				0.00	0.01	0.04	0.01	0.02	0.08	0.02	0.04	0.15
	4.0	10 000	4 820				0.00	0.00	0.01	0.00	0.01	0.02	0.00	0.00	0.03
6	0.5	4 000	241	0.11	0.26		0.93	0.99	1.00	1.00	1.00	1.00	1.00	1.00	1.00
	1.0	6 000	723	0.01	0.01		0.68	0.93	1.00	0.89	1.00	1.00	0.97	1.00	1.00
	2.0	8 000	1 928	0.01	0.00		0.25	0.51	0.94	0.45	0.77	0.99	0.62	0.91	0.99
	4.0	10 000	4 820	0.01	0.00		0.06	0.14	0.46	0.12	0.27	0.77	0.19	0.41	0.88
10	0.5	4 000	241	1.00	1.00		1.00	1.00	1.00	1.00	1.00	1.00	1.00	1.00	1.00
	1.0	6 000	723	0.50	0.82		1.00	1.00	1.00	1.00	1.00	1.00	1.00	1.00	1.00
	2.0	8 000	1 928	0.02	0.04		0.81	0.98	1.00	0.95	1.00	1.00	0.99	1.00	1.00
	4.0	10 000	4 820	0.00	0.00		0.30	0.59	0.98	0.48	0.80	0.98	0.61	0.99	1.00

表 C.4　在内径为 1.01 cm 的铝管弯头内的粒子损失

粒子直径/μm	粒子密度/(g/cm³)	气流速度/(cm/s)	在 90°弯头内的沉积份额	
			曲率半径=3.8 cm	曲率半径=11 cm
2	1.1	200	0.0	未测量
		400	0.0	
		600	0.0	
		800	0.0	
		1 000	0.0	
4	1.1	200	0.0	
		400	0.0	
		600	0.09	
		800	0.20	
		1 000	0.32	
7.4	1.1	200	0.15	0.08
		400	0.31	0.14
		600	0.46	0.26
		800	0.58	0.44
		1 000	0.66	0.68

附 录 D
（标准的附录）
非同流态取样引起的误差

从运动的气流中取样时，若取样气流的速度不等于在取样点被取样气流的速度，那么取到的将不是有代表性的样品。当取样头的取样流速小于被取样气流的速度时，大粒子将穿越流线进入取样头，于是样品的浓度大于气流的实际浓度，由于收集到的大粒子超过了它们的实际数目，使得样品的粒度分布也将产生偏离。反之当取样速度大于运动气流的速度时，其结果则相反。具备下述三个条件进入取样头内的气流其流线畸变最小：

a. 取样头设计符合空气动力学原理，使得取样头本身不引起原气流的扰动；

b. 取样头入口气流方向与被取样气流的方向一致；

c. 取样气流的速度值与被取样气流的速度值相等。

非同流态取样引起的误差随着粒子大小、密度和运动气流速度增加而变大。表 D.1 列出了非同流态取样的一组实验数据，由此可估算非同流态取样引起的误差。实验中所用的粒子是煤粉、酞酸二丁酯和霉菌孢子，其密度分别为 1.3、1.0 和略小于 1。

图 D.1 表示的一组浓度比与速度比的关系曲线，也可用于非同流态取样的误差估算。

表 D.1 和图 D.1 中 C/C_0 为测量浓度与真实浓度之比，U/U_0 为取样头入口气流速度与被取样气流速度之比。图 D.1 中的 $K=C_m\rho_pU_0\ d_p^2/18\eta D$，$D$ 为管道内径，U_0 为被取样气流速度，其余符号同附录 C 的(C.3)式。

图 D.2 所示的取样头结构可用于判定是否为同流态取样的观测。

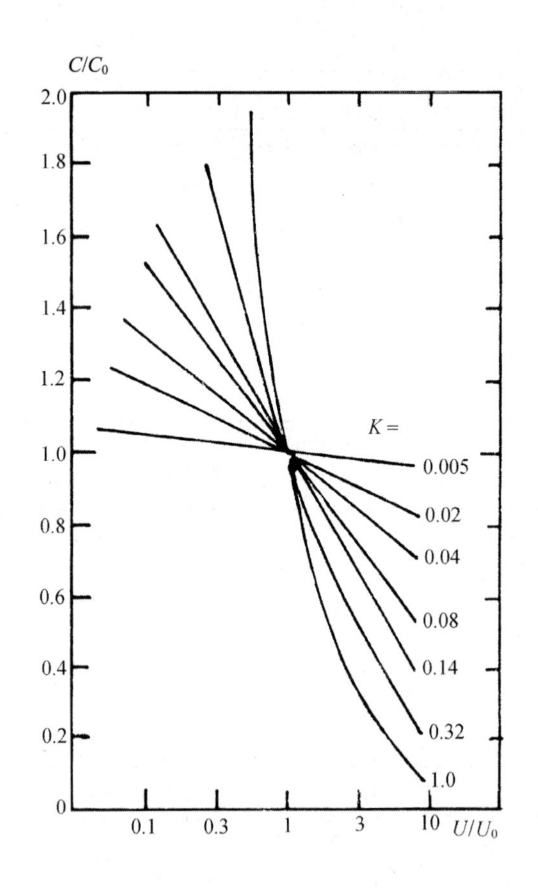

图 D.1 浓度比与速度比的关系表

表 D.1 取样速度为气流速度的不同倍数时所得出的粒子浓度比

$\frac{U}{U_0}$	$\frac{C}{C_0}$					
	d_p=4 μm	d_p=12 μm	d_p=17 μm	d_p=31 μm	d_p=37 μm	非常大粒子
0.5	1.06	1.14	1.20	1.33	1.46	2.00
0.6	1.03	1.09	1.13	1.23	1.41	1.67
0.7	1.02	1.05	1.08	1.14	1.32	1.44
0.8	1.01	1.02	1.04	1.06	1.16	1.25

$\frac{U}{U_0}$	$\frac{C}{C_0}$					
	d_p=4 μm	d_p=12 μm	d_p=17 μm	d_p=31 μm	d_p=37 μm	非常大粒子
0.9	1.00	1.01	1.01	1.03	1.07	1.11
1.0	1.00	1.00	1.00	1.00	1.00	1.00
1.1	0.99	0.98	0.98	0.95	0.93	0.90
1.2	0.98	0.96	0.95	0.92	0.87	0.83
1.3	0.97	0.94	0.94	0.85	0.84	0.77
1.4	0.97	0.92	0.93	0.83	0.81	0.72
1.5	0.96	0.89	0.93	—	0.76	0.67
1.6	0.95	0.83	—	—	0.74	0.63
1.7	0.94	0.78	—	—	0.71	0.59
1.8	0.92	0.72	—	—	0.66	0.53
1.9	0.9	0.65	—	—	0.66	0.53
2.0	0.86	—	—	—	0.64	0.50

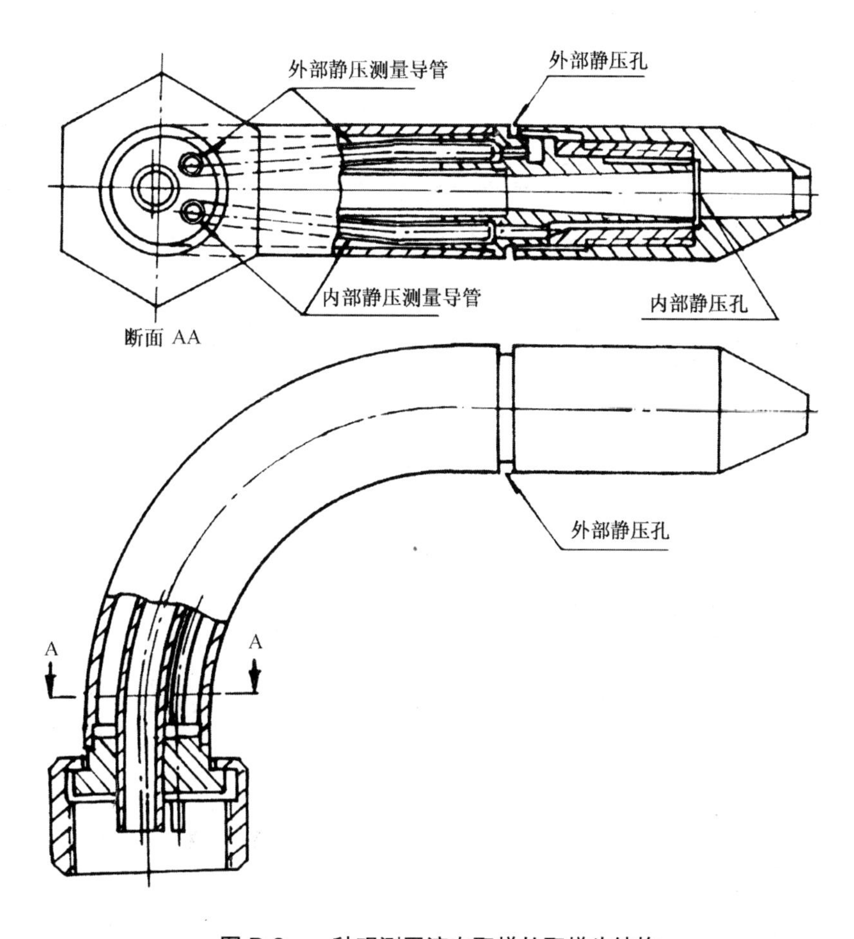

图 D.2　一种观测同流态取样的取样头结构

附 录 E
（提示的附录）
几种滤材的测试结果

表 E.1 几种空气取样滤材的过滤效率、阻力和含灰量

滤材类型	滤材名称	过滤效率/%（钠焰法测试）				流阻/kPa				含灰量/%（500℃持续 1 h）
		速度/（cm/s）				速度/（cm/s）				
		10.7	26.7	53	106	35	53	71	106	
超细玻纤滤纸	“6.9” 玻纤滤纸	100	100	100	100	1.73	2.27	3.73	5.33	100.1
	抗水玻纤滤纸	100	100	100	100	2.27	3.87	5.73	9.07	93.7
	S-0.5 玻纤滤纸	100	100	100	100	1.87	3.33	4.93	7.47	82.9
微孔薄膜滤纸	1.2 μm 微孔滤膜（1）	100	100	100	—	5.60	9.86	14.5	23.6	0
	1.2 μm 微孔滤膜（2）	100	100	100	—	4.13	7.73	10.7	17.2	0
	1.2 μm 微孔滤膜（3）	99.9	99.8	99.9	99.9	3.33	6.13	8.27	13.7	0.6
	3.0 μm 微孔滤膜	100	100	100	—	4.40	8.67	12.0	19.1	0
合成纤维滤纸	仿ϕ_{nn}-25-1 滤布	100	99.8	99.5	99.2	0.53	0.80	1.47	2.67	8.6
	3#合成纤维滤纸	94.9	9.23	89.5	93.2	0.13	0.27	0.40	0.67	23.6
纤维素型滤纸	2#微滤纸	87.6	88.6	91.9	98.4	0.67	0.93	1.33	1.73	3.3
混合纤维素滤纸	3#微滤纸	97.6	97.2	98.3	99.5	0.67	0.93	1.20	1.73	7.9

附加说明：

本标准由核工业总公司提出。
本标准起草单位：中国辐射防护研究院。
本标准由国家环保局负责解释。

中华人民共和国核行业标准

水中总α放射性浓度的测定 厚源法

EJ/T 1075—1998
eqv ISO 9696：1992

Determination of gross alpha activity in water thick source method

中国核工业总公司 1998-08-25 发布　　　　1998-11-01 实施

前　言

本标准等效采用国际标准 ISO 9696《水质　非盐碱水中总α放射性浓度的测定　厚源法》1992 第一版。按 GB/T1.1—1993 的 4.5.3，保留在条文中加注释的方式，使说明性文字紧邻有关条文。

本标准的建立，使我国环境监测领域中的这一监测方法与国际通用方法接轨。

为了适合国情做如下修改：因一般方法标准不包含法规性内容，取消了原国际标准条文之前的“警惕”和第 11 章《法规》；第 1 章不分条，取消了各条的标题；第 2 章中增添了几个引用标准；第 3 章作适当补充；第 8 章“结果的表达”改为“放射性浓度的计算”，其后的“报告举例”移到“测定报告”章之后；改写了第 9 章使概念更清晰；原国际标准 10.2.1、10.2.2、10.3 只有标题和注释，无正文，本标准将其移入附录 A，7.7 后半部分的内容与之相近，亦移入附录 A；第 10 章中注 23 改为标准的正文。

原标准的附录 A（标准的附录）实际上是《蒸发法测定水样残渣》的方法，且其内容与标准正文的要求不完全一样，故未采用，为此适当改写 7.1。

为了正确使用本标准，编写了附录 A（前半）和附录 C。附录 E“参考文献目录”是原 ISO 9696 附录 B 的加减。为了标准条文的简洁，将原有的注 2～6 改为附录 B，原注 19 改为附录 D，列于条文之后。

本标准的附录 A、附录 B、附录 C、附录 D 和附录 E 都是提示的附录。

本标准由中国核工业总公司安防环保卫生局提出。

本标准起草单位：中国辐射防护研究院。

本标准主要起草人：郑仁圻、戴忠德、王治惠、郑鸿、韩光。

ISO 前言

ISO（国际标准化组织）是一个世界范围的各国家标准化机构（ISO 成员国）的联合组织。国际标准的起草工作通常由 ISO 技术委员会承担。成员国均有权参加它感兴趣的学科的技术委员会。与 ISO 在工作上有联系的，政府的或非政府的国际组织，也可参加这类工作。ISO 与国际电工委员会（IEC）在电技术标准化的所有事务上均密切合作。

技术委员会采纳的国际标准草案发送给各成员国供表决。至少获得 75%成员国的赞成票方能作为国际标准而公布出版。

国际标准 ISO 9696 是由 ISO/TC 147 水质技术委员会的 SC3 放射方法分委员会起草的。

附录 A 是本国际标准整体的一部分（标准的附录）。附录 B 是提示的附录。

1 范围

本标准规定了在非盐碱水中总α活度的测定方法，该α放射性核素于 350℃不挥发。会挥发的核素也可以测定，其可测限度取决于挥发物的半减期、基质保留量和测量时间。

本标准适用于天然水和饮用水，也能用于盐碱水或矿泉水，但灵敏度降低[参见附录 A 的 A1（提示的附录）]。

应用范围取决于水中无机物质的总含量和探测器的性能（本底计数率和计数效率）（参见附录 A 的 A4）。

2 引用标准

下列标准所包含的条文，通过在本标准中引用而构成为本标准的条文。本标准出版时，所示版本均为有效。所有标准都会被修订，使用本标准的各方应探讨使用下列标准最新版本的可能性。

GB/T 11682—89　低本底α测量仪

GB/T 12997—91　水质　采样　方案设计技术规定（idt ISO 5667.1：1980）

GB/T 12998—91　水质　采样　技术指导（idt ISO 5667.2：1982）[1]

GB/T 12999—91　水质　采样　样品保存与管理技术规定（idt ISO 5667.3：1985）[2]

3 原理

将水样酸化使之稳定；蒸发浓缩；转化为硫酸盐态；再蒸发至干；然后在 350℃下灼烧。将部分经准确称量过的残渣转移到样品盘，用α测量仪测定其α计数。以适量的硫酸钙为模拟载体，在其中加入适量的α辐射标准溶液，用以制备标准源，令它的质量厚度与样品源的相同，而且它们的放射性活度相近。用这样的标准源对测量仪器进行刻度，从而求出总放射性浓度。

4 试剂

所有试剂均应是符合国家标准或专业标准的分析纯试剂，且不应含有任何可检测出的α放射性。水为蒸馏水或同等纯度的水。

注 1：为检验试剂原有的或污染上的放射性，10.1 给出制备试剂空白样的方法。

4.1 标准溶液

应以使用 ^{241}Am 标准溶液为宜，亦允许使用 ^{239}Pu 或天然铀标准溶液。参见附录 B（提示的附录）。

4.2 硝酸[HNO_3，50%（V/V）]

用水稀释 100 ml±5 ml 浓硝酸（ρ=1.42 g・ml^{-1}）至 200 ml±10 ml。

4.3 浓硫酸（H_2SO_4，ρ=1. 84 g・ml^{-1}）

4.4 挥发性有机溶剂[无水乙醇（C_2H_5OH）、甲醇或丙酮]

4.5 硫酸钙 $CaSO_4$

钙盐可能含有痕量 ^{226}Ra 和/或 ^{210}Pb，应核实钙盐中未含有这些α放射性核素（见 10.1）。

采用说明：

1 ISO 9696 引用时为 1991 版。

2 ISO 9696 引用时未注年代，脚注称修订版将出版。

5 仪器

常用的化学实验室仪器以及下列仪器。

5.1 α测量仪

测定α放射性活度的测量仪应配置下列探测器之一：银激活的硫化锌闪烁探测器，硅面垒型半导体探测器（SSB）或（无窗）正比计数器。也可使用离子注入型硅半导体探测器和薄窗（≤100 μg·cm^{-2}）正比计数器。参见附录C（提示的附录）的C1。

α测量仪的性能要求应符合GB 11682的要求。

如果使用无窗系统，在测量各个样品源之间，可用测量空白样品的方法以检验测量系统可能受到的污染。

注2：若在真空中（例如用SSB）或流气系统（例如正比计数器）内测量时，由于被测的源具有颗粒性可能引起污染。

5.2 样品盘

样品盘应是有盘沿的不锈钢盘，厚度不小于2.5 mg·mm^{-2}（250 mg·cm^{-2}）。

注3：样品盘的直径应与探测器灵敏面积的直径及仪器内放置待测源的托盘配合。

5.3 马弗炉

能保持温度于350℃±10℃。

6 采样

水体样品的代表性、采样方法及保存方法应符合GB 12997、GB 12998和GB 12999。

按每升水样应加入20 ml±1 ml硝酸的比率，取所需量的硝酸（4.2）注入清洁聚乙烯桶中，然后将水样装入该聚乙烯桶。水样收集后应尽早分析，如需保存应保存于4℃±2℃。

如果用多个聚乙烯桶装同一水体的同一次水样，分析前应把它们很好地混合均匀。

如果是为了测定过滤后水样滤液的放射性，在收集样品时应当立即过滤而后酸化。

注4：酸化可以减少放射性物质被器壁吸收的损失。若在过滤以前先酸化，则已吸附到悬浮物上的放射性物质将溶解到水中。

7 方法

注5：本分析宜在不使用放射性示踪剂的场所进行。

7.1 准备[3]

本方法要求水样蒸干后残渣总量略大于0.1A mg（此处A为样品盘（5.2）的面积值，其单位为mm^{2}）。为此应当事先确定需要取用多少水样才能满足这个要求。其方法是先取一定量水样，按7.2～7.4操作，以测得水样的比残渣值（参见附录A的A3）。

7.2 浓缩

将V升（±1%）水样（见第6章）转移到一个烧杯中。V升水样应能保证灼烧后的残渣量至少有0.1A mg。

注6：对于非常软的水，如为产生0.1A mg残渣所需水样多到不现实时，则应取用实际可能的尽量多的水样。

将装有水样的烧杯放在电热板（或电炉、或红外炉）上缓慢加热使微沸，在保证没有溅出的条件下蒸发浓缩。为此烧杯中水样不得超过烧杯容量的一半，如水样量大，可以分次陆续加入。浓缩至50 ml，放置冷却。

采用说明：

3 本条按原意经过重新编写而不引用原附录A（同时删去原附录A）。

将 200 ml 石英或瓷蒸发皿在 350℃±10℃下保持 1 h，取出在干燥器中冷却，恒重到±1 mg。将上述浓缩液转移到此蒸发皿，再用极少量水仔细清洗烧杯，清洗液一并倒入蒸发皿。

注 7：如所用烧杯过大，可以将半浓缩液及清洗液转入较小的烧杯。这样便于进一步浓缩到小容积以便转入蒸发皿。

7.3 硫酸盐化

确证蒸发皿中溶液已经冷却，加入 1 ml（±20%）硫酸（4.3）。

注 8：由于某些水样的残渣会吸水潮解或者难于粉碎而不适于放射性活度测量，许多这类水样可以用硫酸盐化的处理而得到解决。1 ml 硫酸足够使 1.8 g 碳酸钙硫酸盐化。只要水样容积适当，即其总残渣量不超过 1 g，这些硫酸是足够的（根据经验有些水样可以省略这个步骤）。

仔细地将蒸发皿内溶液蒸发至干。

注 9：为避免溅出，应从蒸发皿上方加热（例如用红外灯）直至硫酸冒烟，再把蒸发皿移到电热板上，继续加热到烟气散尽为止。

7.4 灼烧

将蒸发皿及其内容物放入马弗炉（5.3）内，在 350℃±10℃灼烧 1 h。取出放入干燥器内冷却。记录从马弗炉内取出的日期和时刻。

将残渣和蒸发皿一起称至恒重，减去蒸发皿的重量即为灼烧过的残渣重量 m，单位以 mg 表示。

7.5 样品源的制备

称取 0.1A mg（±1%）已研细的残渣粉末放入已称重的样品盘（5.2）内铺平。盘内残渣量 m_T，单位以 mg 表示。

如果 7.2 中所用 V 升水样产生的残渣少于 0.1A mg，则将尽可能多的残渣移到样品盘内。

注 10：因为源厚严重地影响α粒子的计数效率，故此刻度α测量仪用的标准源必须是装有与样品源相同量 m_T，mg 的载体物质。

为了把残渣均匀平坦地铺在样品盘上，用适量挥发性有机溶剂（4.4）把残渣粉末和成泥、铺均匀后再烘干。记下铺源的日期和时刻。再次称重样品源（盘和残渣）以确证残渣有无损失。

注 11：因为源厚严重地影响 a 粒子的计数效率，所以制作出均匀平整的测量用源是至关重要的。有的工作者在挥发性溶剂中掺入乙烯基醋酸盐（Vinyl acetate）以增强源的黏牢性。

7.6 测量

测量期间仪器应处于正常状态（见 10.4、附录 B 的 B2）。

样品源干燥后应尽早测量。测量时间的长短取决于样品的和本底的计数率以及所要求的精度（见第 9 章）。记录测得的计数率 R_x[4]（单位 s^{-1}）、测量时间 t_x（单位 s）以及测量日期。

7.7 本底的测定

用空样品盘（5.2）测定本底活度，即本底计数率 R_0，单位以 s^{-1} 表示。重复测定可验证本底的稳定性。

7.8 标准源的制备

取 2.5 g 硫酸钙（4.5），放入 150 ml 烧杯中。小心地加入 10 ml（±1%）热硝酸（4.2），搅拌并加入热水至 100 ml 以溶解固态盐。

将此溶液转到已恒重准确到±1 mg 的 200 ml 石英或瓷蒸发皿中。

加入已知量（约 5～10 Bq）的标准溶液（4.1）[5]。

在红外灯下把溶液蒸干，然后在 350℃±10℃的马弗炉（5.3）内灼烧 1 h。取出置于干燥器内冷却后称重。

采用说明：

4 ISO 9696 用的是 R_b，易与习惯上表示作本底的脚标混淆，现改用 R_x；t_s 亦同理。

5 原为先加标准 ^{241}Am 后转入蒸发皿，现改为先转入蒸发皿再加标准 ^{241}Am，以免在转移中损失 ^{241}Am。

用灼烧后的残渣量和所加入的 ^{241}Am（或者 ^{239}Pu、或天然铀）的活度计算出这种标准固态物的比活度α_s，单位为 Bq • g^{-1}。

将残渣碾碎成细粉末，必要时可用杵臼研磨。其操作与样品源的制备（7.5）一样。

注意：这个过程需要制备掺有α放射性核素的干粉。必须避免意外吸入放射性微粒，建议在制备放射源时使用简易密封柜式手套箱。或者用实验室通风橱代替，但抽力不能太大，以免产生空气扰动，或把细粉颗粒带到空气中去。

按制备样品源（7.5）的操作制成厚标准源（每个样品盘内铺 0.1A mg 标准固态物）。

在α测量仪中测量厚标准源，测得计数率 R_s，单位为 s^{-1}。

8 放射性浓度的计算

用下式计算水样的α放射性浓度：

$$c=\frac{R_x-R_0}{R_s-R_0}\times\alpha_s\times\frac{m}{100}\times\frac{1.02}{V} \qquad (1)$$

式中：c——水样的α放射性浓度，Bq • L^{-1}；

R_x——样品源的总计数率，s^{-1}；

R_0——样品盘的本底计数率，s^{-1}；

R_s——标准源的总计数率，s^{-1}；

α_s——标准固态物的比活度，s^{-1}；

m——V 升水样灼烧后的残渣质量，mg；

V——水样体积，L。

式（1）的推导见附录 D（提示的附录）。

9 偏差与下限

9.1 标准偏差

计数统计涨落引起的水样放射性浓度的标准偏差 S_c，由下式计算：

$$S_c=\sqrt{\frac{R_x}{t_x}+\frac{R_0}{t_0}}\times\frac{\alpha_s\times m\times 1.02}{(R_s-R_0)\times 1\,000\times V} \qquad (2)$$

其中 t_x 和 t_0 分别是样品源和本底的测量时间（单位 s），其他量同前。标准源的计数标准偏差比起样品源的标准偏差可以忽略，因此报出结果的标准偏差应注明“只计及计数误差”[6]。

9.2 判断下限

本方法的判断下限为：

$$L_c=k_\alpha\frac{\alpha_s\times m\times 1.02}{(R_s-R_0)\times 1\,000\times V}\times\sqrt{\frac{R_0}{t_x}\left(1+\frac{t_x}{t_0}\right)} \qquad (3)$$

k_α是概率为α时的标准正态交量的分位数，α是允许误判的小概率，通常取α=1.645，见附录 A 的 A5，其他量同前。从公式（7）可观察到它还取决于本底计数率、测量时间、仪器计数效率、水样残渣含量等因素。附录 A 的 A4 给出了若干情况下的判断下限值。

注 12：判断下限是仪器读出值的最小有意义值，小于它的读数大多由仪器本底引起。由其他要求置定的判断线应大于判断下限。

9.3 探测下限

采用说明：

6 这项注明应该主要是为了说明误差中未包括采样、制样的化学回收率和标准源的不确定度等因素。

测定水样α放射性浓度的探测下限 L_D（单位 Bq·L^{-1}）可用下式较好地近似计算。

$$L_D = k \times \frac{\alpha_s \times m \times 1.02}{(R_s - R_0) \times 1\,000 \times V} \times \sqrt{\frac{R_0}{t_x}\left(1 + \frac{t_x}{t_0}\right)} \qquad (4)$$

式中系数 k 为 $k = k_\alpha + k_\beta$。

当取 $\alpha=\beta=0.05$ 时，$k=3.3$。

其它量同前。

注 13：探测下限又称最小可测放射性活度，是指样品的活度为探测下限的数值时，用指定的仪器和指定的方法，其读数小于判断下限的概率为β，即漏测的概率为β。探测下限的定义为：

$$L_D = L_c + k_\beta \sigma_\beta = k_\alpha \sigma_0 + k_\beta \sigma_\beta$$

式中 k_β是概率为β时，标准正态变量的分位数。

探测下限依赖于许多因素，包括水样中残渣含量、源尺寸、测量时间、本底和计数效率，附录 A 的 A4 也给出探测下限的一些典型值。

10 质量控制[7]

10.1 污染和空白样

检验试剂污染的方法是在另外的样品盘中蒸发本标准步骤（6，7 章）中所用的试剂。应保证其放射性活度与样品中的放射性相比可以忽略。检验整个体系污染的方法是：取 1 000 ml±10 ml 蒸馏水用 20 ml 硝酸（4.2）酸化，再加入 0.1Amg±1 mg 色谱试剂级的硅胶。按 7.2～7.5 操作，测其放射性活度。与 0.1A mg 硅胶直接铺盘测得的活度比较，应保证其差值与空白样品盘的活度相比可以忽略。

如果试剂放射性活度不能忽略，应另选活度低的试剂，或者，在第 7 章操作步骤中增加试剂空白样的测定，即用本条前一段所述检验整个体系污染的步骤。并在计算（第 8 章）中用其结果代替 7.7 步骤所测定的本底值。

10.2 质量控制图[8]

测量仪器的质量控制，可制作其本底和（标准）检验源的质量控制图。见附录 E（提示的附录）[1][2]。

10.3 人员考核

制备六个或六个以上的测量源能够考核操作者的技术水平，每份 1 L 蒸馏水，各加入已知量的α放射性核素和溶解的钙化合物。钙化合物的量应足够多，以保证在灼烧后至少有 0.1A mg 残渣足以制备一个测量用源。按 7.2～7.6 操作。测得平均值 $\bar{x}$ 应满足下式：

$$\bar{x} - A \leqslant t \cdot s / n \qquad (5)$$

式中：A——已知量的α核素的真值乘计数效率；

n——制备考核源的个数；

t——t 检验量，如 $n=6$，$\alpha=0.05$ 则 $t=2.57$；

s——n 个测量值的标准偏差。

11 测定报告

测定报告应包含下列内容：

a）说明是执行本标准；

b）能够说明水样的完整资料，包括采样的起始和结束时刻；

采用说明：

7 本章有较大的调整。关于质量控制的详细资料可参考 GB 11216—89 核设施流出物和环境放射性监测质量保证计划的一般要求。

8 ISO 标准正文有“更多的资料见 ISO/CD 8465：—，控制图指南。”并附注“（即将出版）”。

c）使用的标准放射性核素；

d）总α放射性浓度，$Bq \cdot L^{-1}$，其有效数字应与判断下限（9.2）吻合[9]。如测得结果低于判断下限[10]，则注明“低于判断下限”；

e）采样、灰化、铺样和测量的日期；

f）源的厚度值，以 $mg \cdot mm^{-2}$ 为单位；

g）测定过程中观察到的任何值得注意的特征迹象；

h）本标准中未作规定的其他任何操作细节；

i）在过程中采用了的任何可选做的步骤，例如水样的过滤。

采用说明：

9 原文是“给出三位有效数字”，而在“报告举例”中的（0.42±0.04）$Bq \cdot L^{-1}$ 也只有两位有效数字。

10 原文是“探测限”（detection limit），它的意义是很小概率被漏检的源活度的真值，而这里指的是测得的读数，故应当是判断根。见附录 E[3][4]。

报告举例

水中总α放射性浓度的测定报告

本测定按照EJ××××——××××标准进行

水样采自：××自来水厂总出水口，共3 L

采样日期：199×年×月×日　　上午××时

灰化日期：199×年×月×日　　下午××时～××时

铺样日期；199×年×月×日

测量日期：199×年×月×日　　上午××时～下午××时

该水样的总α放射性浓度为：

$$(0.42 \pm 0.04)\ \mathrm{Bq \cdot L^{-1}}$$

（误差是按2σ[11]给出，它只包含计数统计涨落误差）

标准源的放射性核素：^{241}Am

源厚：0.1 mg・mm^{-2}（10 mg・cm^{-2}）

其他需要说明的事项：

采样者：（或送样单位）

制样者：（签名）

测量者：（签名）

审核：（签名）

采用说明：

11 原文称为2σ 置信水平（Confidence level）。2σ 应当是置信水平在95%时置信区间的宽度。

附　录　A
（提示的附录）
灵敏度、效率、下限值和干扰核素

A.1 灵敏度

灵敏度的定义是被测实物每增减一个单位时其测量读数的变化，即仪器指示值/待测真值，一般情况是计数率/放射性活度。本标准应为计数率/放射性浓度，其单位是 s^{-1}/（$Bq \cdot L^{-1}$）。

从这个定义看，灵敏度是对水样的计数效率。但因α射程短，不能对水样直接测量，需蒸干制成平面源才能测量，所以灵敏度是水中非挥发溶质的质量（残渣量）、放射性核素种类和仪器对厚源的计数效率的函数，即公式（2）中$\varepsilon_s \cdot V_P$项。

A.2 计数效率

计数效率是指仪器的计数率与放射源的活度之比值，单位是 $s^{-1} \cdot Bq^{-1}$。如式 D.3 所示。但活度是指样品盘内的 0.1A mg 固态物内全部的放射性活度。实际上，不是全部 0.1 $mg \cdot mm^{-2}$ 厚度内的α粒子都能射出源表面和到达探测器，有效部分只是表面一层。这层的厚薄又随α粒子的能量大小而不同。源厚 0.1 $mg \cdot mm^{-2}$（10 $mg \cdot cm^{-2}$）的安排，使得即使α粒子能量很大，最下层的α粒子也射不出源表面（所以称为厚源法）。当α粒子能量为 3.9～8 MeV 时，能射出源表面的α粒子只是介质内辐射总α的十几分之一到五分之一。还因α粒子须穿过空气和探测器的窗厚，并需要用一定的能量去触动探测器，计数效率与几何效率的比值比这个分数还要小。对某种核素的计数效率的测定方法如下；把已知量的该种核素标准溶液掺进二氧化硅、硫酸钙或其他空白物质，在仔细地干燥和均匀后，制成 0.1 $mg \cdot mm^{-2}$（10 $mg \cdot cm^{-2}$）厚的源，测定其计数率，计算出计数效率。验证实验实测值和综合估计值见表 A.1。

表 A.1

核素	α粒子能量/MeV	计数效率ε_s/（$s^{-1} \cdot Bq^{-1}$）			
		正比计数器	半导体探测器	ZnS 闪烁屏	综合估计值
^{241}Am	5.4～5.5	0.060	0.069	0.074	0.07
^{239}Pu	5.1～5.15	0.053	0.048	0.063	0.06
天然铀	4.2～4.75	0.034	0.032	0.053	0.04
^{252}Cf	6.12				0.09

A.3 残渣量

不同水样经蒸发后，余下的残渣量的数值变化很大，一般天然水、自来水的残渣量大约在 200～1 000 $mg \cdot L^{-1}$。兹列举一些数据于表 A.2。残渣量与 V_P 的关系见式 D.4，表 A.2 也列出了当 0.1A=200 mg 时的相当水样容积 V_P 值。

表 A.2

残渣量/（mg/L）	标准偏差（每批样之内）/（mg/L）	自由度	V_P/L	α放射性浓度/（Bq/L）
569	5.32	9	0.351	—
343	5.54	9	0.583	—
202	2.89	9	0.990	—
657	24.09	5	0.304	0.04
481	6.28	3	0.416	0.03
546	6.58	3	0.366	0.05
366	5.58	3	0.456	0.03
471	1.96	2	0.425	0.04
307	4.51	3	0.651	0.03
327	3.59	2	0.612	0.04

注：前三组数据取自 ISO 9696 表 A.1，原 Note 为 Data provided by Mid-kentwater company，其他数据由中国辐射防护研究院提供。

A.4 下限典型值

设水样的残渣含量 0.5 g • L^{-1}，计数效率 0.07，取$\alpha=\beta=0.02$，$k_\alpha=k_\beta=2$，$k=4$ 时，设两种探测器灵敏面积，各二、三种本底计数率、五种测量时间的判断下限 L_c 列于表 A.3。探测下限 L_D 值是判断下限值的两倍。

表 A.3

单位：mBq • L^{-1}

测量时间/h(s)	探测器灵敏区直径				
	ϕ 50 mm			ϕ 100 mm	
	本底计数率/(h^{-1}) • (s^{-1})				
	5.76（0.001 6）	3（0.000 83）	24（0.006 7）	23（0.006 4）	96（0.026 7）
1（3 600）	69	50	140	35	70
3（10 800）	40	29	81	20	41
5（18 000）	31	22	63	16	32
16.67（60 000）	17	12	35	8.5	18
24（86 400）	14	10	29	7	15

譬如作为几种典型的情况：

a）ZnS 闪烁体，直径ϕ 50，本底计数率 0.0067 s^{-1}，测量 24 h，则 L_c=29 mBq • L^{-1}，探测下限为 58 mBq • L^{-1}。

b）ZnS 闪烁体，直径ϕ100，本底计数率 0.026 7 s^{-1}，测量 24 h，则 L_c=15 mBq • L^{-1}，L_D=30 mBq • L^{-1}。

c）半导体探测器，直径ϕ 50，本底计数率 0.000 83 s^{-1}，测量 24 h，则 L_c=10 mBq • L^{-1}，L_D=20 mBq • L^{-1}。

d）正比计数器，直径ϕ50，本底计数率 0.001 6 s^{-1}，测量 5 h，则 L_c=31 mBq • L^{-1}，L_D=62 mBq • L^{-1}。

e）正比计数器，直径ϕ100，本底计数率 0.006 4 s^{-1}，测量 5 h，则 L_c=16 mBq • L^{-1}，L_D=31 mBq • L^{-1}。

f）ISO 9696 中 9.2 给定的条件即本底计数率 0.001 6 s^{-1}，测量 60 000 s，则 L_c=17 mBq • L^{-1}，L_D=34 mBq • L^{-1}。

A.5 k 值表

式（3）、式（4）中 k_α、k_β和α、β均是统计检验中通用的参量符号、检验是单侧的，k_α（或 k_β）是标准正态变量的α（或β）分位数。其值见表 A.4。

表 A.4

容许失误的概率 α，β	置信水平 $1-\alpha$，$1-\beta$	k_α或 k_β
0.01	0.99	2.327
0.02	0.98	2.054
0.05	0.95	1.645
0.1	0.9	1.282

A.6 干扰核素

A.6.1 氡同位素的损失

按本标准的方法做时，某些核素在蒸发中将损失。就铀系核素讲，操作过程中 ^{222}Rn 将损失，但只要样品源中有 ^{226}Ra 存在，将会陆续产生 ^{222}Rn 及其子体。^{232}Th 系核素有类似情况。

A.6.2 镭衰变引起α活度的增长

如样品源中有 ^{226}Ra，衰变产生 ^{222}Rn 等。一个月后再按 7.6 和 7.7 测量，能观察到α活度的增长。正常环境水平，很少有这种现象。当天然水中含 ^{226}Ra 高时，用它制成的样品源经过一个月后，计数率可能增长四倍。由测得数据去估算残渣中铀系或（和）钍系核素的存在份额是很复杂的。

A.6.3 钋的损失

天然存在的铀、钍衰变系中辐射α的钋同位素可能是某些水体总α活度的重要组成部分。元素钋和它的某些化合物易挥发，特别是其卤素化合物在较低的温度就会升华。但其硝酸盐和硫酸盐至少在温度高到 400～500℃仍是稳定的。因而，经过硝酸的酸化并经受硫酸盐化的样品不会有钋的损失。见附录 E[5]、[6]。

附　录　B
（提示的附录）
关于标准溶液的说明[12]

B.1 以使用 ^{241}Am 标准溶液为宜，其原因及有关事项见下。

B.2 ^{241}Am 优于 ^{239}Pu，因为在制备 ^{239}Pu 标准溶液时，常会有 ^{241}Pu 存在，^{241}Pu 的衰变导致 ^{241}Am 增长而影响测量，因此 ^{239}Pu 的标准溶液须持续频繁地纯化。指定同位素组分的铀化合物很难获得，且α测量仪对其响应与 ^{239}Pu 不同（见附录 A 的 A.1，A.2）。

B.3 在大多数国家可获得合格的参考物质。例如：在奥地利维也纳的国际原子能机构（IAEA）是国际性的供应者，美国国家标准技术局（NIST）也能向多数国家提供。

B.4 应按照可能知道的待检水样所含有的放射性污染物种类去选择α标准源，一般说是在天然的和人工生成的α辐射物之间作选择。

B.5 若能确切证明为天然铀或已知同位素组分的铀化合物，则可以从已确定的物理常数和同位素丰度数据计算出比活度，而不是依赖专门机构的标定工作。但这是一个有争议的好处。

B.6 因为铀同位素发射的α粒子的能量低于人工超铀核素的α粒子的能量，若对超铀元素的污染使用铀作标准源，则测量结果偏高。某些权威人士认为当水污染的真实成分不知道的情况下，宁愿犯报出数值偏大的错误。

采用说明：

12 本时录是 ISO 9696 的 NOTE2～6。附录 D 是 NOTE19，都是为了使标准条文简洁。

附 录 C
（提示的附录）
α测量仪及其调整与质量控制

C.1 α测量仪

C.1.1 探测器可以是正比计数器、闪烁探测器或平面型半导体探测器。其灵敏面积应足够大，直径一般应在 40 mm 以上。正比计数器可以是无窗的，也可以是薄窗的。若使用无窗正比计数器，待测样品盘的支持物必须是导电的。
C.1.2 电子电路包括与探测器配合的脉冲甄别、放大、成形、计数、显示、打印及电源电路，有时还包括微处理器类的集成电路芯片。

C.2 测量仪的调整

C.2.1 按使用说明书启动仪器。调节仪器甄别阈旋钮使接近最大，用标准源（或校验源）测定坪曲线。源中的α核素应是长寿命的，放射性核素在源盘上应固着牢固，分布均匀，活度适中。
C.2.2 将校验源对准探测器放置，慢慢增高探测器偏置高压至第一个计数出现，记录此“阈电压”。适当增加高压（每步约 25 V）测计数率，再一步步增加高压。开始时电压增高，计数率随着增加，然后计数率保持几乎不变，最后又增加较快（此后不要再增高电压了）。
C.2.3 总计数率对高压的曲线，称“坪曲线”。计数率几乎不随高压变动的一段称为“坪”。坪长至少应大于 100 V，坪的斜率应小于（2%）/100 V。若高压电源的稳定性能好，则坪长较短或坪斜较大的冽量仪也可以使用。
C.2.4 把高压置于坪中央，以空样品盘替代校验源，测定本底计数率。计算净计数率平方与本底计数率的比值，称比值为仿优系数。
C.2.5 降低仪器甄别阈值，取四个或四个以上的位置，在每个位置，测坪曲线及坪中央处的本底计数率，并计算仿优系数。
C.2.6 绘仿优系数对各坪中央高压值的曲线，求出最高点，此时的高压值和甄别阈值为仪器运行的最佳工作点。
C.2.7 半导体探测器的调整较简便，变化参量少。一般仪器制造厂已调定，不需改动。

C.3 质量控制（参见附录 E[3]）

C.3.1 使用质量控制图能保证仪器日常工作的一致性。对选定的甄别阈值（其控制旋钮有时设置在仪器内部，不须常调）和工作电压（偏置高压）以及其他可调参数均固定不变后，才能绘制和使用质量控制图。当仪器做了新的调整或经维修后，必须重新绘制质量控制图。
C.3.2 计数效率质量控制图。仪器运行正常后，每日或定期以固定的测量时间测定检验源的计数率。测量时间一般取 10～30 min。以测得总计数应大于 100～400。测量检验源前后用空白样品盘测定本底 10～30 min，有利于判别仪器是否受污染。

当有 20 个以上这样的数据，则可绘制质量控制图。以计数率为纵坐标，日期（或测量序号）为横坐标，在平均值$\bar{n}$的上下各标出控制线（$\bar{n}\pm3\sigma$）和警告线（$\bar{n}\pm2\sigma$）。

$$\sigma = (\overline{n} / t)^{1/2} \qquad \text{(B.1)}$$

式中：σ ——计数率标准差的估计值，s^{-1}；

$\overline{n}$ ——平均计数率，s^{-1}；

t ——测量时间，s。

应定期（间隔适当时间）测定检验源计数率，或者在测每批样品时测定该检验源的计数率。将测定结果标到质量控制图上。若新标的点在警告线之内表示仪器性能正常；若超过控制线或两次结果连续同侧超出警告线，表示仪器可能不正常，应及时寻找出故障原因；若测量结果长期偏于平均值一侧须绘制新的质量控制图。

C.3.3 对于正比计数器型测量仪，为得到满意的性能，室温变化必须控制在±3℃之内。

C.3.4 仪器本底计数率的质量控制图。与绘制计数效率质量控制图（10.2）的方法相同。但一般低本底α测量仪的本底计数率很小，测定一次须用几小时到 24 h，除初期为建立质控图外，在日常工作时期可以每周或每旬测一次本底。

C.4 样品盘

样品盘的表面可以抛光，也可以是毛面（喷沙或化学腐蚀）以能把样品源铺得均匀平整为目的。

附录 D
（提示的附录）
放射性浓度计算式的推导

一般讲，样品的放射性浓度 c（单位 $Bq \cdot L^{-1}$）计算如下：

$$c = R_n \times \frac{1}{\varepsilon_s} \times \frac{1}{V_P} \tag{D.1}$$

式中：c——α放射性浓度，$Bq \cdot L^{-1}$；

R_n——样品的净计数率，s^{-1}，对本底计数率已修正过；

ε_s——对指定放射性核素的厚标准源的计数效率，$s^{-1}Bq^{-1}$；

V_P——与样品盘内残渣量，即 $0.1A$ mg，相当的水样容积，L。

而

$$R_n = R_x - R_o \tag{D.2}$$

式中：R_x——样品源的总计数率，s^{-1}（见 7.6）；

R_o——样品盘本底计数率，s^{-1}（见 7.7）。

和

$$\varepsilon_s = \frac{R_s - R_o}{0.1A \times a_s} \times 1\,000 \tag{D.3}$$

式中；R_s——标准源的总计数率，s^{-1}（见 7.8）；

A——样品盘面积，mm^2；

$0.1A$——样品盘上标准固态物的质量，mg（见 7.8）；

a_s——标准固态物的比活度，$Bq \cdot g^{-1}$（见 7.8）。

和

$$V_P = \frac{V}{m} \times 0.1A \tag{D.4}$$

式中：V——水样体积，L（见 7.2）；

m——V 升水样灼烧后残渣的质量，mg（见 7.4）；

于是公式（2）成为

$$\begin{aligned} c &= (R_x - R_o) \times \frac{0.1A \times a_s}{(R_s - R_o) \times 1\,000} \times \frac{m}{V \times 0.1A} \\ &= \frac{R_x - R_o}{R_s - R_o} \times \frac{a_s}{1000} \times \frac{m}{V} \end{aligned} \tag{D.5}$$

因为每升水样加入稳定剂 20 ml 硝酸（4.2），所以必须对体积进行修正。1 020 ml 的酸化水样相当于 1 000 ml 的原来水样。

故浓度 c（单位 $Bq \cdot L^{-1}$）的最终公式为（对相应配合的刻度源）：

$$c = \frac{R_x - R_o}{R_s - R_o} \times \frac{a_s}{1\,000} \times \frac{m}{V} \times 1.02$$

附 录 E
（提示的附录）
参考文献目录

[1] MURDOCH J．控制图（Control Charts）. Macmillan Press，1979. 26411～26418. ISBN 0333.
[2] MARSHALL R A G．监测放射性本底计数率的累积和图线（Cumulative sumcharts for monitoring of radio-activity background count rates）. Anal Chem，1979（14）：2193～2196.
[3] 蒋子刚，顾雪梅. 分析测试中的数理统计与质量保证. 华东化工学院出版社，1991：346～369，216～226.
[4] 郑仁圻，余君岳，杨健明．判断极限和探测极限的概念及其应用．核标准计量与质量，1996（1）：21～24.
[5] BAGNALL K W. 稀有放射性元素的化学（Chemistry of the rare radio elements）. Butterworth scientific Publ，1957，39，64 et seq，77 et seq.
[6] EAKINS J D.MORRISON R T．测定湖、海底泥中铅-210 的新方法（A New Procedure for the Determination of Lead-210 in Lake and Marine Sediments）. Int J of Appl Rad and Isot，1978（29）：531～536.

中华人民共和国卫生行业标准

空气中放射性核素的γ能谱分析方法

WS/T 184—1999

Gamma spectromentry method of analysing radionuclides in air

卫生部 1999-12-09 发布 2000-05-01 实施

前　言

编制本标准的目的在于对气载放射性核素的γ能谱分析法提出一个规范化要求，使监测方法统一或具有相互可比性，以保证测量结果的质量，为环境放射性监测和卫生评价提供数据。目前国内外尚未制定气载放射性核素γ能谱分析方法的标准，但有同类型的其他环境监测标准可供参考。

本标准对气态碘采样与监测法作了较全面的阐述，突出了空气采样分析的特点。本标准是采用八十年代以来国内外发表的最新资料结合已有经验编写的。

本标准从 2000 年 5 月 1 日起实施。

本标准的附录 A、B、C、D 都是提示的附录。

本标准由卫生部卫生法制与监督司提出。

本标准起草单位：军事医学科学院放射医学研究所。

本标准主要起草人：申成瑶。

本标准由卫生部委托卫生部工业卫生实验所负责解释。

1 范围

本标准以过滤法收集气载放射性污染物样品，用高分辨率 HpGe 或 Ge（Li）γ能谱仪确定空气中γ放射性核素组成及其浓度的方法。

本标准适用于对核设施或操作开放型放射性同位素的工作场所及周围环境空气放射性污染的监测。

2 引用标准

下列标准所包含的条文，通过在本标准中引用而构成为本标准的条文。本标准出版时，所示版本均为有效。所有标准都会被修订，使用本标准的各方应探讨使用下列标准最新版本的可能性。

GB/T 7167—1996　锗γ射线探测器测试方法

GB/T 11713—1989　用半导体γ谱仪分析低活度γ放射性样品的标准方法

GB/T 11743—1989　土壤中放射性核素的γ能谱分析方法

3 定义

本标准采用下列定义。

3.1 工作场所和环境空气监测 workplace and ambient air monitoring

对操作放射性物质的工作场所及周围环境空气放射性浓度的监测。

3.2 空气取样器 air sampler

收集空气样品的装置。由滤料和固定滤料、引导气流的固料夹组成的空气过滤器。

3.3 呼吸带 breathing zone

指在人的面部前面的半球区域，半球的中心是两耳连线的中点，半径 30 cm。在工作过程中该区的空气会被吸入肺。

3.4 呼吸带取样 breathing zone sampling

在相当于工作人员呼吸带区域安装空气取样器进行的空气取样。

3.5 个人空气取样器 personal air sampler

工作人员个人佩带于呼吸带部位的微型空气取样器，用以采集呼吸带空气样品。此采样器获得的样品能代表个人吸入空气污染物（气态或气溶胶）的浓度。

3.6 气溶胶 aerosol

固体或液体微粒在空气或其他气体中形成的分散系。其粒径通常在 0.01 μm 至 100 μm 之间。

4 方法概述

用玻璃纤维滤材和活性炭滤筒相串接组成空气取样器，能分别收集空气中气溶胶态和气态（包括气态无机和有机碘化物）的放射性污染物，然后将收集的滤样置于 HpGe γ谱仪上测量，利用能谱分析软件对测得的γ能谱数据进行解谱分析，即可得出γ核素的组成及相应的活度，再对有关参数进行修正后，计算出各γ核素在空气中的放射性浓度。

5 仪器与设备

5.1 空气采样系统

空气采样系统由空气取样器、缓冲瓶、流量计、针阀和抽气泵 5 部分组成，见图 1。

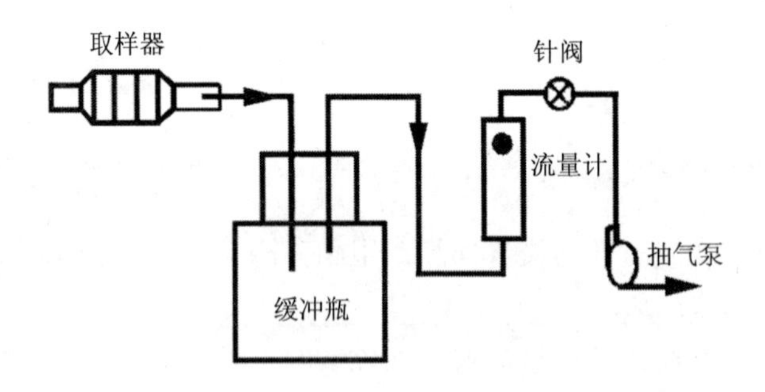

图 1 空气采样系统组成示意图

5.1.1 空气取样器：由滤料、固料夹组成。固料夹主要起固定滤料和引导气流的作用，可用不锈钢或合金铝加工制成。固料夹限定滤料的有效采样面积宜与探测器的直径相配合，一般采样直径较探测器的直径小，常用采样直径约 25～50 mm。组合取样器如图 2 所示。

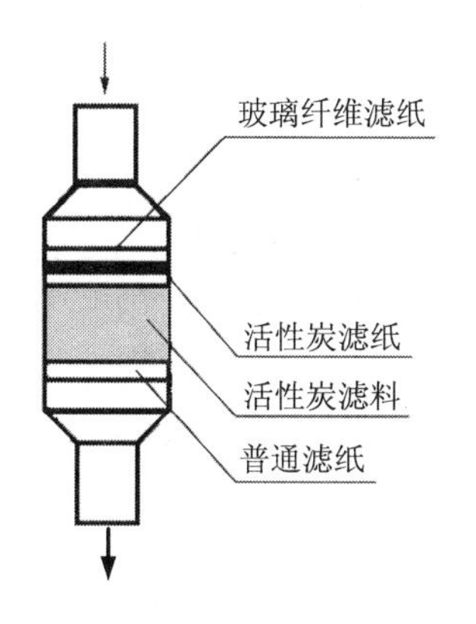

图 2　组合取样器示意图

5.1.2 滤料：应根据取样目的和采集对象，选用合适的高效滤料。本标准推荐三种滤料：

a）超细玻璃纤维滤纸。用于采集气溶胶态放射性污染物。对市售滤纸要用光照检查是否该滤纸有明显孔眼。

b）处理过的活性炭滤纸。用 10%炭重的三亚乙基二胺（TEDA）或碘化钾（KI）作浸渍剂浸渍椰子壳活性炭，活性炭粒度≤50 μm，以桑皮纸浆作衬底，纸浆厚度 7～10 mg • cm^{-2}，制成活性炭滤纸，其质量厚度为 13～15 mg • cm^{-2}。可用于采集元素态碘和气溶胶态放射性物质。

c）处理过的活性炭滤筒。滤筒可用不锈钢或合金铝制成，内径比探测器直径稍小，外径应与测量架相配合，滤筒全长约 6 cm，出气端有不锈钢丝网，内衬一层普通滤纸以防止炭粒被抽走。用 5%～10%炭重的 TEDA 或 2%炭重的 TEDA 和 2%炭重的碘化钾浸渍剂浸渍椰子壳炭或油棕炭，炭粒度≤50 μm，将炭粒填充筒内，炭层厚 5 cm。滤筒用于收集气态有机放射性碘化物。

5.1.3 流量计：常用转子流量计，其量值应经法定计量单位标定，刻度误差≤±3%。

5.1.4 抽气泵：抽气装置必须保证取样系统有足够体积的空气流过，以满足所用测量方法对采样体积的要求。

5.2 样品盒：用于装滤料样品供γ谱仪直接测量。聚乙烯塑料压制成扁圆盒，盒盖和底的厚度≤1 mm，盒深 10 mm，内径可放入滤样，外径与测样架相匹配以便固定其测样位置。

5.3 γ谱仪

谱仪系统由屏蔽室、HpGe 或 Ge（Li）探测器、前置放大器、脉冲线性放大器、ADC 模数转换器、MCA 多道脉冲高度分析器（或 MCA 卡+PC 计算机）和输出打印等设备组成。各组成部分的规格、技术应满足标准 GB/T 11713、GB/T 11743 和 GB/T 7167 中对谱仪和探测器性能的检测要求。

6 采样方法

6.1 采样系统的连接与安装

按图 1 连接各部件。将滤料固定于取样器中，用橡胶管把采样头出气端通过缓冲瓶与流量计下端进气口连接，流量计排气端接针阀，其后再接抽气泵，然后检查管道和接口处是否有泄漏。检查方法：可将排气端管夹死，从进气端打气，在管道接口处涂上肥皂水，看是否产生气泡，以不生气泡为准。

6.2 采样选点

应根据监测计划要求和监测对象，选择采样位置和采样数，使采集的样品能代表工作场所的状况。

6.3 核设施附近环境的空气采样

取样器应置于侧面有进风口或百叶窗的防雨罩内（或将取样器进气口面垂直于地面），在距核设施下风向不同距离的开阔地面（避开高大建筑物或大树对气流的影响），距地面 1.5 m 高处采样。同时还应在上风向选点采样作参照比较。

6.4 工作场所的空气采样

取样器应置于工作人员常停留位置或需调查的位置，距地面 1.5 m 高采样。

6.5 个人呼吸带采样

将个人空气取样器佩带在呼吸带部位，连续佩带一个或两个工作班采样。注意采样器气流速减小与供采样器的电池电压维持恒定气流的时间关系，当连续工作时间较长流速显著降低时，应及时更换电池再采样，并作好记录。

6.6 采样时应注意气流量的变化，及时调节阀门维持所需气流量。采样结束应记下当时的气象条件、采样起止时间及其气流量或采气总体积。卸下取样器，采样面朝上卸开，轻轻取出滤纸或滤筒。将滤纸平放于样品盒中，加盖密封待测；滤筒两端盖上塑料帽待测。

6.7 最小采气量

当采样点空气放射性浓度不详时，由式（1）估计最小采气量。

$$V = 10 \times \mathrm{LLD/DAC} \quad (1)$$

式中：V——最小采气量，L；

LLD——测量方法的探测下限，Bq；

DAC——被检核素的导出空气浓度，$\mathrm{Bq \cdot L^{-1}}$。

或按厂家或法定计量单位提供的滤料最佳流速参数采样，保证采样时达到最佳流速要求。

6.8 流量计的校准

6.8.1 在采样系统中将一只经过法定计量单位刻度过的标准流量计分两次分别串接于待标定流量计的前和后，控制阀门抽取不同流量的气体，标准流量计置于前和后两次测试流量的平均值作为待标定流量计的刻度值。在低流量下可直接用皂膜流量计法进行刻度。

6.8.2 对气压和温度影响的修正：用式（3）将采集空气的体积换算成标准状态下的体积。

设气流量为 Q，采样时间为 t，则采样体积 V_r 计算如式（2）所示：

$$V_r = Q \times t \quad (2)$$

标准状态下的采气体积 V_0 为：

$$V_0 = V_r \times [(T_0 \times p)/(T \times p_0)] \quad (3)$$

式中：V_r——采样气体体积，m^3；

Q——采样气体流量，$m^3 \cdot min^{-1}$；

t——采样时间，min；

V_0——标准状态气体体积，m^3；

p——采样处气压，kPa；

p_0——标准状态下的大气压，取值 101.3 kPa；

T_0——标准状态下气温的热力学温度，297.16 K；

T——采样状态下气温的热力学温度，K。

6.9 采样效率的确定

6.9.1 取样器的采样效率等于测出滤料采集单位体积空气的放射性活度与已知同体积空气的放射性活度之比值。

6.9.2 每种滤料应按实际采样条件对不同状态的气载物进行采样效率标定。

6.9.3 对气态放射性物质（属单分散相）采样效率的标定用相对比较法，方法见附录 A。

6.9.4 对气溶胶态（属多分散相）采样效率的标定，用法定计量单位标定过的高效取样器与待标定的取样器并联采样，然后二者比较用已知采样效率定出未知的采样效率。

6.9.5 如以乙酸酯微球 0.3 μm AMAD 作为标准气溶胶源在气室中发生气溶胶（属单分散相），对此气溶胶采样，其采样效率标定也可用 6.9.3 的相对比较法，但应注明所用的参考标准。

7 谱仪刻度

7.1 谱仪定量分析需先用已知γ射线能量及活度的标准源，模拟成被测样品，在测样条件下对谱仪进行能量和探测效率刻度，然后用刻度的能量和效率对样品的未知成分进行定量分析。

7.2 测量时源（或样品）与探测器之间控制一定距离，使谱仪测量的计数率小于或等于 1 000 cps，以减少因计数率高而发生的脉冲堆积和峰位移，降低对多能γ源的随机符合相加效应。样品距 Ge 探测器表面应不小于 10 cm。

7.3 能量刻度

7.3.1 刻度源

用一组发射单能或多能γ射线刻度源来刻度。能量范围应包含被检样品的γ射线能量，一般取 50～3 000 keV。

7.3.2 方法

将刻度源放于谱仪测样位置测量，从所测能谱中定出全能峰中心道址，将峰中心道址与对应的γ射线能量值用最小二乘法拟合成式（4）的对应关系（通称谱仪的能量响应关系）。

$$E_i = \sum_{n=0}^{N} A_n X_i^n \tag{4}$$

式中：E_i——峰对应第 iγ射线的能量，keV；

X_i——峰中心所在的道址，道数；

A_n——拟合多项式的待求参数；

N——多项式次数。对 Ge（Li）谱仪，N 等于 4 或 5，取决于所呈现的非线性度。

7.4 峰形参数的刻度

峰形参数刻度是确定不同全能峰峰宽与相应γ射线能量的关系，系解谱程序的重要参数。在测样条件下测出单能γ射线刻度源的脉冲能谱，用计算机解谱程序求出各峰的分布参数σ，并由式（5）计算半宽度 FWHM。对不同能量的全能峰求出对应的σ_i和 $FWHM_i$ 值，用最小二乘法拟合成式（6），确定 FWHM 与γ射线能量的关系。

$$FWHM = 2.36\sigma \tag{5}$$

$$FWHM = A + B \times E + C \times E^2 \tag{6}$$

式中：A，B，C——拟合系数；

E——γ射线能量，keV。

7.5 效率刻度

7.5.1 全能峰效率直接刻度法：谱仪探测全能峰效率等于谱仪测得特征γ射线 i 的全能峰净峰面积 S_{pi}（计数率）与源发射该γ射线的强度 $I_i = A_0 \cdot f_i$ 之比值。制备一组已知放射性活度的单能γ射线标准源液（经法定计量单位标定其活度，不确定度≤±5%），分别取一定源液均匀滴于滤纸上制成与空气滤样直径相同的刻度面源，装入垫有一层玻璃纤维滤纸的样品盒中，用压圈将滤纸压平，其面与滤样面同高，然后加盒盖密封放在谱仪测样位置测量。对测出的脉冲谱用谱分析程序定出各单能γ射线的全能峰面积 S_{pi}，除以相应的γ射线的活度 I_i，所得的商即为该γ射线全能峰的探测效率ε_{pi}，用式（7）表示。

$$\varepsilon_{pi} = S_{pi} / (A_0 \cdot f_i) \tag{7}$$

式中：S_{pi}——能量 E_i γ射线的净峰面积，cps；

A_0——被测源的放射性活度，Bq；

f_i——发射 E_i γ射线的几率，即γ分支比或称发射率；

滤样刻度源制备方法见附录 B。

7.5.2 相对效率刻度法：相对效率等于测得能量 E_i γ射线的净峰面积与发射此γ射线的相对强度比之比值。相对强度比是同一多能γ源中任一 E_i γ射线的发射率与选定参考能量 E_m 的γ射线发射率之比值。对高分辨率 HpGe 探测器可以用 1～2 个含有多能γ射线的源作相对效率刻度，然后用一已知活度的单能标准源作效率归一。此方法优点是只需确知刻度源各条γ射线的相对强度比，对源的活度不一定要求已知。所选源的γ射线能量范围应覆盖被测样品的γ射线能量。面源制作和测量过程与（7.5.1）相同。刻度方法见附录 C。

7.5.3 效率刻度结果应在刻度的能量范围内进行曲线拟合，建立效率ε_i 与γ射线能量 E_i 间的经验关系式（8）。

$$\ln(\varepsilon) = \sum_{j=0}^{n-1} a_j \times [\ln(E)]^j \qquad (8)$$

式中：a_j ——拟合系数。

$n-1$——拟合阶数，常取 3。

效率刻度的不确定度应≤±10%。

7.6 滤筒总探测效率刻度法

气态有机放射性碘通过活性炭滤筒时，被阻留和吸附于活性炭层中，其存留量随滤筒深度呈指数递减式分布。因此，刻度滤筒测量效率的困难在于不易制出模拟实际分布的刻度源。本标准采用实验和理论计算相结合的方法确定滤筒活性炭的采样和测量效率之积，以此作为滤筒的总探测效率 Λ，方法详见附录 D。

8 测量与核素分析

8.1 测量滤料本底

取同批干净滤料，放于样品盒中加盖密封，在与效率刻度相同的条件下测量，其峰区计数的统计误差应满足≤±5%的精度要求。

8.2 样品的测量

从取样器中取出滤料。对滤纸将采样面向上平放于样品盒内加盖密封，对滤筒两端盖上塑料帽，在与效率刻度相同的条件下测量，使最小峰的计数统计误差≤±5%。

8.3 核素分析

核素分析除采用 GB/T 11743 和 GB/T 11713 的基本方法外，对配有谱分析程序的 Ge 谱仪，用前述能量、效率和峰形参数刻度曲线，微机γ能谱分析软件即可自动分析未知测量谱的核素组成。解谱程序应经标准谱或已知的混合多能γ标准源进行检验，证明它对弱峰和重峰的分解能力。本标准推荐使用 MicroSAMPO 谱分析软件，它具有较好地分解多重峰和弱峰的能力。谱分析程序应包括指定解谱区段边界、段内全能峰个数、设置判峰域值，执行数据光滑、寻峰、判断重峰和单峰、扣本底、求峰面积、根据峰能和核素库确定相应核素，计算各组成核素的放射性活度。

8.4 空气放射性浓度的计算

空气中放射性核素 j 的浓度 C_j 由式（9）计算：

$$C_j = S_{pji} \cdot (R \cdot f_{ji} \cdot V \cdot \xi \cdot \varepsilon_{pi})^{-1} \qquad (9)$$

式中：S_{pji} ——核素 j 的 E_iγ射线全能峰净峰面积，cps；

R——衰变校正系数；

f_{ji}——核素 j 发射 E_i γ射线的发射率（即分支比）；

V——采气总体积，m^3；

ξ——滤料的采样效率；

ε_{pi}——E_i γ射线的全能峰探测效率。

对滤筒采集气态碘而言，式（9）中 ξ 和 ε（采样和探测效率）二者之积代表滤筒的总探测效率 Λ，用 Λ 代入式（9）中即得滤筒采集气态碘的放射性浓度。

8.5 衰变校正

当采样时间、放置时间和测量时间大于待测核素的半衰期时，应对核素在各时间间隔的衰变进行校正，式（10）、（11）、（12）给出衰变校正算法。

$$R_1=1-e^{-\lambda \cdot t_1} \tag{10}$$

$$R_2=e^{-\lambda \cdot t_2} \tag{11}$$

$$R_3=1-e^{-\lambda \cdot t_3} \tag{12}$$

式中：R_1，R_2，R_3——分别代表采样、放置和测量时间内的衰变校正项；

t_1——采样开始至结束的时间，min；

t_2——采样结束至测样开始时间，min；

t_3——测样开始至结束时间，min；

λ——放射性核素衰变常数，min^{-1}。

9 结果报告

9.1 测量结果应报告谱仪的探测下限。报告样品核素活度超过探测下限的空气浓度及其标准差，并注明所采用的置信度（通常用 95%的置信度）。对低于探测下限的核素其浓度以“小于 LLD”表示。

9.2 样品计数标准差 S_0 用式（13）计算：

$$S_0=\sqrt{[(N_s \cdot (t_s^2)^{-1})+(N_b \cdot (t_b^2)^{-1})]} \tag{13}$$

式中；N_s——全能峰计数；

N_b——峰区的本底计数；

t_s，t_b——分别为测样品和本底的时间。

附 录 A
（提示的附录）
滤料采集气态碘效率刻度方法

A.1 气态碘源发生器

A.1.1 气态碘源发生器是产生无机和有机气态放射性碘的设备，供滤料收集效率刻度用。
A.1.2 原料：无载体放射性 Na ^{131}I 和 HNO_3、NaOH、N_2。
A.1.3 器材：反应瓶，鼓气机，湿度温度指示器，恒温控制设备，气体混合室。

A.2 气态碘源制备法

A.2.1 在反应瓶中将 Na ^{131}I 加入 10 mol/L HNO_3 100 ml 溶液中，保持 100℃温度，使其氧化产生气态碘。产生的气态碘用鼓泡法以 100 ml・m^{-1}的流速，连续通以氮气携载气体将气态碘从 10 mol/L 氢氧化钠（20 ml）溶液中洗出。
A.2.2 随后将气态碘引入约 6 m^3 混合室内，并以 10 m^3・min^{-1} 流速通以不同湿度的空气与之循环混合老化，作为采样用的放射性气态碘源。
A.2.3 可在气态碘进入混合室内不同时间采样，5 h 之内采样可用作活性炭滤纸采集无机碘的效率刻度，5 h 以后采样，可作为活性炭滤筒采集有机碘效率的刻度。

A.3 滤料采样效率刻度法

A.3.1 实验装置如图 A.1 示意图。

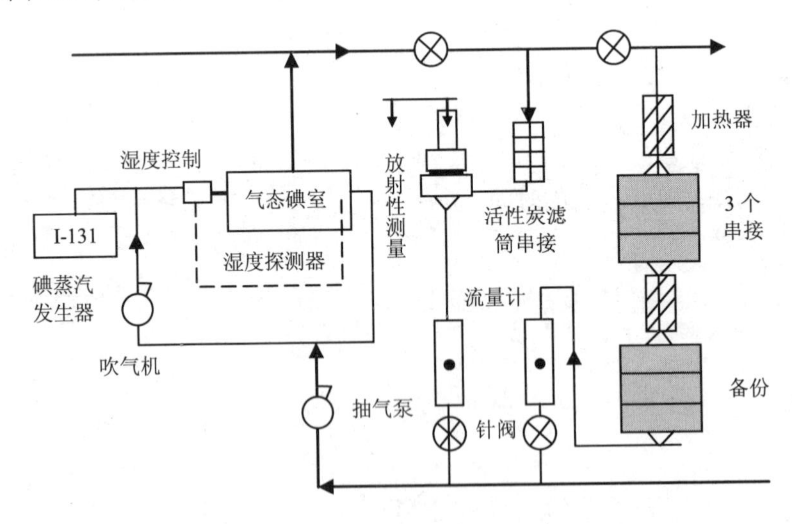

图 A.1 滤料采样效率刻度实验装置示意图

A.3.2 将装有相同滤料（滤纸＋滤筒）的待刻度的采样器，三只串接于采样气路中，在一定温度、湿度和气流量下采样。
A.3.3 采集一定体积后，在相同测量条件下，分别测定三只采样器的滤料放射性的计数率，并分别令其为 N_1、N_2 和 N_3。

A.3.4 式（A.1）计算待刻度滤料（即第一级）的采样效率ξ_1：

$$\xi_1 = N_1/(N_1+N_2+N_3) \quad (A.1)$$

重复3～5次采样测量，求平均采样效率和标准偏差。

A.3.5 改变湿度和温度及采样气流量，重复上述过程，确定滤料在不同采样条件下对气态碘的采样效率。

附 录 B
（提示的附录）
刻度源制备方法

B.1 制源用具

B.1.1 万分之一分析天平。

B.1.2 特制两尖嘴微型称量壶。

B.1.3 标准放射性源液 5 ml，比活度 C_s 约 100 Bq/ml（或 Bq/mg），不确定度≤±5%。

B.1.4 无水酒精，蒸馏水，棉球。

B.1.5 玻璃纤维滤纸和普通过滤纸。剪切成与采样器和样品盒的内径相同两层滤纸待用。

B.1.6 移液架和微调吸液器。

B.2 操作方法

B.2.1 将样品盒洗净烘干，盒内放一层已剪切好的玻璃纤维滤纸，再放一张已标出滴液位置的普通滤纸，向滤纸加入 2 ml 酒精使滤膜全浸润待用。

B.2.2 用细橡胶管将微调吸液器与称量壶短嘴相连接，壶的细长嘴伸入标准源液中，调节微调吸液器吸取一定量的源液，用棉球擦去吸嘴外壁沾附的源液。

B.2.3 小心从橡胶管上取下微型称量壶，在天平上称量，G_1（mg）。再连接上橡胶管，将细长嘴置于滴源滤纸上方，从纸中心向外滴源液。

B.2.4 调节微调吸液器控制源液均匀滴在滤纸上，待源液稍干后压上压圈，盖上盒盖密封。

B.2.5 滴完源液后移开样品盒，取下称量壶，再称小壶重量 G_2（mg）。

B.2.6 计算制源活度，见式（B.1），（B.2），（B.3）

$$\text{滤纸上滴的源液量 } G = G_1 - G_2 \qquad \text{(B.1)}$$

$$\text{滤纸源的活度 } A_s = G \cdot G_s \qquad \text{(B.2)}$$

$$\text{制源总的不确定 } \Delta = \sqrt{(\Delta_1^2 + \Delta_2^2 + \Delta_3^2)} \qquad \text{(B.3)}$$

式中：Δ_1，Δ_2——称重 G_1 和 G_2 的相对标准偏差；

Δ_3——源标定比活度的相对标准偏差。

B.2.7 另制一滤纸面源，方法同上 B.2.1～B.2.6，将滤纸源封于薄塑料膜内，专用于夹在活性炭滤筒内模拟刻度滤筒的探测效率。制一个源用一个称量壶，以防源液污染。

B.2.8 检验制源方法的精密度，可同时制三个平行源，然后在相同条件下测量，取三个平行源全能峰计数平均值的相对标准偏差表示。

附 录 C
（提示的附录）
相对效率刻度法

C.1 原理与方法

C.1.1 将刻度源放于谱仪测样位置测量，测得的谱用解谱程序定出各全能峰的净峰面积，并除以相应能量的γ射线相对强度比，所得商即为该γ射线的相对探测效率。将相对效率与γ射线能量在对数坐标纸上绘图，并用最小二乘法拟合成相对效率刻度曲线。另外用一个已知放射性活度的单能γ射线标准源如 ^{137}Cs 在相同条件下确定其全能峰的效率。从相对效率曲线查出单能γ射线对应能量的相对效率值，用已知效率与相对效率之比值将其他能量的相对效率归一为全能峰效率。

C.1.2 对发射多γ射线的核素 j，谱仪测出能量为 E_i 的γ射线全能峰探测效率，ε_{ji} 可用式（C.1）确定。

$$\varepsilon_{ji} = n_{pji}/(A_j \times \phi_{ji}) \tag{C.1}$$

式中：n_{pji}——测出核素 j 发射能量为 E_i 的γ射线的全能峰净峰面积，cps；

A_j——源放射性核素 j 的放射性活度，Bq；

ϕ_{ji}——每一次核蜕变发射 E_i γ射线的发射率，或称γ分支比。

C.1.3 在同一源中任选一能量为 E_m 的γ射线作参考线，它的γ发射率为 ϕ_{jm}，相应的峰探测效率由式（C.2）确定。

$$\varepsilon_{jm} = n_{pjm}/(A_j \times \phi_{jm}) \tag{C.2}$$

C.1.4 对 E_i γ射线与参考线 E_m 的全能峰效率之比为：

$$\varepsilon_{ji}/\varepsilon_{jm} = (n_{pji}/n_{pjm})/(\phi_{ji}/\phi_{jm}) = (n_{pji}/\psi_{ji}) \times (l/n_{pjm}) = \varepsilon^{r}_{ji}/n_{pjm} \tag{C.3}$$

式中：$\varepsilon^{r}_{ji} = n_{pji}/\psi_{ji}$——定义为对能量 E_i 的γ射线之相对效率。

$\psi_{ji} = \phi_{ji}/\phi_{jm}$——能量为 E_i 的γ射线之相对强度比。

C.1.5 将 ε^{r}_{ji} 与γ能量 E_i 的对应关系取对数作图，即得相对效率曲线，并用最小二乘法拟合即得相对效率与能量的关系式。

C.1.6 用一已知活度的单能 E_k γ标准源在同样条件下测量，定出此γ线的全能峰效率为 ε_k，从相对效率曲线上查出 E_k 的相对效率为 ε^{r}_{k}，两者之比值为 R_k。

$$R_k = \varepsilon_k/\varepsilon^{r}_{k} \tag{C.4}$$

对任一γ射线 E_i 的全能峰探测效率 ε_i 可用式（C.5）计算。

$$\varepsilon_i = R_k \cdot \varepsilon^{r}_{i} \tag{C.5}$$

式中：$\varepsilon_i^{\mathrm{r}}$——$E_i$ γ射线的相对效率。

用最小二乘法将全能峰效率与能量的关系拟合成（C.6）式。将此式中所得参数输入谱仪效率刻度数据库，用于谱分析程序计算解未知核素的放射性活度。

$$\ln(\varepsilon)=\sum_{j=0}^{N-1} a_j \times[\ln(E)]^j \qquad (\mathrm{C}.6)$$

式中：a_j——拟合待求系数；

$N-1$——拟合阶数，$N-1$ 等于 3 或 4。

C.2　刻度 HpGe 谱仪全能峰效率的多γ射线源见表 C.1。

表 C.1　多γ射线源及其相对强度

核素名	γ能量/keV	相对强度/%	核素名	γ能量/keV	相对强度/%	核素名	γ能量/keV	相对强度/%
^{152}Eu	121.8[1]	141.0±4.0	^{56}Co	2 015.3	2.9±0.2	^{214}Bi	1 377.7	8.87±0.15
	244.7[1]	36.6±1.1		2 034.8	8.2±0.6		1 509.2	4.78±0.09
	344.3[1]	127.2±1.3		2 598.5	18.0±0.9		1 729.6	6.29±0.10
	411.1	10.7±0.11		3 202.1	3.2±0.35		1 847.4	4.52±0.09
	444.0	15.0±0.15		3 253.5	7.7±0.9		2 118.6	2.53±0.05
	778.9	62.6±0.6		3 273.1	1.71±0.25		2 204.2	10.77±0.20
	867.4	20.5±0.21		3 451.5	0.93±0.2		2 447.9	3.32±0.08
	964.0	70.5±0.21	^{226}Ra[2]	186.2	9.00±0.1	^{75}Se	66.0	1.77±0.2
	1 085.8	48.7±0.5	^{214}Pb[2]	242.0	16.06±0.2		96.7	5.6±0.5
	1 112.1	65.0±0.7	^{214}Pb	295.2	42.01±0.53		121.1	28.2±1.4
	1 408.0	100.0±1.0	^{214}Pb	351.9	80.42±0.81		136.0	98.2±4.6
^{56}Co	847.0	100.0	^{214}Bi[2]	609.3	100.00±0.92		198.6	2.4±0.12
	1 037.8	12.9±0.5	^{214}Bi	768.6	10.90±0.15		264.7	100
	1 175.1	2.3±0.23	^{214}Bi	934.1	6.93±0.10		279.5	43.2±2.2
	1 238.0	69.3±1.47	^{214}Bi	1 120.3	32.72±0.39		303.9	2.3±0.12
	1 360.0	4.2±0.21	^{214}Bi	1 238.1	12.94±0.17		400.6	19.6±1.2
	1 771.3	16.5±0.8						

1）此三条线是 Eu-152 中最强的，其跃迁相对强度一致性较差，前两者相对于第三条线强度变化从 0.91 到 1.17。低能峰有高能干扰不易分开，在刻度时不宜作效率计算用。

2）Ra-226 与子体平衡时发射的最强的γ线。

附 录 D
（提示的附录）
滤筒的总探测效率刻度法

D.1 气态有机化合物在滤筒中随筒深的分布呈指数规律分布，对滤筒0～x段的采样效率定义见式(D.1)：

$$\xi = 1 - e^{-ax} \tag{D.1}$$

在滤筒深 x 处的截面层 dx 的采样效率 ξ_{cdx}，可从式（D.1）微分导出：

$$\xi_{cdx} = a e^{-ax} \cdot dx \tag{D.2}$$

式中：a——有机碘在给定的滤筒活性炭中的分布参数；

x——距进气表面活性炭的垂直深度，cm。

D.2 分布参数 a 的实验确定。用组合滤料（玻璃纤维滤纸＋活性炭滤纸＋滤筒活性炭）取样器，在一定的气流面速度 V，温度 T 和相对湿度 H 条件下，采集气态碘源（见附录 A 中 A.3.1）的样品，采样后将滤筒炭分成 4～6 层，每层厚 5～10 mm，分别在相同条件下测量每层的计数率。然后在半对数坐标纸上绘出计数率与层深 x 的关系曲线，此曲线近似呈直线。该直线的斜率即为分布参数 a。对不同温度、湿度和气流面速度条件 i，重复此过程可以获得相应的分布参数值 a_i。

D.3 用标准放射性碘源液制作的薄层滤纸面源（附录 B），并用塑料薄膜两面包封。将面源放于滤筒活性炭层不同深度处（面源代表该层截面上的活度），然后分别测量并定出源在不同深处碘的全能峰探测效率ε_{px}，并用最小二乘法拟合不同深度 x 处截面层的峰探测效率与层深 x 的函数关系为二次函数关系：

$$\varepsilon_{px}=AX^2+BX+C \tag{D.3}$$

式中：A，B，C ——根据实验值用最小二乘法拟合求出的方程系数。

D.4 将式（D.2）和（D.3）相乘，得出滤筒深 X 处截面的采样与测量效率的乘积，并定义为 X 层的总探测效率。对滤筒 0～d 深度的总探测效率 Λ 则是二者乘积表达式在 0～d 的积分，由式（D.4）表示：

$$\begin{aligned}\Lambda &= \oint_0^d \varepsilon_{px} \times \zeta_{cdx} \\ &= \oint_0^d (AX^2 + BX + C) \times a e^{-ax} dx \\ &= A/\{a^2[2-(a^2d^2+2ad+2)e^{-ad}]\} \\ &\quad + B/\{a[1-(ad+1)e^{-ad}]\} + C(1-e^{-ad})\end{aligned} \tag{D.4}$$

D.5 从 D.2 和 D.3 实验获得的不同采样条件下的分布参数 a_i 和 A、B、C 值代入式（D.4）中，即可计算出不同采样条件下的总探测效率 Λ 值。

D.6 用采样时的条件从标定曲线中查出相应的参数值，用式（D.4）计算总探测效率 Λ，即可用于式（8）计算气态碘的空气浓度。

中华人民共和国环境保护行业标准

辐射环境监测技术规范

HJ/T 61—2001

Technical criteria for radiation environmental monitoring

国家环境保护总局 2001-05-28 发布

2001-08-01 实施

前　言

根据《中华人民共和国环境保护法》、《全国环境监测管理条例》及《放射环境管理办法》等法律、法规的规定，制定本技术规范。

本规范确定了辐射环境质量监测、辐射污染源监测、放射性物质安全运输监测以及辐射设施退役、废物处理和辐射事故应急监测等监测项目、监测布点、采样方法、数据处理、质量保证。规定了监测报告的编写格式与内容等。

本标准由国家环境保护总局科技标准司提出。

本标准由国家环境保护总局核安全与辐射环境管理司组织并负责起草。

本标准由国家环境保护总局负责解释。

1 适用范围

本规范规定了辐射（仅限于电离辐射）环境质量监测、辐射污染源监测、样品采集、保存和管理、监测方法、数据处理、质量保证以及辐射环境质量报告编写等主要技术要求。

本规范适用于辐射环境监测单位进行辐射环境质量监测，辐射污染源监测以及辐射事故监测。

其他辐射环境监测单位可参照使用。

2 引用标准

下列标准所含条文，在本标准中被引用即构成本标准的条文，与本标准同效。

GB 8703—88　辐射防护规定

GB 8999—88　电离辐射监测质量保证一般规定

GB 12379—90　环境核辐射监测规定

当上述标准被修订时，应使用最新版本。

3 术语

3.1（电离）辐射

能够通过初级过程或次级过程引起电离事件的带电粒子或（和）不带电粒子。在电离辐射防护领域中，电离辐射也简称辐射。

3.2 天然辐射源

天然存在的电离辐射源。它们产生的辐射也称为天然本底辐射，来源于下面三个方面：宇宙辐射，宇生放射性核素，原生放射性核素。

3.3 核设施

以需要考虑安全问题的规模生产、加工、利用、操作、贮存或处置放射性物质的设施（包括其场地、建（构）筑物和设备）。诸如：铀加工、富集设施、核燃料制造厂、核反应堆（包括临界及次临界装置）、核动力厂、乏燃料贮存设施和核燃料后处理厂等。

3.4 放射性同位素应用

利用放射性同位素进行科研、生产、医学检查、治疗等的实践。

3.5 射线装置

安装有粒子加速器、X 射线机以及大型放射源并能产生高强度辐射场的构筑物或设施。

3.6 伴生放射性矿物的开采与利用

伴生放射性矿物的矿山是指放射性核素在与被开采的其他矿物共生时，其数量或品位按审管部门的规定应采取辐射防护措施的矿山。放射性物质不是开采的对象，但与所开采的矿石一起被开采与利用。

3.7 退役

辐射源或相关设施利用寿期终了时，或因计划改变、发生事故等原因而将设施提前关闭时，为使其退出服役，在充分考虑保护工作人员和公众健康与安全和保护环境的前提下所进行的各种活动。退役的最终目标是厂址的无限制释放或利用。完成这一过程一般需要数年、数十年或更长的时间。

3.8 事故

从防护和安全的观点看其后果或潜在后果不容忽视的任何意外事件或事件序列，包括人为错误、设备失效或其他损坏。

这类事件很有可能对外界环境造成不良后果（主要指放射性物质失去控制地向环境释放），并可能危及公众的健康。

3.9 应急

需要立即采取某些超出正常工作程序的行动以避免事故的发生或减轻事故后果的状态。有时也称紧急状态。

3.10 辐射环境质量

指环境中辐射品质的优劣程度。本规范中将其具体到一个有限的环境内，针对不同的环境状态，选择一些具有可比性的关键辐射参数作为衡量辐射环境质量的指标，以实现对辐射环境质量进行描述、比较与评判。

3.11 辐射监测

为了评估和控制辐射或放射性物质的照射，对剂量或污染所完成的测量及对测量结果所作的分析和解释。

3.12 本底调查

在新建设施投料（或装料）运行之前、或在某项设施实践开始之前，对特定区域环境中已存在的辐射水平、环境介质中放射性核素的含量，以及为评价公众剂量所需的环境参数、社会状况所进行的全面调查。

3.13 辐射环境监测

在辐射源所在场所的边界以外环境中进行的辐射监测。

3.14 常规监测

在预定场所按预定的时间间隔进行的监测。

3.15 应急监测

在应急情况下，为查明放射性污染情况和辐射水平而进行的监测。

3.16 放射性流出物及监测

放射性流出物指实践中的源所造成的以气体、气溶胶、粉尘或液体等形态排入环境的放射性物质。通常情况下，其目的是使之在环境中得到稀释和弥散。为说明从该设施排到环境中的放射性流出物的特征，在排放口对流出物进行采样、分析或其他测量工作即流出物监测。

3.17 放射性废物

含有放射性核素或被其污染，没有或暂时没有重复利用价值，其放射性比活度或污染水平超过国家规定限值的废弃物。

3.18 代表性样品

是被取样介质相同的一部分，具有被取样介质的性质和特征。

3.19 计量器具

指能用以直接或间接测出被测对象量值的装置、仪器仪表、量具和用于统一量值的标准物质。

3.20 检定

指为评定计量器具的计量特征，确定其是否符合法定要求所进行的全部工作，一般简称计量检定或检定。计量检定工作必须按国家计量检定系统表的规定进行，必须执行计量检定规程的技术规定，必须接受县级以上人民政府计量行政部门的法制监督。因此，计量检定也称为法制检定。

3.21 刻度（标定、校准）

在规定条件下，为确定计量器具示值误差的一种操作。刻度主要是确定计量器具的示值误差，以便调整仪器或对示值给出修正值。刻度又称校准或标定。

3.22 检验

在规定条件下，为判断计量器具特征是否保持恒定的一种操作。亦称计量器具稳定性检验。检验主要是确定计量器具的工作参数与刻度时的变化程度，以便确定是否需重新进行刻度。

4 辐射环境质量监测

4.1 辐射环境质量监测目的与原则

4.1.1 辐射环境质量监测的目的

积累环境辐射水平数据；总结环境辐射水平变化规律；判断环境中放射性污染及其来源；报告辐射环境质量状况。

4.1.2 辐射环境质量监测的原则

辐射环境质量监测的内容，因监测对象的类型、规模、环境特征等因素的不同而变化；

在进行辐射环境质量监测方案设计时，应根据辐射防护最优化原则，进行优化设计，随着时间的推移和经验的积累，可进行相应的改进。

4.2 辐射环境质量监测内容

4.2.1 陆地γ辐射剂量

4.2.2 空气

4.2.2.1 气溶胶　监测悬浮在空气中微粒态固体或液体中的放射性核素浓度。

4.2.2.2 沉降物　监测空气中自然降落于地面上的尘埃、降水（雨、雪）中的放射性核素含量。

4.2.2.3 氚　主要监测空气中氚化水蒸气中氚的浓度。

4.2.3 水

4.2.3.1 地表水　监测主要江、河、湖泊和水库中的放射性核素浓度。

4.2.3.2 地下水　监测地下水中放射性核素的浓度。

4.2.3.3 饮用水　监测自来水和井水及其他饮用水中的放射性核素浓度。

4.2.3.4 海水　监测沿海海域近海海水中的放射性核素浓度。

4.2.4 底泥

监测江、河、湖、库及近岸海域沉积物中放射性核素含量。

4.2.5 土壤

监测土壤中的放射性核素含量。

4.2.6 生物

4.2.6.1 陆生生物　监测谷类、蔬菜、牛（羊）奶、牧草等中的放射性核素含量。

4.2.6.2 水生生物　监测淡水和海水的鱼类、藻类和其他水生生物中的放射性核素含量。

4.3 辐射环境质量监测点的布设原则

4.3.1 陆地γ辐射

陆地γ辐射监测点应相对固定，连续监测点可设置在空气采样点处。

4.3.2 空气

空气（气溶胶、沉降物、氚）的采样点要选择在周围没有树木、没有建筑物影响的开阔地，或没有高大建筑物影响的建筑物的无遮盖平台上。

4.3.3 水

4.3.3.1 地表水　在确定地表水采样点时，尽量考虑国控、省控监测点。

4.3.3.2 饮用水　在城市自来水管末端和部分使用中的深井设饮用水监测采样点。

4.3.3.3 海水　在近海海域设置海水监测采样点。

4.3.4 土壤

土壤监测点应相对固定，设置在无水土流失的原野或田间。

4.3.5 生物

4.3.5.1 陆生生物样品采集区和样品种类应相对固定。

a）采集的谷类和蔬菜样品均应选择当地居民摄入量较多且种植面积大的种类；牧草样品应选择当地有代表性的种类。

b）采集的牛（羊）奶均应选择当地饲料饲养的奶牛（羊）所产的奶汁。

4.3.5.2 水生生物监测采样点应尽量和地表水、海水的监测采样区域一致。

4.4 辐射环境质量监测的项目和频次

辐射环境质量监测的项目和频次见表 1。

表 1　环境质量监测项目和频次

监测对象	分析测量项目	监测频次
陆地γ辐射	γ辐射空气吸收剂量率	连续监测或 1 次/月
	γ辐射累积剂量	1 次/季
氚	氚化水蒸气	1 次/季
气溶胶	总α、总β、γ能谱分析	1 次/季
沉降物	γ能谱分析	1 次/季
降水	^{3}H、^{210}Po、^{210}Pb	一次降雨（雪）期/年
水	U、Th、^{226}Ra、总α、除 K 总β、^{90}Sr、^{137}Cs	1 次/半年
土壤和底泥	U、Th、^{226}Ra、^{90}Sr、^{137}Cs	1 次/年
生物	^{90}Sr、^{137}Cs	1 次/年

5 辐射污染源监测

5.1 辐射环境污染源监测目的和原则

5.1.1 目的

对辐射污染源进行监督性监测的主要目的是监测污染源的排放情况；核验排污单位的排放量；检查排污单位的监测工作及其效能；为公众提供安全信息。

5.1.2 原则

对辐射环境污染源监测，在执行本规范的要求时应注意以下一些原则：

a）凡是不能被国家法规所豁免的辐射源和实践，均应按法规要求进行适当和必要的流出物监测和环境监测；

b）流出物监测和环境监测内容，应视伴有辐射设施的类型、规模、环境特征等因素的不同而不同；

c）在制定流出物监测和环境监测方案时，应根据辐射防护最优化原则和辐射环境污染源的具体特征有针对性地进行优化设计，并随着时间的推移，在经验反馈的基础上进行相应的改进；

d）凡是有多个污染源的伴有辐射设施应遵循统一管理和统一规划的原则。

5.2 核设施环境监测

核设施周围辐射环境监测包括运行前环境辐射水平调查、运行期间环境监测以及流出物监测、事故场外应急监测和退役监测。

5.2.1 核电厂辐射环境监测

5.2.1.1 运行前环境辐射水平调查

a）调查内容

调查环境γ剂量水平和主要环境介质中重要放射性核素的比活度。

b）调查时间

环境辐射水平调查的时段连续不得少于两年，并应在核电厂投入运行前一年完成。

c）调查范围

环境γ辐射剂量水平调查范围以核电厂为中心、半径 50 km。环境介质中放射性核素比活度调查范围以核电厂为中心、半径 10 km。

d）监测项目与频次

由于各核电厂的自然环境、气象因素及所选堆型不同，监测方案理应有所差别。监测方案可参照表 2 压水堆核电厂辐射环境监测方案制定。

表 2　压水堆核电厂辐射环境监测方案

监测对象	布点原则**	采样频次	分析测量项目
气溶胶	厂区边界 厂外地面最高浓度处* 主导风下风向距厂区边界＜10 km 的居民区 对照点	连续采样	总α、总β或α/β比值
		累积采样 1 次/月，采样体积约为 10 000 m^3	总α、总β、γ核素分析
气体	厂区边界 厂外地面最高浓度处* 主导风下风向距厂区边界＜10 km 的居民区 对照点	1 次/月	^{3}H、^{14}C
沉降物	厂区边界 厂外地面最高浓度处* 主导风下风向距厂区边界＜10 km 的居民区 对照点	累积样/月	^{90}Sr，γ核素分析，总α，总β
降水	厂区边界 厂外地面最高浓度处* 主导风下风向距厂区边界＜10 km 的居民区	降水期间	^{3}H，γ核素分析

监测对象	布点原则**	采样频次	分析测量项目
	对照点		
地表水	排放口下游混合均匀处； 预计受影响的地表水； 排放口上游对照点	1 次/半年	^{3}H、γ 核素分析
地下水	可能受影响的地下水源； 对照点	1 次/半年	^{3}H、γ 核素分析
饮用水	可能受影响的饮用水源； 对照点	1 次/季	总α、总β、^{3}H、γ 核素分析
海水	排放口附近海域； 对照点	1 次/半年	^{3}H、γ 核素分析
水生物	排放口下游水域或海域； 对照点	1 次/年	γ 核素分析
底泥	与地表水（海水）采样点同	1 次/年	^{90}Sr、γ 核素分析
陆生植物	主导风下风向或排水口下游灌溉区； 对照点	收获期	γ 核素分析
家畜、家禽器官	主导风下风向厂外最近的村镇； 对照点	1 次/年	γ 核素分析
牛（羊）奶	主导风下风向厂外最近的奶场； 对照点	1 次/半年	^{131}I
指示生物	厂外地面最高浓度处；排放水域	1 次/年	按指示生物浓集度作用定的特征核素
土壤，岸边沉积物	<10 km 16 个方位角内（主导风下风向适当加密）；对照点	1 次/年	^{90}Sr、γ 核素分析
潮间带土	排放口附近潮间带土； 对照点	1 次/年	^{90}Sr、γ 核素分析
陆地γ 辐射	厂外地面最高浓度处； 厂界周围按半径 2、5、10、20、50 km，8 个方位角间隔交叉布点	1 次/季	γ 辐射空气吸收剂量率
	同气溶胶采样点	连续	γ 辐射空气吸收剂量率
γ 累积剂量	厂外地面最高浓度处； 厂界周围按半径 2、5、10、20 km 8 个方位角间隔交叉布点	1 次/季	γ 辐射空气吸收剂量

注：*指按大气扩散试验地面最大浓度处。**布点数应满足统计学的要求。

5.2.1.2 运行期间环境监测

a）监测范围

以核设施为中心，半径为 20～30 km。

b）监测项目和频次

运行期间的环境监测范围、项目、频次与运行前环境辐射水平调查时基本相同。

5.2.1.3 运行期间流出物监测

核电厂气载流出物监测内容，以压水堆为例，列于表 3。

核电厂液态流出物监测内容，以压水堆为例，列于表 4。

表 3　核电厂气载流出物监测

监测项目	取样方式	测量方式
惰性气体	连续	连续
^{131}I	累积	定期
气溶胶	累积	定期
氚	累积	定期
^{14}C	累积	定期

表 4　核电厂液态流出物监测

监测对象	取样方式	监测项目
贮存槽	排放前采样	^{3}H、γ 核素分析、β活化产物
排放口	定期采样	^{3}H、γ 核素分析、β活化产物

5.2.1.4 核事故场外应急监测

核事故场外应急监测分早期、中期和晚期监测。按地方核事故应急机构制定的应急监测计划，实施应急监测。

5.2.1.5 退役监测

根据核电厂退役时的放射性废物源项调查，酌定监测范围、项目和频次。

5.2.2 其他类型反应堆的环境监测

参考 5.2.1 核电厂辐射环境监测，根据堆型、流出物排放量和核素种类决定监测范围、项目和频次。

5.2.3 铀矿山及水冶系统环境辐射监测

5.2.3.1 运行前环境辐射水平调查

a）调查时间

厂矿运行前。

b）调查范围

厂（场）界外 10 km 以内。

c）监测方案

见表 5。

表 5　铀矿山水冶系统运行前环境辐射水平调查方案

监测对象	取样点	采样方式及频次	测量项目
气溶胶、沉降物	下风向厂区边界处；厂区周围最近居民点；预计污染物浓度最大处；对照点	累积采样 1 次/半年	U、Th、^{226}Ra、^{210}Pb、^{210}Po
空气	拟建尾矿库、废石场；气溶胶取样布点处	1 次/季	氡及其子体
地下水	尾矿坝下游地下水；废水流经地区的地下水；厂矿周围 2 km 内饮用水井；对照点	1 次/半年	U、Th、^{226}Ra、^{210}Pb、^{210}Po
地表水	各排放口下游第一个取水点；下游主要居民点；对照点	1 次/半年	U、Th、^{226}Ra、^{210}Pb、^{210}Po
底泥	同地表水	1 次/年	U、Th、^{226}Ra、^{210}Pb、^{210}Po
土壤	污水灌溉的农田及其作物区；对照点	1 次/年	U、Th、^{226}Ra、^{210}Pb、^{210}Po
陆生生物	预计污染物浓度最大点处；3 km 内受废水污染区；对照点	收获期	U、Th、^{226}Ra、^{210}Pb、^{210}Po
水生生物	受废水或污染区渗漏，地表径流影响的湖泊、河流；对照点	1 次/年	U、Th、^{226}Ra、^{210}Pb、^{210}Po
陆地γ 辐射	以厂区为中心 5 km 8 个方位内；气溶胶取样布点处；尾矿库；废石场矿处；易撒落矿物的公路处	1 次/半年	γ 辐射空气吸收剂量率

5.2.3.2 运行期间环境监测

a）监测范围

厂界外 10 km 以内。

b）监测方案

参照表 5 铀矿山及水冶系统运行前环境辐射水平调查方案。堆浸时增测堆浸场附近土壤，地浸时增测监控点。

5.2.3.3 运行期间流出物监测

运行期间流出物监测见表 6。

表 6 铀矿山及水冶系统运行期间流出物监测

监测对象	监测点	监测频次	分析测量项目
气溶胶	作业场所排气口	定期	U、^{226}Ra、^{210}Pb、^{210}Po
废气	作业场所排气口	定期	氡及其子体
废水	排放口	定期	总α、总β、U、^{226}Ra、^{210}Pb、^{210}Po
废渣	尾矿库；废石场	定期	γ 辐射空气吸收剂量率、氡及其子体、氡析出率、U、Th、^{226}Ra、^{210}Pb、^{210}Po

5.2.3.4 事故监测

按照铀矿山及水冶系统应急计划，实施应急监测。

5.2.3.5 退役监测

根据源项调查结果，参照表 5、表 6 对原作业场所、尾矿库、废石场进行监测，监测频次为每年一次。

5.2.4 核燃料后处理设施辐射环境监测

5.2.4.1 运行前环境辐射水平调查

a）调查内容

调查环境γ 外照射剂量水平及主要环境介质中关键放射性核素的比活度。

b）调查范围

环境γ 外照射剂量水平调查范围以后处理厂为中心，半径 50 km。环境介质中放射性比活度调查范围以后处理厂为中心，半径 30 km。

c）调查方案

监测布点主要为 5 km 之内的近区和厂区下风方向，并以上风向的远区作对照点，调查对象、项目及频次见表 7。

表 7 核燃料后处理系统周围环境辐射监测方案

监测对象	监测频次	监测项目
气溶胶	1 次/月	总α、总β、^{90}Sr、^{137}Cs、^{239}Pu、^{85}Kr、^{129}I、^{99}Tc
沉降物	1 次/月	总α、总β、^{90}Sr、^{137}Cs、^{239}Pu、^{85}Kr、^{129}I、^{99}Tc
水	1 次/半年	总α、总β、^{90}Sr、^{137}Cs、^{239}Pu、^{129}I、^{63}Ni、U
动植物	1 次/年	^{90}Sr、^{129}I、^{137}Cs、^{239}Pu
土壤	1 次/年	^{90}Sr、^{129}I、^{137}Cs、^{239}Pu
γ 辐射剂量	1 次/季度	γ 外照射剂量率

5.2.4.2 运行期间环境监测

在后处理厂开始运行前 3～5 年中，运行期间的环境监测范围、项目、频次与运行前环境辐射水平调查基本相同。除设置γ 辐射剂量率连续监测外，在取得足够运行经验和环境监测数据后，可适当调整监测范围、项目和频次。

5.2.4.3 运行期间流出物监测

a）气态流出物监测

气态流出物监测点设置在废气排放口。主要监测项目为 ^{85}Kr、^{90}Sr、^{99}Tc、^{129}I、^{137}Cs、^{239}Pu。

b）液态流出物监测

液态流出物监测点设置在放射性废水排放口，主要监测项目为 ^{63}Ni、^{90}Sr、^{99}Tc、^{129}I、^{137}Cs、^{239}Pu、U。

5.2.4.4 应急监测

根据事故类型，按事故应急机构制定的应急监测计划进行监测。

5.2.4.5 退役监测

根据核燃料后处理厂退役时的放射性废物源项调查，酌定监测对象和频次，主要监测项目为 ^{14}C、^{63}Ni、^{90}Sr、^{99}Tc、^{129}I、^{137}Cs、^{239}Pu。

5.3 放射性同位素与射线装置应用的辐射环境监测

5.3.1 应用开放源的环境监测

5.3.1.1 应用前的环境辐射监测

a）监测时间　开放源启用前。

b）监测范围　以工作场所为中心，半径 50～500 m 以内。

c）监测对象与项目

见表 8 应用开放型放射源环境监测的前四项。

5.3.1.2 应用期间的环境监测

监测方案见表 8。

表 8　应用开放型放射源环境监测

监测对象	监测点	监测频次次/年	监测项目
γ 辐射剂量	以工作场所为中心，半径 50～300 m 以内	1～2	γ 辐射空气吸收剂量率
土壤	以工作场所为中心，半径 50～300 m 以内	1	应用核素
地表水	废水排放口上、下游 500 m 处	1～2	应用核素
底泥	废水排放口外	1	应用核素
废水	废水贮存池或排放口	1～2	应用核素
废气	排放口	1	应用核素
放射性固体废物	贮存室或贮存容器外表面	1～2	γ 辐射空气吸收剂量率，α、β表面污染水平

5.3.1.3 应用开放源事故监测

a）监测事故场所的放射性污染水平和污染范围。

b）监测事故场地去污后残留污染程度。

c）监测去污过程中产生的放射性污染物的比活度。

5.3.1.4 工作场所退役监测

参照表 8，并增加监测工作场所和设备的污染水平。

5.3.2 应用密封型放射源（密封源）环境监测

5.3.2.1 γ 辐照装置环境监测

a）运行前环境辐射水平调查

1）调查时间　装源前。

2）调查范围　以辐照室为中心，半径 50～500 m 以内。

3）调查方案　见表 9。

b）运行期间环境监测

按表 9 进行监测，其中换装源前后增加测定贮源井水所用核素的浓度。

c）辐射源泄漏监测

一旦发现贮源井水受所用核素的污染，立即停止排水并定期分层取样测定所用核素的浓度，并针对污染原因，及时进行事故处理。事故处理后进行场所和污染物表面放射性污染水平监测。

表 9　含贮源水井的辐照装置环境监测

监测对象	采样（监测）布点	频次/（次/年）	监测项目
γ 辐射剂量	辐照室四周的建筑物内外	1	γ 辐射空气吸收剂量率、累积剂量
贮源井水	贮源井	1	辐照装置所用核素
地表水	废水排放口上下游 500 m 处	1	辐照装置所用核素
地下水	辐照装置附近饮用水井	1	辐照装置所用核素
土壤	辐照装置建筑物外围 10～30 cm 土壤	1	辐照装置所用核素

5.3.2.2 含密封源设施的环境监测

a）使用前环境辐射水平调查

1）调查时间　装源前。

2）调查范围　以密封源安装位置为中心，半径 30～300 m 以内。

3）监测对象　环境γ 辐射剂量率。

4）监测布点　密封源安装位置四周室内、外。

5）监测项目　γ 辐射空气吸收剂量率。

6）监测频次　1 次/年。

b）使用期间辐射环境监测

按本节 a）进行，其中含中子放射源的设施增加监测中子剂量当量率。

c）含密封源设施的污染事故监测

密封源破坏造成环境污染时，进行如下监测：

1）污染区及其周围γ 辐射剂量率，表面放射性污染水平。

2）污染区及其周围相关环境介质中使用源放射性核素含量。

3）仪器设备放射性污染水平。

4）事故处理过程产生的液体和固体污染物的放射性污染水平。

5.3.3 应用粒子加速器的环境监测

监测方案见表 10。

表 10　应用粒子加速器的环境监测

监测对象	监测项目	监测频次/（次/年）	
		运行前	进行期间
屏蔽墙外	外照射剂量率	1	1，2
循环冷却水	总β	1	1，2
固体废物外表面	外照射剂量率	—	1，2

5.3.4 X 射线机的环境监测

X 射线机（包括 CT 机）在运行前及运行中，对屏蔽墙外的 X 射线辐射剂量率和累计剂量进行监测，每年 1～2 次。

5.4 失控源进入环境后的辐射环境监测

失控源一般指放射源丢失、被盗、违规处置等原因使之失去控制而进入环境，为减少环境污染和保障人身健康，需进行环境监测。

监测步骤如下：

a）调查放射源失控的原因、过程，初步确定失控源所处的位置；

b）了解失控源的种类、源强、包装情况等；

c）根据失控源的核素种类、射线类别、包装（或埋深）情况、所处的可疑位置及可要求的探测限等确定监测方案，选择监测仪器；

d）失控源被找到和取走后，对失控源所处位置的附近地区应进行仔细监测，确认无残留放射源为止；

e）因失控源破损造成土壤、水体等环境污染时，除进行污染水平监测外，对去污后的环境质量仍需进行监测，达到审管部门的管理限值要求。

5.5 伴生放射性矿物资源开发利用中的环境监测

5.5.1 采选及冶炼过程的环境监测

5.5.1.1 采选前的环境监测

监测方案见表 11 前四项。

表 11　伴生矿采选的环境监测

监测对象	监测点位	监测频次/（次/年）	监测项目
陆地γ辐射剂量	矿区周围 3～5 km 以内	1，2	γ 辐射空气吸收剂量率
土壤	矿区周围 3～5 km 以内	1	U、Th、^{226}Ra、^{40}K
地表水	纳污河上下游各 1～3 km	1，2	U、Th、^{226}Ra、总α、总β
地下水	最近居民点井水水源	1，2	U、Th、^{226}Ra、总α、总β
废水	排放口	1，2	U、Th、^{226}Ra、总α、总β
废渣	堆放场	1，2	氡、U、Th、^{210}Po、γ 辐射空气吸收剂量率

5.5.1.2 采选期间的环境监测

监测方案按表 11 进行。

5.5.1.3 冶炼过程的环境监测

监测方案参照表 11，增测原料库和成品库的γ 辐射空气吸收剂量率，必要时对原料和成品取样监测天然放射性核素含量。

5.5.2 伴生放射性矿物资源利用中的环境监测

对原料和产品测量其表面γ 辐射空气吸收剂量率、天然放射性核素含量。频次为每年 1～2 次。

5.6 非伴生矿物资源开发利用中的辐射环境监测

非伴生矿物资源在开发利用中因其所含天然放射性核素含量较高，其对环境的污染也应重视和监测。

监测内容：γ 辐射空气吸收剂量率，环境介质中 ^{226}Ra、^{232}Th、^{40}K，室内氡。视非伴生矿物资源开发利用情况制定监测方案。

其中，工业废渣作建筑材料可采用 GB 6763—86 掺工业废渣建筑材料用工业废渣放射性物质限制标准中附录 A、B、C 的方法。

掺工业废渣建材产品可采用 GB 9196—88 掺工业废渣建材产品放射性物质控制标准中第 4、5 节方法。

天然石材产品可采用 JG 518—93 天然石材产品放射防护分类控制标准第 5 节的方法。

利用非伴生矿物资源建造房屋室内氡可采用GB/T 16146—1995住房内氡浓度控制标准中第4节方法。

地下建筑氡可采用GB 16356—1996地下建筑氡及其子体控制标准中第5节方法。

磷肥、磷矿石可采用GB 8921—88磷肥放射性镭-226限量卫生标准中第4节的方法或γ能谱法。

5.7 放射性物质运输的辐射环境监测

5.7.1 运输过程中的环境监测

出发地、中转站、到达地均须进行辐射环境监测，一般包括运输工具、货包、工作场所等表面污染水平，环境γ辐射水平，污染介质中所运输物资中主要放射性核素的比活度等。

5.7.2 放射性物质运输中的事故监测

5.7.2.1 监测对象

a）运输容器，运输工具；

b）事故地段现场的地表和其他物品；

c）运输、装卸的有关工作人员；

d）事故处理过程中所用的工具和产生的废物、废水等。

5.7.2.2 监测项目

a）外照射剂量；

b）表面污染水平；

c）污染介质中所运输物资中主要放射性核素的比活度。

5.8 放射性废物暂存库和处理场的辐射环境监测

5.8.1 放射性废物暂存库

5.8.1.1 运行前的辐射环境监测

a）监测内容　陆地γ辐射剂量率与主要环境介质中的暂存废物所含的主要放射性核素；

b）监测范围　以库为中心半径1～3 km以内；

c）监测方案　参照表12。

5.8.1.2 运行期间的环境监测按表12执行。

表12　放射性废物暂存库环境监测

监测对象	监测点位	监测频次/（次/年）	监测项目
γ辐射剂量	库墙壁外、库周围四个方位、库界外主要居民点	1，2	γ辐射空气吸收剂量率
气溶胶	主导风下风向	1，2	总β
土壤	库区四个方位主要居民点	1，2	γ核素分析
地下水	库区监视井水、主要居民点饮用井水	1，2	总α、总β
地表水	上下游各取1点	1，2	总α、总β
废水	贮存池	1，2	总α、总β
生物	同土壤	收获期	γ核素分析

5.8.2 放射性废物处置场

废物处置场在启用前、运行期间及关闭后都必须进行辐射环境监测。

5.8.2.1 监测范围

以处置场为中心，半径3～5 km以内。

5.8.2.2 监测方案

参照表12放射性废物暂存库的环境监测方案，监测项目可根据处置场涉及的主要放射性核素情况适当调整。

6 样品采集、保存和管理

6.1 采样原则

样品的采取应遵从如下原则：

a）从采样点的布设到样品分析前的全过程都必须在严格的质控措施下进行；

b）采集代表性样品与选用分析方法同等重要，必须给予足够的重视；

c）根据监测目的和现场具体情况确定监测项目、采样容器、设备、方法、方案、采样点的布置和采样量。采样量除保证分析测定用量外，应留有足够的余量，以备复查。

d）采样器使用前必须符合国家技术标准的规定，使用前须经检验，保证采样器和样品容器的清洁，防止交叉污染。

6.2 样品采集

6.2.1 空气

6.2.1.1 气溶胶

a）采样设备与过滤材料

空气采样器，一般由滤膜（纸）夹具、流量调节装置和抽气泵等三部分组成。应根据监测工作的实际需要，确定采样流量，选择表面收集特性和过滤效率较好的过滤材料。

b）采样口的安放位置

采样器的采样口应高出基础面 1.5 m。

c）采集方法

1）采样器的流量计、温度计、湿度计、气压表必须经过计量检定，确认其性能良好后，方可采样。

2）采样总体积 V（m^3）应换算为标准状态下的体积，换算方法如下：

$$\begin{aligned} V &= \frac{Q_1+Q_0}{2}(t_1-t_0)+\frac{Q_2+Q_1}{2}(t_2-t_1)+\cdots+\frac{Q_n+Q_{n-1}}{2}(t_n-t_{n-1}) \\ &= \sum_{i=1}^{n}\frac{Q_i+Q_{i-1}}{2}(t_i-t_{i-1}) \end{aligned} \tag{1}$$

同时记录温度 t_i、气压 P_i、湿度、风向和风速。

因采样时实时的气象条件与标准状态可能不一致，故应对流量调节装置中的流量计记录的流量进行修正：

$$Q_{nb}=Q_i\cdot\frac{T}{T_i}\cdot\frac{P_i-P_{bi}}{P} \tag{2}$$

式中：Q_{nb}——标准状态下的流量，m^3/min；

Q_i——在 P_i 和 T_i 条件下的流量，m^3/min；

P_i——采样时的大气压力，Pa；

P——标准状态下的大气压力，Pa；

P_{bi}——在 T_i 时饱和水蒸气压力，Pa；

T_i——采样时的热力学温度，K；

T——标准状态下的热力学温度，K。

6.2.1.2 沉降物

a）采样设备

采样设备的接受面积为 0.25 m^2 的不锈钢盘，盘深 30 cm。

b）采样设备安放位置

采样盘安放在距地面一定高度周围开阔、无遮盖的平台上，盘底面要保持水平，上口离基础面 1.5 m。

c）采样方法

1）湿法采样　采样盘中注入蒸馏水，水深经常保持在 1～2 cm。收集样品时，将采样盘中采集的沉降物和水一并收入塑料或玻璃容器中封存。

2）干法采样　在采样盘内表面底部涂一薄层硅油（或甘油），用以黏结沉降物。收集样品时，用蒸馏水冲洗干净，将样品收入塑料或玻璃容器中封存。

当降雨量大时，无论是湿法采样还是干法采样，为防止沉降物随水从盘中溢出，应及时收集水样，待采样结束后合并处理。

6.2.1.3 降水

a）采样设备

降水采集装置。

b）采样设备安放位置

降水采集装置安放在周围至少 30 m 内没有树林和建筑物的开阔平坦地。受水器边沿上缘离地面高 1 m，采取适当措施防止扬尘的干扰。

c）采样方法

1）贮水瓶要每天定时更换。在降暴雨的情况下，应随时更换，以防发生外溢。

2）采集好的样品，充分搅拌以后用量筒量出总量。

3）采完样品后，贮水瓶用蒸馏水充分清洗，以备下次使用。采集的雪样，要移至室内自然融化。

6.2.2 水

6.2.2.1 地表水

a）采样设备

用自动采水器或塑料桶采集水样。但分析 ^{3}H 的样品不可用塑料桶采集。

b）采样点

在江河控制断面采样，断面水面宽≤10 m 时，在主流中心采样；断面水面宽＞10 m，在左、中、右三点采样。湖泊、水库水样须多点采样，水深≤10 m，在水面下 50 cm 处采样；水深＞10 m，增加中层采样。

c）采样方法

采样前洗净采样设备。采样时用样水洗涤三次后采集。

6.2.2.2 饮用水、地下水

a）采样设备

同地表水。

b）采样点

自来水水样取自来水管末端水；井水水样采自饮用水井。泉水水样采自出水量大的泉水。

c）采样方法

凡用泵或直接从干管采集水样时，必须先排尽管内的积水，方可采集水样。

6.2.2.3 海水

a）采样设备

同地表水。

b）采样方法

在潮间带外采集样品。

6.2.2.4 底泥

深水部位的底泥用专用采泥器采集，浅水处可用塑料勺直接采集。采集的底泥置于塑料广口瓶中，或装在食品袋内再置于同样大小的布袋中。

6.2.3 土壤

6.2.3.1 采样设备

土壤采集器或采样铲。

6.2.3.2 采样方法

在相对开阔的未耕区采取垂直深 10 cm 的表层土。一般在 10 m×10 m 范围内，采用梅花形布点或根据地形采用蛇形布点（采点不少于 5 个）进行采样。将多点采集的土壤除去石块、草根等杂物，现场混合后取 2～3 kg 样品装在双层塑料袋内密封，再置于同样大小的布袋中保存。

6.2.4 陆生生物

6.2.4.1 谷类

以当地居民消费较多和（或）种植面积较大的谷类为采集对象。于收获季节现场采集种植区的谷类干籽实。

6.2.4.2 蔬菜类

以普通蔬菜或者当地居民消费较多或种植面积较大的蔬菜为采集对象，在蔬菜生长均匀的菜地选 5～7 处采集样品。

6.2.4.3 牧草

在有代表性的畜牧区内均匀划分 10 个等面积区域，在每个区域中央部位取等量的样品。

6.2.4.4 牛（羊）奶

在奶牛（羊）场取新鲜的原汁奶。

6.2.5 水生生物

淡水生物采集食用鱼类和贝类；海水生物采集浮游生物、底栖生物、海藻类和附着生物。在捕捞季节于养殖区直接采集或从渔业公司购买确知捕捞区的海产品。

6.3 样品的管理

6.3.1 现场记录

采样人员要及时真实地填写采样记录表和样品卡（或样品标签），并签名。记录表和样品卡须由他人复核，且签名。保持样品卡字迹清楚，不得涂改。样品卡不得与样品分开。

6.3.2 样品的保存

a）水样采集后，用浓硝酸酸化到 pH=1～2（监测氚、^{14}C 或 ^{131}I 的水样不酸化；监测铯-137 的水样用盐酸酸化；当水中含泥沙量较高时，待 24 小时后取上清液再酸化），尽快分析测定。水样保存期一般不得超过 2 个月。

b）密封的土壤样品必须在 7 天内测其含水率，晾干保存。

c）生物样品采集后，及时处理，注意保鲜。牛（羊）奶样品采集后，立即加适量甲醛，防止变质。

d）采集的样品要分类保存，防止交叉污染。

6.3.3 样品的运输

运输前，认真填写送样单，并附上采样现场记录，对照送样单和样品卡认真清点样品，检查样品包装是否符合要求。运输中的样品要有专人负责，以防发生破损和洒漏，发现问题及时采取措施，确保安全送至实验室。

6.3.4 样品交接、验收和领取

a）质保人员和送样人员按送样单和样品卡认真清点样品，确认无误后，双方在送样单上签字。

b）样品验收后，存放在样品贮存间或实验室内，由质保人员妥善保管，严防丢失和交叉污染。

c）分析人员持测定任务书（表），按规定程序领取样品。

6.3.5 建立样品库

a）进库的样品须适合长期保存。

b）样品库由质保人员负责，调动或调离岗位时须办理移交手续。

7 监测方法

7.1 样品预处理方法

7.1.1 水样

水样运到实验室，对要求分析澄清的水样通过过滤或静置使悬浮物下沉后，取上清液。

7.1.2 土壤及底泥样品

样品运至实验室，立即除去沙石、杂草等异物，称重。置于搪瓷盘中摊开晾干，碾碎过120目筛，105°C恒温干燥至恒重，计算样品失水量。于已编号的广口瓶中密封保存，备用。

7.1.3 生物样品

7.1.3.1 鲜样处理

a）谷类　稻和麦等谷类的籽实，风干，脱壳，去砂石等杂物，称鲜（干）重。

b）蔬菜类　采集的样品除去泥土，取可食部分用水冲洗，晾干或擦干表面洗涤水，称鲜重。

c）水生生物

1）鱼类　采集的新鲜样品，用水洗净，擦干，去鳞，去内脏称重（骨肉分离后分别称重）。

2）贝类　采集的活贝在原水内浸泡，使其吐出泥沙，取可食部分称重。

3）藻类　采集的样品洗净根部，晾干表面水，取可食部分称重。

7.1.3.2 样品干燥处理

a）叶菜、根菜、果实、鱼肉、贝肉等切成碎片，放入搪瓷盘内摊开，于干燥箱内105°C烘至恒重，计算样品失水量，密封保存。

b）牛（羊）奶定量移入蒸发皿，缓慢加热蒸发至干。

7.1.3.3 样品灰化处理

把干样放入蒸发皿中，加热使之充分炭化（防止出现明火）。然后移入马弗炉内，根据待测项目的要求选择合适的温度进行灰化，冷却称重，计算灰鲜（干）比，密封保存。

7.1.4 沉降物

样品运至实验室后，用光洁的镊子将落入采样盘中的树叶、昆虫等异物取出，并用去离子水将附着在异物上面的细小尘粒冲洗下来，合并冲洗液于样品中，弃去异物。将样品溶液与尘粒全部定量转入500 ml烧杯中，在电热板上蒸发使体积浓缩至50 ml后，将样品分数次转入已于105℃恒重的瓷坩埚中（必要时用去离子水清洗烧杯，确保样品转移完全），在电热板上小心蒸发至干（防止崩溅），于105℃烘至恒重。根据待测项目要求准确称取部分或全部样品进行分析。

7.1.5 气溶胶

根据滤膜的大小、材质，结合待测项目要求选择合理的处理方式。一般能用于直接测量可不必经预处理步骤；对于纤维素滤膜可结合待测项目要求选择合适的温度进行炭化、灰化处理；对于玻璃纤维滤膜，可结合待测项目要求选择合适的溶剂进行提取处理。

7.2 测量分析方法

在选定测量分析方法时，凡有国家标准的，一律使用国家标准，没有国标的优先选用行业标准，选用其他方法需报国家环保总局批准。标准测量分析方法见表13。

表 13 辐射环境监测标准分析方法

监测项目	监测对象	标准编号	标准名称
γ辐射空气吸收剂量率	地表	GB/T 14583—93	环境地表γ辐射剂量率测定规范
表面污染	污染表面	GB/T 14056—93	表面污染测定 第一部分 β发射体（最大β能量大于0.15MeV）和α发射体
		GB/T 14222—94	表面污染测定 第一部分 氚表面污染
氡	空气	GB/T 14582—93	环境空气中氡的标准测量方法
氚	水	GB 12375—90	水中氚的分析方法
钾-40	水	GB 11338—89	水中钾-40 的分析方法
钴-60	水	GB/T 15221—94	水中钴-60 的分析方法
镍-63		GB/T 14502—93	水中镍-63 的分析方法
锶-90	水	GB 6764—86	水中锶-90 放射化学分析方法发烟硝酸沉淀法
		GB 6765—86	水中锶-90 放射化学分析方法离子交换法
		GB 6766—86	水中锶-90 放射化学分析方法二-（2-乙基己基）磷酸萃取色层法
	生物	GB 11222.1—89	生物样品灰中锶-90 放射化学分析方法二-（2-乙基己基）磷酸酯萃取色层法
		GB 11222.2—89	生物样品灰中锶-90 放射化学分析方法离子交换法
碘-131	空气	GB/T 14584—93	空气中碘-131 的取样与测定
	水	GB/T 13272—91	水中碘-131 的分析方法
	生物	GB/T 13273—93	植物、动物甲状腺中碘-131 的分析方法
	牛奶	GB/T 14674—93	牛奶中碘-131 的分析方法
铯-137	水	GB 6767—86	水中铯-137 的放射化学分析方法
	生物	GB 11221—89	生物样品灰中铯-137 放射化学分析方法
钋-210	水	GB 12376—90	水中钋-210 的分析方法 电镀制样法
铀	水	GB 6768—86	水中微量铀分析方法
	土壤	GB11220.1—89	土壤中铀的测定 CL-5209 萃淋树脂分离 2-（5-溴-2 吡啶偶氮）-5-二乙氨基苯酚分光光度法
		GB 11220.2—89	土壤中铀的测定 三烷基氧膦萃取-固体荧光法
	生物	GB 11223.1—89	生物样品灰中铀的测定 固体荧光法
		GB 12378.2—89	生物样品灰中铀的测定 激光液体荧光法
	空气	GB 12377—90	空气中微量铀的分析方法 激光荧光法
		GB 12378—90	空气中微量铀的分析方法 TBP 萃取荧光法
钍	水	GB 11224—89	水中钍的分析方法
镭-226	水	GB 11214—89	水中镭-226 的分析测定
镭	水	GB 11218—89	水中镭的α放射性核素的测定
钚	水	GB 11219—89	水中钚的分析方法
	土壤	GB 11219—89	土壤中钚的测定 萃取色层法
		GB 11219.2—89	土壤中钚的测定 离子交换法
γ核素	可转化为固液态的均匀样品	GB 11713—89	用半导体γ谱仪分析低比活度γ放射性样品的标准方法
	土壤	GB 11743—89	土壤中放射性核素的γ能谱分析方法
	生物	GB/T 16145—95	生物样品中放射性核素的γ能谱分析方法

8 数据处理

8.1 有效数字和修约规则

一个量值的有效数字的位数是其准确程度的粗略反映，一个有 n 位有效数字的量值，它的相对误差限的范围在 5×10^{-n}～$5\times10^{-(n+1)}$之间。即有 1、2 和 3 位有效数字的量值，其相对误差限分别是 5%～50%、0.5%～5%和 0.5‰～5‰。

运算中有效数字的修约规则都是为了简化计算而又使结果能满足有效数字位数与相对误差限关系的要求而确定的。随着现代计算机的普遍应用，计算过程的简化已不必要了，一般已不必采用以往出版的一些标准和教材中推荐的运算中的修约规则。而遵守以下原则：

a）在计算过程中一般可多留几位数字，而不必拘泥于通常的规则。

b）最终报告结果的有效数字位数，须限制在合理范围内，即实际的相对误差与有效数字位数反映的相对误差限要相当；对一般环境水平的测量结果，有效数字取 2～3 位，误差的有效数字位数取 1～2 位。

8.2 探测下限

探测下限不是某一测量装置的技术指标，而是用于评价某一测量（包括方法、仪器和人员的操作等）的技术指标。给出探测下限必须同时给出与这一测量有关的参数，如：测量效率、测量时间（或测量时间的程序安排）、样品体积或重量、化学回收率、本底及可能存在的干扰成分。

对于计数率、活度或活度浓度的探测下限，均可由最小可探测样品净计数 LLD_N 算得。一般采用近似满足正态分布的 LLD_N 大多是可以接受的，其计算公式为：

$$LLD_N = (K_\alpha + K_\beta)\ S_N \tag{3}$$

式中，K_α为显著性水平等于犯第 I 类错误的概率α时的标准正态变量（即 u 统计量）的上侧分位数；K_β为显著性水平等于犯第 II 类错误的概率β时标准正态变量的上侧分位数，常用的 K_α、K_β值见表 14；S_N 为样品净计数的标准差。在一般环境监测中，常有净计数比本底计数小得多，而使样品总计数标准差 $S_{总}$等于本底计数标准差 S_b，即可得

$$S_n = \sqrt{2}S_b$$

如果α=β=0.05，即 K_α=K_β=1.645；则 LLD_N 为：

$$LLD_N = 2\sqrt{2}K_\alpha S_b = 4.65S_b \tag{4}$$

S_b 可以是多次重复测量的高斯分布的本底计数标准差，也可以是平均本底计数算得的泊松分布标准差，但需明确声明所采用的是按哪一类分布计算的标准差。

当样品测量时间 t 和本底测量时间 t_b 相等时，采用泊松分布标准差，若统计置信水平为 95%时，净计数率 LLD_N 由下式计算：

$$LLD_N = 4.65\sqrt{\frac{n_b}{t_b}} \tag{5}$$

式中，n_b 是 t_b 时间内的平均本底计数率。

表 14　常用 K 值表

α或β	$1-\beta$	K（K_α或K_β）	$2\sqrt{2}K$
0.002	0.98	2.054	5.81
0.05	0.95	1.645	4.65
0.10	0.90	1.282	3.63
0.20	0.80	0.842	2.38
0.50	0.50	0	0

8.3 小于探测限数据的处理

a）活度或活度浓度是没有负值的，但一个样品在重复测量中出现净计数为负值的情况是合理而允许的，这是统计涨落所致，所以在一个样品的重复测量中出现小于 LLD_N 或小于零的净计数，仍要按其实际测量值参与平均。给出其最终的活度或活度浓度值，不能为负值；当其小于探测限时，报 LLD 的十分之一。

b）对几个不同地点或不同时间的环境样品进行平均时，测量结果小于探测限的样品以其探测限的1/10 参与平均。当样品数较多，如大于 15，且小于探测限的样品数所占比例不很大，如小于 1/3，则可用对数正态分布概率值，求其均值。

8.4 可疑数据的剔除

在未经对取样、测量、记录、计算等各环节是否存在差错的仔细审查前，不得轻易剔除可疑数据；在仔细审查未发现有导致数据偏离一般范围的原因后，建议采用 Grubbs 准则，作统计判断。检验步骤见附录 A。

8.5 宇宙射线响应值的扣除

在测量的γ辐射剂量率中，所包含仪器对宇宙射线的电离成分响应值（包括仪器自身本底值），在报出结果中应予扣除。扣除该响应值的方法是在广阔的湖（水库）水面上测得使用仪器对宇宙射线响应值 D'_c，其计算公式为：

$$D'_c = K_1 K_2 \frac{A_0}{A} \bar{X}_c \tag{6}$$

式中：K_1——由照射量换算成吸收剂量的换算系数，取 0.873；

K_2——仪器量程刻度因子，由国家计量部门检定时给出；

A_0——仪器刻度时对检验源的响应值，由国家计量部门检定时给出；

A——仪器在测量宇宙射线响应值时对检验源的响应值；

$\bar{X}_c$——水面上仪器多次读数的平均值。

在环境监测时，测点的海拔高度和经纬度与湖（库）水面不同，必须对湖（库）水面测得的 D_c'进行修正，得到测点处仪器对宇宙射线的响应值 D_c。修正方法见附录 B。

9 质量保证

9.1 建立环境辐射监测质量保证机构。

9.1.1 国家环境辐射监测质量保证及任务

国家环保总局建立辐射环境监测质量保证制度：

a）制备、分发标准物质。

b）组织各实验室间的比对。

c）对各实验室定期考核和核查，组织国内实验室参加国际的实验室比对工作。

d）组织培训操作和管理人员。

e）向各省实验室提供监测质量的技术服务。

9.1.2 省级辐射环境监测质量保证机构及任务

各省环保局设立相应的质量保证小组，其任务是：

a）定期检查本规范的落实情况，提出整改意见，并将实施情况报告国家环保质量保证机构。

b）具体组织、落实国家质量保证机构下达的任务。

9.2 监测人员素质要求

a）热爱辐射环境监测事业，具备良好的敬业精神，廉洁奉公、忠于职守。认真执行国家环境保护法规和标准。坚持实事求是的科学态度和勤奋学习的工作作风。

b）所有从事辐射环境监测的人员应掌握辐射防护的基本知识，正确熟练地掌握辐射环境监测中操作技术和质量控制程序，掌握数理统计方法。

c）所有从事辐射监测的人员应执行环境监测合格证制度，参加国家环保总局组织的监测、分析项目考核，合格者发给证书。做到持证上岗。

9.3 计量器具和测量仪器的检定和检验

9.3.1 计量器具的检验

为保证监测数据的准确可靠，认真执行国家计量法，对计量器具定期检验，实行标识管理。

9.3.2 监测仪器的检定

所有监测仪器每年应至少在国家计量部门或其授权的计量站检定一次；仪器检修后要重新检定；每次测量前后均须用检验源进行检验，误差在 15%内，对测量结果进行检验源修正，超过 15%时，应检查原因，进行重新检定。

9.4 监测方法的选用和验证

原则上按本规范第 7.2 节推荐的标准分析方法进行分析测量，如使用本规范外的方法，必须做方法验证和对比实验，以证明该方法的主要技术参数、方法检出活度、精密度、准确度、干扰影响等与标准方法有等效性，并报国家环保总局批准后，方可作监测方法。

9.5 采样质量保证

严格按本规范第 6 章的要求进行布点、采样和对样品的管理。

9.6 实验室内分析测量的质量控制

9.6.1 实验室基本要求

实验室应建立并严格执行的规章制度，包括：监测人员岗位责任制；实验室安全防护制度；仪器管理使用制度；放射性物质管理使用制度；原始数据、记录、资料管理制度等。实验室应设有操作开放型放射性物质的基本设施和辐射防护的基本设备。

实验室应保持整洁、安全的操作环境，应有正确收集和处置放射性“三废”的措施，严防交叉污染。

9.6.2 放射性标准物质及其使用

9.6.2.1 放射性标准物质

a）经过国家计量监督部门发放或认定过的放射性标准物质。

b）经过国际权威实验室发放或认定的放射性标准物质。

c）某些天然放射性核素的标准，可用高纯度化学物质来制备。如总β或γ射线谱仪测量的 ^{40}K 标准可用优级纯氯化钾制备。

9.6.2.2 放射性标准物质的使用

用标准溶液配制工作溶液时，应作详细记录，制备的工作溶液形态和化学组成应与未知样品的相同或相近。

在使用高活度标准溶液时，防止其对低本底实验室的沾污。

9.6.3 放射性测量装置的性能检验

放射性测量系统的工作参数（本底、探测效率、分辨率和能量响应等），按仪器使用要求进行性能检验，测量系统发生某些可能影响工作参数的改变，作了某些调整或长期闲置后，必须进行检验。当发现某参数在预定的控制值以外时，应进行适当的校正或调整。

9.6.3.1 对低水平测量装置的检验

一个放射性计数装置，其本底计数满足泊松分布是它工作正常的必要条件，一旦明显偏离泊松分布，则其必然不处于正常工作状态，因此，要定期进行本底计数是否满足泊松分布的检验。这种检验每年至少进行一次，在用仪器进行批量测量前，新仪器或检修后正式使用前也应作此检验。检验方法和步骤见附录 C。

9.6.3.2 长期可靠性检验

取自正常工作条件下代表实际的定时或定数计数的常规测量的本底或效率测量值 20 个以上（不要仅在一、两天的一系列重复测量中收集的），由这些数据计算平均值和标准差，绘制质控图。之后每收到一个相同测量条件下的新数据，就把它点在图上，如果它落在两条控制线之间，表示测量装置工作正常，如果它落在控制线之外，表示装置可能出了一些故障，但不是绝对的，此时需要立即进行一系列重复测量，予以判断和处理，如果大多数点子落在中心线的同一侧，表明计数器的特性出现了缓慢的漂移，需对仪器状态进行调整，重新绘制质控图。

9.6.4 放化分析过程的质量控制

实验室内的质量控制是通过质量控制样品实施的，质量控制样品一般包括平行样、加标样和空白样。质量控制样品的组成应尽量与所测量分析的环境样品相同，其组分的浓度尽量与环境样品相近，其待测组分浓度应波动不大。

9.6.4.1 空白实验值

一次平行测定至少两个空白实验值，平行测量的相对偏差一般不得>50%，将所测两个空白实验值的均值点入质控图中进行控制。

9.6.4.2 平行双样

有质量控制样并绘有质控图的项目，根据分析方法和测定仪器的精度、样品的具体情况以及分析人员的水平，随机抽取 10%～20%的样品进行平行双样测定。当同批样品数量较少时，应适当增加双样测定率。将质量控制样的测定结果点入质量控制图中进行判断。无质量控制样和质量控制图的监测项目，应对全部样品进行平行双样测定。环境样品平行测定所得相对偏差不得大于标准分析方法规定的相对标准偏差的两倍。全部平行双样测定中的不合格者应重新作平行双样测定，部分平行双样测定的合格率＜95%时，除对不合格者应重新作平行双样测定外，应增加测定 10%～20%的平行双样，如此累进，直至总合格率≥95%为止。

9.6.4.3 加标回收率

根据分析方法、测定仪器、样品情况和操作水平，随机抽取 10%～20%的样品进行加标回收率测定。满足下列条件的认为合格：a）有准确度控制图的监测项目，将测定结果点入图中进行判断；无此控制图者其测定结果不得超出监测分析方法中规定的加标回收率范围；b）监测分析方法无规定范围，则可规定其目标值为 95%～105%。

9.6.4.4 “盲样”分析

在分析测量样品时，还可由质控人员在待测样品中加上分析测量人员不知道的已知含量的样品，与待测样品同步分析。质控人员根据报出的测量结果与加入的已知量比较，根据符合程度估计该批样品分析结果的准确度。

9.7 实验室间的质量控制

实验室间质量控制的目的是为了检查各实验室是否存在着系统误差，找出误差来源，提高实验室的监测分析水平。

9.7.1 统一分析方法

为了减少各实验室的系统误差，使所获数据具有可比性，在进行环境监测及实施质量控制中，推荐使用统一规定的分析方法。

对各实验室，应以统一方法中规定的检测限、精密度和准确度为依据，控制和评价实验室间的分析质量。

9.7.2 实验室质量考核

由国家环境保护总局认可的高级实验室负责实验室质量考核，根据所要考核项目的具体情况和有关内容制定出具体的实施方案，考核方案一般应包括参加单位、测定项目、分析方法、统一程序以及结果评定。通过考核，各实验室可以从中发现所存在的问题，以便及时纠正。分析测量人员持考核合格证上岗。

9.7.3 实验室间的比对

为了检查实验室间是否存在系统误差，还可不定期地组织有关实验室进行对比，如发现问题，及时采取必要的改正措施。

9.8 数据处理中的质量控制

9.8.1 数据的记录

每个样品从采样、预处理、分析测量到结果计算的全过程，都要按本规范规定的格式和内容，清楚、详细、准确的记录，不得随意涂改。

9.8.2 数据的检查

着手分析数据以前，要对原始数据进行必要的整理。先逐一检查原始记录是否按规定的要求填写完全、正确。发现有计算或记录错误的数据要反复核算后予以订正。

9.8.3 数据的复审

在数据处理中，必须按本规范规定的方法，对假设、计算方法、计算结果进行复审。复审是由二人独立地进行计算或者由未参加计算的人员进行核算。

审核无误后，由审核人签字。

9.8.4 数据保存

计算机程序的验证材料、操作人员的资格、质量保证计划的核查等资料应全部归档。

所有的监测记录和质量保证编制文件都应妥善保存，一般应保存到核设施停止运行后十年至几十年，环境监测的结果应长期保存。

10 辐射环境质量报告的编写

10.1 辐射环境质量年报

各省、自治区、直辖市辐射环境监测（监理）机构每年编报本辖区内的辐射环境质量年报，并于次年2月底前上报国家环境保护总局。

10.1.1 辐射环境质量年报格式

一、前言

二、概况

辐射环境监测机构

监测仪器设备

辐射环境监测内容

三、辐射环境监测方案

辐射污染源监测方案

辐射环境质量监测方案

四、质量保证

五、监测结果

辐射污染源监测结果

辐射环境质量监测结果

六、辐射环境质量监测结论，其中应包括辐射环境监测结果的评价，环境辐射水平变化趋势分析，存在问题的探讨等。

10.1.2 辐射环境质量年报的要求

a）用表格等方式列出监测方案，其中包括监测对象、项目、频次、采样点数、监测方法、仪器设备和探测限等。绘出监测采样点位分布示意图。

b）用文字详细叙述环境监测质量保证的主要措施，并用具体统计数字、表格等形式给出实施质量保证措施取得的成绩。

c）对监测结果需列出样品数，测值范围、平均值、标准差和置信区间（置信区间的计算方法见附录 D）；单个样品的测量值需给出单次测量的标准差。在给出拟合曲线图、不同时间或不同地点的环境样品比活度的比较图上，均要画出各点或各样品测量值的置信区间。

d）发现监测结果有异常时应分析其原因并说明处理结果。

10.2 污染事故报告

10.2.1 初始报告与定期定时报告

对核事故、辐射事故或突发放射性污染事件，必须立即开展事故监测或应急监测，并迅速向上级主管部门报告。

初始报告要求在事故发生后就立即报告。

定期定时报告要求事故发生后每隔 24 h 报告一次，直至污染源得到有效控制，污染水平明显降低为止。

10.2.2 污染事故报告内容

a）污染事故的性质与类型。

b）放射性物质排放的成分和数量。

c）主要环境介质的污染水平及污染范围。

d）居民受照剂量的估算。

e）事故发生后所采取的控制污染措施和辐射防护措施。

10.2.3 建立污染事故技术档案

对伴有辐射设施出现的辐射事故或突发放射性污染事件必须建立专门的技术档案。对规模大、污染严重或影响范围广的事故，事故处理后应建立长期监测和观察的技术档案。

10.3 辐射环境质量报告形式

辐射环境质量报告由书面形式报告逐步过渡到以计算机软盘形式报告。以计算机软盘形式上报的辐射环境质量报告应同时附一份报告的纸文件，以备存档。

附 录 A
（标准的附录）
Grubbs 准则剔除可疑值的检验步骤

A.1 计算统计量

设有一组测量数据：

$$x_1,\ x_2 \cdots x_n$$

计算该组数据的平均值 $\bar{x}$：

$$\bar{X} = \frac{1}{n}\sum_{i=1}^{n} x_i$$

计算单次测量标准差 S：

$$S = \sqrt{\frac{\sum_{i-1}^{n}(x_i - \bar{x})^2}{n-1}}$$

$$T = \frac{|x_j - \bar{x}|}{S}$$

计算统计量 T：

式中 x_j 为待查的第 j 个数据。

A.2 检验步骤

当所算的 T 值大于表 A1 中检验临界值 T（n，α）时，以有 α 概率的风险从统计学上可剔除此数据，当 $T \leqslant T$（n，α）时，此数据不予剔除。

表 A.1　Grubbs 检查临界值 T（n，α）表

n	显著性水平 α				n	显著性水平 α			
	0.05	0.025	0.01	0.005		0.05	0.025	0.01	0.005
3	1.153	1.155	1.155	1.155	17	2.475	2.620	2.785	2.894
4	1.463	1.481	1.492	1.496	18	2.504	2.651	2.821	2.932
5	1.672	1.715	1.749	1.764	19	2.532	2.681	2.854	2.968
6	1.822	1.887	1.944	1.973	20	2.557	2.709	2.884	3.001
7	1.938	2.020	2.097	2.139	21	2.580	2.733	2.912	3.031
8	2.032	2.126	2.221	2.274	22	2.603	2.758	2.939	3.060
9	2.110	2.215	2.323	2.387	23	2.624	2.781	2.963	3.087
10	2.176	2.290	2.410	2.482	24	2.644	2.802	2.987	3.112
11	2.234	2.355	2.485	2.564	25	2.663	2.822	3.009	3.135
12	2.285	2.412	2.550	2,636	26	2.681	2.841	3.029	3.157
13	2.331	2.462	2.607	2.699	27	2.698	2.859	3.049	3.178
14	2.371	2.507	2.659	2.755	28	2.714	2.876	3.068	3.199
15	2.409	2.549	2.705	2.806	29	2.730	2.893	3.085	3.218
16	2.443	2.585	2.747	2.852	30	2.745	2.908	3.103	3.236

n	显著性水平α				n	显著性水平α			
	0.05	0.025	0.01	0.005		0.05	0.025	0.01	0.005
31	2.759	2.924	3.119	3.253	44	2.905	3.075	3.282	3.425
32	2.773	2.938	3.135	3.270	45	2.914	3.085	3.292	3.435
33	2.786	2.952	3.150	3.286	46	2.923	3.094	3.302	3.445
34	2.799	2.965	3.164	3.301	47	2.931	3.103	3.310	3.455
35	2.811	2.979	3.178	3.316	48	2.940	3.111	3.319	3.464
36	2.823	2.991	3.191	3.330	49	2.948	3.120	3.329	3.474
37	2.835	3.003	3.204	3.343	50	2.956	3.128	3.336	3.483
38	2.846	3.014	3.216	3.356	60	3.025	3.199	3.411	3.560
39	2.857	3.025	3.228	3.369	70	3.082	3.257	3.471	3.622
40	2.866	3.036	3.240	3.381	80	3.130	3.305	3.521	3.673
41	2.877	3.046	3.251	3.393	90	3.171	3.347	3.563	3.716
42	2.887	3.057	3.261	3.404	100	3.207	3.383	3.600	3.754
43	2.896	3.067	3.271	3.415					

附　录　B
（标准的附录）
宇宙射线响应值修正方法

B.1 修正公式

$$D_c = \frac{D_{宇}}{D'_{宇}} D'_c$$

式中：D'_c——仪器在湖（库）水面上对宇宙射线的响应值；

D_c——仪器在测点处对宇宙射线的响应值；

$D_{宇}$、$D'_{宇}$——分别为测点处和湖（库）水面处宇宙射线电离成分在低大气层中产生的空气吸收剂量率，单位为 nGy/h。由以下经验公式计算：

$$D_{宇} = \begin{cases} (I_0 + a)\exp(7.27\times10^{-5}\cdot h^{1.184})\times15.0 \\ a = \begin{cases} 0.009\,8\lambda_m & \lambda_m > 13^\circ\mathrm{N} \\ 0.127 & \lambda_m \leqslant 13^\circ\mathrm{N} \end{cases} \end{cases}$$

式中：I_0——λ_m=0，h=0 时的宇宙射线电离量值，单位为 I，它随太阳 11 年活动周期而变化，1984—1989 年 6 年实测的平均值为（1.70±0.07）离子对/（$cm^3\cdot s$）。

h——计算点的海拔高度，m；

λ_m——计算点的地磁纬度，°N；由计算点的地理纬度λ和地理经度ϕ按下式计算：

$$\sin\lambda_m = \sin\lambda\cos11.7^\circ + \cos\lambda\sin11.7^\circ \cdot \cos(\phi - 291^\circ)$$

附 录 C
（标准的附录）
对低水平测量装置进行泊松分布的检验方法

C.1 计算统计量 X^2 值

可选一个工作日或一个工作单位（如完成一个或一组样品测量所需的时间）为检验的时间区间。在该时间区间内，测量 10～20 次相同时间间隔的本底计数。按下式计算统计量 X^2 值：

$$X^2=(n-1)S^2/N$$

式中：n——所测本底的次数；

S——按高斯分布计算的本底计数的标准差；

N——n 次本底计数的平均值，也是按泊松分布计算的本底计数的方差。

C.2 检验方法

将算得的 X^2 与 X^2 分布的α显著水平的分位数 $X^2_{(1-\alpha/2),\ df}$和 $X^2_{\alpha/2,\ df}$[α为选定的显著性水平，如α=0.05 或 0.01；df 为 X^2 的自由度，为（n–1）]进行比较，如 $X^2_{(1-\alpha/2),\ df}\leqslant X^2\leqslant X^2_{\alpha/2,\ df}$，则表示可以 1–$\alpha$置信区间判断：未发现该装置本底计数不满足泊松分布，没有理由怀疑该装置工作不正常；如 $X^2<X^2_{(1-\alpha/2),\ df}$ 或 $X^2>X^2_{\alpha/2,\ df}$，则表示可以 1–α置信水平判断：该装置本底计数不满足泊松分布，有理由怀疑该装置工作不正常，应进一步检查原因。

X^2 分布的上侧分位数表见表 C.1。

表 C.1 X^2 分布的上侧分位数表

α / df	0.995	0.99	0.975	0.95	0.05	0.025	0.01	0.005	α / df
1	0.0^4393	0.0^3157	0.0^3982	0.003	3.84	5.02	6.63	7.88	1
2	0.100	0.020 1	0.050 6	0.103	5.99	7.38	9.21	10.60	2
3	0.717	0.115	0.216	0.352	7.81	9.35	11.34	12.84	3
4	0.207	0.297	0.484	0.711	9.49	11.14	13.28	14.86	4
5	0.412	0.554	0.831	1.145	11.07	12.83	15.09	16.75	5
6	0.676	0.872	1.237	1.635	12.59	14.45	16.81	18.55	6
7	0.989	1.239	1.690	2.17	14.07	16.01	18.48	20.3	7
8	1.344	1.646	2.18	2.73	15.51	17.53	20.1	22.0	8
9	1.735	2.09	2.70	3.33	16.92	19.02	21.7	23.6	9
10	2.16	2.56	3.52	3.94	18.31	20.5	23.2	25.2	10
11	2.60	3.05	3.82	4.57	19.68	21.9	24.7	26.8	11
12	3.07	3.57	4.40	5.23	21.0	23.3	26.2	28.3	12
13	3.57	4.11	5.01	5.89	22.4	24.7	27.7	29.8	13
14	4.07	4.66	5.63	6.57	23.7	26.1	29.1	31.3	14
15	4.60	5.23	6.26	7.26	25.0	27.5	30.6	32.8	15
16	5.14	5.81	6.91	7.96	26.3	28.8	32.0	34.3	16

α / df	0.995	0.99	0.975	0.95	0.05	0.025	0.01	0.005	α / df
17	5.70	6.41	7.56	8.67	27.6	30.2	33.4	35.7	17
18	6.26	7.01	8.23	9.39	28.6	31.5	34.8	37.2	18
19	6.84	7.63	8.91	10.12	30.0	32.9	36.2	38.6	19
20	7.43	8.26	9.59	10.85	31.4	34.2	37.6	40.0	20
21	8.03	8.90	10.28	11.59	32.7	35.5	38.9	41.4	21
22	8.64	9.54	10.98	12.34	33.9	36.8	40.3	42.8	22
23	9.26	10.20	11.69	13.09	35.2	38.1	41.6	44.2	23
24	9.89	10.86	12.40	13.85	36.4	39.4	43.0	45.6	24
25	10.52	11.52	13.12	14.61	37.7	40.6	44.3	46.9	25
26	11.16	12.20	13.84	15.38	38.9	41.9	45.6	48.3	26
27	11.81	12.88	14.57	16.15	40.1	43.2	47.0	49.6	27
28	12.46	13.56	15.31	16.93	41.3	44.5	48.3	51.0	28
29	13.12	14.26	16.05	17.71	42.6	45.7	49.6	52.3	29
30	13.79	14.59	16.79	18.49	43.8	47.0	50.9	53.7	30
40	20.7	22.2	24.4	26.5	55.8	59.3	63.7	66.8	40
50	28.0	29.7	32.4	34.8	67.5	71.4	76.2	79.5	50
60	35.5	37.5	40.5	43.2	79.1	83.3	88.4	92.0	60
70	43.3	45.4	48.8	51.7	90.5	95.0	100.4	104.2	70
80	51.2	53.5	57.2	60.4	101.9	106.6	112.3	116.3	80
90	59.2	61.8	65.6	69.1	113.1	118.1	124.1	128.3	90
100	67.3	70.1	74.2	77.9	124.3	129.6	135.8	140.2	100

也可以利用在《辐射防护》1994 年第 41 期李德平先生所写的“置信区间与探测下限”文中的表 2：σ/S_{n-1} 的置信区间表，其中σ就是泊松分布标准差=$N^{1/2}$，N 为本底的平均计数；S_{n-1} 是 n 次本底计数测量的单次高斯分布标准差，若σ/S_{n-1} 值落在表中的置信区间内，则该装置本底计数满足泊松分布；若σ/S_{n-1} 值落在表中的置信区间外，则表示可以 1−α置信水平判断：该装置本底计数不满足泊松分布。

附 录 D

（标准的附录）

置信区间及其确定方法

D.1 总体均值的置信区间

在表达环境辐射水平的最终结果时，除给出平均值外，还应给出其置信区间和样品数。给出所测样品比活度的置信区间，既包括了测量结果与本底或某一其他时间或地点测量结果的显著性检验结果，又能示出真值的上、下置信限，与某一设定值（如管理限值或长期多次测量得到的本底平均值）差异的程度。

D.2 置信水平和显著性水平

能包含在置信区间中的总体参数的概率称为置信水平，通常以 $1-\alpha$表示。α为一很小的概率，称为显著性水平。置信水平取值的大小反映了置信区间估计的精度，应根据专业知识，实际经验以及被研究对象的性质确定置信水平。在环境监测中，最常用的置信水平为 0.95，根据不同情况，有时也用 0.90 与 0.99。

D.3 置信区间的确定方法

总体（遵从正态分布）均值的区间估计可按以下步骤进行：

a）计算一组测量值的平均值 $\bar{X}$，按高斯分布计算的标准差 S 和自由度 $f=n-1$，n 是样品数。

b）确定置信水平为 $1-\alpha$，由α从附表 D1 的 t_α表中查得临界值 t_α（f）。

c）计算δ

$$\delta=t_{\infty}(f)S/\sqrt{n}$$

d）在 $1-\alpha$的置信水平下，总体均值μ的置信区间为：$[X-\delta, X+\delta]$。

表 D.1　t 分布的双侧分位数 t_α表

f \ α	0.20	0.10	0.05	0.02	0.01	0.001	α / f
1	3.078	6.314	12.706	63.657	63.657	636.619	1
2	1.886	2.920	4.303	9.925	9.925	31.598	2
3	1.638	2.353	3.182	5.841	5.841	12.941	3
4	1.533	2.132	2.776	4.604	4.604	8.610	4
5	1.476	2.015	2.571	4.032	4.032	6.859	5
6	1.440	1.943	2.447	3.707	3.707	5.959	6
7	1.415	1.895	2.365	3.499	3.499	5.405	7
8	1.397	1.860	2.306	3.355	3.355	5.041	8
9	1.383	1.833	2.262	3.250	3.250	4.781	9
10	1.372	1.812	2.228	3.169	3.169	4.587	10
11	1.363	1.796	2.201	3.106	3.106	4.437	11

f \ α	0.20	0.10	0.05	0.02	0.01	0.001	α / f
12	1.356	1.782	2.179	3.055	3.055	4.318	12
13	1.350	1.771	2.160	3.012	3.012	4.221	13
14	1.345	1.761	2.145	2.977	2.977	4.140	14
15	1.341	1.753	2.131	2.947	2.947	4.073	15
16	1.337	1.746	2.120	2.921	2.921	4.015	16
17	1.338	1.740	2.110	2.898	2.898	3.965	17
18	1.330	1.734	2.101	2.878	2.878	3.922	18
19	1.328	1.729	2.093	2.861	2.861	3.883	19
20	1.325	1.725	2.086	2.845	2.845	3.850	20
21	1.323	1.721	2.080	2.831	2.831	3.819	21
22	1.321	1.717	2.074	2.819	2.819	3.792	22
23	1.319	1.714	2.069	2.807	2.807	3.767	23
24	1.318	1.711	2.064	2.797	2.797	3.745	24
25	1.316	1.708	2.060	2.787	2.787	3.725	25
26	1.315	1.706	2.056	2.779	2.779	3.707	26
27	1.304	1.703	2.052	2.771	2.771	3.690	27
28	1.313	1.701	2.048	2.763	2.763	3.674	28
29	1.311	1.699	2.045	2.756	2.756	3.659	29
30	1.310	1.3697	2.042	2.750	2.750	3.646	30
40	1.303	1.684	2.021	2.704	2.704	3.551	40
60	1.296	1.671	2.000	2.660	2.660	3.460	60
120	1.289	1.658	1.980	2.617	2.617	3.373	120
∞	1.282	1.645	1.960	2.576	2.576	3.291	∞

附　录　E
（标准的附录）
辐射环境监测用表

辐射环境监测网站
单位名称：____________________

表 E.1　机构设置与人员统计表

科室名称（人数）	专业（人数）	管理、监测、其他（人数）	老、中、青（人数）	文化程度（人数）	职称（人数）	备注
全站（所）总计（人数）						

注：非独立建制的仅填从事辐射监测的科室。

辐射环境监测网站
单位名称：____________________

表 E.2 监测仪器、设备配置统计表

仪器设备名称	数量/台	生产厂	使用情况	备注

辐射环境监测网站
单位名称：____________________

表 E.3 污染源监测方案

监测对象	项目或核素	频次	点位数	分析测试方法	仪器型号	探测限

辐射环境监测网站
单位名称：____________________

表 E.4　辐射环境质量监测方案

监测对象	项目或核素	频次	点位数	分析测试方法	仪器型号	备注

辐射环境监测网站
单位名称：________________

表 E.5 质量保证实施情况

序号	质量保证措施	数量/（台、次、个）	结果
1	仪器外检		
2	仪器自检		
3	仪器刻度		
4	质控图		
5	平行双样		
6	加标样		
7	盲样		
8	比对		
9	其他		

辐射环境监测网站

单位名称：__________________

污染源监测 ☐　　　　　　　　　环境质量监测 ☐

污染源单位名称：__________________

表 E.6　γ辐射空气吸收剂量率监测结果　　　　单位：nGy/h

监测地名	频次/（次/年）	点数	测值范围	平均值	标准差	备注

注：1）测值是否已扣除仪器对宇宙射线的响应值，请说明。

2）污染源监测与环境质量监测请分表填写，以下表格相同。

辐射环境监测网站

单位名称：____________________

污染源监测 ☐　　　　　　　　环境质量监测 ☐

污染源单位名称：____________________

表 E.7　γ辐射累积剂量监测结果　　　　单位：nGy/h

监测地名	频次/（次/年）	点数	测值范围	平均值	标准差	备注

辐射环境监测网站
单位名称：______________________________
污染源监测 ☐　　　　　　　　　　环境质量监测 ☐
污染源单位名称：__________________________

表 E.8　气溶胶总α、总β（或总β/总α计数比）、^{90}Sr、^{137}Cs 放射性活度监测结果　　单位：mBq/m^3

监测地名	频次/（次/年）	点数	监测项目	测值范围	平均值	标准差	备注

注：采样结束放置四天开始测量。请注明采样结束至开始测量的间隔。

辐射环境监测网站

单位名称：________________________

污染源监测 ☐　　　　　　　　环境质量监测 ☐

污染源单位名称：________________________

表 E.9　沉降物总β、^{90}Sr、^{137}Cs 放射性活度监测结果　　　　单位：mBq/（$m^2 \cdot d$）

监测地名	频次/（次/年）	点数	监测项目	测值范围	平均值	标准差	备注

辐射环境监测网站

单位名称：____________________

污染源监测 ☐　　　　　　　　　　环境质量监测 ☐

污染源单位名称：________________________

表 E.10　空气中氡及其子体α潜能浓度监测结果

监测地名	频次/（次/年）	点数	氡浓度/（Bq/m^3）	氡子体α潜能浓度/（nJ/m^3）

辐射环境监测网站

单位名称：____________________

污染源监测 □　　　　　　环境质量监测 □

污染源单位名称：________________

表 E.11　空气中氚（HTO）浓度监测结果　　　　单位：Bq/L（H_2O）

监测地名	频次/（次/年）	监测点数	测值范围	平均值	标准差	备注

辐射环境监测网站

单位名称：________________

污染源监测 □　　　　　　　　环境质量监测 □

污染源单位名称：________________

表 E.12　降水中放射性核素（^{3}H、^{90}Sr、γ 核素）浓度监测结果　　　单位：Bq/L

监测地名	频次/（次/年）	测点数	监测项目	测值范围	平均值	标准差	备注

辐射环境监测网站

单位名称：______________________________

污染源监测 ☐　　　　　　　　　　环境质量监测 ☐

污染源单位名称：______________________

表 E.13　地表水放射性核素（^{3}H、^{90}Sr、γ 核素）浓度监测结果　　　　单位：mBq/L

河流（或样品）名	河段（或采样点）	频次/（次/年）	测点数	监测项目	测值范围	平均值	标准差	备注

辐射环境监测网站

单位名称：__________________________

污染源监测 ☐　　　　　　　　　　　环境质量监测 ☐

污染源单位名称：__________________________

表 E.14　地下水放射性核素（^{3}H、^{90}Sr、γ 核素）浓度监测结果　　　单位：mBq/L

样品名	采样地点	频次/（次/年）	采样点数	监测项目	测值范围	平均值	标准差	备注

辐射环境监测网站

单位名称：________________________

污染源监测 □　　　　　　　　　　　　环境质量监测 □

污染源单位名称：______________________

表 E.15　饮用水放射性核素（总α、总β、^{3}H、^{90}Sr、γ 核素）浓度监测结果　　单位：mBq/L

样品名称	采样地名	频次/（次/年）	采样点数	监测项目	测值范围	平均值	标准差	备注

辐射环境监测网站

单位名称：________________________

污染源监测 ☐　　　　　　　　　　　　环境质量监测 ☐

污染源单位名称：________________________

表 E.16　海水放射性核素（^{3}H、^{90}Sr、γ 核素）浓度监测结果　　　　单位：mBq/L

样品名	采样地名	频次/（次/年）	采样点数	监测项目	测值范围	平均值	标准差	备注

辐射环境监测网站

单位名称：________________________

污染源监测 □　　　　　　　　　　环境质量监测 □

污染源单位名称：________________________

表 E.17　土壤、底泥、潮间带土放射性核素（^{90}Sr、γ核素）浓度监测结果　　单位：Bq/（kg 干重）

样品名称	采样地点	频次/（次/年）	采样点数	监测项目	测值范围	平均值	标准差	备注

辐射环境监测网站

单位名称：________________

污染源监测 □　　　　环境质量监测 □

污染源单位名称：________________

表 E.18　生物样品放射性核素（^{90}Sr、γ 核素等）浓度监测结果　　单位：Bq/（kg 鲜重）

样品名	频次/（次/年）	采样点数	监测项目	测值范围	平均值	标准差	备注

中华人民共和国国家标准

低、中水平放射性废物固化体标准浸出试验方法

GB/T 7023—2011
代替 GB 7023—86

Standard test method for leachability of low and intermediate level solidified radioactive waste forms

中华人民共和国国家质量监督检验检疫总局
中 国 国 家 标 准 化 管 理 委 员 会
2011-12-30 发布
2012-06-01 实施

前　言

本标准依据 GB/T 1.1—2009《标准化工作导则 第 1 部分：标准的结构和编写》的规则起草。

本标准代替 GB 7023—1986《放射性废物固化体长期浸出试验》。本次修订与前版相比，主要修改内容如下：

——修改了标准名称，标准名称为“低、中水平放射性废物固化体标准浸出试验方法”；

——增加了前言部分；

——增加了规范性引用文件；

——增加了术语和定义；

——补充了标准的主要技术内容，在原标准浸出试验方法的基础上，推荐了短期浸出试验方法。

本标准参照了 ANSI/ANS-16.1-2003（R2008）《用短期试验程序测量低放废物固化体的浸出》。

本标准由中国核工业集团公司提供。

本标准由全国核能标准化技术委员会（SAC/TC 58）归口。

本标准起草单位：中国辐射防护研究院。

本标准主要起草人：郭喜良、范智文、柳兆峰、杨卫兵、冯声涛、谷存礼。

本标准所代替的标准历次发布情况为：GB 7023—86。

1 范围

本标准规定了在实验室条件下，低、中水平放射性废物固化体（以下简称为废物固化体）浸出性能检测的试验方法。

本标准适用于比较和评价废物固化体在实验室控制条件下的抗浸出性能，具体用途包括：

a）用于不同种类或不同组成的废物固化体的浸出试验结果的比较；

b）用于不同实验室对同一种废物固化体的浸出试验结果的比对；

c）用于不同固化过程所制得的废物固化体的浸出试验结果的比较。

2 规范性引用文件

下列文件对于本文件的应用是必不可少的。凡是注日期的引用文件，仅注日期的版本适用于本文件，凡是不是注日期的引用文件，其最新版本（包括所有的修改单）适用于本文件。

GB14569.1 低、中水平放射性废物固化体性能要求 水泥固化体

GB14569.3 低、中水平放射性废物固化体性能要求 沥青固化体

3 术语和定义

下列术语和定义适用于本文件。

3.1

浸出率 leaching rate

物质溶解或侵蚀的速率，或者固体通过扩散释放的速率，可以用来衡量放射性核素释放的速度，反映废物固化体的耐久性，单位为厘米每天（cm/d）。

3.2

累积浸出分数 cumulative fraction leached

在特定累计浸出时间内，单位比表面积上核素的累积浸出份额，单位为厘米（cm）。

3.3

比表面积 specific surface area

样品总面积除以样品的体积，单位为每厘米（cm^{-1}）。

3.4

浸出剂 leachant

浸出试验中用于与废物固化体式样接触的新鲜液体，其组成满足 4.1 的要求。

3.5

浸出液 leachate

浸出试验中与废物固化体试样接触后，按照规定的浸出时间更换出的溶液，溶液中含有待分析的放射性核素或核素示踪剂。

3.6

浸出周期 leaching period

给定体积的浸出剂与样品或废物固化体接触的时间。

4 实验器材和样品制备

4.1 浸出剂

根据具体用途，浸出试验可选择下列浸出剂：

a）去离子水，其电导率 $E_d \leqslant 150\mu S/m$，有机碳总量 TOC$<3\times10^{-6}$；

b）处置场区域的地下水或模拟地下水。

4.2 浸出容器

浸出实验中使用的容器应符合如下要求：

a）具有一定的密封性，防止浸出液的损失。

b）足以容纳浸出剂的体积，浸出容器的大小和形状应满足 5.2 有关规定。浸出剂加入后应使样品在容器的各个方向上至少被 1 cm 厚（对最小的样品）到 10 cm 厚（对最大的样品）的浸出剂所包围。

c）不与浸出剂或样品发生化学反应。

d）对从样品或浸出剂本身浸出的化学组份具有抗吸附性。

e）在浸出过程中，不释放改变浸出剂成分的干扰组分。

推荐使用聚乙烯或聚丙烯材质的密封容器。浸出容器使用前先用酸洗后，再用去离子水清洗。

4.3 样品制备

4.3.1 制备样品

浸出试验样品可以在实验室制备，也可以取自实际废物固化体。

4.3.1.1 实验室制备的样品

实验室制备的废物固化体样品，在废物的平均组成和化学状态、固化基材的来源、添加剂的种类、固化工艺和配方、固化时间和温度控制以及固化体的均匀性等方面，应能代表实际固化过程中所产生的废物固化体。对于模拟废物，当使用含放射性示踪剂的载体时，应控制和报告载体的浓度。

4.3.1.2 实际废物固化体样品

实际废物固化体样品，可以从实际固化生产线上采集获得，也可以采用钻孔取芯法获得。

选择样品尺寸时，应考虑浸出试验前后样品在浸出剂中的几何表面积由于样品溶胀或变形而引起的变化不大于5%。

a）水泥固化体样品

水泥样品应装入圆柱体塑料制样容器，用同固化实际废物一样的方法进行空气泡处理。混合物在25℃±5℃近饱和湿气氛条件下至少养护28 d。浸出试验开始前取出圆柱形固化块。要求样品长径比等于或略大于1。样品几何表面积应为10～5 000 cm^2，样品的上下端面用细砂纸磨光，以适当方式除去粉尘。水泥固化样品制备方法按照GB 14569.1中的规定进行。

b）沥青固化体样品

熔融样品应注满特制的聚四氟乙烯圆柱形制样容器。容器长径比为1，上部敞开。样品凝固后不从容器中取出。样品上端面的几何表面积应为2～1 000 cm^2。沥青固化体样品制备方法按照GB 14569.3中的规定进行。

c）塑料固化体样品

试验样品为圆柱形，长径比等于或略大于1，样品表面应为10～5 000 cm^2。热塑性塑料固化体采用切割法制样，其上下端面用零号砂纸磨光，以适当的方式除去粉尘。热固性塑料固化体样品采用浇铸成型。脲醛树脂与废物的混合物硬化后应在25℃±5℃密封养护10 d。

d）玻璃或陶瓷固化体样品

样品应是整块的立方体或圆柱体（后者和长径比等于或略大于1）。制样时采用金刚砂片切割，得到未经抛光的表面。样品几何表面积应为1～5 000 cm^2。

4.3.2 样品数量

a）浸出试验的平行样品数量不少于3个；

b）浸出容器空白样1组。

5 浸出试验

浸出试验以如下规定的试验方法为准。对采用短期试验开展浸出试验不作强制性要求，短期浸出试验方法参见附录A。

5.1 样品数量

用对应精度的天平称其质量，用游标卡尺测量其直径和高度。

5.2 加入浸出剂

a）试验样品用化学惰性的尼龙丝悬挂于浸出容器中，加入浸出剂的体积应按式（1）计算：

$$\frac{\text{浸出剂体积（cm}^3\text{）}}{\text{样品几何表面积（cm}^2\text{）}} = \text{（10~15）cm} \qquad (1)$$

b）如果加入浸出体积与本规定不符，则报告中应注明实际加入体积及变动的原因。

c）浸出时不允许搅动。

5.3 浸出温度

浸出试验应在下列温度下进行：

a）25℃±2℃；

b）40℃±2℃。

5.4 更换浸出剂

按规定时间隔从浸出容器中取出样品，立即转移到放有新鲜浸出剂的另一容器中，在转移时样品不能干燥。原浸出容器应盖严以备分析用。

5.5 更换周期

从试验开始在累积浸出时间 24 h、3 d、7 d、10 d、14 d、21 d、28 d、35 d 和 42 d 更换浸出，42 d 后每隔 30 d 更换一次。

如果浸出剂更换周期与本规定不符，报告中应注明实际更换周期及变动的原因。

5.6 浸出截止时间

浸出试验应一直进行到在试验误差范围内，浸出率基本不变为止。浸出温度为 25℃±2℃时，浸出试验至少进行 1 年，40℃±2℃时，至少进行 6 个月。

5.7 数据处理

浸出试验结果以浸出率 R_n 及累积浸出分数 P_t 与浸出时间 t 的关系式（2）表示：

$$R_n = \frac{a_n / A_0}{(S/V)\,(\Delta t)_n} \tag{2}$$

式中：R_n ——在第 n 浸出周期中第 i 组分的浸出率，单位为厘米每天（cm/d）；

a_n ——在第 n 浸出周期中浸出的第 i 组分的活度或质量，单位为贝克（Bq）或克（g）；

A_0 ——在浸出试验样品中第 i 组分的初始活度或质量，单位为贝克（Bq）或克（g）；

S ——样品与浸出剂接触的几何表面积，单位为平方厘米（cm^2）；

V ——样品的体积，单位为立方厘米（cm^3）；

$(\Delta t)_n$——第 n 浸出周期的持续天数$(\Delta t)_n=t_n \sim t_{n-1}$，单位为天（d）。

$$P_t = \frac{\Sigma a_n / A_0}{S/V} \tag{3}$$

式中：P_t——在时间 t 时第 i 组分的累积浸出分数，单位为厘米（cm）；

t ——累计的浸出天数 $t=\Sigma(\Delta t)_n$，单位为天（d）。

注意：A_0 和 a_n 按照衰变时间进行校正。

6 试验报告

6.1 试验样品

6.1.1 样品基本特性

报告中应说明实验室制备样品的方法或从实际固化体中取样的步骤，说明固化体的预处理情况（如冷热循环、辐照、冲击或抗微生物降解等）和样品的均匀性，并记录样品在试验期间或试验后是否发生溶胀、变形或产生裂纹。

6.1.2 样品的类型和化学组成

样品的类型和化学组成情况如下：

a）水泥固化体：应报告基体材料的型号和化学组成（包括含水量），每种添加剂的组成和比例，固化体中废物的包容量；

b）沥青固化体：应报告沥青型号（尽可能注明提取沥青的石油产地）、废物固化体的软化点、废物固化体中废物的包容量和含水量，及固化时的最高温度；

c）塑料固化体：应报告塑料种类和组成及相关的物理性质，固化过程的催化剂和促进剂，聚合反应类型和曾达到的最高温度，固化体中废物包容量和含水量；

d）玻璃和陶瓷固化体：应报告基体材料的化学组成，固化体中废物包含量。

如果是模拟废物，应说明废物的制备方法。

6.1.3 样品的物理特性

应报告样品的重要物理性质，试验前样品的密度和质量，试验前后样品的外形尺寸、几何表面积和体积。

试验样品的描述格式和内容参见附录 B 中的 B.1。

6.2 浸出剂和浸出液

浸出剂和浸出液的报告内容如下：

a）应报告浸出剂的种类和化学组成，浸出剂的加入体积；

b）应报告浸出剂、浸出液和对容器的空白试验溶液的 pH 值和电导率。

浸出剂和浸出液描述的格式和内容参见附录 B 中的 B.2。

6.3 浸出过程

应记录浸出试验方法、浸出试验温度、浸出容器型号、浸出开始时间、浸出液更换周期、浸出截止时间等试验过程信息。浸出过程的格式参见附录 B 中的 B.3。

6.4 分析方法

应详细说明所用的分析测量方法，包括方法的准确度和精密度。对于放射化学分析，应说明每种核素的测定方法，尤其是它们的刻度方法和所用的标准源或标准溶液。浸出液分析的格式参见附录 B 中的 B.4。

6.5 浸出试验结果

浸出试验结果以浸出率 R_n 及累积浸出分数 P_t 与浸出时间 t 的关系表示，计算方法同 5.7 条。

报告浸出试验结果是三个平行样品至少应有两个的试验数据重复性较好，并对较差的一组试验数据做出合理解释。

附 录 A
（资料性附录）
短期浸出试验方法

A.1 样品测量

同5.1条。

A.2 浸出试验开始

a）样品用化学惰性的尼龙丝悬挂在浸出容器中，加入浸出剂的体积按式（A.1）计算：

$$\frac{\text{浸出剂体积（cm}^3\text{）}}{\text{样品总表面积（cm}^2\text{）}}=（10\pm 0.2）\text{cm} \qquad （A.1）$$

b）如果加入浸出剂体积与本规定不符，则报告中应注明实际加入体积及变动的原因。

c）浸出时不允许搅动。

A.3 浸出温度

浸出试验在22.5℃±2℃下进行。

A.4 更换浸出剂

同5.4。

A.5 更换周期

从试验开始在累积浸出时间2 h、7 h和24 h更换浸出剂。后续的浸出液取样和浸出剂更换按照24 h的间隔进行，持续4 d，标准试验周期共为5 d。作为对浸出试验的延伸，5 d后可增加3个浸出周期，分别是14 d、28 d和43 d，整个试验共90 d。

如果浸出更换周期与本操作程序的规定不符，报告中应注明实际更换周期及变动的原因。

A.6 数据处理

浸出试验结果以浸出率R_n及累积浸出分数P_t与浸出时间t的关系表示，计算方法同5.7。

附　录　B
（资料性附录）
浸出试验报告

B.1 试验样品描述

对试验样品的描述具体包括如下内容：

样品编号____________________

样品中废物的包容量（*w*%或 *v*%）____________________

废物类型（关键放射性核素组成及对应比活度）____________________

____

固化剂类型和组成____________________

固化配方____________________

样品形状和尺寸：

球　体，直径（cm）____________________

圆柱体，直径（cm）__________高（cm）__________

平行六面体，长（cm）__________宽（cm）__________高（cm）__________

其他形状__________尺寸__________

样品初始质量（g）____________________

样品体积（cm^3）____________________

样品总表面积（cm^2）____________________

样品制备日期____________________

样品贮存条件____________________

样品外观质量____________________

B.2 浸出剂和浸出液描述

浸出试验编号				
操作人员				
参数测量仪器型号				
检定情况				
浸出剂组成				
浸出剂	pH	E_d/（μS/m）	体积/cm^3	
浸出液编号	pH	E_d/（μS/m）		备注

B.3 浸出过程描述

对浸出过程的描述应包括如下内容：

样品类型______________________________

样品编号______________________________

浸出容器材质和规格______________________________

浸出剂类型______________________体积______________________

浸出试验温度______________________________

浸出开始时间______________________________

浸出液更换时间（周期）______________________________

____

浸出截止时间______________________________

试验地点______________________________

试验人员______________________________

B.4 浸出液分析描述

对浸出液分析的描述应包括如下内容：

浸出液编号______________________________

分析实验室______________________________

分　析　人______________________________

分析时间______________________________

分析仪器名称______________________________

型号______________________________

标定及刻度有效期______________________________

核素类型______________________________

活度读数（Bq）______________________________

样品体积（cm^3）______________________________

平行样品中对应核素的活度浓度（Bq/ cm^3）______________________________

求平均值后对应核素的活度浓度（Bq/ cm^3）______________________________

中华人民共和国核行业标准

土壤中锶-90的分析方法

EJ/T 1035—2011
代替 EJ/T 1035—1996

Analytical method for strontium-90 in soil

国家国防科技工业局 2011-07-19 发布　　2011-10-01 实施

前　言

本标准代替 EJ/T 1035—1996《土壤中锶-90 的分析方法》。

本标准与 EJ/T 1035—1996 的主要区别如下：

a）浸取液中草酸沉淀方法改为“向浸取液中加入 60 g 草酸和 20 g 二水合柠檬酸三钠”。

b）快速法中“先硫化铋沉淀，滤液稀释后调节酸度上柱”改为“先上柱，流出液调节 pH 值为 1.0，再硫化铋沉淀，并且采用 G4 玻璃砂芯漏斗抽滤”。

c）放置法中的“保存液蒸后上柱放置”改为“保存液中加入铅载体和铋载体，调 pH 值为 9.0 进行共沉淀，抽滤，滤液收集于容量瓶中放置”。

d）原标准中树脂再生方法改为“树脂再生用 50 ml 浓度为 6 mol/L 的盐酸洗涤”。

本标准的附录 A 和附录 B 是资料性附录。

本标准由中国核工业集团提出。

本标准由核工业标准化研究所归口。

本标准起草单位：核工业北京化工冶金研究院。

本标准主要起草人：吴文斌、刘扬、周丽彬。

本标准于 1996 年 10 月首次发布。

1 范围

本标准规定了用磷酸二(2-乙基己基)酯(P204)萃淋树脂色层分析土壤中锶-90 的快速法和放置法。

本标准适用于土壤中锶-90 的分析，方法检出限为：0.23 Bq/kg。快速法分析步骤适用于锶-90-钇-90 处于平衡状态和不含钇-91 的土壤样品。

2 规范性引用文件

下列文件中的条款通过本标准的引用而成为本标准的条款。凡是注日期的引用文件，其随后所有的修改单（不包含勘误的内容）或修订版均不适用于本标准，然而，鼓励根据本标准达成协议的各方研究是否可使用这些文件的最新版本。凡是不注日期的引用文件，其最新版本适用于本标准。

EJ/T 428　环境核辐射监测中土壤样品采集与制备的一般规定

3 原理

快速法：采用 P204 萃淋树脂色层柱吸附钇-90，硫化铋沉淀除铋，草酸钇沉淀制源，用低本底β测量装置测量钇-90，根据钇-90 计数率计算土壤中锶-90 含量。

放置法：经过色层柱分离钇-90 后的流出液用碱沉淀除杂，放置使锶-90-钇-90 衰变平衡，再经过色层柱分离并测量钇-90，根据钇-90 计数率计算土壤中锶-90 含量。

4 试剂和材料

所有试剂，除注明者外，均为分析纯试剂；水为蒸馏水或同等纯度的水。

4.1 草酸，ω（$H_2C_2O_4 \cdot 2H_2O$）=99.8%。

4.2 硝酸锶，$\omega[Sr(NO_3)_2]$=99.5%。

4.3 硝酸钇，$\omega[Y(NO_3)_3 \cdot 6H_2O]$=99.0%。

4.4 二水合柠檬酸三钠，$\omega[C_6H_5O_7Na_3 \cdot 2H_2O]$=99.0%。

4.5 氢氧化铵，ω（NH_4OH）约为 25.0%～28.0%。

4.6 过氧化氢，ω（H_2O_2）约为 30%。

4.7 无水乙醇，ω（C_2H_5OH）约为 99.5%。

4.8 硝酸，ρ约 1.41 g/ml。

4.9 硝酸溶液，pH=0.1。

4.10 硝酸溶液，c（HNO_3）=0.1 mol/L。

4.11 硝酸溶液，c（HNO_3）=1.0 mol/L。

4.12 硝酸溶液，c（HNO_3）=1.3 mol/L。

4.13 硝酸溶液，c（HNO_3）=6.0 mol/L。

4.14 盐酸溶液，c（HCl）=1.0 mol/L。

4.15 盐酸溶液，c（HCl）=6.0 mol/L。

4.16 饱和草酸溶液。

称取 110.0 g 草酸（4.1）溶于 1 000 ml 水中，稍许加热，不断搅拌，冷至室温，贮于试剂瓶中。

4.17 草酸溶液，ω（$H_2C_2O_4 \cdot 2H_2O$）=1%。

4.18 氢氧化钠溶液，c（NaOH）=10 mol/L。

4.19 硫化钠溶液，c（Na_2S）=0.3 mol/L。

4.20 饱和碳酸铵溶液。

4.21 铅载体，ρ（Pb）=10 mg/ml。

称 15.99 g 硝酸铅用硝酸溶液（4.12）溶解并稀释至 1 L。

4.22 锶载体溶液，ρ（Sr）=100 mg/ml。

称取 241.6 g 硝酸锶（4.2），溶解于 100 ml 硝酸溶液（4.11）中，用水稀释至 1 L。

取 4 份 1.00 ml 锶载体溶液（4.22）分别置于烧杯中，加入 20 ml 水，用氢氧化铵（4.5）调节溶液 pH 值至 8.0，加入 5 ml 饱和碳酸铵溶液（4.20），加热至将近沸腾，使沉淀凝聚、冷却。用已称重的 G4 玻璃砂芯漏斗抽吸过滤，用水和无水乙醇（4.7）各 10 ml 洗涤沉淀。在 110℃烘干。冷却，称至恒重，以 $SrCO_3$ 的形式计算锶载体浓度。

4.23 钇载体溶液，ρ（Y）=20 mg/ml。

称取 86.16 g 硝酸钇（4.3），溶解于 100 ml 硝酸溶液（4.11）中，用水稀释至 1 L。

取 4 份 2.00 ml 钇载体溶液（4.23），分别置于烧杯中，加入 20 ml 水和 5 ml 饱和草酸溶液（4.16），用氢氧化铵（4.5）将溶液调至 pH 值 1.5～2.0，在水浴上加热使沉淀凝聚，冷却至室温。沉淀过滤在置有定量滤纸的三角漏斗中，依次用草酸溶液（4.17）和无水乙醇（4.7）各 10 ml 洗涤，取下滤纸置于已称重的瓷坩埚中，在电炉上烘干并炭化后置于 800℃马弗炉中灼烧 30 min，在干燥器中冷至室温，以 Y_2O_3 形式称至恒重，计算钇载体浓度。

4.24 铋载体，ρ（Bi）=10 mg/ml。

称 23.20 g $Bi(NO_3)_3 \cdot 5H_2O$。用硝酸溶液（4.12）溶解并稀释至 1 L。

4.25 P204 萃淋树脂（40～60 目，含磷酸二（2-乙基己基）酯 50%）。

4.26 色层柱。

制备：将 10 g P204 萃淋树脂（4.25）用水浸泡 24 h，装入玻璃离子交换柱（5.1）中，柱的上下端用玻璃棉或聚乙烯丝填塞，用 20 ml 硝酸溶液（4.9）通过色层柱，备用。

再生：使用过的色层柱用 50 ml 盐酸溶液（4.15）洗涤，然后用蒸馏水洗至流出液 pH 值为 7，使用前用 20 ml 硝酸溶液（4.9）通过色层柱，备用。

4.27 锶-90-钇-90 标准溶液，锶-90-钇-90 浓度约为 32 Bq/ml。

5 仪器和设备

5.1 玻璃离子交换柱，Φ10 mm×260 mm。

5.2 离心机，容量 80 ml×4。

5.3 分析天平，感量 0.1 mg。

5.4 烘箱。

5.5 马弗炉。

5.6 可拆卸式漏斗。

5.7 低本底β测量装置，本底计数率应小于 0.03 s^{-1}，对钇-90 的探测效率应大于 25%。

仪器对钇-90 的探测效率：向烧杯中分别加入 30 ml 水，0.50 ml 锶载体溶液（4.22），1.00 ml 钇载体溶液（4.23）和 1.00 ml 锶-90-钇-90 标准溶液（4.27）。调节溶液 pH 值为 1，将溶液按 7.1.7～7.1.10 所述方法分离钇-90（从开始过柱到过柱完毕的中间时刻作为锶-90-钇-90 分离时刻 t_1）。在和样品源相同的条件下测量钇-90 源的净计数率（N），并按式（1）计算仪器对钇-90 的探测效率（E）：

$$E=\frac{N}{A_0 Y_Y e^{-\lambda(t_2-t_1)}} \tag{1}$$

式中：N——钇-90 标准源的净计数率，S^{-1}；

A_0——加入钇-90 标准溶液的活度，Bq；

Y_Y——钇的化学回收率；

t_1——从开始过柱到过柱完毕的中间时刻；

t_2——从开始测量到测量完毕的中间时刻；

λ——钇-90 的衰变常数，1.802×10^{-4} min^{-1}。

5.8 参考源，样品源面积相同的锶-90-钇-90 参考源。

在标定仪器探测效率时，同时测定参考源的计数率。常规分析中，应用该参考源检验仪器的稳定性。

5.9 原子吸收分光光度计。

5.10 土壤浸取装置，由调温型电热套、500 ml 玻璃蒸馏瓶和Φ24 mm×400 mm 水冷凝管组成。

5.11 酸度计。

5.12 G4 玻璃砂芯漏斗。

6 采样

按 EJ/T 428 中的规定进行。

7 分析步骤

7.1 快速法分析步骤

7.1.1 将土壤样品在110℃烘干、磨碎、过筛，称取50 g小于154 μm（100目）的土壤放入瓷坩埚中，加入0.50 ml锶载体（4.22）和1.00 ml钇载体（4.23），在马弗炉内于600℃灼烧1 h，冷却后，转移到土壤浸取装置（5.10）中，加入140 ml盐酸溶液（4.15），加热煮沸1 h，冷却、离心，上清液收集于500 ml烧杯中，再用40 ml盐酸溶液（4.14）洗涤残渣一次，将上清液和洗涤液合并为浸取液，弃去残渣。

7.1.2 向浸取液中加60 g草酸（4.1）和20 g二水合柠檬酸三钠（4.4），加热溶解，加入适量氢氧化钠溶液（4.18），在酸度计上调节溶液pH值为3.0；然后在沸水浴上加热，不断搅拌，使氢氧化铁沉淀完全消失，得到带有白色沉淀的亮绿色溶液，继续加热15 min，快速冷却至室温。

注：沉淀连同溶液不宜放置时间过长，应尽快过滤。若有绿色草酸铁晶体析出，可加热溶解绿色晶体，再冷却至室温后抽滤。

7.1.3 用定量滤纸进行抽滤沉淀，用草酸溶液（4.17）洗涤两次，每次20 ml，弃去溶液；将沉淀连同滤纸移入100 ml瓷坩埚中，烘干、炭化后，在马弗炉中于700℃灼烧1 h。

7.1.4 坩埚冷却后，将残渣转入150 ml烧杯中，先用少量硝酸溶液（4.13）湿润残渣，滴加硝酸（4.8）约20 ml，将其溶解至不反应为止，然后加入1 ml过氧化氢（4.6）脱色，将其低温加热至无小气泡冒出，得到透明溶液，体积控制约80 ml，冷却。将溶液调至pH值为0.10后抽滤。

7.1.5 滤液以2.0 ml • min^{-1}的流速通过P204萃淋树脂色层柱（4.26），记下从开始过柱到过柱完毕的中间时刻，作为锶-90-钇-90分离时刻t_1；用10 ml硝酸溶液（4.9）洗涤色层柱，流出液和洗涤液合并至200 ml烧杯中作为保存液供放置法用，用50 ml盐酸溶液（4.14）和40 ml硝酸溶液（4.12）以相同的流速洗涤柱子，弃去洗涤液。

7.1.6 用50 ml硝酸溶液（4.13）以0.5 ml • min^{-1}的流速解吸钇。解吸液收集于150 ml烧杯中，加入1.00 ml铋载体（4.24），用氨水调至pH值为1.0，并滴加0.5 ml硫化钠溶液（4.19），生成黑色的硫化铋沉淀，采用G4玻璃砂芯漏斗抽滤，滤液收集于150 ml烧杯中。（如果土壤中铕和铈等稀土核素含量小于锶-90含量5倍时，可直接按7.1.9操作。）

7.1.7 将滤液以2.0 ml •min^{-1}的流速通过P204萃淋树脂色层柱（用硝酸溶液（4.9）平衡过的），用50 ml盐酸溶液（4.14）和40 ml硝酸溶液（4.12）以相同的流速洗涤柱子，弃去洗涤液。

7.1.8 用50 ml硝酸溶液（4.13）以0.5 ml • min^{-1}的流速解吸钇。解吸液收集于150 ml烧杯中。

7.1.9 加入5 ml饱和草酸溶液（4.16），用氢氧化铵（4.5）调至pH值1.5～2.0，烧杯置于水浴中煮沸30 min，沉淀转移到铺有已称重定量滤纸的可拆卸式漏斗中，抽滤，依次用草酸溶液（4.17）、无水乙醇（4.7）各5 ml洗涤沉淀；将其固定在低本底β测量装置（5.7）的测量盘上，烘干、测量净计数率（N），记录开始测量到测量完毕的中间时刻，作为测量时刻（t_2）（参见A.1）。

7.1.10 测量后的样品源置于110℃烘1 h，冷至室温，称至恒重，按草酸钇[$Y_2(C_2O_4)_3 \cdot 9H_2O$]的分子式计算钇的化学回收率。也可用容量法测量钇的化学回收率（参见附录B）。

7.2 放置法分析步骤

7.2.1 按7.1.1～7 .1.4进行试验。

7.2.2 将步骤7.1.5中的保存液中加入1 ml铋载体溶液（4.24）和1 ml铅载体溶液（4.21），并用氨水调节溶液pH值为9.0，加热蒸至70 ml左右，离心，抽滤，滤液收集于100 ml烧杯。

7.2.3 加入1.00 ml钇载体溶液（4.23），调pH值为0.10，转移至100 ml容量瓶中，用硝酸溶液（4.9）稀释至刻度，摇匀；取出1.00 ml溶液，在原子吸收分光光度计上测定锶含量，计算锶的化学回收率；容量瓶中余下的溶液放置14 d后（t_3），以2.0 ml • min^{-1}的流速通过P204色层柱（4.26），记下从开始过柱到过柱完毕的中间时刻，作为锶-90-钇-90分离时刻（t_1）；用50 ml盐酸溶液（4.14）和40 ml硝酸溶液（4.12）以相同的流速洗涤柱子，弃去洗涤液。然后按 7.1.8～7.1.10 操作。

8 计算

8.1 用快速法分析步骤测定锶-90 时按式（2）计算土壤样品锶-90 的含量：

$$A=\frac{N}{Y_{\mathrm{Y}}EW\mathrm{e}^{-\lambda(t_2-t_1)}} \tag{2}$$

式中：A——土壤样品中锶-90 的含量，Bq/kg；

N——样品源的净计数率，s^{-1}；

Y_{Y}——钇的化学回收率；

E——仪器对钇-90 的探测效率；

W——称取的土壤质量，kg；

t_1——从开始过柱到过柱完毕的中间时刻；

t_2——从开始测量到测量完毕的中间时刻；

λ——钇-90 的衰变常数，$1.802\times10^{-4}\ \mathrm{min}^{-1}$。

8.2 用放置法分析步骤测定锶-90 时按式（3）计算土壤样品中锶-90 的含量；

$$A=\frac{N}{Y_{\mathrm{Y}}Y_{\mathrm{Sr}}EW(1-\mathrm{e}^{-\lambda t_3})\mathrm{e}^{-\lambda(t_2-t_1)}} \tag{3}$$

式中：Y_{Sr}——锶的化学回收率；

t_3——钇-90 的生长时间，min；

$1-\mathrm{e}^{-\lambda t_3}$——钇-90 积累系数。

9 方法的精密度

方法的精密度见表 1。

表 1　方法的精密度

锶-90 含量范围/（Bq/kg）	快速法六次测量的相对标准偏差/%	锶-90 含量范围/（Bq/kg）	放置法六次测量的相对标准偏差/%
0.33～100	9～25	0.26～100.0	7～20

附 录 A
（资料性附录）
正确使用标准的说明

A.1 按式（A.1）根据仪器测定偏差确定测量试样的时间：

$$t_c = \frac{N_c + \sqrt{N_c \cdot N_b}}{N^2 R^2} \tag{A.1}$$

式中：t_c——测量试样的时间，min；

N_c——试样和本底的总计数率，min^{-1}；

N_b——本底的计数率，min^{-1}；

N——试样的计数率，min^{-1}；

R——预定测定的相对标准偏差。

A.2 使用放置法时，若 50 g 土壤样品中锶含量超过 1 mg，应进行样品自身锶含量测定，并在计算锶的化学回收率时将其扣除，否则会使锶的化学回收率偏高，钇的分析结果偏低。

A.3 当试样中锶-90-钇-90 未处于平衡状态和有较多的重稀土核素时，应当用放置法进行分析。

A.4 以草酸钇重量法测定钇的化学回收率时，草酸钇中的结晶水数会随烘烤温度和时间而改变。在 110℃烘 1 h，草酸钇的沉淀组成为 $Y_2(C_2O_4)_3 \cdot 9H_2O$。

A.5 铕和铈等稀土核素含量大于锶-90 含量 100 倍时，会使快速法测定锶-90 结果偏高。

A.6 对锶-90 含量很低的环境样品可以增加取样的质量，对 100 g 土壤样品，用 280 ml HCl（4.15）浸取，加入 120 g 草酸（4.1）和 40 g 二水合柠檬酸三钠（4.4）进行沉淀，其他按方法程序操作。

附 录 B
（资料性附录）
容量法标定钇载体和测钇的化学回收率

B.1 容量法标定钇载体和测钇的化学回收率可避免温度的影响。测定方法如下：

将草酸钇沉淀转入烧杯中，加入 10.0 ml 2.00×10^{-2} mol/L EDTA 标准溶液和 10 ml NH_4OH-NH_4Cl 缓冲溶液，使沉淀溶解，加 2 滴 0.5%铬黑 T 指示剂，用 2.00×10^{-2} mol/L Zn^{2+}标准溶液反滴定，按式（B.1）计算钇的化学回收率：

$$Y_Y = \frac{88.91\times(C_{EDTA}V_{EDTA} - C_{Zn}V_{Zn})}{\rho_Y V_Y} \tag{B.1}$$

式中：Y_Y——钇的化学回收率；

ρ_Y——钇载体溶液的质量浓度，g/L；

V_Y——钇载体溶液的加入体积，ml；

C_{EDTA}——EDTA 标准溶液的浓度，mol/L；

V_{EDTA}——加入 EDTA 标准溶液的体积，ml；

C_{Zn}——Zn 标准溶液的浓度，mol/L；

V_{Zn}——消耗 Zn 标准溶液的体积，ml。

噪　声

中华人民共和国国家标准

机场周围飞机噪声测量方法

GB 9661—88

Measurement of aircraft noise around airport

国家环境保护局 1988-08-11 发布　　1988-11-01 实施

本标准参照采用国际标准 ISO 3891—1978《表述地面听到飞机噪声的方法》和国际民航组织《国际民用航空公约》中附件十六制订的。

1 主题内容与适用范围

本标准规定了机场周围飞机噪声的测量条件、测量仪器、测量方法和测量数据的计算方法。

本标准适用于测量机场周围由于飞机起飞、降落或低空飞越时所产生的噪声。

本标准包括下面三方面内容：

a. 测量单个飞行事件引起的噪声；

b. 测量相继一系列飞行事件引起的噪声；

c. 在一段监测时间内测量飞行事件引起的噪声。

2 引用标准

GB 3785　声级计的电、声性能及测试方法

3 测量条件

3.1　气候条件：无雨、无雪，地面上 10 m 高处的风速不大于 5 m/s，相对湿度不应超过 90%、不应小于 30%。

3.2　传声器位置：测量传声器应安装在开阔平坦的地方，高于此地面 1.2 m，离其他反射壁面 1 m 以上，注意避开高压电线和大型变压器。

所有测量都应使传声器膜片基本位于飞机标称飞行航线和测点所确定的平面内，即是掠入射。

注：在机场的近处应当使用声压型传声器，其频率响应的平直部分要达到 10 kHz。

3.3　噪声级：要求测量的飞机噪声级最大值至少超过环境背景噪声级 20 dB，测量结果才被认为可靠。

3.4　测量仪器：精度不低于 2 型的声级计或机场噪声监测系统及其他适当仪器。声级计的性能要符合 GB 3785 的规定。测量录音机及其他仪器的性能参照 IEC 561 有关规定。

4 测量方法

4.1　精密测量——需要作为时间函数的频谱分析的测量

传声器通过声级计将飞机噪声信号送到测量录音机记录在磁带上。然后，在实验室按原速回放录音信号并对信号进行频谱分析。

4.1.1　测量前应进行从传声器到录音机系统的校准和标定。

4.1.2 录音时，根据飞机噪声级的高低适当调整声级计衰减器的位置（并在记录本上记下其位置），使录音信号不至过载或太小。

4.1.3 当飞机飞过测量点时，通过声级计线性输出录下飞机信号的全过程。为此，录音时要使起始和终了的录音信号声级小于最大噪声级 10 dB 以上。在录音时要说明飞行时间、状态、机型等测量条件。

4.2 简易测量——只需经频率计权的测量

声级计接声级记录器，或用声级计和测量录音机。读 A 声级或 D 声级最大值，记录飞行时间、状态、机型等测量条件。

4.2.1 测量仪器校准：对一系列飞行事件的飞行噪声级测量前后，应该利用能在一已知频率上产生一已知声压级的声学校准器，来对整个测量系统的灵敏度作校准。

当声级计与声级记录器连用并作绝对测量时两者必须一起校准和标定。

4.2.2 读取一次飞行过程的 A 声级最大值，一般用慢响应；在飞机低空高速通过及离跑道近的测量点用快响应。

4.2.3 当用声级计输出与声级记录器连接时，记录器的笔速对应于声级计上的慢响应为 16 mm/s，快响应为 100 mm/s。在记录纸上要注明所用纸速、飞行时间、状态和机型。

4.2.4 没有声级记录器时可用录音机录下飞行信号的时间历程，并在录音带上说明飞行时间、状态、机型等测量条件，然后在实验室进行信号回放分析。

4.3 测量记录

4.3.1 测量条件记录：测量日期、测量点位置、气温和 10 m 高处风向和风速。

4.3.2 测量时记录内容：飞行时间、飞行状态、飞机型号、最大噪声级（见附录 A）。

5 信号分析处理

5.1 量与单位

5.1.1 N：噪度（noisiness）

单位：呐，noy。

5.1.2 L_{PN}：感觉噪声级（perceived noise level 缩写为 PNL）。

单位：分贝，dB。

5.1.3 L_{TPN}：经纯音修正的感觉噪声级（tone-corrected perceived noise level 缩写为 PNLT）。

单位：分贝，dB。

5.1.4 C：纯音修正值

单位：分贝，dB。

5.1.5 T_0：标准时间，$T_0=10$ s。

5.1.6 T_d：实际持续时间，s。

5.1.7 T_e：等效持续时间，s。

5.1.8 L_{EPN}：有效感觉噪声级（effective perceived noise level 缩写为 EPNL）。

单位：分贝，dB。

5.1.9 L_A（或 L_D）：用计权网络 A（或 D）所读到的声级值。

单位：分贝，dB。

5.1.10 L_{WECPN}：计权等效连续感觉噪声级（weighted equivalent continuous perceived noise leve，缩写为 WECPNL）。

单位：分贝，dB。

5.2 精密测量记录信号的分析与处理

5.2.1 将磁带上标定时记录的标准信号经原录音机回放送到分析仪定标。

5.2.2 根据录音时记下的声级计衰减器位置，调整分析器的输入衰减器位置，确定飞机噪声级。

5.2.3 按 0.5 s 的时间间隔采样，进行 1/3 倍频程频谱分析。

5.2.4 1/3 倍频程频谱分析的频率范围：50 Hz～10 kHz。

5.2.5 计算感觉噪声级：把从 50 Hz～10 kHz 中 24 个频带的声压级 L_{psi}，借助于表（附录 D）换算成相应的噪度 N_i。

总噪度 N 按式（1）计算：

$$N = N_{max} + 0.15(\sum_{i=1}^{24} N_i - N_{max})(noy) \tag{1}$$

式中：N_{max}——N_i 中的最大值。

感觉噪声级 L_{PN} 按式（2）计算：

$$L_{PN} = 40 + 10\ (\lg N/\lg 2)\ (dB) \tag{2}$$

5.2.6 纯音修正：在频谱中有显著纯音成分可按附录 B 计算纯音修正值。

5.2.7 经纯音修正的感觉噪声级 L_{TPN} 按式（3）计算：

$$L_{TPN} = L_{PN} + C\ (dB) \tag{3}$$

5.2.8 一次飞行事件的最大值与持续时间

a. 经纯音修正的最大感觉噪声级 L_{TPNmax}。

b. 实际持续时间 T_d 是在最大值 L_{TPNmax} 下 10 dB 的延续时间。

5.2.9 有效感觉噪声级 L_{EPN} 按式（4）计算：

$$L_{EPN} = 10\lg[(1/T_0)(\sum_{i=1}^{n} 0.5 \times 10^{L_{TPNi}/10})](dB) \tag{4}$$

式中：L_{TPNi}——T_d 时间内、0.5 s 间隔的 L_{TPN}；

T_0——10 s，为标准时间；

n——T_d 时间内的采样数。

5.2.10 等效持续时间 T_e 按式（5）计算：

$$T_e = \frac{\sum_{i=1}^{n} 0.5 \times 10^{L_{TPNi}/10}}{10^{L_{TPNmax}/10}}(s) \tag{5}$$

5.3 简易测量的信号分析处理

5.3.1 用声级计读出并记录一次飞行噪声的 A 声级或 D 声级的最大值。

5.3.2 声级计接声级记录器或用录音机记录相应飞行事件的时间历程，记下飞行时间、飞行状态和飞机型号等条件。

5.3.3 在实验室分析计算记录信号，算出持续时间 T_d（见附录 C）。

5.3.4 用最大声级 L_{Amax} 或 L_{Dmax} 及持续时间 T_d 按式（6）计算有效感觉噪声级 L_{EPN}：

$$L_{EPN} = L_{Amax} + 10\lg(T_d/20) + 13 = L_{Dmax} + 10\lg(T_d/20) + 7\ (dB) \tag{6}$$

6 一次飞行事件的噪声级

6.1 有效感觉噪声级 L_{EPN} 按式（7）计算：

$$L_{EPN} = 10\lg[(1/T_0) \times (\sum_{i=1}^{n} 0.5 \times 10^{L_{TPNi}/10})](dB) \tag{7}$$

式中：T_0——10 s；

n——实际持续时间 T_d 内的采样数。

6.2　有效感觉噪声级 L_{EPN} 用最大感觉噪声级表示，见式（8）所示：

$$L_{EPN}=L_{TPNmax}+10\lg(T_e/T_0)$$
$$\approx L_{TPNmax}+10\lg(0.5T_d/T_0)$$
$$=L_{TPNmax}+10\lg(T_d/20)\ (dB) \qquad (8)$$

注：在近似情况下 $T_e=T_d/2$（s）。

6.3　有效感觉噪声级 L_{EPN} 用 A 声级近似表示，见式（9）所示：

$$L_{EPN}=L_{Amax}+10\lg(0.5T_d/T_0)+13=L'_{Amax}+13\ (dB) \qquad (9)$$

式中：$L'_{Amax}=L_{Amax}+10\lg(0.5T_d/T_0)=L_{Amax}+10\lg(T_d/20)$（dB）

6.4　有效感觉噪声级 L_{EPN} 用 D 声级近似表示，见式（10）所示：

$$L_{EPN}=L_{Dmax}+10\lg(0.5T_d/T_0)+7=L'_{Dmax}+7\ (dB) \qquad (10)$$

式中：$L'_{Dmax}=L_{Dmax}+10\lg(0.5T_d/T_0)$

$=L_{Dmax}+10\lg(T_d/20)$（dB）

7　一系列相继飞行事件的噪声级

在单个飞行事件的噪声级的基础上，计算相继 N 次事件所引起的噪声级。

7.1　N 次事件的噪声级是 N 个有效感觉噪声级的能量平均值。

对某一个测量点通过 N 次飞行事件的有效感觉噪声级的能量平均值 $\overline{L}_{EPN}$ 按式（11）计算：

$$\overline{L}_{EPN}=10\lg[(1/N)\times(\sum_{i=1}^{N}10^{L_{EPNi}/10})](dB) \qquad (11)$$

式中：L_{EPNi}——某一次飞行事件的有效感觉噪声级 L_{EPN}。

7.2　$\overline{L}_{EPN}$ 的近似表示：

$$\overline{L}_{EPN}=\overline{L}'_{Amax}+13(dB) \qquad (12)$$

式中：$\overline{L}'_{Amax}=10\lg[(1/N)\times(\sum_{i=1}^{N}10^{L'_{Amaxi}/10})]$；

L'_{Amaxi}——某一次飞行的 L'_{Amax}。

8　对一段监测时间内的连续噪声级的表示

8.1　计权有效连续感觉噪声级 L_{WECPN}，既考虑了一段监测时间内通过一固定点的飞行引起的总噪声级，同时也考虑了不同时间内飞行所造成的不同社会影响。以一昼夜 24 h 定为单位监测时间，L_{WECPN} 按式（13）计算：

$$L_{WECPN}=\overline{L}_{EPN}+10\lg[(N_1+3N_2+10N_3)]-39.4\ (dB) \qquad (13)$$

式中：$\overline{L}_{EPN}$——N 次飞行的有效感觉噪声级的能量平均值；

N_1——白天的飞行次数；

N_2——傍晚的飞行次数；

N_3——夜间的飞行次数。

这三段时间的具体划分由当地人民政府决定。

8.2　L_{WECPN} 用 A 声级表示如式（14）：

$$L_{WECPN}=\overline{L}'_{Amax}+10\lg(N_1+3N_2+10N_3)-27\ (dB) \qquad (14)$$

9 机场周围飞机噪声等值线图的制作

9.1 机场周围测量点的布置：建议主航道下按不大于 1 km 的间隔、侧向按不大于 500 m 划成网格，在网格内取户外开阔平坦处为测点。

9.2 记录不同时间段的飞行次数。

9.3 按上述的测量、分析、处理方法求出各点的 L_{WECPN}。

9.4 航班周期为一周的机场，一般监测一周，求出平均一昼夜的 L_{WECPN}。不定期飞行机场，求出飞行期间平均一昼夜的 L_{WECPN}。

计算公式如下：

$$L_{WECPN}=\overline{L}'_{Amax}+10\ \lg\left[\sum_{i=1}^{7}(N_{1i}+3N_{2i}+10N_{3i})/7\right]-27 \tag{15}$$

式中：$\overline{L}'_{Amax}$——一周内所有飞行的 $\overline{L}'_{Amax}$ 能量平均值（见 7.2）。

N_{1i}、N_{2i}、N_{3i}——从周一到周日每天在三个不同时间段内的飞行次数。

9.5 按 5 dB 间隔划等噪声级线绘制机场周围飞机噪声等值线图。最低等值线的噪声级应小于或等于 70 dB。

附 录 A
飞机噪声监测记录表
（参考件）

测点编号____________________测点位置______________环境背景噪声________________dB

测量日期____年____月____日 监测人____

气象条件：气温__________°C 湿度__________% 风向__________ 风速______________m/s

测量仪器：名 称 型 号 备 注

__________ __________ __________

__________ __________ __________

__________ __________ __________

监测时间 时分秒	飞行状态 起降	飞机型号	L_{Amax}/ dB	持续时间/ s	L'_{Amax}/ dB	L_{EPN}/ dB	备注

附 录 B
纯音修正值的计算
（补充件）

纯音修正计算过程：

a. 第一步：计算 $D_{j,i}$

i 是 1/3 倍频带数，$j=i+1$，$i=1$ 相当于中心频率为 80 Hz 的频带。

L_{psi} 表示第 i 频带的声压级，i 的增加相当于频率升高。

$D_{j,i}$ 是频带 j 和频带 i 的声压级差，$D_{j,i}=L_{psj}-L_{Dsi}$。

b. 第二步：当满足 $|D_{j,i}-D_{j-1,i-1}|>5$ dB，对 $D_{j,i}$ 划圈。

c. 第三步：若划圈的 $D_{j,i}>0$，并且

$D_{j,i}>D_{j-1,i-1}$ 对 L_{psj} 划圈。若划圈的 $D_{j,i}\leqslant 0$，并且

$D_{j-1,i-1}>0$，对 L_{psj} 划圈。

d. 第四步：对未划圈的 L'_{psi}，令 $L'_{psi}=L_{psi}$；对已划圈的 L_{psi} 令：

$L'_{psi}=(L_{psi-1}+L_{psi+1})/2$，若频带 22 的声级是划过圈的，那么

$L'_{ps22}=L_{21}+D_{21,20}$。

e. 第五步：令 $D'_{j,i}=L'_{psj}-L'_{psi}$。

f. 第六步：计算算术平均值

$$\overline{D}_{j,i}=(1/3)(D'_{j-1,i-1}+D'_{j,i}+D'_{j+1,i+1})$$

当 $i=1$ 时，令 $D_{1,0}=D_{2,1}$

当 $i=21$ 时，令 $D_{23,22}=D_{22,21}$

g. 第七步：令 $\overline{L}_{ps1}=L_{ps1}$，其他 j，$\overline{L}_{psj}=\overline{L}_{psi}+\overline{D}_{j,i}$。

h. 第八步：求出 F_i：$F_i=(\overline{L}_{psi}-L_{psi})>0$。

i. 第九步：求出纯音修正 C

频率范围 500～5 000 Hz 中的 1/3 倍频带：

当 $0\leqslant F<20$，$C=F/3$；当 $20\leqslant F$，$C=6.7$（dB）

除去 500～5 000 Hz 的频带，其余的频带：

$0\leqslant F<20$，$C=F/6$；$20\leqslant F$，$C=3.3$（dB）。

j. 第十步：求出最大 C 值定义为纯音修正 $C=C_{max}$。

附　录　C
简易测量法信号分析处理
（补充件）

C.1　声级记录器记录的信号

在记录曲线上先找到最大值 L_{Amax} 的位置，然后沿 $L_{Amax}-10$ dB 划一条与时间轴平行线，与曲线相交两点的对应时间为 t_1、t_2，如图 C.1 所示。量出 t_1 至 t_2 的长度 Δl，如果纸速是 p，则持续时间按式（C.1）计算：

$$T_d=t_2-t_1=\frac{\Delta l}{p}\ (s) \tag{C.1}$$

例如：$L_{Amax}=90$ dB，沿 $L_{Amax}-10=80$ dB 划一条与时间轴平行线，与曲线相交两点的对应时间为 t_1、t_2。量出 t_1 至 t_2 的长度 $\Delta l=30$ mm，纸速是 3 mm/s，则持续时间为：

$$T_d=t_2-t_1=\frac{30}{3}=10\ (s) \tag{C.2}$$

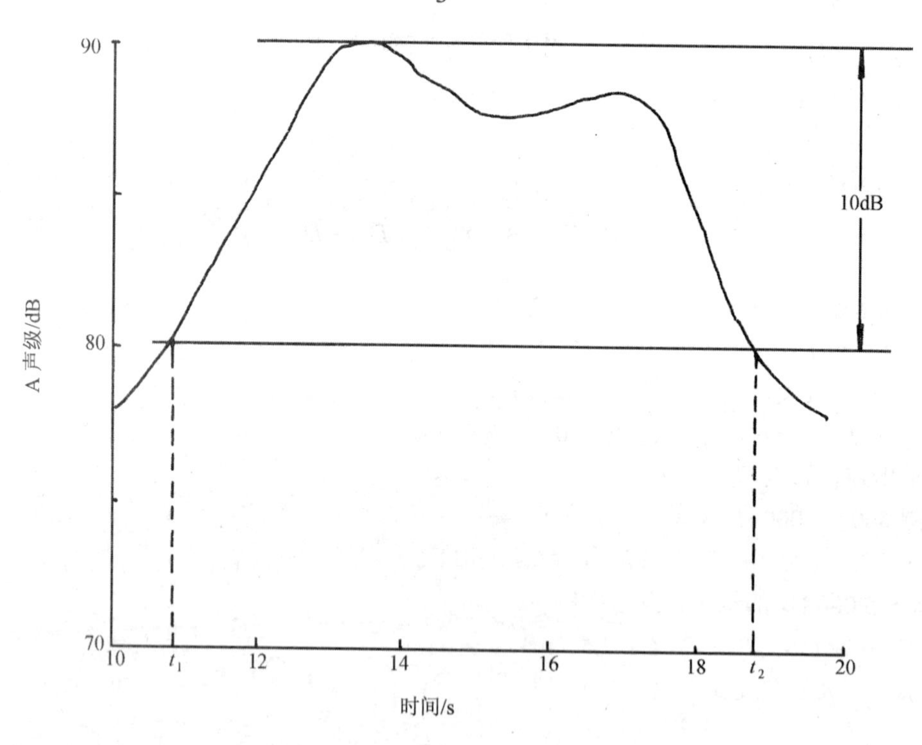

图 C.1　一次飞行的时间历程

C.2　录音信号分析

将录音信号按原速度回放经 A 计权网络到声级记录器绘出曲线，然后按式 C.1 的方法计算持续时间 T_d。

注：① 绘出的曲线或声级计的指示只是相对值，不是飞机噪声绝对大小。

② 若用 D 声级测量，计算过程相同。

附 录 D
计算噪度参考资料
（参考件）

为了便于使用数字计算机计算噪度，特提供如下资料。噪度值 N（noy）与声压级 L 的关系由下式给出：

$$N=10^{m(L-L_0)}\ (\text{noy})$$

式中 m 和 L_0 取决于频带中心频率和 L 的范围。对 400～6 300 Hz（包括其本身）中心频率的频带，m 和 L_0 只用单个值就足以确定每一频带中的噪度值。对其他频带，就需要分别规定两个 m 和 L_0 的值，这取决于 L 大于或小于临界值。系数由表 D.1 给出。

表 D.1 系数 m 和 L_0

频带中心频率/Hz	L	m	L_0	L	m	L_0
	L 的低值范围			L 的高值范围		
50	64～91	0.043 48	64	92～150	0.030 10	52
63	60～85	0.040 57	60	86～150	0.030 10	51
80	56～85	0.036 83	56	86～150	0.030 10	49
100	53～79	0.036 83	53	80～150	0.030 10	47
125	51～79	0.035 34	51	80～150	0.030 10	46
160	48～75	0.033 33	48	76～150	0.030 10	45
200	46～73	0.033 33	46	74～150	0.030 10	43
250	44～77	0.032 05	44	75～150	0.030 10	42
315	42～94	0.030 68	42	95～150	0.030 10	41
	L 的全部范围					
400	—	—	—	40～150	0.030 10	40
500				40～150	0.030 10	40
630				40～150	0.030 10	40
800				40～150	0.030 10	40
1 000				40～150	0.030 10	40
1 250				38～148	0.030 10	38
1 600				34～144	0.029 96	34
2 000				32～142	0.029 96	32
2 500				30～140	0.029 96	30
3 150				29～139	0.029 96	29
4 000				29～139	0.029 96	29
5 000				30～140	0.029 96	30
6 300				32～141	0.029 96	31
	L 的低值范围			L 的高值范围		
8 000	38～47	0.042 29	37	48～144	0.029 96	34
10 000	41～50	0.042 29	41	51～147	0.029 96	37

附加说明：

本标准由国家环境保护局大气处提出。
本标准由中国科学院声学研究所负责起草。
本标准主要起草人郑大瑞、蔡秀兰、张玉海、赵仁兴、郭秀兰。
本标准由中国科学院声学研究所负责解释。

中华人民共和国国家标准

铁路边界噪声限值及其测量方法

GB 12525—90

Emission standards and measurement methods of railway noise on the boundary alongside railway line

国家环境保护局 1990-11-09 发布　　1991-03-01 实施

1　主题内容与适用范围

本标准规定了城市铁路边界处铁路噪声的限值及其测量方法。

本标准适用对城市铁路边界噪声的评价。

2　引用标准

GB 3785　声级计的电、声性能及测量方法

GB 3222　城市环境噪声测量方法

3　名词术语

3.1　铁路噪声　railway noise

系指机车车辆运行中所产生的噪声。

3.2　铁路边界　boundary alongside railway line

系指距铁路外侧轨道中心线 30 m 处。

3.3　背景噪声　background noise

系指无机车车辆通过时测点的环境噪声。

4　铁路边界噪声限值

表 1　等效声级 L_{eq}　　单位：dB(A)

昼间	70
夜间	70

注：本限值中昼间、夜间的时间由当地人民政府按当地习惯和季节变化划定。

5　测量方法

5.1　测点原则上选在铁路边界高于地面 1.2 m，距反射物不小于 1 m 处。

5.2　测量条件

5.2.1　测量仪器：应符合 GB 3785 中规定的Ⅱ型或Ⅱ型以上的积分声级计或其他相同精度的测量仪器。测量时用“快挡”，采样间隔不大于 1 s。

5.2.2　气象条件：应符合 GB 3222 中规定的气象条件，选在无雨雪的天气中进行测量。仪器应加风罩，四级风以上停止测量。

5.3　测量内容及测量值

5.3.1　测量时间：昼夜、夜间各选在接近其机车车辆运行平均密度的某一个小时，用其分别代表昼间、夜间。必要时，昼间或夜间分别进行全时段测量。

5.3.2　用积分声级计（或具有同功能的其他测量仪器）读取 1 h 的等效声级（A）：dB。

5.4　背景噪声应比铁路噪声低 10 dB(A)以上，若两者声级差值小于 10 dB(A)，按表 2 修正。

表 2

单位：dB

差　值	3	4～5	6～9
修正值	−3	−2	−1

6　测量报告

测量报告应包括以下内容：

a. 测量仪器；

b. 测量环境（测点距轨面相对高度 m，几股线路，测点与轨道之间的地面状况，如土地、草地等）；

c. 车流密度（每小时通过机车车辆数）；

d. 背景噪声声级；

e. 1 h 的等效声级。

附 录 A
测量记录表
（参考件）

铁路边界噪声测量记录表　　　　年　月　日

编　号		地　点		时　分至　时　分
几股线路		车流密度		距轨面距离/m
测点与轨道间地面状况				
测点仪器				
等效声级/dB(A)				
背景噪声声级/dB(A)				

测量者________

附加说明：

本标准由国家环境保护局提出。

本标准主要起草人郑天恩、王四德、何庆慈、李秀萍。

本标准由国家环境保护局解释。

环境保护部公告

公告 2008 年 第 38 号

关于发布《铁路边界噪声限值及其测量方法》（GB 12525—90）修改方案的公告

为贯彻《中华人民共和国环境保护法》和《中华人民共和国环境噪声污染防治法》，保护环境，防治铁路噪声污染，我部决定对国家环境噪声排放标准《铁路边界噪声限值及测量方法》（GB 12525—90）进行修改。现公布修改方案，自 2008 年 10 月 1 日起实施。

特此公告。

附件：《铁路边界噪声限值及其测量方法》（GB 12525—90）修改方案

二〇〇八年七月三十日

附件：

《铁路边界噪声限值及其测量方法》（GB 12525—90）修改方案

“4 铁路边界噪声限值”修改为：

4.1 既有铁路边界铁路噪声按表 1 的规定执行。既有铁路是指 2010 年 12 月 31 日前已建成运营的铁路或环境影响评价文件已通过审批的铁路建设项目。

表 1 既有铁路边界铁路噪声限值（等效声级 L_{eq}）

时段	噪声限值（单位：dB(A)）
昼间	70
夜间	70

4.2 改、扩建既有铁路，铁路边界铁路噪声按表 1 的规定执行。

4.3 新建铁路（含新开廊道的增建铁路）边界铁路噪声按表 2 的规定执行。新建铁路是指自 2011 年 1 月 1 日起环境影响评价文件通过审批的铁路建设项目（不包括改、扩建既有铁路建设项目）。

表 2 新建铁路边界铁路噪声限值（等效声级 L_{eq}）

时段	噪声限值（单位：dB(A)）
昼间	70
夜间	60

4.4 昼间和夜间时段的划分按《中华人民共和国环境噪声污染防治法》的规定执行，或按铁路所在地人民政府根据环境噪声污染防治需要所作的规定执行。

中华人民共和国国家标准

声学　机动车辆定置噪声测量方法

GB/T 14365—93

Acoustics-Measurement of noise emitted by stationary road vehicles

国家技术监督局 1993-03-17 发布　　1993-12-01 实施

本标准参照采用国际标准 ISO 5130—1982《声学——机动车辆定置辐射噪声的测量——简易法》。

1　主题内容与适用范围

本标准适用于道路上行驶的各类型的机动车辆在定置时噪声的测量。定置是指车辆不行驶，发动机处于空载运转状态。用本标准规定的方法所得到的测量数据可评价、检查机动车辆的主要噪声源——排气噪声和发动机噪声水平。本方法直接测得的数据，不能表征车辆行驶最大噪声级。

2　引用标准

GB 3785—83《声级计的电、声性能及测试方法》

3　测量环境

3.1　测量场地

3.1.1　测量场地应为开阔的，由混凝土、沥青等坚硬材料所构成的平坦地面。其边缘距车辆外廓至少 3 m（见图 1、图 2）。测量场地之外的较大障碍物，例如：停放的车辆、建筑物、广告牌、树木、平行的墙等，距离传声器不得小于 3 m。

3.1.2　除测量人员和驾驶员外，测量现场不得有影响测量的其他人员。

3.2　背景噪声

3.2.1　测量过程中，传声器位置处的背景噪声（包括风的影响）应比被测噪声低 10 dB(A)以上。本标准的背景噪声是指车辆以外的噪声。

3.2.2　如果背景噪声比测量噪声低 6～10 dB(A)，测量结果应减去表 1 中的修正值。若差值小于 6 dB(A)，测量无效。

表 1　背景噪声修正值　　单位：dB(A)

测量噪声与背景噪声差值	6～8	9～10	＞10
修正值	1.0	0.5	0

3.3　风速

3.3.1　风速超过 2 m/s 时声级计应使用防风罩，同时注意阵风对测量的影响。

3.3.2　测量时的风速大于 5 m/s，测量无效。

4 测量仪器

4.1 噪声测量仪器

4.1.1 声级计或相当声级计的其他测量系统应符合 GB 3785 中对Ⅰ型或Ⅱ型仪器的要求。

4.1.2 测量使用声级计的 A 计权，快挡。

4.1.3 测量前后，仪器应按规定进行校准，两次校准值相差不应超过 1 dB，校准器准确度应优于或等于±0.5 dB。

4.2 测量发动机转速的仪器

发动机转速表准确度应优于 3%。

5 测量程序

5.1 车辆位置和状态

5.1.1 车辆位于测量场地的中央，变速器挂空挡，拉紧手制动器，离合器接合。没有空挡位置的摩托车，其后轮应架空。

5.1.2 发动机机罩、车窗与车门应关上，车辆的空调器及其他辅助装置应关闭。

5.1.3 测量时，发动机出水温度，油温应符合生产厂的规定。

5.2 测量次数

每类试验的每个测点重复进行试验，直到连续出现三个读数的变化范围在 2 dB 之内为止，并取其算术平均值作为测量结果。

5.3 排气噪声测量（见图 1）

5.3.1 传声器位置

5.3.1.1 传声器与排气口端等高，在任何情况下距地面不得小于 0.2 m。

5.3.1.2 传声器的参考轴应与地面平行，并和通过排气口气流方向且垂直地面的平面成 45°±10°的夹角。传声器朝向排气口。距排气口端 0.5 m，放在车辆外侧。

5.3.1.3 车辆装有两个或更多的排气管，且排气管之间的间隔不大于 0.3 m，并连接于一个消声器时，只需取一个测量位置。传声器应选择位于最靠近车辆外侧的那个排气管。如果两个或两个以上的排气管同时在垂直于地面的直线上，则选择离地面最高的一个排气管。

5.3.1.4 装有多个排气管，并且各排气管的间隔又大于 0.3 m 的车辆对每一个排气管都要测量，并记录下其最高声级。

5.3.1.5 排气管垂直向上的车辆，传声器放置高度应与排气管口等高，传声器朝上，其参考轴应垂直地面。传声器应放在离排气管较近的车辆一侧，并距排气口端 0.5 m。

5.3.1.6 车辆由于设计原因（如备胎、油箱、蓄电池等）不能满足 5.3.1.1 和 5.3.1.2 放置时，应画出测点图，并标注传声器选择的位置。传声器朝向排气口，放在尽可能满足上述条件，并距最近障碍物大于 0.2 m 的地方。

5.3.2 发动机运转条件

5.3.2.1 发动机测量转速：

汽油机车辆（除摩托车）取 3/4 n_r ±50 r/min；

柴油机车辆（除摩托车）取 3/4 n_r ± 50 r/min；

摩托车当 n_r＞5 000 r/min 时，取 1/2 n_r ±50 r/min；

当 n_r＜5 000 r/min 时，取 3/4 n_r ±50 r/min；

n_r ——指生产厂家规定的额定转速。

5.3.2.2 测量时，发动机稳定在上述转速后，测量由稳定转速尽快减速到怠速过程的噪声，然后记录下最高声级。

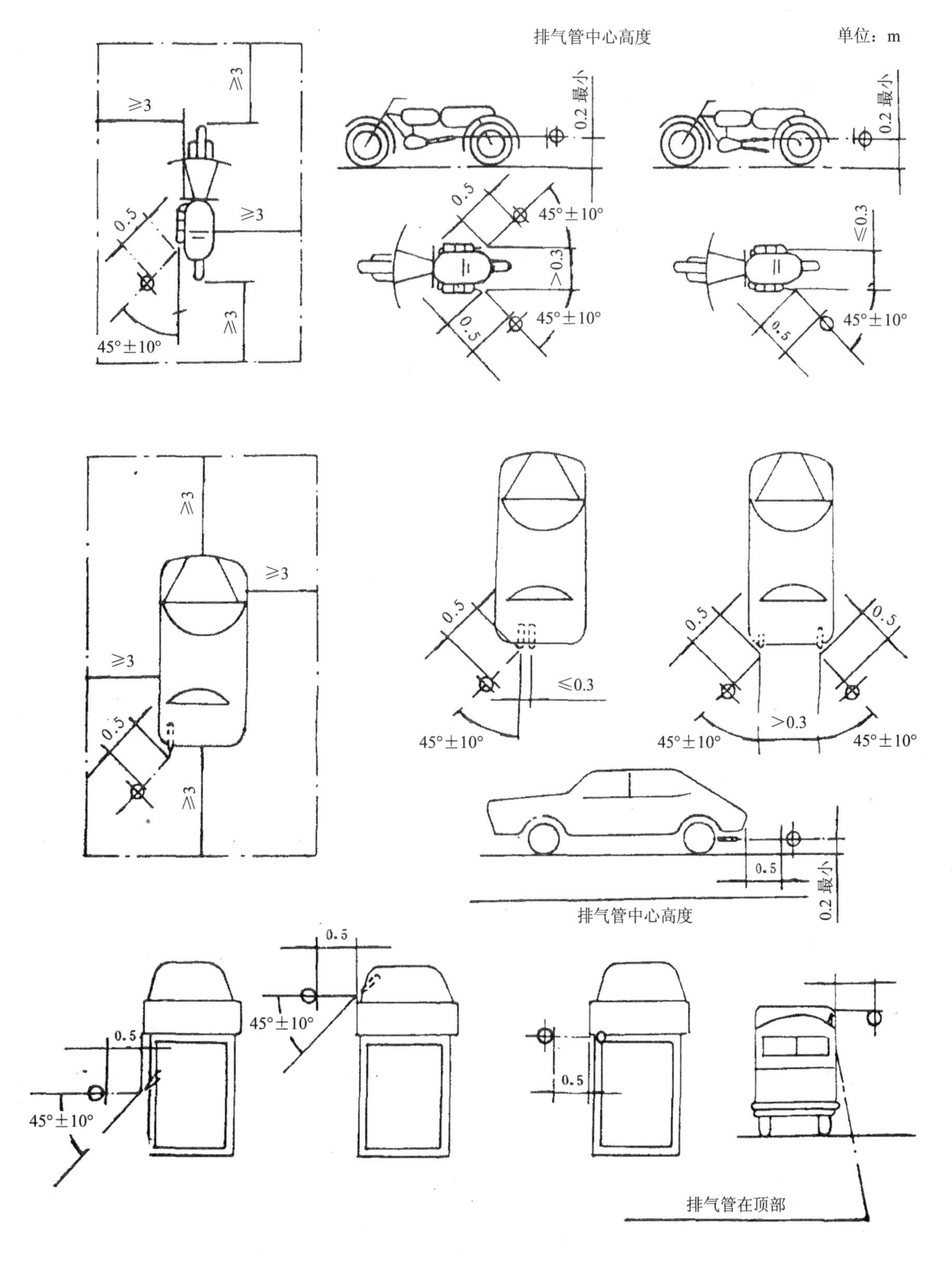

图 1　排气噪声的测量场地和传声器位置

5.4 发动机噪声测量（见图 2）

5.4.1 传声器位置

5.4.1.1 传声器放置高度距地面 0.5 m，并朝向车辆，放在没有驾驶员位置的车辆一侧。距车辆外廓 0.5 m，传声器参考轴平行地面，位于一垂直平面内，该垂直平面的位置取决于发动机的位置。

前置发动机：垂直平面通过前轴。

后置发动机：垂直平面通过后轴。

中置发动机及摩托车：垂直平面通过前后轴距的中点。

单位：m

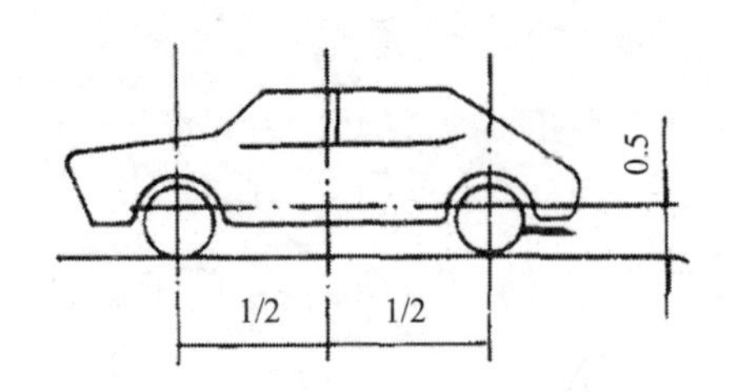

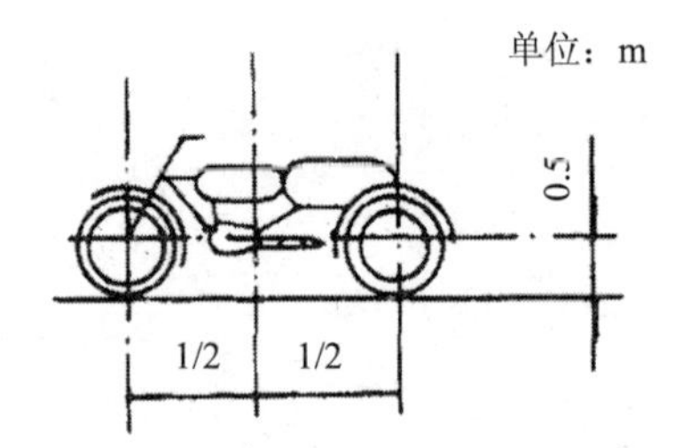

左面驾驶

右面驾驶

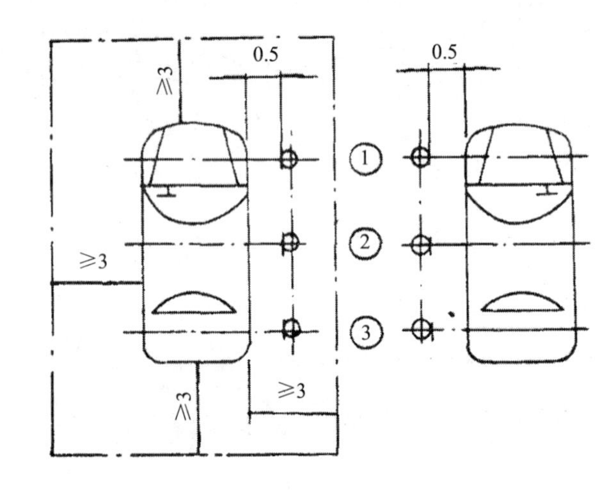

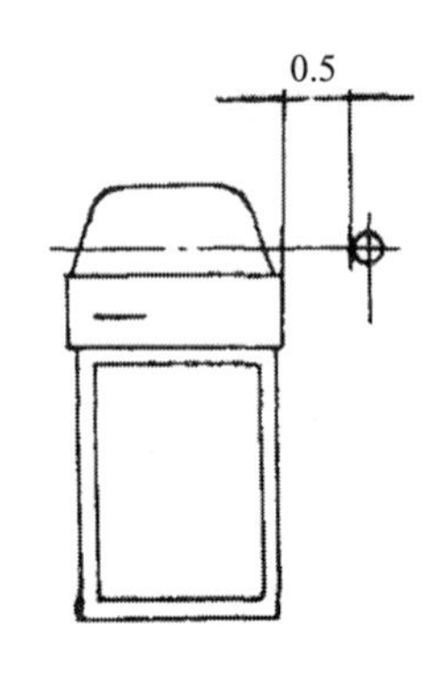

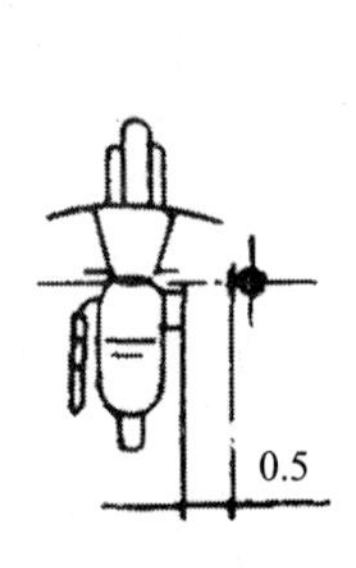

①前置发动机

②中置发动机

③后置发动机

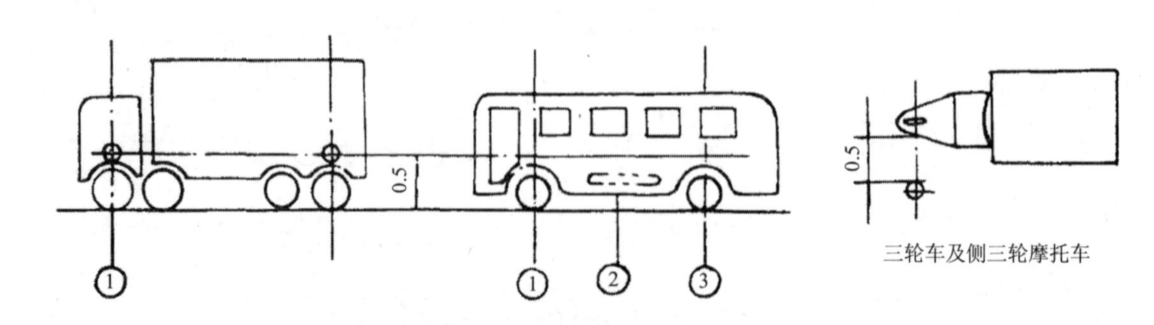

图 2　发动机噪声的测量场地和传声器位置

5.4.1.2　二轮摩托车，传声器放置在车辆前进方向的右侧。侧三轮摩托车，传声器放置在车辆前进方向左侧，传声器朝向车辆，距车辆外廓 0.5 m，距地面高度 0.5 m。

5.4.2 发动机运转条件

测量时，发动机从怠速尽可能快速地加速到 5.3.2 所规定的转速，并用一种适当的装置保持必要长的时间。测量由怠速加速到稳定转速过程的噪声，然后记录下最高声级。

6 数据处理

测量数据按记录表填写。

机动车辆定置噪声测量记录表

<table>
<tr><td>车辆单位</td><td></td><td>测量地点</td><td></td></tr>
<tr><td>车辆牌照号</td><td></td><td>地面状况</td><td></td></tr>
<tr><td>车辆型号</td><td></td><td>风速/（m/s）</td><td></td></tr>
<tr><td>发动机型号</td><td></td><td>背景噪声/[dB(A)]</td><td></td></tr>
<tr><td>额定功率/kW</td><td></td><td>背景噪声修正值/[dB(A)]</td><td></td></tr>
<tr><td>额定转速/（r/min）</td><td></td><td colspan="2" rowspan="3">不规则测点图：</td></tr>
<tr><td>测量转速/（r/min）</td><td></td></tr>
<tr><td>测量仪器型号</td><td></td></tr>
</table>

排气噪声测量结果 单位：dB(A)

测量次数	1	2	3	$\overline{L}_{PA}$
声级 L_{pA}				

发动机噪声测量结果 单位：dB(A)

测量次数	1	2	3	$\overline{L}_{PA}$
声级 L_{pA}				

备注：

测量单位：

测量人员：

日　　期：

附加说明：

本标准由全国声学标准化技术委员会提出并归口。

本标准由北京市劳保所负责，交通部公路科研所和长春汽车研究所参加编制。

中华人民共和国国家标准

城市区域环境噪声适用区划分技术规范

GB/T 15190—94

Technical specifications to determinate the suitable areas for environmental noise of urban area

国家环境保护局、国家技术监督局 1994-08-29 发布　　1994-10-01 实施

为执行《城市区域环境噪声标准》(GB 3096—93)，统一城市区域环境噪声适用区划分（以下简称“噪声区划”）方法，科学指导噪声区划，制定本规范。

1 主题内容与适用范围

1.1 本规范规定了城市五类环境噪声标准适用区域划分的原则和方法。

1.2 本规范适用于城市规划区。

2 引用标准

GB 3096 城市区域环境噪声标准

GB 12525 铁路边界噪声限值及其测量方法

GBJ 137 城市用地分类与规划建设用地标准

3 名词术语

3.1 城市

国家按行政建制设立的直辖市、市、镇。

3.2 城市规划区

城市市区、近郊区及城市行政区域内因城市建设和发展需要实行规划控制的区域。

城市规划区的具体范围由城市人民政府在编的城市总体规划中划定。

3.3 噪声区划单元

在噪声区划工作中，由道路、河流、沟壑等明显线状地物和绿地等围成的城市结构、布局和环境状况相近的居、街委会或小区。

4 各类标准适用区域的解释

4.1 0 类标准适用区域：疗养区、高级宾馆区和别墅区等特别需要安静的区域。

4.2 1 类标准适用区域：居民区、文教区、居民集中区以及机关、事业单位集中的区域。

4.3 2 类标准适用区域：居住、商业与工业混合区，规划商业区。

4.4 3 类标准适用区域：规划工业区和业已形成的工业集中地带。

4.5 4 类标准适用区域：城市道路中交通干线两侧区域；穿越城区的内河航道两侧区域；穿越城区的

铁路主、次干线和轻轨交通道路两侧区域。

5 噪声区划的基本原则

5.1 有效地控制噪声污染的程度和范围，提高声环境质量，保障城市居民正常生活、学习和工作场所的安静。

5.2 以城市规划为指导，按区域规划用地的主导功能确定。

5.3 便于城市环境噪声管理和促进噪声治理。

5.4 有利于城市规划的实施和城市改造，做到区划科学合理，促进环境、经济、社会协调一致发展。

5.5 宜粗不宜细，宜大不宜小。

6 噪声区划的主要依据

6.1 GB 3096 中各类标准适用区域。

6.2 城市性质、结构特征、城市总体规划、分区规划、近期规划和城市规划用地现状，特别是城市的近期规划和城市规划用地现状应为区划的主要依据。

6.3 区域环境噪声污染特点和城市环境噪声管理的要求。

6.4 城市的行政区划及城市的自然地貌。

7 噪声区划程序

7.1 准备噪声区划工作资料：城市总体规划、分区规划、城市用地统计资料、声环境质量状况统计资料和比例适当的工作底图。

7.2 确立噪声区划单元，划定各区划单元的区域类型。

7.2.1 依 8.1 条和 8.2.1 的方法将城市规划明确且已形成一定规模的各类规划区分别划定相应的标准适用区域。

7.2.2 未能确定的单元按附录 A 统计城市 A、B、C 三类用地比例，并依 8.2.2 的区划方法划定各区划单元的区域类型。

7.2.3 依 8.3 条划定 4 类标准适用区域。

7.3 把多个区域类型相同且相邻的单元连成片，充分利用街、区行政边界、规划小区边界、道路、河流、沟壑、绿地等自然地形作为区域边界。

7.4 对初步划定的区划方案进行分析、调整。

7.5 征求环保、规划、城建、公安、基层政府等部门对噪声区划方案的意见。

7.6 确定噪声区划方案。

7.7 绘制噪声区划图。

7.8 系统整理区划工作报告、区划方案、区划图等资料报上级环境保护行政主管部门验收。

7.9 地方环境保护行政主管部门将区划方案报当地人民政府审批、公布实施。

8 噪声区划方法

8.1 0 类标准适用区域划分

0 类标准适用区域适用于特别需要安静的疗养区、高级宾馆和别墅区。该区域内及附近区域应无明显噪声源。区域界限明确。原则上面积不得小于 0.5 km^2。

8.2 1～3 类标准适用区域的划分

8.2.1 城市规划明确划定且已形成一定规模的各类规划区分别根据其区域位置和范围按 4.2 条、4.3 条、4.4 条的规定确定相应的标准适用区域。

8.2.2　未能依 8.2.1 确定的区域则按以下方法划分。

8.2.2.1　区划指标符合下列条件之一的划为 1 类标准适用区域。

a. A 类用地占地率大于 70%（含 70%）；

b. A 类用地占地率在 60%～70%之间（含 60%），B 类与 C 类用地占地率之和小于 20%±5%。

8.2.2.2　区划指标符合下列条件之一的划为 2 类标准适用区域。

a. A 类用地占地率在 60%～70%之间（含 60%）；B 类与 C 类用地占地率之和大于 20%±5%；

b. A 类用地占地率在 35%～60%之间（含 35%）；

c. A 类用地占地率在 20%～35%之间（含 20%）；B 类与 C 类用地占地率之和小于 60%±5%。

8.2.2.3　区划指标符合下列条件之一的划为 3 类标准适用区域。

a. A 类用地占地率在 20%～35%之间（含 20%）；B 类与 C 类用地占地率之和大于 60%±5%；

b. A 类用地占地率小于 20%。

8.3　4 类标准适用区域的划分

8.3.1　道路交通干线两侧区域的划分

8.3.1.1　若临街建筑以高于三层楼房以上（含三层）的建筑为主，将第一排建筑物面向道路一侧的区域划为 4 类标准适用区域。

8.3.1.2　若临街建筑以低于三层楼房建筑（含开阔地）为主，将道路红线外一定距离内的区域划为 4 类标准适用区域。距离的确定方法如下：

相邻区域为 1 类标准适用区域，距离为 45 m±5 m；

相邻区域为 2 类标准适用区域，距离为 30 m±5 m；

相邻区域为 3 类标准适用区域，距离为 20 m±5 m。

8.3.2　铁路（含轻轨）两侧区域的划分

城市规划确定的铁路（含轻轨）用地范围外一定距离以内的区域划为 4 类标准适用区域。距离的确定不计相邻建筑物的高度，其原则和方法同 8.3.1.2。

8.3.3　内河航道两侧区域的划分

根据河道两侧建筑物形式和相邻区域的噪声区划类型，将河堤护栏或堤外坡角外一定距离以内的区域划分为 4 类标准适用区域，其原则和方法同 8.3.1。

9　其他规定

9.1　大型公园、风景名胜区和旅游度假区等套划为 1 类标准适用区域。

9.2　大工业区中的生活小区，从工业区中划出，根据其与生产现场的距离和环境噪声污染状况，定为 2 类或 1 类标准适用区域。

9.3　区域面积原则上不小于 1 km^2。山区等地形特殊的城市，可根据城市的地形特征确定适宜的区域面积。

9.4　各类区域之间不划过渡地带。

9.5　近期内区域功能与规划目标相差较大的区域，以近期的区域规划用地主导功能作为噪声区划的主要依据；随着城市规划的逐步实现，及时调整噪声区划方案。

9.6　未建成的规划区内，按其规划性质或按区域声环境质量现状、结合可能的发展划定区域类型。

9.7　噪声区划图图示：

区划图可用不同颜色或阴影线在城市地图上绘制。各区域的颜色或阴影线规定如下：

区域类别	颜色	阴影线
0 类标准适用区域	浅黄色	小点
1 类标准适用区域	浅绿色	垂直线

2 类标准适用区域	浅蓝色	斜线
3 类标准适用区域	褐色	交叉线
4 类标准适用区域	红色	粗黑线

附 录 A
“城市区域环境噪声适用区划分”用地指标统计

A.1 噪声区划的用地指标

噪声区划用地指标是反映区域主导功能，由城市用地分类（见 GBJ 137）归纳成的三类用地。其中：

A. 类用地含各类居住、行政办公、医疗卫生及教育科研设计用地；

B. 类用地含各类工业和仓储用地；

C. 类用地含对外交通、道路广场和交通设施用地。

A.2 噪声区划用地指标的数值表示

三类用地的占地百分率。

A.3 噪声区划用地指标的统计

A.3.1 以 GBJ 137 为统计依据，根据城市规划用地资料，统计噪声区划单元的总面积和 GBJ 137 中下列各类用地面积：

R（大）类；C（大）类的 C_1，C_5，C_6（中）类；M（大）类；W（大）类；T（大）类；S（大）类；U（大）类的 U_2（中）类。

A.3.2 将统计出的各类用地按表 A.1 归纳成噪声区划指标的三类用地面积。

A.3.3 三类用地面积分别除以区划单元面积之商的百分数即为噪声区划三项用地的数值表示。

表 A.1 噪声区划指标——三类城市用地的统计方法

噪声区划指标名称	GBJ 137 表 2.0.5 中对应的用地分类		
	大类	中类	类别名称
A 类用地	R		居住用地
	C		公共设施用地
		C_1	行政办公用地
		C_5	医疗卫生用地
		C_6	教育科研设计用地
B 类用地	M		工业用地
	W		仓储用地
C 类用地	T		对外交通用地
	S		道路广场用地
	U		市政公用设施用地
		U_2	交通设施用地

附加说明：

本标准由国家环境保护局提出。

本标准主要起草人陈光华、郭秀兰、邢志红、陈向党、黄滨辉。

本标准由国家环境保护局负责解释。

中华人民共和国国家标准

汽车加速行驶车外噪声限值及测量方法

GB 1495—2002
代替 GB 1495—79，
部分代替 GB 1496—79

Limits and measurement methods for noise emitted by accelerating motor vehicles

国家环境保护总局、国家质量监督检验检疫总局 2002-01-04 发布　　2002-10-01 实施

前　言

根据《中华人民共和国环境噪声污染防治法》，制定本标准。

本标准是参考联合国欧洲经济委员会法规 ECE Reg. No.51《关于在噪声方面汽车（至少有 4 个车轮）型式认证的统一规定》，并根据我国汽车产品的实际情况制订的。

本标准的噪声限值代替 GB 1495—79 中的汽车噪声限值。

本标准噪声测量方法在技术内容上参照了联合国欧洲经济委员会法规 ECE Reg. No.51/02（1997）《关于在噪声方面汽车（至少有四个车轮）型式认证的统一规定》的附件 3 和国际标准 ISO 362：1998《声学　道路车辆加速行驶噪声测量方法　工程法》中的相应内容。

本标准中关于试验路面的要求等效采用了 ISO 10844：1994《声学　测量道路车辆噪声用试验路面的规定》中的规定，自 2005 年 1 月 1 日起执行。

本标准根据汽车出厂日期，分为两个时间段实施。

本标准由国家环境保护总局科技标准司提出。

本标准由北京市劳动保护科学研究所、中国汽车技术研究中心起草。

本标准由国家环境保护总局于 2001 年 11 月 22 日批准。

本标准由国家环境保护总局负责解释。

1　范围

本标准规定了新生产汽车加速行驶车外噪声的限值。

本标准规定了新生产汽车加速行驶车外噪声的测量方法。

本标准适用于 M 和 N[1] 类汽车。

2　引用标准

下列标准所包含的条文，通过在本标准中引用而构成为本标准的条文。本标准出版时，所示版本均

1）汽车分类按 GB/T 15089—1994《机动车辆分类》的规定。

为有效。所有标准都会被修订，使用本标准的各方应探讨使用下列标准最新版本的可能性。

GB 3785—83　声级计的电、声性能及测试方法

GB/T 15173—94　声校准器

GB/T 12534—90　汽车道路试验方法通则

ISO 10844—1994　声学　测量道路车辆噪声用试验路面的规定[2)]

ISO 10534—1996　声学　用阻抗管测定吸声系数和阻抗　驻波法[3)]

GB/T 17692—1999　汽车用发动机净功率测试方法

3　定义

本标准采用下列定义：

3.1　车型

就车外噪声来说，一种车型是指下列主要方面没有差别的一类汽车：

3.1.1　车身外形或结构材料（特别是发动机机舱及其隔声材料）；

3.1.2　车长和车宽；

3.1.3　发动机型式（点燃式或压燃式，二冲程或四冲程，往复或旋转式活塞），汽缸数及排量，化油器的数量和型式或燃油喷射系统的型式，气门布置，额定功率及相应转速；或驱动电机的型式（针对电动汽车）；

3.1.4　传动系，挡位数及其速比；

3.1.5　下列第 3.2 和 3.3 定义的降噪系统或部件。

3.1.6　除了 M_1 和 N_1 类以外的汽车，如果在第 3.1.2 和 3.1.4 条方面的差别不会导致噪声测量方法（如挡位选择）的变化，具有同样型式的发动机和（或者）不同总传动比时，可视为同一车型。

3.2　降噪系统

降噪系统是指为限制汽车及其排气噪声所必需的整套部件。当系统中的降噪部件牌号或商标不同，或部件的尺寸和形状、材料特性、装配、工作原理不同，或进气/排气消声器数量不同时，该系统应视为不同型式的降噪系统。

3.3　降噪系统部件

降噪系统部件是指构成降噪系统的单个部件之一，如排气管、膨胀室、消声器等。当空气滤清器的存在是保证满足规定的噪声限值而必不可少时，才认为它是降噪系统的一个部件。排气歧管不应视为降噪系统的部件。

3.4　背景噪声

背景噪声是指被测汽车噪声不存在时周围环境的噪声（包括风噪声）。

3.5　额定功率

发动机额定功率是指按 GB/T 17692 规定的测量方法测得的、以 kW 表示的净功率。

4　噪声限值

汽车加速行驶时，其车外最大噪声级不应超过表 1 规定的限值。

表中符号的意义如下：

GVM——最大总质量（t）；

P——发动机额定功率（kW）。

---

2)、3）该标准国内由全国声学技术标准化委员会归口。

表 1　汽车加速行驶车外噪声限值

汽车分类	噪声限值/dB(A)	
	第一阶段	第二阶段
	2002.10.1—2004.12.30 期间生产的汽车	2005.1.1 以后生产的汽车
M_1	77	74
M_2（GVM≤3.5 t），或 N_1（GVM≤3.5 t）:		
GVM≤2 t	78	76
2 t<GVM≤3.5 t	79	77
M_2（3.5 t<GVM≤5 t），或 M_3（GVM>5 t）:		
P<150 kW	82	80
P≥150 kW	85	83
N_2（3.5 t<GVM≤12 t），或 N_3（GVM>12 t）:		
P<75 kW	83	81
75 kW≤P<150 kW	86	83
P≥150 kW	88	84

说明：

a）M_1，M_2（GVM≤3.5 t）和 N_1 类汽车装用直喷式柴油机时，其限值增加 1 dB(A)。

b）对于越野汽车，其 GVM>2 t 时：

如果 P<150 kW，其限值增加 1 dB(A)；

如果 P≥150 kW，其限值增加 2 dB(A)。

c）M_1 类汽车，若其变速器前进挡多于四个，P>140 kW，P/GVM 之比大于 75 kW/t，并且用第三挡测试时其尾端出线的速度大于 61 km/h，则其限值增加 1 dB(A)。

5　测量方法

汽车加速行驶车外噪声的测量，按附录 A 进行。

附 录 A
（标准的附录）
汽车加速行驶车外噪声的测量方法

A.1 测量仪器

A.1.1 声学测量

A.1.1.1 测量用声级计或其他等效的测量系统应不低于 GB 3785 规定的 1 型声级计的要求。测量时应使用“A”频率计权特性和“F”时间计权特性。当使用能自动采样测量 A 计权声级的系统时，其读数时间间隔不应大于 30 ms。

A.1.1.2 测量前后，必须用符合 GB/T 15173 规定的 1 级声校准器按制造厂规定对声级计进行校准。在没有再作任何调整的条件下，如果后一次校准读数相对前一次校准读数的差值超过 0.5 dB，则认为前一次校准后的测量结果无效。校准时的读数应记录在附件 AB 的表格中。

A.1.2 转速、车速测量

必须选用准确度优于±2%的发动机转速表或车速测量仪器来监测转速或车速，不得使用汽车上的同类仪表。

A.1.3 气象参数测量

温度计的准确度应在±1℃以内。风速仪的准确度应在±1.0 m/s 以内。

A.1.4 所有测量仪器均应按国家有关计量仪器的规定进行定期检验。

A.2 测量条件

A.2.1 测量场地

A.2.1.1 测量场地（见图 1）应达到的声场条件是：在该场地的中心（O 点）放置一个无指向小声源时，半球面上各方向的声级偏差不超过±1 dB。如果下列条件满足，则可以认为该场地达到了这种声场条件：

a）以测量场地中心（O 点）为基点、半径为 50 m 的范围内没有大的声反射物，如围栏、岩石、桥梁或建筑物等；

b）试验路面和其余场地表面干燥，没有积雪、高草、松土或炉渣之类的吸声材料；

c）传声器附近没有任何影响声场的障碍物，并且声源与传声器之间没有任何人站留。进行测量的观察者也应站在不致影响仪器测量值的位置。

A.2.1.2 测量场地应基本上水平、坚实、平整，并且试验路面不应产生过大的轮胎噪声。该路面应符合附件 AA 的要求。

A.2.2 气象

测量应在良好天气中进行。测量时传声器高度的风速不应超过 5 m/s。必须注意测量结果不受阵风的影响。可以采用合适的风罩，但应考虑到它对传声器灵敏度和方向性的影响。

气象参数的测量仪器应置于测量场地附近，高度为 1.2 m。

A.2.3 背景噪声

背景噪声（A 计权声级）至少应比被测汽车噪声低 10 dB。

A.2.4 汽车

A.2.4.1 被测汽车应空载，不带挂车或半挂车（不可分解的汽车除外）。

A.2.4.2 被测汽车装用的轮胎由汽车制造厂选定，必须是为该车型指定选用的型式之一，不得使用任一部分花纹深度低于 1.6 mm 的轮胎。必须将轮胎充至厂定的空载状态气压。

A.2.4.3　在开始测量之前，被测汽车的技术状况应符合该车型的技术条件（特别是该车的加速性能）和 GB/T 12534 的有关规定（包括发动机温度、调整、燃油、火花塞等）。

A.2.4.4　如果汽车有两个或更多的驱动轴，测量时应采用道路上行驶常用的驱动方式。

A.2.4.5　如果汽车装有带自动驱动机构的风扇，在测量期间应保持其自动工作状态。如果该车装有诸如水泥搅拌器，空气压缩机（非制动系统用）等设备，测量期间不要启动。

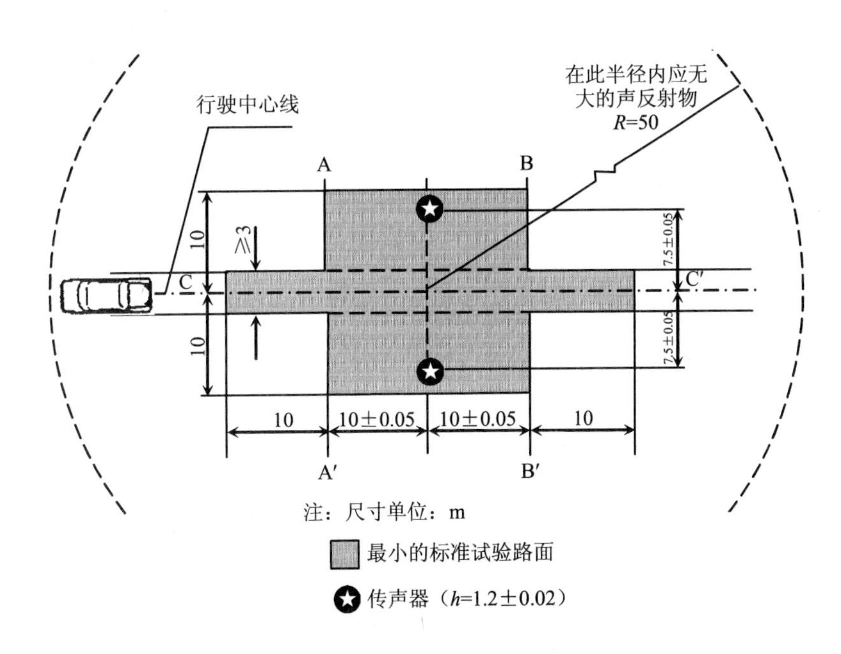

图 A.1　测量场地和测量区及传声器的布置

A.3　测量方法

A.3.1　测量区和传声器的布置

A.3.1.1　加速行驶测量区域按图 A.1 确定。O 点为测量区的中心，加速段长度为 2×（10 m±0.05 m），AA′线为加速始端线，BB′线为加速终端线，CC′为行驶中心线。

A.3.1.2　传声器应布置在离地面高 1.2 m±0.02 m，距行驶中心线 CC′ 7.5 m±0.05 m 处，其参考轴线必须水平并垂直指向行驶中心线 CC′。

A.3.2　汽车挡位选择和接近速度的确定

本条中所用的符号意义如下：

S：发动机的额定转速；

N_A：接近 AA′线时发动机的稳定转速。

A.3.2.1　手动变速器

A.3.2.1.1　挡位选择

a）对于 M_1 和 N_1 类汽车，装用不多于四个前进挡的变速器时，应用第二挡进行测量；

b）对于 M_1 和 N_1 类汽车，装用多于四个前进挡的变速器时，应分别用第二挡和第三挡进行测量。

如果用第二挡测量时，汽车尾端通过 BB′线时发动机转速超过了 S，则应逐次按 5% S 降低 N_A，直到通过 BB′线时的发动机转速不再超过 S。如果 N_A 降到了怠速，通过 BB′线时的转速仍超过 S，则只用第三挡测量。

但是，对于前进挡多于四个并装用额定功率大于 140 kW 的发动机，且额定功率/最大总质量之比大于 75 kW/t 的 M_1 类汽车，假如该车用第三挡其尾端通过 BB′线时的速度大于 61 km/h，则只用第三挡测量。

c）对于除 M_1 和 N_1 类以外的汽车，前进挡总数为 X（包括由副变速器或多级速比驱动桥得到的速比）的汽车，应该用等于或大于 X/n 的各挡分别进行测量。对于发动机额定功率不大于 225 kW 的汽车，取 $n=2$；对于额定功率大于 225 kW 的汽车，取 $n=3$。如 X/n 不是整数，则应选择较高整数对应的挡位。从第 X/n 挡开始逐渐升挡测量，直到该车在某一挡位下尾端通过 BB′线时发动机转速第一次低于额定转速时为止。

注：如果该车主变速器有八个速比，副变速器有两个速比，则传动系共有 16 个挡位。如果发动机的额定功率为 230 kW，$(X/n)=(8\times2)/3=16/3=5\frac{1}{3}$。则开始测量的挡位就是第六挡（也就是由主副变速器组合得到的 16 个挡位中的第六挡），下一个测量挡位就是第七挡，等等。

A.3.2.1.2　接近速度的确定

接近 AA′线时的稳定速度取下列速度中的较小值：

a）50 km/h；

b）对于 M_1 类和发动机功率不大于 225 kW 的其他各类汽车：

对应于 3/4 S 的速度；

c）对于 M_1 类以外的且发动机功率大于 225 kW 的各类汽车：

对应于 1/2 S 的速度。

A.3.2.2　自动变速器

A.3.2.2.1　挡位选择

如果该车的自动变速器装有手动选挡器，则应使选挡器处于制造厂为正常行驶而推荐的位置来进行测量。

A.3.2.2.2　接近速度的确定

A.3.2.2.2.1　对于有手动选挡器的汽车，其接近速度按 A.3.2.1.2 确定。

如果该车的自动变速器有两个或更多的挡位，在测量中自动换到了制造厂规定的在市区正常行驶时不使用的低挡（包括慢行或制动用的挡位），则可采取以下任一措施：

a）将接近速度提高，最大到 60 km/h，以避免换到上述低挡的情况；

b）保持接近速度为 50 km/h，加速时将发动机的燃油供给量限制在满负荷所需的 95%。以下操作可以认为满足这个条件；

——对于点燃式发动机，将节气门开到全开角度的 90%；

——对于压燃式发动机，将喷油泵上供油位置控制在其最大供油量的 90%。

c）装设防止换到上述低挡的电子控制装置。

A.3.2.2.2.2　对于无手动选挡器的汽车，应分别以 30、40、50 km/h（如果该车道路上最高速度的 3/4 低于 50 km/h，则以其最高速度 3/4 的速度）的稳定速度接近 AA′线。

A.3.3　加速行驶操作

A.3.3.1　汽车应以上述规定的挡位和稳定速度接近 AA′线，其速度变化应控制在±1 km/h 之内；若控制发动机转速，则转速变化应控制在±2%或±50 r/min 之内（取两者中较大值）。

A.3.3.2　当汽车前端到达 AA′线时，必须尽可能地迅速将加速踏板踩到底（即节气门或油门全开），并保持不变，直到汽车尾端通过 BB′线时再尽快地松开踏板（即节气门或油门关闭）。

A.3.3.3　汽车应直线加速行驶通过测量区，其纵向中心平面应尽可能接近中心线 CC′。

A.3.3.4　如果该车是由牵引车和不易分开的挂车组成，确定尾端通过 BB′线时不考虑挂车。

A.3.4　声级测量

A.3.4.1　在汽车每一侧至少应测量四次。

A.3.4.2　应测量汽车加速驶过测量区的最大声级。每一次测得的读数值应减去 1 dB(A)作为测量结果。

A.3.4.3　如果在汽车同侧连续四次测量结果相差不大于 2 dB(A)，则认为测量结果有效。

A.3.4.4　将每一挡位（或接近速度）条件下每一侧的四次测量结果进行算术平均，然后取两侧平均值中较大的作为中间结果。

A.3.5　汽车最大噪声级的确定

A.3.5.1　对应于 A.3.2.1.1 条中 a）的挡位条件，直接取中间结果作为最大噪声级。

A.3.5.2　对应于 A.3.2.1.1 条中 b）的挡位条件，如果用了第二挡和第三挡测量时，取两挡中间结果的算术平均值作为最大噪声级。如果只用了第三挡测量时，则取该挡位的中间结果作为最大噪声级。

A.3.5.3　对应于 A.3.2.1.1 条中 c）的挡位条件，取发动机未超过额定转速的各挡中间结果中最大值作为最大噪声级。

A.3.5.4　对应于 A.3.2.2.2.1 条中的条件，取中间结果作为最大噪声级。

A.3.5.5　对应于 A.3.2.2.2.2 条中的条件，取各速度条件下中间结果中最大值作为最大噪声级。

A.3.5.6　如果按上述规定确定的最大噪声级超过了该车型允许的噪声限值，则应在该结果对应的一侧重新测量四次，此四次测量的中间结果应作为该车型的最大噪声级。

A.3.5.7　应将最大噪声级的值按有关规定修约到一位小数。

A.4　测量记录

有关被测汽车和测量仪器的技术参数、测量条件和测量结果等数据都应填写在附件 AB 的表格中。测量中其他需要说明的情况，应填写在“其他说明”一栏中。

附件 AA
噪声测量试验路面的要求

AA.1 引言

本附录以 ISO 10844：1994《声学　测量道路车辆噪声用试验路面的规定》标准的主要内容为基础，规定了试验路面铺筑的技术要求以及应达到的物理特性及其测量方法。

AA.2 术语

本附件采用下列术语。

AA.2.1　空隙率

空隙率是指路面混凝土中集料之间的孔隙体积占混凝土总体积的百分率，以 V_C 表示。这些孔隙或者相互连通（闭孔隙）或者与周围大气相通（开孔隙）。试验路面的空隙率是根据采得的芯样由下式确定的：

$$(1-\rho_A/\rho_R)\times 100\%$$

式中：ρ_A——芯样的表观密度；

ρ_R——芯样的最大理论密度。

其中表观密度ρ_A由下式确定：

$$\rho_A=m/V$$

式中：m——是由试验路面采得的芯样质量；

V——是该芯样的体积，不包括路表开口空隙的空气体积。

密度是根据每个芯样中包含的结合料质量和体积、集料的质量和体积的测得量确定的。由下式给出：

$$\rho_R=\frac{M_B+M_A}{V_B+V_A}$$

式中：M_B——结合料的质量；

M_A——填料的质量；

V_B——结合料的体积；

V_A——填料的体积。

AA.2.2　吸声系数

吸声系数是指路面材料吸收入射声波强度与入射声波强度的比例，以α表示：

$$\alpha=\text{未反射声强/总的入射声强}$$

一般来说，吸声系数取决于声波的频率和入射角。本标准规定的吸声系数对应的声波频率范围是 400～1 600 Hz，且垂直入射。

AA.2.3　路表构造深度

路表构造深度是指一定面积路表面上凹凸不平的开口空隙的平均深度，以 MTD（mm）表示。也就是铺在该路面上充满开口空隙所需的一层很细的特殊规格玻璃球砂的平均厚度，这层球砂的上表面是与路面峰突相切的平面。

AA.3 路面特性的要求

如果测得路面的路表构造深度和空隙率或吸声系数满足下列的要求，并且也满足 AA4.2 条的设计要求，则可认为该路面符合本附录的要求。

AA.3.1 空隙率

铺筑后试验路面混凝土的空隙率应满足：$V_C \leqslant 8\%$，其测量方法见 AA5.1。

AA.3.2 吸声系数

如果该路面不能满足空隙率的要求，其吸声系数必须满足：$\alpha \leqslant 0.10$ 的要求。其测量方法见 AA3.5.2。

注：尽管道路建设者对空隙率更为熟悉，但最相关的特性还是吸声系数。然而吸声系数只是当空隙率不能满足要求时才测量。因为空隙率的测量和相关性具有较大的不确定性，所以仅仅依据空隙率的测量就可能错误地否定某些路面。

AA.3.3 路表构造深度

按体积法测得的平均路表构造深度应满足：MTD≥0.4 mm，其测量方法见 AA3.5.3。

AA.3.4 路面的均匀性

要保证试验区内的路面的路表构造深度和空隙率尽可能均匀。

注：应注意到，如果碾压效果在某些区域不一样，路表构造就会不同，也会不平整。

AA.3.5 检查周期

为了检查这种路面是否一直符合本附录规定的路表构造深度、空隙率或吸声系数的要求，要按下列时间间隔进行周期性路面检查：

a）对于空隙率或吸声系数

当路面是新铺筑好的，检查一次。如果新路面满足要求，就不需要再进行周期性检查。如果新路面不满足要求，也可以过一段时间进行检查，因为随着时间路面空隙会被堵塞而变得密实。

b）对于路表构造深度

当路面是新铺筑好的，检查一次。当开始进行噪声试验时（注意：应在铺筑后的 4 周以后进行）检查一次。以后每年检查一次。

AA.4 试验路面的设计

AA.4.1 面积

试验场地如图 A.1 所示。该图中所示的阴影区域是用规定材料并由机械铺筑和压实的最小区域。在设计试验跑道时，至少应保证汽车试验中行驶的区域是用规定路面材料铺筑的，并有安全行驶所需的边缘。要求跑道的宽度至少是 3 m，跑道的长度在 AA′线和 BB′线处至少延长 10 m。

AA.4.2 路面的设计和准备

AA.4.2.1 基本设计要求

试验路面应满足下列四项设计要求：

AA.4.2.1.1 应用黏稠沥青混凝土。

AA.4.2.1.2 最大碎石子的尺寸应是 8 mm（允许范围是 6.3～10 mm）。

AA.4.2.1.3 磨耗层厚度应≥30 mm。

AA.4.2.1.4 铺路面的沥青应是一定针入度级的未改性沥青。

AA.4.2.2 设计指南

图 AA.1 所示是沥青混合料中石子级配曲线。这些曲线会给出理想的特性，作为路面铺筑者的指南。此外，为了获得理想的路表构造和耐久性，表 AA.1 给出了一些标准值。级配曲线用下式表达：

$$P\text{（\%通过率）}=100\ (d/d_{max})^{1/2}$$

式中：d＝正方形筛孔尺寸，mm；

d_{max}＝8 mm 对应于平均曲线；

d_{max}＝10 mm 对应于允差下限曲线；

d_{max}＝6.3 mm　对应于允差上限曲线。

除了上述以外，还应符合下列要求：

a）砂的成分（0.063 mm＜正方形筛孔尺寸＜2 mm）应包括不超过 55%的天然砂和至少 45%破碎砂；

b）按最高的道路建设标准要求，基层和底基层应保证有良好的稳定性和平整度；

c）石子应是破碎的（100%的破碎面），并且应是高硬度的石料；

d）混合料所用的石子应清洗干净；

e）路面上不应额外添加任何石子；

f）沥青的针入度（用 PEN 表示），应为 40～60，60～80，甚至 80～100，取决于当地的气候条件，如果与一般惯例一致，则尽可能使用针入度较低（硬度高）的沥青；

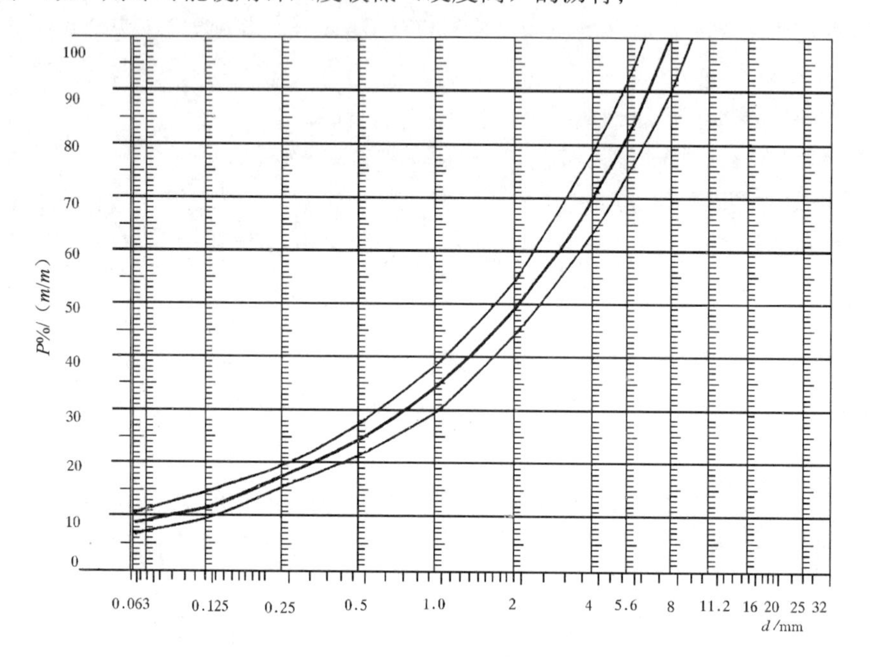

图 AA.1　沥青混合料中石子级配曲线

表 AA.1　设计标准值

	目　标　值		允差
	按混合料总质量计	按石子质量计	
石子质量，正方筛孔尺寸（SM）＞2 mm	47.6%	50.5%	±5
砂质量 0.063 mm＜SM＜2 mm	38.0%	40.2%	±5
填料质量，SM＜0.063 mm	8.8%	9.3%	±2
沥青质量	5.8%	—	±0.5
最大石子尺寸/mm	8		6.3～10
沥青针入度	见 AA.4.2.2 f）		
石料磨光值（PSV）	＞50		
压实度，相对于马歇尔压实度	98%		

g）在碾压之前应选择合适的混合料温度，以便下一次碾压就可达到所要求的空隙率。为了提高满足 AA.3.1～AA.3.4 技术要求的可能性，应研究分析压实的程度，不仅要研究选择恰当的混合料温度，还要研究碾压通过的恰当次数以及选择合适的碾压机械。

AA.5 测量方法

AA.5.1 空隙率的测量

为了进行本项测量，必须在AA′线和BB′线之间（见图A.1）的试验区中至少4个匀布的位置上取得已铺路面的芯样。为了避免在轮辙上引起不均匀性或不平整，芯样应取自轮辙附近，而不应取在其上。应在轮辙附近至少取两个芯样，在轮辙和两个传声器之间大致中间位置各取一个芯样。

如果怀疑均匀性的条件不能满足（见AA.3.4），应在试验区内其他地方再取样。

应测定每个芯样的空隙率，然后求所有芯样的平均值，并与A.3.1条的要求比较。此外，不能有任何一个芯样的空隙率大于 10%。要提醒试验路面的铺筑者，在管路或电线加热的试验区可能因取样而产生的问题。这些装置的安装必须仔细设计，避开将来取样的位置。建议留一些尺寸大约 200 mm×300 mm的区域不装管子或电线，或使其装设得深一些，以便从路面铺筑层取样时不会被损坏。

AA.5.2 吸声系数的测量

吸声系数（垂直入射）应用阻抗管测量，其方法按ISO 10534—1的规定。

关于取样的要求，与空隙率的测量（见AA.5.1）的一样。吸声系数测量的频率范围是400～800 Hz和800～1 600 Hz（至少应按1/3倍频程的中心频率）。应测出这两个频率范围的最大值。然后，把所有芯样的测量结果进行平均，以平均值作为最终结果。

AA.5.3 路表构造深度的测量

应在试验跑道的轮辙上匀布的10个位置进行路表构造深度测量，取平均后与规定的最小深度作比较，测量方法详见ISO 10844中附件A的规定。

AA.6 随时间的稳定性和维护

AA.6.1 老化的影响

与任何其他路面一样，铺筑完成后 6～12 个月的期间内，在试验路面上测得的轮胎/路面噪声级可能稍有增加。该路面应在铺成后的四周以后达到所要求的特性。这种老化对于载货车噪声的影响一般要小于对小客车的影响。路面随时间的稳定性主要取决于汽车在该路面上行驶的压光压实程度，应按AA.3.5的规定周期地检查。

AA.6.2 路面的维护

那些显著降低有效路表构造深度的松散石砾或尘土应当除去。在冬季结冰的地方，不得用盐来防止结冰。盐可能会暂时地，也可能永久性地改变了路面特性而引起噪声增加。

AA. 6.3 重铺试验区域路面

如果有必要就重铺试验区域的路面。如果试验跑道（图A.1所示宽度3 m）以外的试验区域满足了空隙率或吸声系数的要求，则就没有必要对其重铺。

AA.7 关于试验路面以及噪声试验的报告

AA.7.1 检查路面的报告

AA.7.1.1 试验跑道的位置

AA.7.1.2 沥青的类型、针入度、石子类型、混凝土的最大理论密度（D_R）、取自试验跑道的芯样所确定的磨耗层厚度和级配曲线。

AA.7.1.3 压实方法（碾压机械类型、碾子重量和碾压次数）。

AA.7.1.4 路面铺筑期间混合料的温度，环境气温和风速。

AA.7.1.5 路面铺筑日期和承包人。

AA.7.1.6 所有的或最近的测试结果，包括：

AA.7.1.6.1 每个芯样的空隙率；

AA.7.1.6.2 测量空隙率的取样位置；

AA.7.1.6.3 每个芯样的吸声系数（如果已测得）。说明每个芯样和每个频率范围的测量结果以及总的平均值；

AA.7.1.6.4 测量吸声系数的取样位置；

AA.7.1.6.5 路表构造深度，包括测量次数和标准偏差；

AA.7.1.6.6 负责进行 AA.7.1.6.1～AA.6.1.6.5 测试的机构和所用的仪器设备型式；

AA.7.1.6.7 进行测试的日期和从试验跑道上取样的日期；

AA.7.2 在该路面上进行的汽车噪声试验报告。

在汽车噪声试验报告中，应说明该路面是否满足了本附录的所有要求，并应注明所引用的路面测试报告。此报告应符合 AA.7.1 的规定，有证实路面符合要求的测量结果。

附件 AB
汽车加速行驶车外噪声测量记录表

测量日期 ________ 测量地点 ____________ 路面状况 ________________

天气 ________ 气温/℃ ________________ 风速/（m/s） ____________

汽车：型号 ________ 出厂日期 ________ 已驶里程/km ________________

额定载客人数或最大总质量/kg ______ 汽车分类（M_{1-3}，N_{1-3}） ____________

发动机：型式 ______________ 型号 ______________________

额定功率/kW ______________ 额定转速/（r/min） ______________

变速器：型号 ______ 前进挡位数 ________ 型式（手动、自动或其他） ____________

声级计：型号 ______ 准确度等级 ________ 检定有效日期 ________________

校准器：型号 ______ 准确度等级 ________ 检定有效日期 ________________

校准值：测量前 ______ dB 测量后 ________ dB 背景噪声 ______________ dB(A)

转速（车速）仪：型号 ______ 准确度 ______检定有效日期 ________________

温度计：型号 ______ 准确度 ________ 检定有效日期 ________________

风速仪：型号 ______ 准确度 ________ 检定有效日期 ________________

选用挡位或车速	位置	次数	发动机转速或车速/（r/min，km/h）		测量结果/dB(A)	各侧平均值/dB(A)	中间结果/dB(A)	备注
			入线	出线				
	左侧	1						
		2						
		3						
		4						
	右侧	1						
		2						
		3						
		4						
	左侧	1						
		2						
		3						
		4						
	右侧	1						
		2						
		3						
		4						

<table>
<tr><th rowspan="2">选用挡位或车速</th><th rowspan="2">位置</th><th rowspan="2">次数</th><th colspan="2">发动机转速或车速/（r/min，km/h）</th><th rowspan="2">测量结果/dB(A)</th><th rowspan="2">各侧平均值/dB(A)</th><th rowspan="2">中间结果/dB(A)</th><th rowspan="2">备注</th></tr>
<tr><th>入线</th><th>出线</th></tr>
<tr><td rowspan="8"></td><td rowspan="4">左侧</td><td>1</td><td></td><td></td><td></td><td rowspan="4"></td><td rowspan="8"></td><td rowspan="8"></td></tr>
<tr><td>2</td><td></td><td></td><td></td></tr>
<tr><td>3</td><td></td><td></td><td></td></tr>
<tr><td>4</td><td></td><td></td><td></td></tr>
<tr><td rowspan="4">右侧</td><td>1</td><td></td><td></td><td></td><td rowspan="4"></td></tr>
<tr><td>2</td><td></td><td></td><td></td></tr>
<tr><td>3</td><td></td><td></td><td></td></tr>
<tr><td>4</td><td></td><td></td><td></td></tr>
</table>

汽车加速行驶最大噪声级 dB(A)____________________

测量人员________________驾驶人员________________

其他说明____________________

中华人民共和国环境保护行业标准

声屏障声学设计和测量规范

HJ/T 90—2004

Norm on acoustical design and measurement of noise barriers

国家环境保护总局 2004-07-12 发布　　2004-10-01 实施

前　言

为了贯彻执行《中华人民共和国环境噪声污染防治法》第 36 条“建设经过已有的噪声敏感建筑物集中区域的高速公路和城市高架、轻轨道路，有可能造成环境污染的，应当设置声屏障或者采取其他有效的控制环境噪声污染的措施”，制订本规范。

本规范规定了声屏障的声学设计和声学性能的测量方法。

本规范的附录 A、B 是规范性附录。附录 C 是资料性附录。

本规范由国家环境保护总局科技标准司提出并归口。

本规范起草单位：中国科学院声学研究所、同济大学声学研究所、北京市劳动保护科学研究所、福建省环境监测中心。

参加单位：青岛海洋大学物理系、北京市环境保护监测中心、上海市环境科学研究院、天津市环境监测中心、上海申华声学装备有限公司、上海市环保科技咨询服务中心、宜兴南方吸音器材厂、北京市政工程机械厂。

本规范由国家环境保护总局负责解释。

本规范自 2004 年 10 月 1 日起实施。

1 主题内容与适用范围

1.1 本规范规定了声屏障的声学设计和声学性能的测量方法。

1.2 本规范主要适用于城市道路与轨道交通等工程，公路、铁路等其他户外场所的声屏障也可参照本规范。

2 规范性引用文件

下列标准和规范中的条款通过在本规范中引用而构成本规范的条款，与本规范同效。

GBJ 005—96　公路建设项目环境影响评价规范

GBJ 47—83　混响室法　吸声系数的测量方法

GBJ 75—84　建筑隔声测量规范

GB 3096—93　城市区域环境噪声标准

GB 3785—83　声级计

GB/T 3947—1996　声学名词术语

GB/T 14623—93　城市区域环境噪声测量方法
GB/T 15173—94　声校准器
GB/T 17181—1999　积分平均声级计
HJ/T 2.4—95　环境影响评价技术导则　声环境
当上述标准和规范被修订时，应使用其最新版本。

3 名词术语

本规范采用下列名词定义

3.1 声压级（L_p） sound pressure level

声压与基准声压之比的以 10 为底的对数乘以 20，单位为分贝（dB）：

$$L_p = 20\lg\left(\frac{p}{p_0}\right) \tag{1}$$

式中：p——声压，Pa；

p_0——基准声压，20 μPa。

3.2 A 计权声［压］级（L_{pA}，L_A） A-weighted sound [pressure] level

用 A 计权网络测得的声压级。

3.3 等效［连续 A 计权］声［压］级（$L_{Aeq,T}$，L_{eq}） equivalent［A-weighted continuous］sound ［pressure］level

在规定时间内，某一连续稳态声的 A［计权］声压，具有与随时间变化的噪声相同的均方 A［计权］声压，则这一连续稳态声的声级就是此时变噪声的等效声级，单位为分贝（dB）。

等效声级的公式是

$$L_{Aeq,T} = 10\ \lg\left[\frac{1}{T}\int_0^T \frac{p_A^2}{p_0^2}\mathrm{d}t\right] \tag{2}$$

式中：$L_{Aeq,T}$——等效声级，dB；

T——指定的测量时间；

$p_A(t)$——噪声瞬时 A［计权］声压，Pa；

p_0——基准声压，20 μPa。

当 A［计权］声压用 A 声级 L_{pA}（dB）表示时，则此公式为

$$L_{Aeq,T} = 10\ \lg\left[\frac{1}{T}\int_0^T 10^{(L_{pA}/10)}\mathrm{d}t\right]$$

3.4 最大声[压]级（$L_{p\max}$） maximum sound [pressure] level

在一定的测量时间内，用声级计快挡（F）或慢挡（S）测量到的最大 A 计权声级、倍频带声压级或 1/3 倍频带声压级。

3.5 背景噪声 background noise

当测量对象的声信号不存在时，在参考点位置或受声点位置测量的噪声。本规范中所指的测量对象一般指采用声屏障来控制的噪声源。

3.6 声屏障 noise barriers

一种专门设计的立于噪声源和受声点之间的声学障板，它通常是针对某一特定声源和特定保护位置（或区域）设计的。

3.7 声屏障插入损失（*IL*）insertion loss of noise barriers

在保持噪声源、地形、地貌、地面和气象条件不变情况下安装声屏障前后在某特定位置上的声压级之差。声屏障的插入损失，要注明频带宽度、频率计权和时间计权特性。例如声屏障的等效连续 A 计权插入损失表示为 IL_{PAeq}。

3.8 吸声系数（α）sound absorption coefficient

在给定的频率和条件下，分界面（表面）或媒质吸收的声功率，加上经过界面（墙或间壁等）透射的声功率所得的和数，与入射声功率之比。一般其测量条件和频率应加说明。吸声系数等于损耗系数与透射系数之和。

3.9 降噪系数（*NRC*）noise reduction coefficient

在 250、500、1 000、2 000Hz 测得的吸声系数的平均值，算到小数点后两位，末位取 0 或 5。

$$NRC = \frac{1}{4}(\alpha_{250} + \alpha_{500} + \alpha_{1\,000} + \alpha_{2\,000}) \tag{3}$$

3.10 传声损失（*TL*）sound transmission loss

屏障或其他隔声构件的入射声能和透射声能之比的对数乘以 10，单位是分贝（dB）：

$$TL = 10\lg(E_i / E_t) \tag{4}$$

式中：E_i——入射声能；

E_t——透射声能。

3.11 计权隔声量（R_w）weighted sound reduction index

隔声构件空气声传声损失的单一值评价量，它是由 100～3 150 Hz 的 1/3 倍频带的传声损失推导计算出来的。

声屏障的设计中，为避免由声屏障透射声能量影响声屏障的实际降噪效果，通常采用具有一定传声损失的结构。声屏障的空气声隔声量可采用 100～3 150 Hz 1/3 倍频带的平均隔声量或计权隔声量来评价。

4 声屏障的声学设计

声屏障是降低地面运输噪声的有效措施之一。一般 3～6 m 高的声屏障，其声影区内降噪效果在 5～12 dB 之间。

4.1 声学原理

当噪声源发出的声波遇到声屏障时，它将沿着三条路径传播[见图 1（a）]：一部分越过声屏障顶端绕射到达受声点；一部分穿透声屏障到达受声点；一部分在声屏障壁面上产生反射。声屏障的插入损失主要取决于声源发出的声波沿这三条路径传播的声能分配。

4.1.1 绕射

越过声屏障顶端绕射到达受声点的声能比没有屏障时的直达声能小。直达声与绕射声的声级之差，称之为绕射声衰减，其值用符号ΔL_d表示，并随着φ角的增大而增大[见图 1（b）]。声屏障的绕射声衰减是声源、受声点与声屏障三者几何关系和频率的函数，它是决定声屏障插入损失的主要物理量。

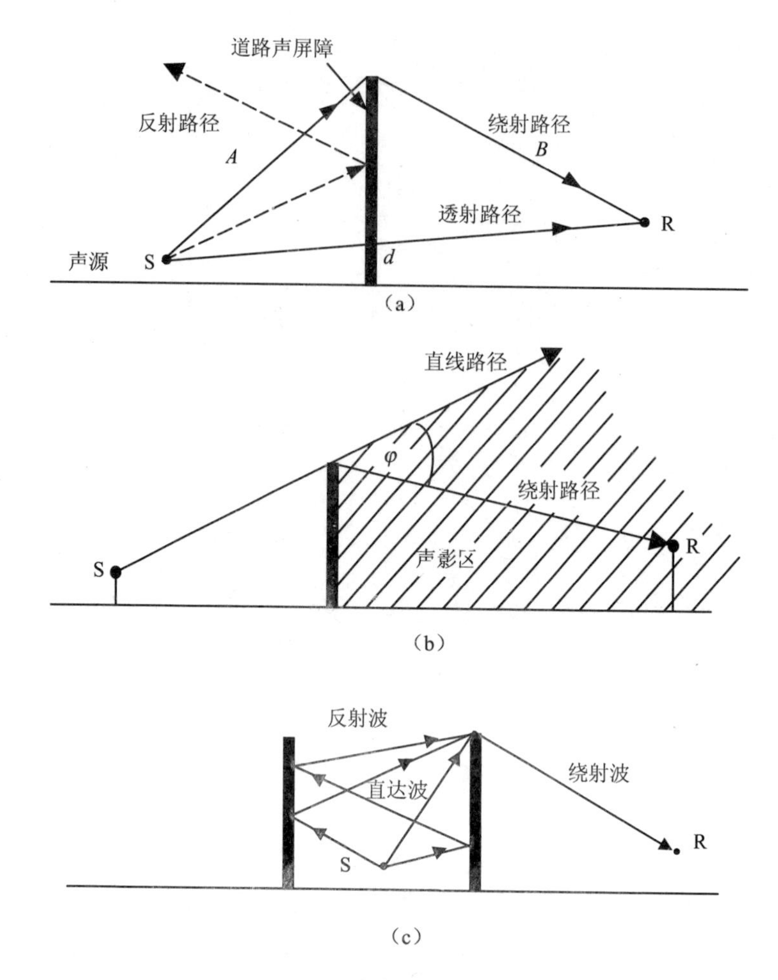

（a）声波传播路径；（b）声波绕射路径；（c）声波的反射

图 1　声屏障绕射、反射路径图

4.1.2 透射

声源发出的声波透过声屏障传播到受声点的现象。穿透声屏障的声能量取决于声屏障的面密度、入射角及声波的频率。声屏障隔声的能力用传声损失 *TL* 来评价。*TL* 大，透射的声能小；*TL* 小，则透射的声能大，透射的声能可能减少声屏障的插入损失，透射引起的插入损失的降低量称为透射声修正量。用符号ΔL_t表示。通常在声学设计时，要求 $TL-\Delta L_d \geqslant 10$ dB，此时透射的声能可以忽略不计，即$\Delta L_t \approx 0$。

4.1.3 反射

当道路两侧均建有声屏障，且声屏障平行时，声波将在声屏障间多次反射，并越过声屏障顶端绕射到受声点，它将会降低声屏障的插入损失[见图 1（c）]，由反射声波引起的插入损失的降低量称之为反射声修正量，用符号ΔL_r表示。

为减小反射声，一般在声屏障靠道路一侧附加吸声结构。反射声能的大小取决于吸声结构的吸声系数α，它是频率的函数，为评价声屏障吸声结构的整体吸声效果，通常采用降噪系数 *NRC*。

4.2 声屏障插入损失计算

4.2.1 绕射声衰减ΔL_d的计算

4.2.1.1 点声源

当线声源的长度远远小于声源至受声点的距离时（声源至受声点的距离大于线声源长度的 3 倍），可以看成点声源，对一无限长声屏障，点声源的绕射声衰减为：

$$\Delta L_d = \begin{cases} 20\lg\dfrac{\sqrt{2\pi N}}{\tan h\sqrt{2\pi N}} + 5\text{ dB} & N>0 \\ 5\text{ dB} & N=0 \\ 5+20\lg\dfrac{\sqrt{2\pi|N|}}{\tan\sqrt{2\pi|N|}}\text{ dB} & 0>N>-0.2 \\ 0\text{ dB} & N\leqslant -0.2 \end{cases} \tag{5}$$

式中：N——菲涅耳数，$N=\pm\dfrac{2}{\lambda}(A+B-d)$；

λ——声波波长，m；

d——声源与受声点间的直线距离，m；

A——声源至声屏障顶端的距离，m；

B——受声点至声屏障顶端的距离，m。

若声源与受声点的连线和声屏障法线之间有一角度 β 时，则菲涅耳数应为

$$N(\beta)=N\cos\beta$$

工程设计中，ΔL_d 可从图 2 求得。

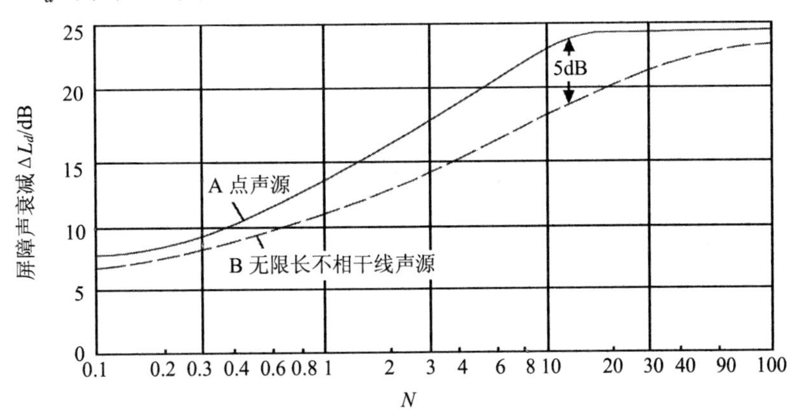

图 2　声屏障的绕射声衰减曲线

4.2.1.2 无限长线声源，无限长声屏障

当声源为一无限长不相干线声源时，其绕射声衰减为：

$$\Delta L_d = \begin{cases} 10\lg\left[\dfrac{3\pi\sqrt{(1-t^2)}}{4\operatorname{arctg}\sqrt{\dfrac{(1-t)}{(1+t)}}}\right] & t=\dfrac{40f\delta}{3c}\leqslant 1 \\ 10\lg\left[\dfrac{3\pi\sqrt{(t^2-1)}}{2\ln(t+\sqrt{t^2-1})}\right] & t=\dfrac{40f\delta}{3c}>1 \end{cases} \tag{6}$$

式中：f——声波频率，Hz；

δ——声程差，$\delta=A+B-d$，m；

c——声速，m/s。

4.2.1.3 无限长线声源及有限长声屏障

ΔL_d仍由公式（6）计算。然后根据图 3 进行修正。修正后的ΔL_d取决于遮蔽角β/θ。图 3（a）中虚线表示：无限长屏障声衰减为 8.5 dB，若有限长声屏障对应的遮蔽角百分率为 92%，则有限长声屏障的声衰减为 6.6 dB。

4.2.2 透射声修正量ΔL_t的计算

透射声修正量ΔL_t由下列公式计算：

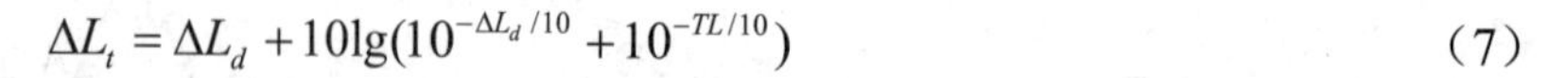

$$\Delta L_t = \Delta L_d + 10\lg(10^{-\Delta L_d/10} + 10^{-TL/10}) \tag{7}$$

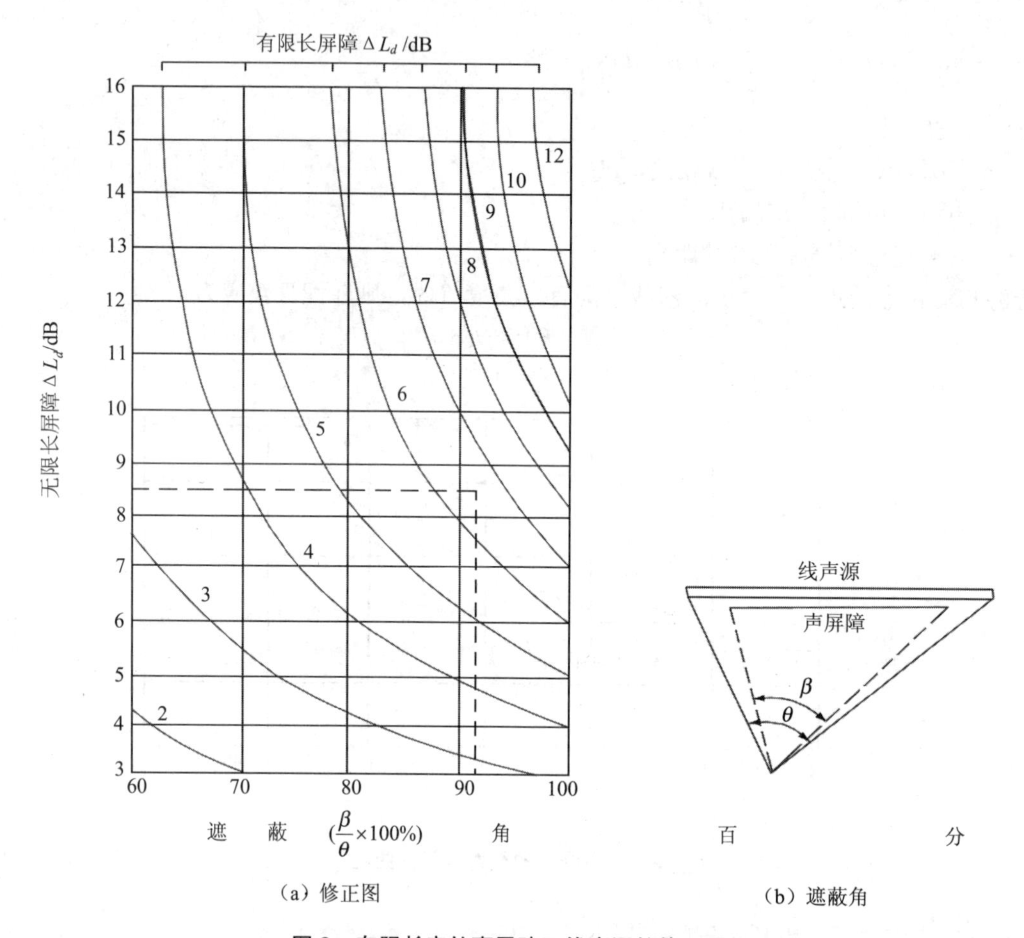

（a）修正图　　（b）遮蔽角

图 3　有限长度的声屏障及线声源的修正图

4.2.3 反射声修正量ΔL_r的计算

反射声修正量取决于声屏障、受声点及声源的高度，两个平行声屏障之间的距离，受声点至声屏障及道路的距离以及靠道路内侧声屏障吸声结构的降噪系数 *NRC*，具体步骤见规范性附录 A。

4.2.4 障碍物声衰减的确定

如果在声屏障修建前，声源和受声点间存在其他屏障或障碍物，则可能产生一定的绕射声衰减，由它们产生的声衰减称之为障碍物声衰减，用符号ΔL_S表示。ΔL_S由 4.2.1、4.2.2 和 4.2.3 来确定。

4.2.5 地面吸收声衰减的确定

如果地面不是刚性的，则会对传播过程中的声波产生一定的吸收，从而会使声波产生一定的衰减。由地面吸收产生的声衰减称之为地面吸收声衰减，用符号ΔL_G表示。

4.2.5.1 地面吸收声衰减ΔL_G通常应由现场测量得到。具体测量方法是：在地面上方 1.5 m 和 6～7.5 m 高处设两个测点，同时测量现场有声源的倍频带（中心频率 250～2 000 Hz）或 1/3 倍频带（中心频率 200～2 500 Hz）的频带声压级或 A 计权声级。两测点声压级或 A 声级之差即为ΔL_G。若现场声源不存在（如未建道路），则可采用人工声源，但必须测量倍频带或 1/3 倍频带声压级，以便对未来声源的 A 计权ΔL_G进行计算。

4.2.5.2 若现场测量有困难，可由图 4 来确定。

图 4 中的等效距离 D_E 由下列公式计算：

$$D_E = \sqrt{D_N \cdot D_F} \tag{8}$$

式中：D_N —— 受声点至最近的车道中心线距离，m；

$D._F$ —— 受声点至最远的车道中心线距离，m。

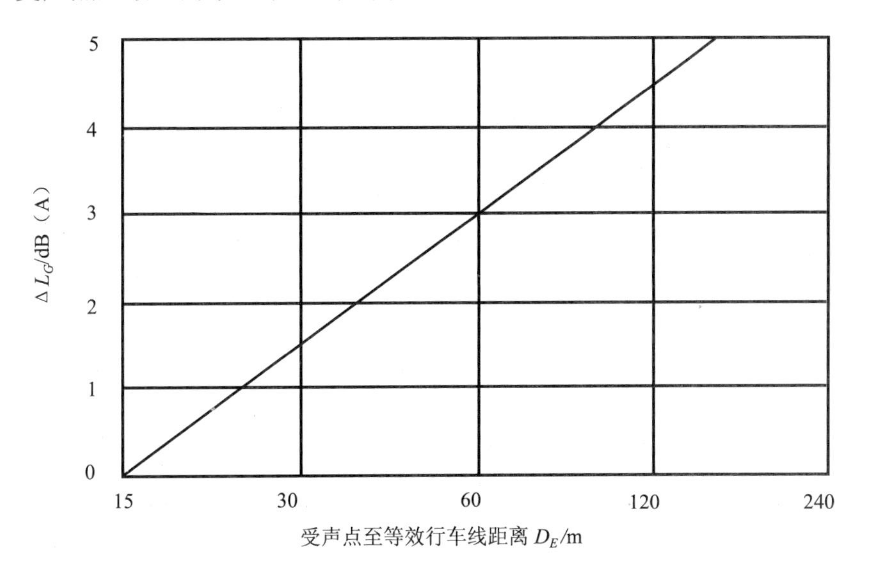

图 4 地面吸收声衰减

一般，在 D_E= 55 m 时，ΔL_G为 2.5 dB(A)，在 D_E= 150 m 时，ΔL_G为 5 dB(A)。考虑到其他障碍物和地面声吸收的影响，声屏障实际插入损失为：

$$IL = \Delta L_d - \Delta L_t - \Delta L_r - (\Delta I_S, \Delta L_G)_{\max} \tag{9}$$

max 表示取ΔL_S和ΔL_G中的最大者，这是因为一般两者不会同时存在。如果有其他屏障或障碍物存在，地面效应ΔL_G会被破坏掉，因为只有贴近地面，地面声吸收的衰减才会明显。式（9）中减去（ΔL_S，ΔL_G）$_{\max}$，是因为一旦设计的声屏障建成，原有屏障或障碍物或地面声吸收效应都会失去作用。

4.3 声源特性

4.3.1 时间特性

交通噪声是随时间起伏的声源。在本规范中，采用等效声压级或等效 A 声级表示时间平均特性。

4.3.2 频率特性

交通噪声的频率特性在声屏障设计中是最重要的参数之一。应通过噪声测量，得到声源的倍频带（中心频率 63～4 000 Hz）或 1/3 倍频带（中心频率 50～5 000 Hz）的频谱。为简化计算，亦可采用声源的等效频率（见附录 B）。

4.4 声屏障设计程序

4.4.1 确定声屏障设计目标值

4.4.1.1 噪声保护对象的确定

根据声环境评价的要求，确定噪声防护对象，它可以是一个区域，也可以是一个或一群建筑物。

4.4.1.2 代表性受声点的确定

代表性受声点通常选择噪声最严重的敏感点，它根据道路路段与防护对象相对的位置以及地形地貌来确定，它可以是一个点，或者是一组点。通常，代表性受声点处插入损失能满足要求，则该区域的插入损失亦能满足要求。

4.4.1.3 声屏障建造前背景噪声值的确定

对现有道路，代表性受声点的背景噪声值可由现场实测得到。若现场测量不能将背景噪声值和交通噪声区分开，则可测量现场的环境噪声值（它包括交通噪声和背景噪声），然后减去交通噪声值得到。交通噪声值可由现场直接测量。若现场不能直接测量交通噪声，则交通噪声可根据车流量、车辆类型及比例等参数，按照 HJ/T 2.4—95 的附录 B 计算得到。对还未建成或未通车的道路，背景噪声可直接测得。

4.4.1.4 声屏障设计目标值的确定

声屏障设计目标值的确定与受声点处的道路交通噪声值（实测或预测的）、受声点的背景噪声值以及环境噪声标准值的大小有关。

如果受声点的背景噪声值等于或小于功能区的环境噪声标准值时，则设计目标值可以由道路交通噪声值（实测或预测的）减去环境噪声标准值来确定。

当采用声屏障技术不能达到环境噪声标准或背景噪声值时，设计目标值也可在考虑其他降噪措施的同时（如建筑物隔声），根据实际情况确定。

4.4.2 位置的确定

根据道路与防护对象之间的相对位置、周围的地形地貌，应选择最佳的声屏障设置位置。选择的原则或是声屏障靠近声源，或者靠近受声点，或者可利用的土坡、堤坝等障碍物等，力求以较少的工程量达到设计目标所需的声衰减。由于声屏障通常设置在道路两旁，而这些区域的地下通常埋有大量管线，故应该作详细勘察，避免造成破坏。

4.4.3 几何尺寸的确定

根据设计目标值，可以确定几组声屏障的长与高，形成多个组合方案，计算每个方案的插入损失，保留达到设计目标值的方案，并进行比选，选择最优方案。

4.4.4 声屏障绕射声衰减ΔL_d的计算

4.4.4.1 根据选定的声屏障位置和屏障的高度，确定声程差δ，然后根据声源类型（点源或线源），按公式（5）或（6）计算各个频带的绕射声衰减$\Delta L'_{di}$，或根据图 2 曲线得到。

4.4.4.2 根据声源频谱特性和声源类型（点声源或线声源），按公式（10）计算没有声屏障时受声点的频带声压级 L_{bi}，减去屏障建造后各频带的绕射声衰减$\Delta L'_{di}$，然后按照公式（11）将各频带的差值求和，则得到声屏障绕射后受声点的声压级 L_a。

$$L_{bi}=\begin{cases} L_{oi}+10\lg\left(\dfrac{r_o}{r}\right)^2,\text{点声源} \\ L_{oi}+10\lg\left(\dfrac{r_o}{r}\right),\text{线声源} \end{cases} \tag{10}$$

式中：L_{oi}——距声源 r_o 处声源第 i 个频带声压级，通常由测量得到，r 为声源到受声点的距离。

$$L_a=10\lg\left[\sum_{i=1}^{n}10^{(L_{bi}-\Delta L'_{di})/10}\right] \tag{11}$$

4.4.4.3 按上述方法得到的声屏障建造前后受声点的声压级之差，即为声屏障绕射声衰减$\Delta L'_d$:

$$\Delta L'_d=L_b-L_a \tag{12}$$

式中：$L_b = 10\lg\left[\sum_{i=1}^{n}10^{L_{bi}/10}\right]$，为屏障建立前受声点的总声压级。

4.4.4.4 根据 A 计权频带修正值 A_i，可以计算 A 计权的声屏障绕射声衰减ΔL_d。

$$\Delta L_d = 10\lg\left[\sum_{i=1}^{n}10^{(L_{bi}+A_i)/10}\right] - 10\lg\left[\sum_{i=1}^{n}10^{(L_{bi}-\Delta L_{di}^{'}+A_i)/10}\right] \quad (13)$$

4.4.4.5 声屏障的 A 计权绕射声衰减亦可用等效频率 f_e 求得。通常道路交通噪声的等效频率 f_e=500 Hz，按公式（5）或（6）计算，则得到近似的声屏障 A 计权的绕射声衰减ΔL_d。

4.4.4.6 声屏障的 A 计权绕射声衰减，也可通过图 5 来求得，图中假设声屏障是无限长的。

4.4.4.7 若线声源和声屏障长度有限，则可根据 4.2.1.3 进行修正。

4.4.5 声屏障的隔声要求

4.4.5.1 合理选择与设计声屏障的材料及厚度，若声屏障的传声损失 $TL-\Delta L_d>10$ dB，此时可忽略透射声影响，即$\Delta L_t\approx0$。一般 TL 取 20～30 dB。

4.4.5.2 若 $TL-\Delta L_d<10$ dB，则可按照 4.2.2 的公式（7）计算透射声修正量ΔL_t。

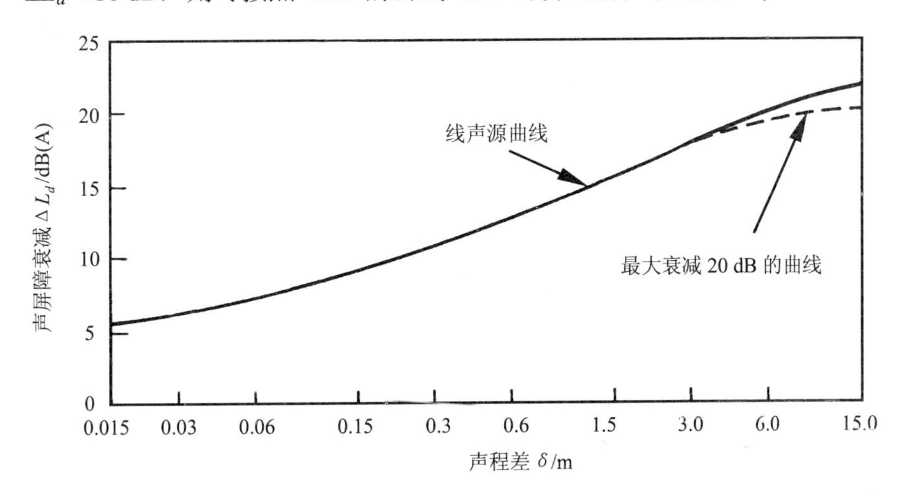

图 5 不相干线声源 A 计权声屏障绕射声衰减

4.4.6 道路声屏障吸声结构的设计

4.4.6.1 当双侧安装声屏障时，应在朝声源一侧安装吸声结构；当道路声屏障仅为一侧安装，则可以不考虑吸声结构。

4.4.6.2 吸声型声屏障的反射声修正量ΔL_r 值取决于平行声屏障之间的距离、声屏障的高度、受声点距声屏障的水平距离、声屏障吸声结构的降噪系数以及声源与受声点的高度。

4.4.6.3 吸声结构的降噪系数 *NRC* 应大于 0.5。

4.4.6.4 根据 4.4.6.2 所述的各参数的实际尺寸，按照规范性附录 A 求得反射声修正量ΔL_r。

4.4.6.5 吸声结构的吸声性能不应受到户外恶劣气候环境的影响。

4.4.7 声屏障形状的选择

4.4.7.1 声屏障的几何形状主要包括直立型、折板型、弯曲型、半封闭型或全封闭型。

4.4.7.2 声屏障的选择主要依据插入损失和现场的条件决定。对于非直立型声屏障，其等效高度等于声源至声屏障顶端连线与直立部分延长线的交点的高度。如图 6 所示。

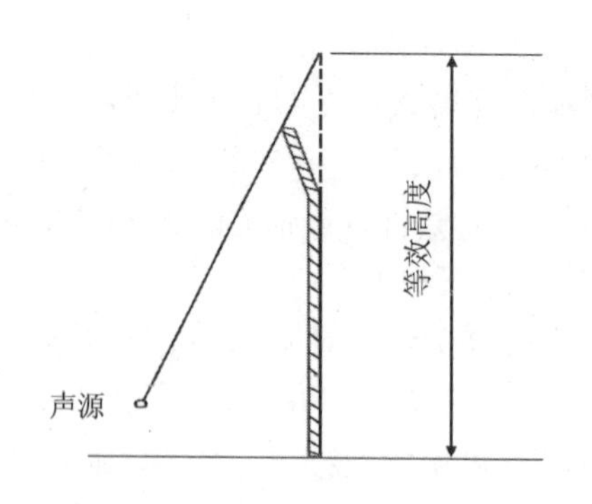

图 6　声屏障等效高度示意图

4.4.8 声屏障插入损失的确定

声屏障的插入损失在计算了各项修正后，按公式（9）计算得到。

4.4.9 声屏障设计的调整

若设计得到的插入损失 *IL* 达不到降噪的设计目标值，则需要调整声屏障的高度、长度或声屏障与声源或受声点的距离，或者调整降噪系数 *NRC*。经反复调整计算直至达到设计目标值。

4.5 地形、地貌的影响

地坡、山丘、堤岸等对声传播都有影响。可以借助它们起到声屏障的作用。或者充分利用它们替代部分声屏障，以节省修建道路声屏障的费用，若声屏障建造在这些障碍物上，则声屏障的高度需加上障碍物的高度。

4.6 声屏障设计的其他要求

声屏障设计在满足声学性能要求的同时，其结构力学性能、材料物理性能、安全性能和景观效果，均应符合相应的现行国家标准的规定和要求。

5 声屏障声学性能的测量

5.1 测量的声学量

5.1.1 插入损失（*TL*）

声屏障的降噪效果一般用 A 计权等效声级或最大 A 声级的插入损失来评价。如果要了解降噪的频率特性，则应测量 63～5 000 Hz 的 1/3 倍频带或 80～4 000 Hz 倍频带的插入损失。

5.1.2 降噪系数（*NRC*）

声屏障材料的吸声性能采用 250～2 000 Hz 倍频带吸声系数来评价。上述频率范围的平均吸声系数即降噪系数可作为材料吸声性能单一评价指标。

5.1.3 计权隔声量（R_w）

声屏障材料的隔声性能采用 100～3 150 Hz 的 1/3 倍频带传声损失来评价。单一评价数可以采用计权隔声量 R_w 或上述频率范围的平均传声损失 R。

5.2 插入损失的测量

5.2.1 测量方法

本规范规定了直接法和间接法两种插入损失的测量方法。在选择所采用的测量方法时，应充分考虑测量的对象、声屏障安装前测量的可能性和声源、地形、地貌、地表面、气象条件等因素在两次测量中的等效程度。

5.2.1.1 直接法

直接测量声屏障安装前后在同一参考位置和受声点位置的声压级的方法，称为直接法。由于测量时安装前后的参考位置和受声点位置相同，其地形地貌、地面条件一般等效性较好。

5.2.1.2 间接法

分别测量声屏障安装前后，相同参考位置和受声点位置的声压级。测量时，因声屏障已安装在现场，也不可能移去，声屏障安装前的测量可选择与其相等效的场所进行，这种方法称为间接法。

选用间接法时，要保证两个测点的等效性，包括声源特性、地形、地貌、周围建筑物反射、地面和气象条件等效。

5.2.2 测量仪器

5.2.2.1 声学测量仪器

测量用声级计应符合国家标准 GB 3785 规定的 1 型声级计的要求。如果测量等效连续声级，使用的积分声级计应符合国家标准 GB/T 17181 规定的 1 型的要求。采用其他测量仪器时，其性能应满足上述标准规定的要求。

声级计应按国家标准规定，定期进行性能检验。每次测量前后，应采用声校准器进行校准。应至少采用两个测量系统，以保证对一组参考点和受声点进行同时测量。

如果测量倍频带或 1/3 倍频带插入损失，其相应滤波器应符合国家标准规定的要求。

测量时应使用风罩，风罩不应影响传声器的频率响应。

如果采用其他声学测量系统，其性能也应满足上述标准。

5.2.2.2 气象测量仪器

测量风速和风向的仪器精度应在±10%以内。

用于测量环境温度的温度计和温度传感器的精度应在±1℃之内。

测量湿度的仪器的精度应在±2%以内。

注：气象测量的位置应和受声点同样高度。

5.2.3 测量的声环境要求

5.2.3.1 地形、地貌和地面条件

若采用间接法测量，当模拟测量的场所符合下列条件时，可以认为等效：

（1）模拟测量场所和实际的声屏障区域的地形地貌，障碍物和地面条件类似。

（2）受声点一侧后部 30 m 以内的环境（包括大的反射物等）应该类似。

注：为了保证地面条件的等效性，可以测量地面结构的特性声阻抗。如果不能测量，至少要求地面材料（土壤、水泥、沥青、砖石等）、处理状况（土壤松实等）和土壤上的植被情况等一致，并应避免地面含水量有大的变化。

对于直接法测量，上述条件在声屏障安装前后测量时也应保持一致。

5.2.3.2 气象条件

为了保证测量的重复性，对气象条件，如风、温度和空中云的分布应满足下列要求。

（1）风　如果声屏障安装前后的测量中其风向保持不变，并且从声源到受声点的平均风速矢量变化不超过 2 m/s 时，可认为前后测量的风条件等效。

测量时风速超过 5 m/s，测量无效。

（2）温度　声屏障安装前后两次测量的平均温度变化不应超过 10℃。地面以上空间的温度梯度对声传播有一定影响，测量中应注意温度梯度对声传播的影响。

（3）湿度　空气湿度主要影响高频噪声的传播，因此声屏障安装前后的测量，其空气湿度应相近。

（4）其他气象条件　应避免在雨天和雪天进行测量，应避免在湿的路面情况下进行测量。

5.2.3.3 背景噪声

测量时，背景噪声级应至少比测量值低 10 dB。如果测量值和背景噪声值相差 3～9 dB，则可以按表 1 所列数值对测量结果进行修正。当差值小于 3 dB，则不符合测试条件，不能进行测量。

表 1　背景噪声修正值

测量值和背景噪声值之差/dB	修正值/dB
3	−3
4～5	−2
6～9	−1

5.2.4 声源

5.2.4.1 声源类型

现场测量声屏障的插入损失时，可以采用两种类型声源：自然声源、可控制的自然声源。通常情况，前者声源应是优先考虑的试验声源。在没有自然声源或自然声源的声级不够大时，也可考虑选择可控制的自然声源。

5.2.4.2 自然声源

自然声源是指道路上实际行驶的车辆。

在测量过程中，应在参考点位置对声源进行连续监测，以便对声源不稳定产生的误差进行修正。

5.2.4.3 可控制的自然声源

可控制自然声源是指特定选择的试验车辆组。

如果声屏障安装前后，自然声源特性产生变化（如车流量，车辆种类），则可考虑采用可控制的自然声源。如果车流量或者车辆种类比例变化都会引起声源特性明显变化，采用可控制的自然声源是必要的。

5.2.5 声源的等效性

为了准确地测量声屏障的插入损失，在测量期间应对声源进行监测，保证声源的等效性。

5.2.5.1 声源运行参数的监测

以道路车辆流作为声源测量声屏障的插入损失时，被监测的运行参数应包括：平均车速、车流量和各类型车辆的比例。

5.2.5.2 参考位置的噪声监测

参考位置对声源的监测目的是监测声屏障安装前后的声源等效性。

参考点位置的选择在原则上应保证声屏障的存在不影响声源在参考点位置的声压级。

当离声屏障最近的车道中心线与声屏障之间的距离 D>15 m 时，参考点应位于声屏障平面内上方 1.5 m 处（见图 7）。当距离 D<15 m 时，参考点的位置应在声屏障的平面内上方，并保证离声屏障最近的车道中心线与参考位置、声屏障顶端的连线夹角为 10°（见图 8）。

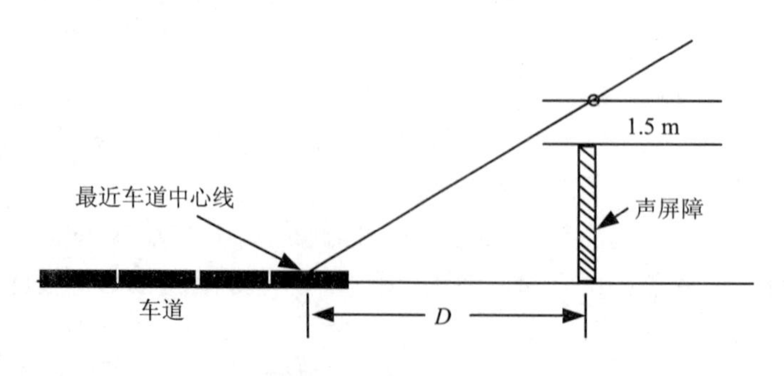

图 7　参考点位置（D>15 m）

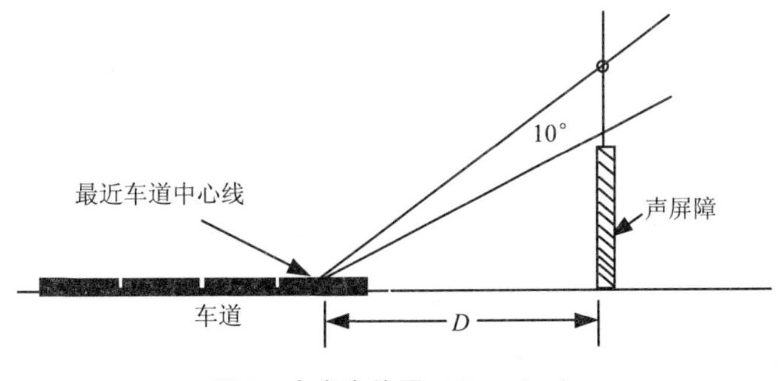

图 8　参考点位置（D<15 m）

5.2.6 测量程序

5.2.6.1 总的要求

（1）同步测量　应避免由于声源不稳定所引起的测量误差，对参考位置和受声点位置的噪声应进行同步测量。

（2）受声点位置　受声点位置为声屏障设计保护的敏感点位置。

（3）测量次数　为保证测量结果的重复性，在受声点和参考点应进行多次测量。在等效情况下，建议至少在各测点测量 3 次。

（4）测量采样时间　测量采样时间决定于声源的时间特性和声源的声级起伏变化（见表 2）。

表 2　测量采样时间

声源特性	噪声起伏范围/dB		
	<10	10～30	>30
稳态噪声	2 min	—	—
非稳态噪声	10 min	20 min	30 min

通常对于大流量的高速公路交通噪声或无红绿灯控制的城市快速道路交通噪声，起伏<10 dB，对于有红绿灯控制的道路交通噪声，起伏在 10～30 dB，而城市轨道和铁路噪声，则在有车和无车通过时的起伏>30 dB。

5.2.6.2 声屏障插入损失的计算

（1）直接测量法　如果可以直接测量声屏障安装前后的 A 声级，则可根据下式计算出声屏障的插入损失：

$$IL=(L_{ref,a}-L_{ref,b})-(L_{r,a}-L_{r,b}) \tag{14}$$

式中：$L_{ref,a}$——参考点处安装声屏障后的声级，dB(A)；

$L_{ref,b}$——参考点处安装声屏障前的声压级，dB(A)；

$L_{r,a}$——受声点处安装声屏障后的声压级，dB(A)；

$L_{r,b}$——受声点处安装声屏障前的声压级，dB(A)。

（2）间接测量法　在很多情况下，声屏障安装前的 A 声级测量是不可能的，即不可能采用直接法测量声屏障的插入损失。那就需要采用间接法进行测量，即找出一个和声屏障安装前状况等效的其他场所模拟测量声屏障安装前的噪声状况。一般间接测量法的精度要低于直接法的精度。

间接测量法的受声点和参考点的选择以及计算方法与直接测量法相同。对模拟测量声屏障安装前的噪声的场所等效性及其相应测量数据应仔细检查核对。

采用间接法测量的声屏障插入损失与公式（14）相同：

$$IL = (L_{ref,a} - L_{ref,b}) - (L_{r,a} - L_{r,b}) \tag{15}$$

式中：$L_{ref,b}$——在等效场所参考点处测量的声屏障安装前的 A 声级，dB(A)；

$L_{r,b}$——在等效场所受声点处测量的声屏障安装前的 A 声级，dB(A)；

$L_{ref,a}$——声屏障安装后参考点处的 A 声级，dB(A)；

$L_{r,a}$——声屏障安装后受声点的 A 声级，dB(A)。

5.2.7 测量记录

5.2.7.1 测量方法类型

（1）直接测量法。

（2）间接测量法。

5.2.7.2 测量仪器

测量仪器及系统的说明，包括型号、精度和制造厂。

5.2.7.3 测量环境

（1）环境概图及说明：包括声源、声屏障和受声点周围的地形地貌，地面条件、建筑物及其他反射物。

（2）道路概况：路宽、车道数、坡度、路面材料等。

（3）风向、风速、空气温度和湿度。

5.2.7.4 声源

（1）自然声源：声屏障安装前后测量的声源等效性说明，包括车流量、车辆种类比例、车速等。

（2）可控制的自然声源：声源特性、控制因素及声屏障安装前后测量的声源等效性说明。

5.2.7.5 测量的声屏障示意图和说明

声屏障的示意图，外形尺寸、传声损失以及吸声型屏障的降噪系数 NRC 等。

5.2.7.6 声学测量数据

受声点和参考点的 A 计权最大声级、等效声级或 1/3 倍频带或倍频带声压级。

5.2.8 测量报告

测量报告应包括如下内容：

（1）测量单位的名称、地点和测量时间。

（2）测量人员的姓名。

（3）声屏障的 A 计权声级插入损失和 1/3 倍频带或倍频带插入损失。

（4）第 5.2.4 条中所列相关内容。

5.3 声屏障吸声性能测量方法

5.3.1 测量方法

本规范规定的声屏障吸声性能是指声屏障朝向声源侧结构的吸声性能。本规范推荐 GBJ 47—83 为声屏障吸声性能测量方法。

声屏障吸声性能的测量方法应符合 GBJ 47—83 中的有关规定。

5.3.2 被测试件基本要求

被测试件应是声屏障主体结构的平面整体试件，总试件面积为 10～12 m^2。边缘应采用密封，并应紧密贴在室内界面上。非平面声屏障结构，应加工成平面结构，按上述方法进行测量。

5.3.3 测试结果

声屏障的吸声性能以其朝向声源一侧的平面吸声结构的吸声系数来表征。测试频率范围：对于倍频带中心频率为 250～2 000 Hz，对于 1/3 倍频带中心频率为 200～2 500 Hz。

5.3.4 测量报告

测量报告应包括以下内容：

（1）被测单位名称。

（2）测量日期。

（3）混响室概况。

（4）测量试件规格、面积以及在混响室中位置。

（5）室温和相对湿度。

（6）吸声系数图表。

5.4 声屏障的隔声性能测量方法

5.4.1 测量方法

本规范规定的声屏障隔声性能是指屏体结构的空气声传声损失。

声屏障隔声性能测试方法，应符合 GBJ 75—84 中的有关规定。

5.4.2 被测试件的要求

被测试件应为平面整体试件，试件面积 10 m^2 左右，试件和测试洞口之间的缝隙应密封，并应有足够的隔声效果。

5.4.3 测试结果

声屏障试件 100～3 150 Hz 的 1/3 倍频带传声损失、作为单一隔声性能评价量的计权隔声量或上述频率范围内的平均传声损失。

5.4.4 测试报告

测量报告应包括以下内容：

（1）被测试件的结构、尺寸及生产单位。

（2）试验室概况和试件安装状况。

（3）测量仪器和测量人员、测量时间。

（4）以表格和曲线表示的传声损失频率特性和计权隔声量或平均传声损失。

6 声屏障工程的环保验收

6.1 声屏障工程的环境保护验收

应按国家建设项目竣工环境保护验收有关规定和规范进行。

6.2 声学性能

声屏障构件的声学性能必须在制作完成后经法定的测试单位随机抽样，根据本规范 5.3 的方法进行检验并提供以下测试报告：

（1）隔声性能测试报告。

（2）吸声性能测试报告（适用于声吸收型声屏障）。

6.3 降噪效果

根据合同要求验收敏感点处声屏障的插入损失（降噪量）。

6.3.1 根据现场测量条件，按本规范 5.2 的要求，用直接法或间接法测量声屏障建立前后受声点和参考点的等效 A 声级 L_{eq} 或最大 A 声级，并按公式（15）计算插入损失 IL。

6.3.2 利用间接法测量声屏障的插入损失时，一定要保证选取的无声屏障的等效受声点与有声屏障时的实际受声点（敏感点）的等效性，否则会带来较大误差。一般无屏障的等效受声点可选在同一条道路声屏障的附近，从而保证车流条件基本相同，并应使用经过统一校准的两套测量系统同步测量。若车流量状态不能保证相同，则可按照 5.2.5.2 在声屏障的上方和等效受声点的虚拟等效声屏障的上方设立对照的参考点进行同步测量，以便对等效受声点的测量值进行修正。

6.3.3 由于声屏障建立前后敏感点（受声点）处的背景噪声会有变化，因此在计算插入损失时，应根据

表 1 进行背景噪声的修正。

6.3.4 根据合同中的降噪效果要求，也可在声屏障建立前后直接测量敏感点处的噪声值，扣除背景噪声的影响，其差值即为声屏障的降噪效果。

6.4 提交文件

6.4.1 声屏障设计文件及设计变更情况的文件。

6.4.2 声屏障隔声性能测试报告，吸声型声屏障还应提供吸声性能测试报告。

6.4.3 声屏障现场测量的环境条件、气象条件、车流条件以及测点位置图。

6.4.4 降噪效果的测试报告。

6.4.5 竣工图及其他文件。

附 录 A
（规范性附录）
反射声修正量ΔL_r的计算

对于道路两旁都有声屏障的情况下，声屏障的ΔL_r值取决于平行屏障之间的距离，屏障的高度，到受声点的水平距离，声源与受声点的高度，以及屏障吸声结构的吸声系数α，它可由图 A.1 求出。例示：

1. 画出一张包括道路、声屏障、受声点在内的横截面图（如图 A.2）。

假设声屏障高度 H=5 m，两屏障间距 W=35 m，受声点 R 至近端屏障距离 D_B=34 m。

2. 如图 A.2 所示，将声源 S 置于两屏障间的中央，假设声源离地面高 2.4 m。从声源通过离受声点 R 近的屏障顶端画一直线，与受声点 R 垂直线相交。确定交点至道路地平面的距离 H_N，H_N=9 m。

3. 如图 A.2 所示，从第一个地面虚源 S_i（相对于远端屏障底端的对称虚源）通过离受声点远的屏障顶端画一直线，与受声点垂直线相交，求出此交点至道路平面的距离 H_F，H_F=35 m。

4. 确定受声点所在的区域。若 $H_R<H$，受声点在区域Ⅰ内；若 $H<H_R<H_N$，则在区域Ⅱ内；若 $H_R>H_N$，受声点则在区域Ⅲ内。

5. 用公式（13）或图 5 确定近障板对 2.4 m 高声源提供的实际受声点高度 H_R 和 H_R=0 的绕射声衰减ΔL_d，在本例中，从图 5 可得到，H_R=0 时，ΔL_d=12.5 dB(A)，H_R=1.5 m 时ΔL_d=11.5 dB(A)。

6. 声屏障反射声修正量ΔL_r的确定。

6.1 根据 D_B 和 W 的数值，从图 A.1 右下角的 D_B 线对应值，到 W 线的对应值，画一直线，与引导线相交（步骤 1）。

6.2 从ΔL_d线上找出 H_R=0 时ΔL_d[12.5 dB(A)]对应点，将此点与引导线上 6.1 中确定的交点画一直线与转折线 A 相交（步骤 2）。

6.3 根据声屏障的吸声特性，求得噪声降噪系数 NRC，此处设 NRC=0.05（步骤 3）。

6.4 从转折线 A 上的交点作直线垂直于线 A，与对应的 NRC 曲线相交，然后从这个交点引直线垂直于转折线 B 与线 B 相交（步骤 4）。

6.5 如果受声点位于区域Ⅰ内，则按下列步骤进行；若受声点位于区域Ⅱ，则跳到 6.9。设 H_R=1.5 m，则受声点在区域Ⅰ内。

6.6 在左边网格图上，从横坐标实际的 H_R 值（1.5 m）做垂直线与对应的 NRC（0.05）曲线相交（步骤 5），然后从这个交点引直线垂直于转折线 C（步骤 6）。

6.7 转折线 C 上的交点与转折线 B 上的交点连直线，与反射声修正线ΔL_r相交（步骤 7）。

6.8 读ΔL_r交点的数值[4.5 dB(A)]，此值即为高度为 H_R（1.5 m）的受声点处声屏障的反射声修正量。

6.9 当受声点位于区域Ⅱ内时（例如，H_R=7.5 m），在左边网格图上，请用屏障高度 H（5 m）作为 H_R 值（如图 A.1 左边网格图上右边的⑤），从此值上引垂线与对应的 NRC 曲线相交，然后从此交点画直线垂直于转折线 C。

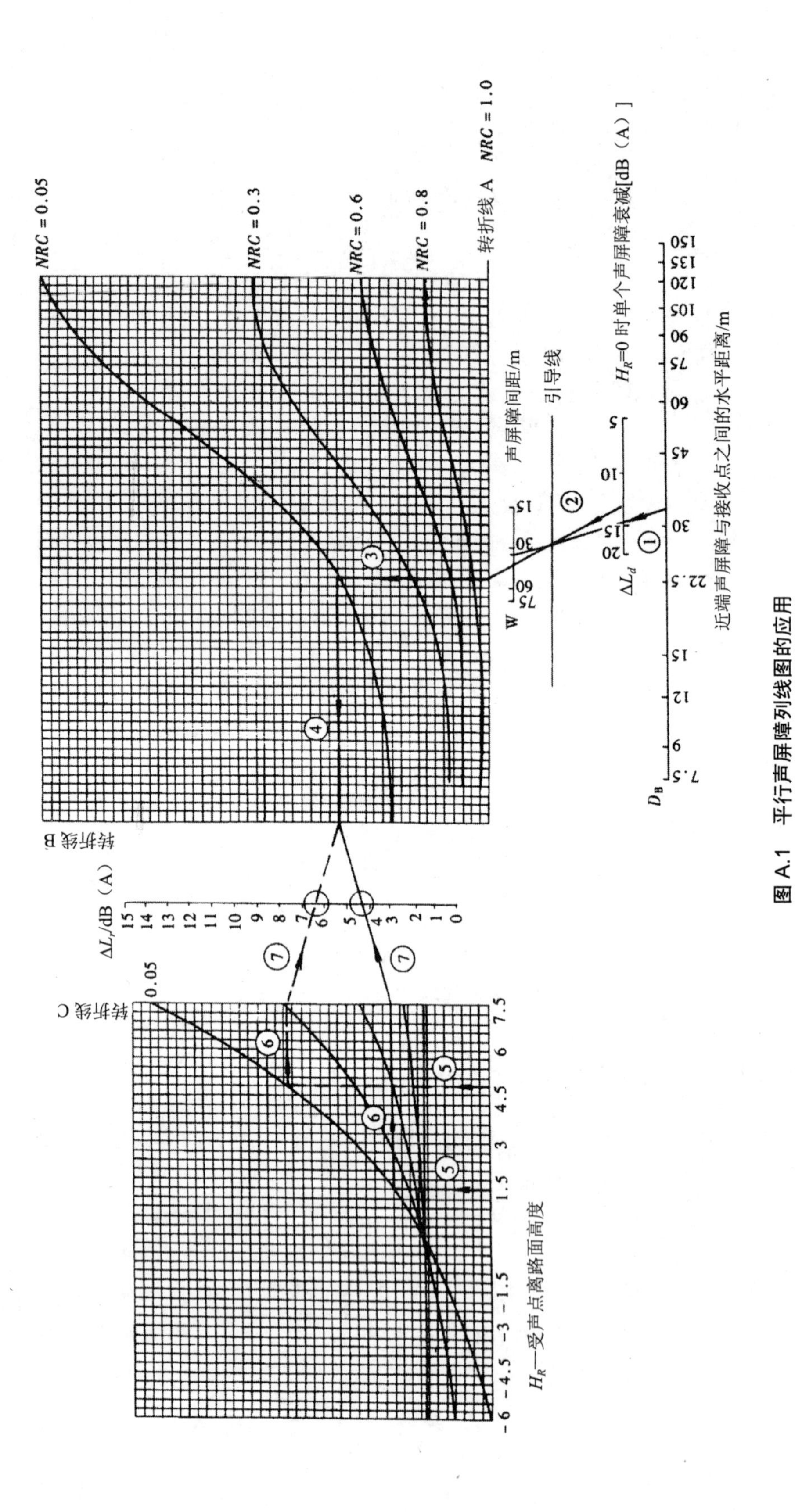

图 A.1 平行声屏障列线图的应用

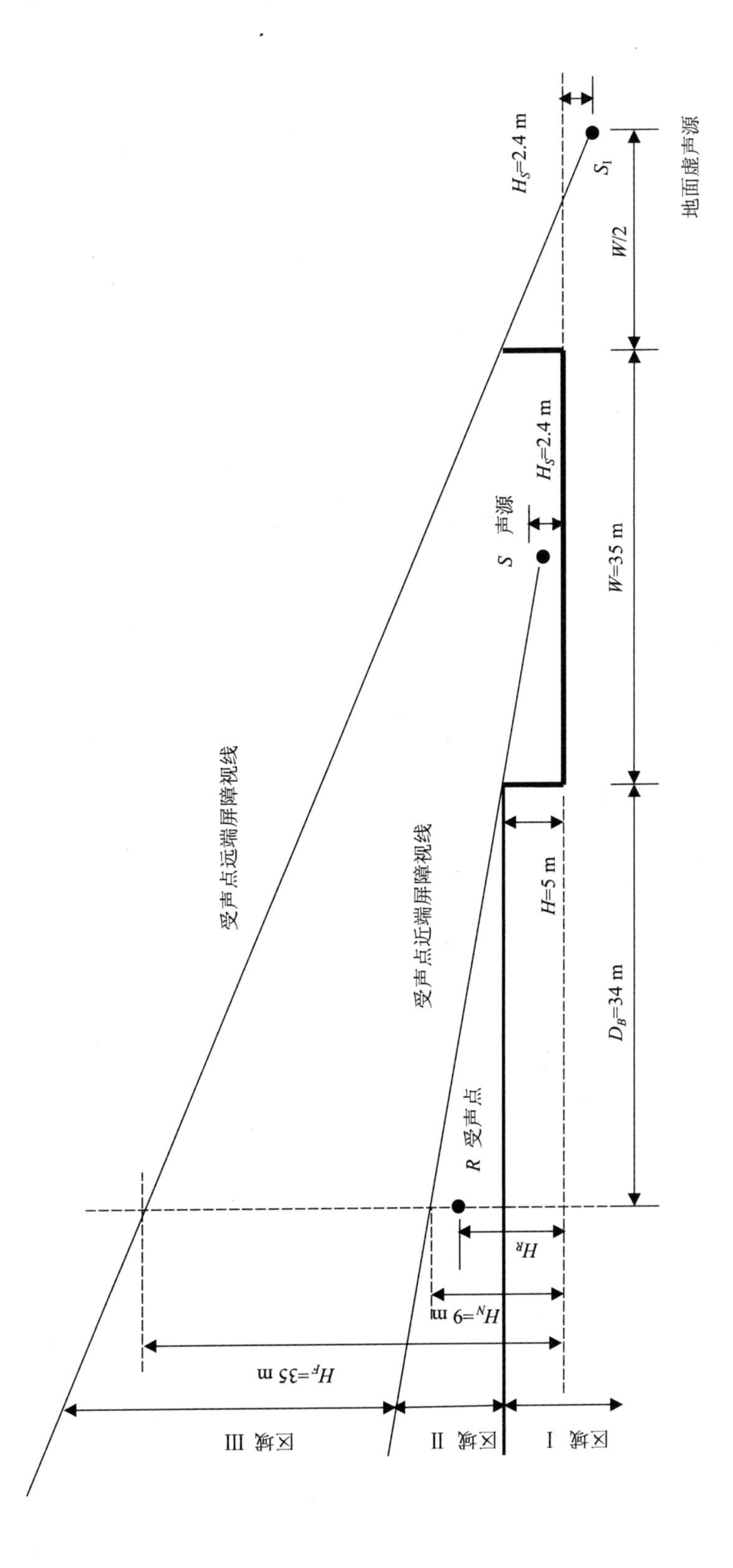

图 A.2 道路声屏障横截面图

6.10 连接线 C 和线 B 上的两上交点，与ΔL_r直线相交。

6.11 读此交点的ΔL_r值[6.5 dB(A)]，即为声屏障的反射声修正量，这个屏障反射声修正量低于或者等于受声点高度等于屏障高度 H 时的降噪量。

6.12 将 H_R（1.5 m）时的绕射声衰减ΔL_d[11.5 dB(A)]减去反射声修正量ΔL_r[4.5 dB(A)]，则可得到声屏障的实际噪声降低，即 $NR=\Delta L_d-\Delta L_r=7.0$ dB(A)。同样，可得到 $H_R=7.5$ m 时[绕射声衰减=7.0 dB(A)]，声屏障的实际噪声降低为 $N_R=7.0-6.5=0.5$ dB(A)。

6.13 若在声屏障面向道路一侧加吸声结构，则可大大减小反射声修正量，在本例中，若 $NRC=0.8$，在 $H_R=1.5$ m 时，$\Delta L_r=0.5$ dB(A)，$H_R=7.5$ m 时$\Delta L_r=1.0$ dB(A)。

6.14 当受声点在区域III范围内时（$H_N<H_R<H_F$），由于屏障的反射，会使受声点处的噪声级增加。其增加量与 NRC 值有关：

NRC	声屏障反射的增加量/dB(A)
0.05	3.0
0.10	2.5
0.30	1.5
0.60	1.0
0.80	0.5
1.00	0.0

附 录 B
（规范性附录）
等效频率 f_e 的计算

等效频率代表道路交通噪声能量最集中的频率，它能够表征道路交通噪声的特性，通常可以用等效频率的ΔL_d来计算声屏障的声衰减，这样可以大大简化 A 计权声级插入损失的计算，等效频率的计算步骤如下：

1. 确定声程差δ的取值范围为 0.01～10 m。

2. 根据实测的受声点处道路交通噪声 1/3 倍频程频带声压级，计算该处无屏障时 A 计权频带声级 L_{ANi}和总 A 计权声级 L_{AN}。

3. 由公式（6）计算建声屏障后受声点处各频带的绕射声衰减ΔL_{di}（亦可由图2 中查出）。

4. 计算有屏障的 A 计权频带声级 L_{Ai}和 A 计权总声级 L_A。

5. 计算出总的绕射声衰减ΔL_d。

6. 将ΔL_d与各频带的ΔL_{di}进行比较，最小差值对应的频带中心频率即为等效频率。

等效频率的计算公式为：$$\Delta f = \frac{1}{7}\sum_{j=1}^{7}\left|\Delta L_d(\delta_j) - \Delta L'_d(f,\delta_j)\right| \qquad \text{(B.1)}$$

其中最小值即为等效频率 f_e。

式中：δ_j=0.01，0.1，0.5，1，2.5，5，10 共 7 个；

f=315 Hz，400 Hz，500 Hz，630 Hz，800 Hz，1 000 Hz，1 250 Hz。

附 录 C
（资料性附录）
参考文献

1. GB/T 3947—1996 声学名词术语.
2. FHWA—RD—76—58，Noise Barrier Design Handbook，1976.
3. Implementation Package 76-8，Highway Noise Barrier Selection Design and Construction Experiences，1976.
4. Verkehrslärm Lärmschutzwände ETV：LSW88，Zusämmenstellungen einiger für Lärmschutzwände wichtiger Normen und Bestimmungen，1988.
5. ISO 9613-2：1996，Acoustics-Method of Calculation on the Attenuation of Sound during Propagation Outdoors.
6. ISO 10847：1997，Acoustics- In-situ Determination of Insertion Loss of Outdoor Noise Barriers of All Types.

中华人民共和国国家标准

摩托车和轻便摩托车定置噪声限值及测量方法

GB 4569—2005
部分代替 GB 16169—1996，
GB/T 4569—1996，
GB 16169—2000，
GB 4569—2000

Limit and measurement method of noise emitted by stationary Motorcycles and Mopeds

国家环境保护总局、国家质量监督检验检疫总局 2005-04-15 发布　　　　2005-07-01 实施

前　言

为贯彻《中华人民共和国环境噪声污染防治法》，防治摩托车噪声污染，促进摩托车制造行业的可持续发展和技术进步，制定本标准。

本标准试验方法修改采用 ECE R9《关于三轮摩托车噪声核准的统一规定》、ECE R41《关于两轮摩托车噪声核准的统一规定》、ECE R63《关于轻便摩托车噪声核准的统一规定》、97/24/EC C9《关于摩托车噪声核准的补充规定》修订。

本标准与 ECE R9《关于三轮摩托车噪声核准的统一规定》、ECE R41《关于两轮摩托车噪声核准的统一规定》、ECE R63《关于轻便摩托车噪声核准的统一规定》、97/24/EC C9《关于摩托车噪声核准的补充规定》的一致性程度为部分等效，主要差异如下：

——按照汉语习惯对两轮摩托车、两轮轻便摩托车和三轮摩托车进行了统一的格式编排；

——将一些适用于国际标准的表述改为适用于我国标准的表述；

——加速行驶噪声的测量方法部分，纳入到《摩托车和轻便摩托车加速行驶噪声限值及测量方法》中；

——规定了定置噪声的限值。

本标准代替 GB 16169—1996 中的定置噪声限值部分和 GB/T 4569—1996 中的定置噪声测量方法部分。

本标准与 GB 16169—1996 和 GB/T 4569—1996 相比主要变化如下：

——摩托车定置噪声限值按新的发动机排量进行了分类；

——测量的取值要求发生了变化。

本标准的附录 A 为资料性附录。

本标准所代替标准的历次版本发布情况为：

——GB/T 4569—1996、GB 16169—1996、GB 4569—2000、GB 16169—2000。

本标准为第二次修订。

按有关法律规定，本标准具有强制执行的效力。

本标准由国家环境保护总局科技标准司提出。

本标准起草单位：国家摩托车质量监督检验中心、上海摩托车质量监督检验所、中国兵器装备集团、中国嘉陵工业股份有限公司（集团）。

本标准国家环境保护总局 2005 年 4 月 5 日批准。

本标准自 2005 年 7 月 1 日实施，GB/T 4569—1996、GB 16169—1996、GB 4569—2000、GB 16169—2000 同时废止。

本标准由国家环境保护总局解释。

1 范围

本标准规定了摩托车（赛车除外）和轻便摩托车定置噪声限值及测量方法。

本标准适用于在用摩托车和轻便摩托车。

2 规范性引用文件

下列文件中的条款通过本标准的引用而成为本标准的条款。凡是注日期的引用文件，其随后所有的修改单（不包括勘误的内容）或修订版均不适用于本标准，然而，鼓励根据本标准达成协议的各方研究是否可使用这些文件的最新版本。凡是不注日期的引用文件，其最新版本适用于本标准。

GB/T 3785 声级计的电、声性能及测试方法

GB/T 5378 摩托车和轻便摩托车道路试验总则

GB/T 15173 声校准器

3 术语、定义和符号

3.1 下列术语和定义适用于本标准

背景噪声：背景噪声指受试车辆噪声不存在时周围环境的噪声（包括风噪声）。

3.2 符号

本标准使用下列符号：

S：发动机最大功率转速。

4 定置噪声限值

在用的摩托车和轻便摩托车定置噪声限值见表 1。

表 1 摩托车和轻便摩托车定置噪声限值

发动机排量（V_h）/ml	噪声限值/dB(A)	
	第一阶段	第二阶段
	2005 年 7 月 1 日前生产的摩托车和轻便摩托车	2005 年 7 月 1 日起生产的摩托车和轻便摩托车
≤50	85	83
＞50 且≤125	90	88
＞125	94	92

5 测量仪器

5.1 声学测量仪器

5.1.1 噪声测量用的声级计或与之相当的测量系统，应符合 GB/T 3785 对 1 型或 2 型声级计精度的要求。当使用能周期地监测 A 计权声级的系统时，系统的读数时间间隔应不大于 30 ms。声级计或与之相

当的测量系统应按国家有关计量仪器的规定定期检定。

5.1.2 测量时使用声级计的 A 频率计权特性和“快（F）”挡时间计权特性。

5.1.3 每项测量开始和结束时，都应遵照制造厂使用说明书的规定按 GB/T 15173 的要求检查和校准声级计。在没有再做任何调整的条件下，如果后一次校准读数相对前一次校准读数的差值对 1 型声级计来说超过 0.5 dB(A)，对 2 型声级计超过 1 dB(A)，则认为前一次校准后的测量结果无效。校准时的读数应按测量要求记录在附录 A（资料性附录）的表格中。

5.1.4 测量过程中，允许按声级计使用说明书的要求正确使用防风罩，但应注意防风罩对传声器灵敏度和方向性的影响。

5.2 车速和发动机转速测量仪器

应使用专用的车速测量仪器和发动机转速表，其要求应符合 GB/T 5378 的规定。

5.3 气象测量仪器

风速仪、大气压力计和温度计应符合 GB/T 5378 的规定。

6 定置噪声测量方法

6.1 测量环境

6.1.1 测量场地（图 1）

6.1.1.1 测量场地应为表面干燥的由混凝土、沥青或具有高反射能力的硬材料（不包括压实泥土或其他天然材料）构成的平坦地面。场地内应能划出一呈长方形的测量区域，长方形四边距受试车外廓（不包括手柄）至少 3 m，在此范围内不得有影响声级计读数的障碍物存在。声级计传声器离道路边缘的距离应不小于 1 m。

6.1.1.2 测量时除测量人员和驾驶员以外，在测量区域内不得有其他人员。测量人员和驾驶员的位置不应影响仪表读数。

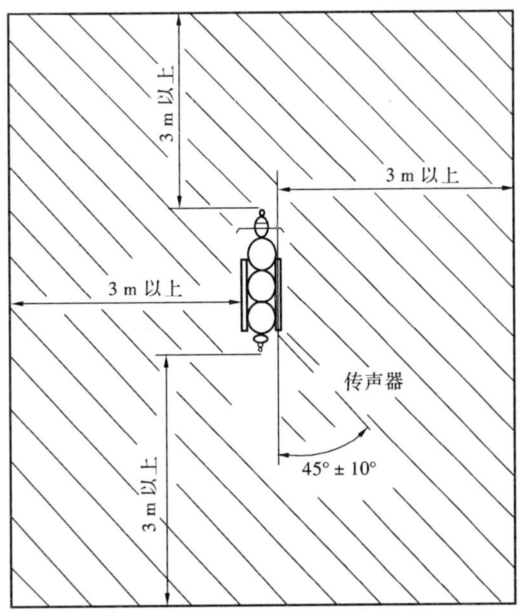

图 1 定置噪声测量场地及测量区域

6.1.2 气象

测量应在无雨、无雪且风速不大于 3 m/s 的气候条件下进行。测量时应排除阵风对声级计读数的影响。

6.1.3 背景噪声

测量过程中，背景噪声（A 计权声级）至少应比受试车噪声低 10 dB(A)。

6.2 受试车的放置和状态

6.2.1 受试车应放置在长方形测量区域中央（图 1）。

6.2.2 受试车变速器挂空挡，离合器啮合，驾驶员处于正常驾驶状态，后轮不能架空。如果没有空挡，可将驱动轮架空，使驱动轮可以在无负荷状态下运转。

6.2.3 如果受试车装有自动风扇，在测量过程中应不受干扰。

6.2.4 在测量以前，受试车应按 GB/T 5378 的规定预热运转，使发动机温度达到正常运转要求。

6.3 传声器放置和测点选取（图 2）

6.3.1 传声器的参考轴与地面平行，与通过排气口气流方向且垂直于地面的平面成 45°±10°的夹角。相对于这一平面，传声器位于离受试车外廓（不包括手把）距离较大的一侧。传声器朝向排气口，距排气消声器尾管出口 0.5 m，并且位于排气消声器尾管出口同一高度，但离地面的高度不得低于 0.2 m。

当由于车辆结构原因不能满足这一要求时，传声器朝向排气口，放在最接近上述条件、并与车体的距离大于 0.5 m 的地方，并应画出测点图，标注传声器位置。

6.3.2 受试车装有两个或两个以上的排气消声器，当消声器之间的间距不大于 0.3 m 时，只取一个测量位置，选择离受试车外廓（不包括手把）最近的消声器尾管出口，或选择离地最高的消声器尾管出口。当消声器之间的间距大于 0.3 m 时，应对每个消声器出口进行测量。

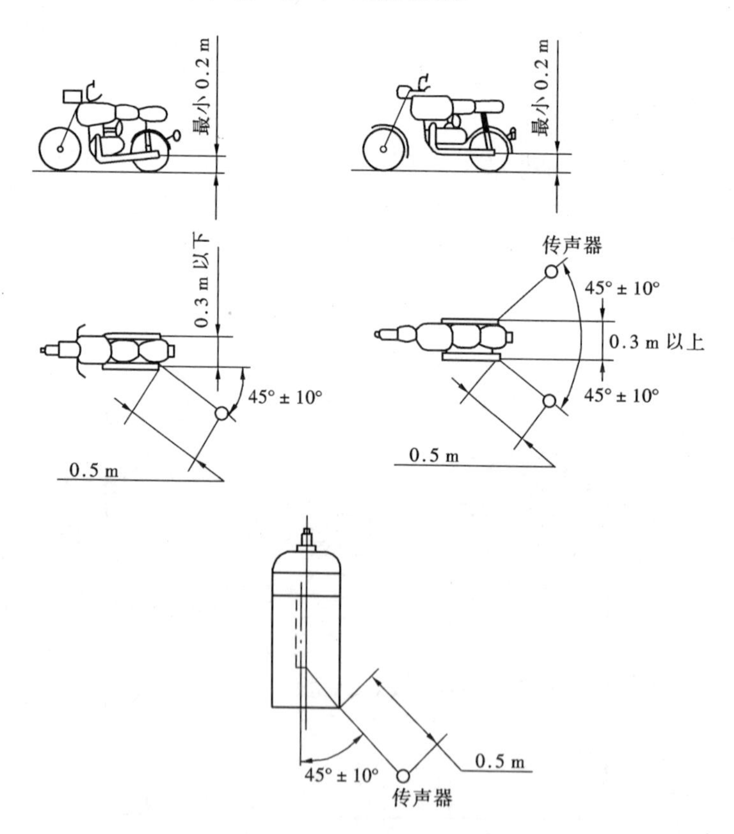

图 2 定置噪声测量时传声器放置示意图

6.4 操作要求

6.4.1 受试车按以下运转条件测量：

发动机转速：S 大于 5 000 r/min，取为 1/2 S；S 小于或等于 5 000 r/min，取为 3/4 S。

6.4.2 发动机稳定在指定转速后，测量由稳定转速尽快减速到怠速过程的声级。测量的时间范围应包括一小段发动机等速运行及全部减速的过程。

6.5　取值要求

在每一个测量位置重复试验，每次取声级计最大测量值，取连续 3 次测量值中的最大值作为测量结果。3 次测量值相互之差不应超过 2 dB(A)，否则测量结果无效。受试车装有两个或两个以上的消声器，取各测点噪声级的最大测量值作为测量结果。测量值按 GB/T 5378 的要求修约到整数位。

6.6　测量记录

将测量数据和结果、测量条件、受试车及测量仪器的技术参数等填写在附录 A（资料性附录）的表格中。如果有需要说明的情况，应填写在表格的“其他说明”栏中。

7　标准的实施

本标准由县级以上人民政府环境保护行政主管部门负责实施。

附 录 A
（资料性附录）
定置噪声测量记录

日期______年___月___日　地点______________　路面状况__________

天气__________　气温/℃______________　风速/（m/s）________

受试车：制造厂__________________________　型号______________

车架号______________

发动机：型号______________　排量/ml__________　编号__________

最大功率转速/（r/min）________

变速器：型式______________　前进挡位数________

排气消声系统：制造厂____________　型式__________　说明__________

声级计：型号______________　准确度等级________　仪器编号__________

测量前校准值/dB(A)______　测量后校准值/dB(A)______　检定校准值/dB(A)______

声校准器：型号______________　准确度等级________　仪器编号__________

转速表型号______________

不规则测点图

表 A.1

测点	第一次	第二次	第三次	背景噪声	备注
一					
二					

定置噪声级______________________dB(A)

测量人员__________________________　驾驶员____________________

其他说明____

中华人民共和国国家标准

GB 16169—2005
部分代替 GB 16169—1996，
GB/T 4569—1996，
GB 16169—2000，
GB 4569—2000

摩托车和轻便摩托车 加速行驶噪声限值及测量方法

Limit and measurement method of noise emitted by accelerating Motorcycles and Mopeds

国家环境保护总局、国家质量监督检验检疫总局 2005-04-15 发布　　2005-07-01 实施

前　言

为贯彻《中华人民共和国环境噪声污染防治法》，防治摩托车噪声污染，促进摩托车制造行业的可持续发展和技术进步，制定本标准。

本标准修改采用 ECE R9《关于三轮摩托车噪声核准的统一规定》、ECE R41《关于两轮摩托车噪声核准的统一规定》、ECE R63《关于轻便摩托车噪声核准的统一规定》、97/24/EC C9《关于摩托车噪声核准的补充规定》修订。

本标准与 ECE R9《关于三轮摩托车噪声核准的统一规定》、ECE R41《关于两轮摩托车噪声核准的统一规定》、ECE R63《关于轻便摩托车噪声核准的统一规定》、97/24/EC C9《关于摩托车噪声核准的补充规定》的一致性程度为部分等效，主要差异如下：

——按照汉语习惯对两轮摩托车、两轮轻便摩托车和三轮摩托车进行了统一的格式编排；

——将一些适用于国际标准的表述改为适用于我国标准的表述；

——定置噪声测量方法部分纳入到《摩托车和轻便摩托车定置噪声限值及测量方法》中。

本标准代替 GB 16169—1996 中的加速行驶噪声限值部分和 GB/T 4569—1996 中的加速行驶噪声测量方法部分。

本标准与 GB 16169—1996 和 GB/T 4569—1996 相比主要变化如下：

——摩托车加速行驶噪声限值分类依据的发动机排量进行了调整；轻便摩托车加速行驶噪声限值按设计最高车速进行了分类；对三轮车辆的噪声限值单独列出；同时提出了生产一致性检查要求。

——对背景噪声提出了修正内容；

——测量的取值要求发生了变化；

——规定了装有纤维吸声材料的排气消声系统要求；

——规定了噪声测量的试验路面要求，等同采用了 ISO 10844：1994《声学　测量道路车辆噪声用试验路面的规定》中的规定，自 2005 年 7 月 1 日起执行。

本标准的附录 A 和附录 B 为规范性附录，附录 C 为资料性附录。

本标准为第四次修订。

本标准所代替标准的历次版本发布情况为：

——GB 5467—85、GB 4569—84、GB/T 4569—1996、GB 16169—1996、GB 4569—2000、GB 16169—2000。

按有关法律规定，本标准具有强制执行的效力。

本标准由国家环境保护总局科技标准司提出。

本标准起草单位：国家摩托车质量监督检验中心、上海摩托车质量监督检验所、中国兵器装备集团、中国嘉陵工业股份有限公司（集团）。

本标准国家环境保护总局2005年4月5日批准。

本标准自2005年7月1日起实施，GB 5467—85、GB 4569—84、GB/T 4569—1996、GB 16169—1996、GB 4569—2000、GB 16169—2000同时废止。

本标准由国家环境保护总局解释。

1 范围

本标准规定了摩托车（赛车除外）和轻便摩托车加速行驶噪声限值及测量方法。

本标准适用于摩托车和轻便摩托车的型式核准和生产一致性检查。

2 规范性引用文件

下列文件中的条款通过本标准的引用而成为本标准的条款。凡是注日期的引用文件，其随后所有的修改单（不包括勘误的内容）或修订版均不适用于本标准，然而，鼓励根据本标准达成协议的各方研究是否可使用这些文件的最新版本。凡是不注日期的引用文件，其最新版本适用于本标准。

GB/T 3785　声级计的电、声性能及测试方法

GB/T 5378　摩托车和轻便摩托车道路试验总则

GB/T 6003.1　金属丝编织网试验筛

GB/T 15173　声校准器

ISO 2599：1983　铁矿石　磷含量的测定　滴定法

ISO 10534.1：1996　声学　吸声系数和阻抗的测定　阻抗管法

ISO 10844：1994　声学　测量道路车辆噪声用试验路面的规定

3 术语、定义和符号

3.1 下列术语和定义适用于本标准

3.1.1 型式核准试验

型式核准试验指对生产企业制造的摩托车或轻便摩托车新车型按型式核准规定进行的试验。

3.1.2 生产一致性检查试验

生产一致性检查试验指对型式核准试验合格的摩托车或轻便摩托车车型的成批生产车辆按生产一致性检查规定进行的试验。

3.1.3 背景噪声

背景噪声指受试车辆噪声不存在时周围环境的噪声（包括风噪声）。

3.1.4 排气消声系统

排气消声系统指控制由摩托车或轻便摩托车发动机排气产生的噪声所必需的整套组合件。

3.2 符号

本标准使用下列符号。

V_h：发动机排量；

S：发动机最大功率转速；

N_A：受试车辆接近加速始端线（AA′线）时发动机的稳定转速；

V_m：受试车辆的设计最高车速；

V_A：受试车辆接近加速始端线（AA′线）时的稳定车速。

4 型式核准申请和批准

4.1 型式核准的申请

4.1.1 摩托车和轻便摩托车生产企业生产、销售产品必须获得国家的污染物排放控制性能型式核准。一种车型的加速行驶噪声排放控制性能型式核准申请必须由生产企业提出。

4.1.2 为进行第 5 章所述试验，生产企业应向负责型式核准试验的检验机构提交一辆能代表待型式核准车型的摩托车。

4.2 型式核准的批准

如果满足了第 5 章规定的技术要求，该车型将得到型式核准机关的批准。

5 加速行驶噪声限值

5.1 型式核准试验噪声限值

摩托车型式核准试验加速行驶噪声限值见表 1，轻便摩托车型式核准试验加速行驶噪声限值见表 2。

表 1 摩托车型式核准试验加速行驶噪声限值

发动机排量（V_h）/ml	噪声限值/dB(A)			
	第一阶段		第二阶段	
	2005 年 7 月 1 日前		2005 年 7 月 1 日起	
	两轮摩托车	三轮摩托车	两轮摩托车	三轮摩托车
＞50 且≤80	77		75	
＞80 且≤175	80	82	77	80
＞175	82		80	

表 2 轻便摩托车型式核准试验加速行驶噪声限值

设计最高车速（V_m）/（km/h）	噪声限值/dB(A)			
	第一阶段		第二阶段	
	2005 年 7 月 1 日前		2005 年 7 月 1 日起	
	两轮轻便摩托车	三轮轻便摩托车	两轮轻便摩托车	三轮轻便摩托车
＞25 且≤50	73	76	71	76
≤25	70		66	

5.2 生产一致性检查试验噪声限值

各阶段摩托车（含轻便摩托车）生产一致性检查试验的实施日期与型式核准试验相同，生产一致性检查试验加速行驶噪声限值比型式核准试验加速行驶噪声限值高 1 dB(A)，并且生产一致性检查试验的实测噪声值不得高于型式核准试验的实测噪声值加 3 dB(A)。

5.3 其他要求

装有纤维吸声材料排气消声系统的摩托车或轻便摩托车应符合附录 A（规范性附录）的要求。

6 测量仪器

6.1 声学测量仪器

6.1.1 噪声测量用的声级计或与之相当的测量系统应符合 GB/T 3785 对 1 型声级计精度的要求，尽可能使用延伸杆和延伸电缆。当使用能周期地监测 A 计权声级的系统时，系统的读数时间间隔应不大于 30 ms。声级计或与之相当的测量系统应按国家有关计量仪器的规定定期检定。

6.1.2 测量时使用声级计的 A 频率计权特性和“快（F）”挡时间计权特性。

6.1.3 每项测量开始和结束时，都应遵照制造厂使用说明书的规定按 GB/T 15173 的要求检查和校准声级计。在没有再做任何调整的条件下，如果后一次校准读数相对前一次校准读数的差值对 1 型声级计来说超过 0.5 dB(A)，则认为前一次校准后的测量结果无效。校准时的读数应按测量要求分别记录在附录 C（资料性附录）的表格中。

6.1.4 测量过程中，允许按声级计使用说明书的要求正确使用防风罩，但应注意防风罩对传声器灵敏度和方向性的影响。

6.2 车速和发动机转速测量仪器

应使用专用的车速测量仪器和发动机转速表，其要求应符合 GB/T 5378 的规定。

6.3 气象测量仪器

风速仪、大气压力计和温度计应符合 GB/T 5378 的规定。

7 加速行驶噪声测量方法

7.1 测量环境

7.1.1 测量场地（图 1）

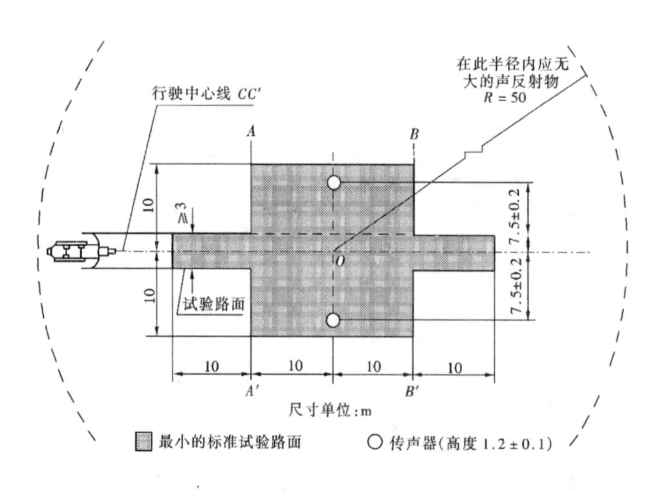

图 1 行驶噪声测量场地、测量区域及传声器布置

7.1.1.1 测量场地的声场条件为：在场地测量区域的中心 O 点放置一个无指向的小声源时，以 O 点为球心的半球面上各个方向的声级偏差不超过±1 dB(A)。当满足下列条件时，可以认为测量场地达到了这一声场条件：

a）在以 O 点为基点、半径为 50 m 的范围内没有大的声反射物，如：建筑物、围栏、树木、岩石、桥梁、停放的车辆等。

b）测量场地表面由混凝土、沥青或类似的坚实材料构成，场地应基本水平、平整、表面干燥，应无雪、高草、尘土或类似的吸声物覆盖。

7.1.1.2 通过测量区域的试验跑道应有 100 m 以上的平直混凝土或沥青路面，路面纵向坡度不大于 1%，跑道路面纹理不应导致过大的轮胎噪声。从第二实施阶段起试验路面应达到附录 B（规范性附录）的要求。

7.1.1.3 试验时除测量人员及驾驶员外，在测量区域内不应有其他人员站立。测量人员应站在不致影响声级计读数的位置。

7.1.2 气象

测量应在无雨、无雪且风速不大于 3 m/s 的气候条件下进行。测量时应排除阵风对声级计读数的影响。

7.1.3 背景噪声

测量过程中，背景噪声（A 计权声级）至少应比受试摩托车噪声低 10 dB(A)。如果背景噪声与受试摩托车噪声之差在 10～16 dB(A)之间，受试摩托车噪声测量值应减去图 2 所示的修正值。

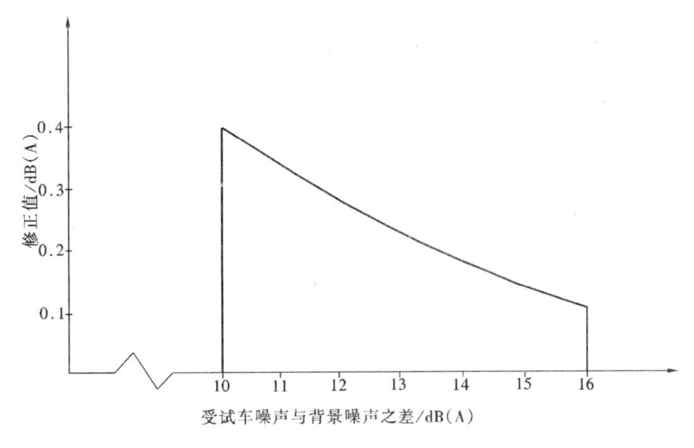

图 2 背景噪声影响的修正

7.2 受试车辆条件

7.2.1 受试车除 1 名驾驶员外，应不载重和不乘人，但是应装备行驶时必需的冷却液、润滑油、燃油及工具箱、备胎等。受试三轮摩托车应不带拖车和半拖车。

7.2.2 如果受试车装有自动风扇，在测量过程中，此系统应不受干扰。如受试车的驱动轮多于一个，应只用正常道路工作时使用的驱动轮。如受试车装有边车，测试时应取下。

7.2.3 在测量开始前，受试车应按 GB/T 5378 的规定预热运转，使发动机达到正常工作温度。

7.2.4 受试车的其他条件应符合 GB/T 5378 的规定。

7.3 测量区域及传声器的放置

7.3.1 加速噪声测量区域如图 1 所示。*O* 点为测量区域的中心，AA′线为加速始端线，BB′线为加速终端线，CC′线为行驶中心线。

7.3.2 声级计传声器应放置在 *O* 点两侧，传声器头部端面中心离地高 1.2 m±0.1 m，各距 CC′线 7.5 m ±0.2 m（沿 CC′线的垂直线测量）。传声器参考轴与地面平行，并垂直指向 CC′线。

7.4 受试车挡位选择和接近 AA′线速度确定

7.4.1 两轮轻便摩托车

7.4.1.1 行驶挡位选择

7.4.1.1.1 装有手（脚）动变速器的两轮轻便摩托车

应选接近 AA′线时符合 $N_A \geqslant 1/2\,S$ 的条件的最高挡。

7.4.1.1.2 装有自动变速器的两轮轻便摩托车

装有自动变速装置的轻便摩托车按照 7.4.1.2 的要求进行测量。

7.4.1.2 接近 AA′线的速度

如果 $V_m > 30$ km/h，取 $V_A = 30$ km/h；

如果 $V_m \leqslant 30$ km/h，取 $V_A = V_m$。

7.4.2 两轮摩托车

7.4.2.1 装有手（脚）动变速器的两轮摩托车

7.4.2.1.1 行驶挡位选择

a）受试车变速器前进挡位为4个或4个以下，用第二挡测量。

b）受试车变速器前进挡位为5个或5个以上

V_h小于或等于175 ml时，只用第三挡测量；

V_h大于175 ml时，分别用第二挡和第三挡测量，以两个挡位测量值的平均值作为测量结果。

c）以上a）、b）当用第二挡测量，受试车到达BB′线时，如果此时发动机的转速超过S，则分别改用第三挡，并以这一测量值作为测量结果。

7.4.2.1.2 接近AA′线的速度

受试车接近AA′线时的V_A为：

3/4S所对应的车速，如果此车速超过50 km/h，则取V_A=50 km/h。

7.4.2.2 无手（脚）动选挡装置的自动变速器的两轮摩托车

受试车接近AA′线时的速度V_A为：

30 km/h、40 km/h、50 km/h（如果受试车3/4 V_m低于50 km/h，则速度取为3/4V_m）。以测量值中的最大值作为测量结果。

7.4.2.3 装有手（脚）动选挡装置的自动变速器的两轮摩托车

7.4.2.3.1 行驶挡位选择：

如果受试车装有X个前进挡的手（脚）动选挡装置，应选用最高挡位，不包括外部的低挡位（例如强制换低挡）。如果在通过AA′线后，出现自动换低挡，则测量无效，应改用“最高减1”挡位进行测试，必要时，用“最高减2”挡位重新测试，直到找到不发生自动换低挡时的最高挡位（不是用强制换低挡）。以该挡位的测量结果作为噪声测量值。

7.4.2.3.2 接近AA′线的速度：

受试车接近AA′线时的V_A为：

3/4S所对应的车速，如果此车速超过50 km/h，则取V_A=50 km/h。

当按V_A为50 km/h试验时，若选挡装置自动下移到第一挡，则取V_A为60 km/h，以避免跳低挡。

7.4.3 三轮摩托车（含三轮轻便摩托车）

7.4.3.1 装有手（脚）动变速器的三轮摩托车

7.4.3.1.1 行驶挡位选择：

a）受试车变速器前进挡位为4个或4个以下，用第二挡测量。

b）受试车变速器前进挡位为5个或5个以上，用第三挡测量。

c）以上用第二挡、第三挡测量，受试车到达BB′线时，如果此时发动机的转速超过S，则分别改用第三挡、第四挡测量，并以这一测量值作为测量结果。但不应选择超速挡。如果受试车变速器有两种不同传动比挡位的驱动装置，应选择受试车能达到V_m的装置。

7.4.3.1.2 接近AA′线的速度：

受试车接近AA′线时的速度V_A取为：

N_A=3/4S

N_A=3/4限速器允许发出的发动机最大转速

V_A=50 km/h

以上三者中的最低车速。

7.4.3.2 无变速器的三轮摩托车

受试车接近AA′线时的速度V_A按7.4.3.1.2的要求确定。

7.4.3.3 装有自动变速器的三轮摩托车

7.4.3.3.1 行驶挡位选择

受试车应选择产生最高平均加速度的选挡装置前进挡位。不应选择用于刹车、驻车或类似缓慢移动的选挡装置挡位。

7.4.3.3.2 接近 AA′线的速度：

受试车接近 AA′线时的速度 V_A 取为：

$V_A = 3/4 V_m$

$V_A = 50$ km/h

两者中的较低车速。

7.5 加速行驶操作

受试车应以 7.4 规定的挡位和稳定车速并使车辆的纵向中心平面尽可能沿着 CC′线驶向 AA′线，接近 AA′线时受试车发动机转速和车速的允许误差为±3%。当受试车的前端到达 AA′线时，应将节气门尽快全部打开，并保持在全开位置。当受试车的尾端通过 BB′线时，应将节气门尽快关闭至怠速状态。

7.6 往返测量和取值要求

7.6.1 同样的测量往返进行，受试车每侧至少测量 2 次。每次取受试车驶过时声级计的最大读数。受试车同侧连续 2 次测量结果之差不应超过 2 dB(A)，否则测量值无效。

7.6.2 考虑测量精度的影响，将每次测得的读数减去 1 dB(A)作为测量结果。

7.6.3 取受试车往返测量每侧各 2 次测量值，将 4 个测量值的平均值作为受试车的加速行驶最大噪声级。测量值按 GB/T 5378 的要求修约到整数位。

7.7 测量记录

将测量数据和结果、测量条件、受试车及测量仪器的技术参数等填写在附录 C（资料性附录）的表格中。如果有需要说明的情况，应填写在“其他说明”栏中。

附　录　A
（规范性附录）
装有纤维吸声材料的排气消声系统的要求

A.1　排气消声系统的纤维吸声材料不应包含石棉。

A.2　在整个使用周期内，应保证纤维吸声材料在排气消声系统内稳固不动。

A.3　排气消声系统仅需满足 A.3.1、A.3.2 或 A.3.3 中任意一条的要求。

A.3.1　拆下排气消声系统的纤维吸声材料后，受试车的加速行驶最大噪声应达到本标准规定的限值。

A.3.2　纤维吸声材料不应放置在排气消声系统排气气流流经的零件内，并且满足以下要求：

a）将纤维吸声材料放置在炉中加热至 650℃±5℃，保温 4 h，纤维的平均长度、直径或密度应不减少。

b）在 650℃±5℃的炉中加热 1 h 后，按 ISO 2599：1983 的规定进行试验，至少应有 98%的材料留在符合 GB/T 6003.1 规定的筛孔孔径为 250 μm 的筛内。

c）在 90℃±5℃下，纤维吸声材料用下述成分合成的液体浸泡 24 h，其质量损失不得大于 10.5%。

每 1 L 含氢溴酸（HBr）80.91 g（1 摩尔浓度）的溶液	10 ml
每 1 L 含硫酸（H_2SO_4）49.04 g（1/2 摩尔浓度）的溶液	10 ml
加蒸馏水至	1 000 ml

注：纤维吸声材料称重前，必须用蒸馏水冲洗，并在 105℃下干燥 1 h。

A.3.3　在加速行驶噪声测量前，应采用下列之一的方法，使受试车的排气消声系统处于正常工作状态。

A.3.3.1　持续道路行驶调节：

A.3.3.1.1　受试摩托车行驶最短距离按表 A.1 确定；受试轻便摩托车行驶最短距离按表 A.2 确定。

表 A.1　摩托车持续道路行驶的最短距离

发动机排量（V_h）/ml		行驶距离/km
两轮摩托车	三轮摩托车	
≤80	≤250	4 000
>80 且≤175	>250 且≤500	6 000
>175	>500	8 000

表 A.2　轻便摩托车持续道路行驶的最短距离

受试车	行驶距离/km
两轮轻便摩托车	2 000
三轮轻便摩托车	4 000

A.3.3.1.2　持续道路循环的 50%±10%在城市行驶时进行，其余为长距离高速行驶。也可以由一相应的试验跑道程序代替。

A.3.3.1.3　持续道路循环的两种速度工况至少交替 6 次。

A.3.3.1.4　全部试验程序至少停车 10 次，每次停车至少冷却 3 h。

A.3.3.2　脉冲调节

A.3.3.2.1　排气消声系统或其部件应安装在受试车或发动机上。前一种情况，受试车安装在底盘测功机上；后一种情况，发动机安装在试验台架上。

试验装置如图 A.1 所示，安装在排气消声系统出口处。也可以采用提供等效结果的其他装置。

A.3.3.2.2 试验装置由一个速动阀调节，使排气气流中断和恢复交替 2 500 次。

A.3.3.2.3 当在试验装置进气口凸缘下游至少 100 mm 处测得的排气背压为 35～40 kPa 时，开启速动阀阀门。如果由于发动机特性不能得到这一数值，则当排气背压达到相当于发动机停机前测得的最大值的 90%时，开启阀门。当这一背压与阀门开启时的稳定值相差不大于 10%时，关闭阀门。

A.3.3.2.4 按 A.3.3.2.3 的要求计算排气延续时间，并调节延时开关。

A.3.3.2.5 发动机转速为 3/4*S*。

A.3.3.2.6 测功机指示的功率必须是发动机转速为 3/4*S* 时油门全开功率的 50%。

A.3.3.2.7 试验时堵塞排气消声系统的泄污孔。

A.3.3.2.8 整个试验应在 48 h 内完成。如有必要，每 1 h 应有一段冷却时间。

A.3.3.3 试验台架调节：

A.3.3.3.1 排气消声系统应安装在为受试车设计的发动机上，并将发动机安装在试验台架上。

A.3.3.3.2 调节过程由规定的台架试验循环次数组成，摩托车发动机的台架循环次数见表 A.3；轻便摩托车发动机的台架循环次数见表 A.4。

表 A.3 摩托车发动机试验台架调节循环次数

发动机排量（V_h）/ml		循环次数
两轮摩托车	三轮摩托车	
≤80	≤250	6
＞80 且≤175	＞250 且≤500	9
＞175	＞500	12

表 A.4 轻便摩托车发动机试验台架调节循环次数

受试车	循环次数
两轮轻便摩托车	3
三轮轻便摩托车	6

A.3.3.3.3 每一台架试验循环后，至少应停机 6 h。

A.3.3.3.4 每一台架试验循环由 6 个阶段组成，各阶段的摩托车发动机工况及运行时间见表 A.5；各阶段的轻便摩托车发动机工况及运行时间见表 A.6。

表 A.5 摩托车发动机试验台架调节循环工况

阶段	工况	时间				
		单位	两轮摩托车 V_h≤175 ml	三轮摩托车 V_h≤250 ml	两轮摩托车 V_h＞175 ml	三轮摩托车 V_h＞250 ml
1	怠速	min	6		6	
2	在 3/4*S* 时 1/4 负荷		40		50	
3	在 3/4*S* 时 1/2 负荷		40		50	
4	在 3/4*S* 时 全负荷		30		10	
5	在 *S* 时 1/2 负荷		12		12	
6	在 *S* 时 1/4 负荷		22		22	
总时间		h	2.5		2.5	

表 A.6 轻便摩托车发动机试验台架调节循环工况

阶段	工况	时间	
1	怠速	min	6
2	在 3/4*S* 时　1/4 负荷		40
3	在 3/4*S* 时　1/2 负荷		40
4	在 3/4*S* 时　全负荷		30
5	在 *S* 时　1/2 负荷		12
6	在 *S* 时　1/4 负荷		22
总时间		h	2.5

A.3.3.3.5　如果制造厂有要求，可以在调节过程中对发动机和消声器进行冷却，以保证在距离排气出口不超过 100 mm 处一点测量，对摩托车测得的温度不高于该车以 110 km/h 车速行驶或在最高挡时发动机转速为 3/4*S* 时测得的温度；对轻便摩托车测得的温度不高于该车在最高挡时发动机转速为 3/4*S* 时测得的温度。发动机转速或受试车车速的测量误差在±3%以内。

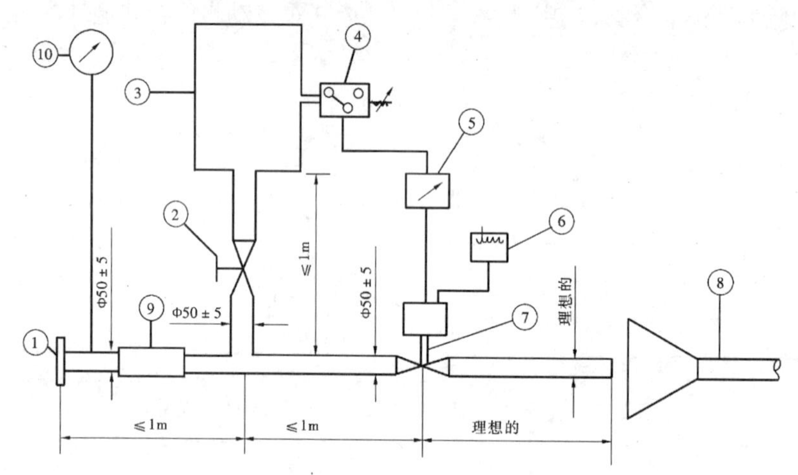

①连接受试车用排气消声系统后部的进气口凸缘或套管；②手动调节阀；③最大容积 40 L、填充时间不小于 1 s 的补偿箱；④工作范围 5～250 kPa 的压力开关；⑤延迟开关；⑥脉动计数器；⑦速动阀，例如一直径为 60 mm 的排气制动阀，由一个在 400 kPa 时的输出力为 120 N 气动缸控制，开启和关闭的响应时间均不超过 0.5 s；⑧抽气装置；⑨软管；⑩压力表

图 A.1　脉动调节用试验装置

附　录　B
（规范性附录）
噪声测量试验路面的要求

B.0　引言

本附录以 ISO 10844：1994 的主要内容为基础，规定了试验路面铺筑的技术要求以及应达到的物理特性及其测量方法。

B.1 定义

本附录采用下列定义。

B.1.1　空隙率

空隙率是指路面混凝土中集料之间的孔隙体积占混凝土总体积的百分率，以 V_c 表示。这些孔隙或者相互连通（闭孔隙）或者与周围大气相通（开孔隙）。试验路面的空隙率是根据采得的芯样由下式确定的：

$$V_c = (1-\rho_A/\rho_R)\times 100\% \qquad (B.1)$$

式中：ρ_A——芯样的表观密度；

ρ_R——芯样的最大理论密度。

其中表观密度 ρ_A 是由下式确定的：

$$\rho_A = m/V \qquad (B.2)$$

式中：m——由试验路面采得的芯样质量；

V——该芯样的体积，不包括路表开口孔隙的空气体积。

最大理论密度 ρ_R 是根据每个芯样中所包含的结合料质量和体积、集料的质量和体积的测量确定的，由下式给出：

$$\rho_R = \frac{m_B + m_A}{V_B + V_A} \qquad (B.3)$$

式中：m_B——结合料的质量；

m_A——填料的质量；

V_B——结合料的体积；

V_A——填料的体积。

B.1.2　吸声系数

吸声系数是指路面材料吸收入射声波强度与入射声波强度的比例，以 α 表示：

$$\alpha = \text{未反射声强/总的入射声强} \qquad (B.4)$$

一般来说，吸声系数取决于声波的频率和入射角。本标准规定的吸声系数对应的声波频率范围是400～1 600 Hz，且垂直入射。

B.1.3　路表构造深度

路表构造深度是指一定面积路表面上凹凸不平的开口空隙的平均深度，以 MTD（mm）表示。也就是铺在该路面上充满开口空隙所需的一层很细的特殊规格玻璃球砂的平均厚度，这层球砂的上表面是与路面峰突相切的平面。

B.2 路面要求特性

如果测得的路表构造深度和空隙率或吸声系数满足下列要求，并且也满足 B.3.2 的设计要求，则可认为该路面符合本附录的要求。

B.2.1 空隙率

铺筑后试验路面混凝土的空隙率应满足：$V_c \leqslant 8\%$，测量方法见 B.4.1。

B.2.2 吸声系数

如果该路面不能满足空隙率的要求，则吸声系数必须满足 $a \leqslant 0.10$ 的要求。其测量方法见 B.4.2。

注：尽管道路建设者对空隙率更为熟悉，但最相关的特性还是吸声系数。然而吸声系数只是当空隙率不能满足要求时才测量。因为空隙率的测量和相关性具有较大的不确定性，所以仅仅依据空隙率的测量就可能错误地否定某些路面。

B.2.3 路表构造深度

按体积法测得的平均路表构造深度应满足：MTD≥0.4 mm。测量方法见 B.4.3。

B.2.4 路面均匀性

要保证试验区内的路面的路表构造深度和空隙率尽可能均匀。

注：应注意如果碾压效果在某些区域不一样，路表构造就会不同，也会不平整。

B.2.5 检查周期

为了检查这种路面是否一直符合本附录规定的路表构造深度、空隙率或吸声系数的要求，要按下列时间间隔进行周期性路面检查：

a）对于空隙率或吸声系数：

当路面是新铺筑好的，检查一次。如果新路面满足要求，就不需要再进行周期性检查。如果新路面不满足要求，也可以过一段时间进行检查，因为随着时间的推移路面空隙会被堵塞而变得密实。

b）对于路表构造深度：

当路面是新铺筑好的，检查一次。当开始进行噪声试验时（注意：应在铺筑后的 4 周以后进行）检查一次。以后每年检查一次。

B.3 试验路面的设计

B.3.1 面积

试验场地如图 1 所示，该图中所示的阴影区域是用规定材料并由机械铺筑和压实的最小区域。在设计试验跑道时，至少应保证摩托车试验中行驶的区域是用规定路面材料铺筑的，并有安全行驶所需的边缘。要求跑道的宽度至少是 3 m，跑道的长度在 AA′线和 BB′线处至少延长 10 m。

B.3.2 路面的设计和准备

B.3.2.1 基本设计要求

测验路面应满足下列四项设计要求：

B.3.2.1.1 应用黏稠沥青混凝土；

B.3.2.1.2 最大碎石子的尺寸应是 8 mm（允许范围 6.3～10 mm）；

B.3.2.1.3 磨耗层厚度应≥30 mm；

B.3.2.1.4 铺路面的沥青应是一定针入度级的未改性沥青。

B.3.2.2 设计指南：

图 B.1 所示是沥青混合料中石子级配曲线。这些曲线会给出理想的特性，作为路面铺筑者的指南。此外，为了获得理想的路表构造和耐久性，表 B.1 给出了一些标准值。级配曲线用下式来表达：

$$P = 100 \, (d/d_{max})^{1/2} \qquad \text{(B.5)}$$

式中：P——通过率，%（质量分数）；

d——正方形筛孔尺寸，mm；

d_{max}＝8 mm 对应于平均曲线；

d_{max}＝10 mm 对应于允差下限曲线；

d_{max}＝6.3 mm 对应于允差上限曲线。

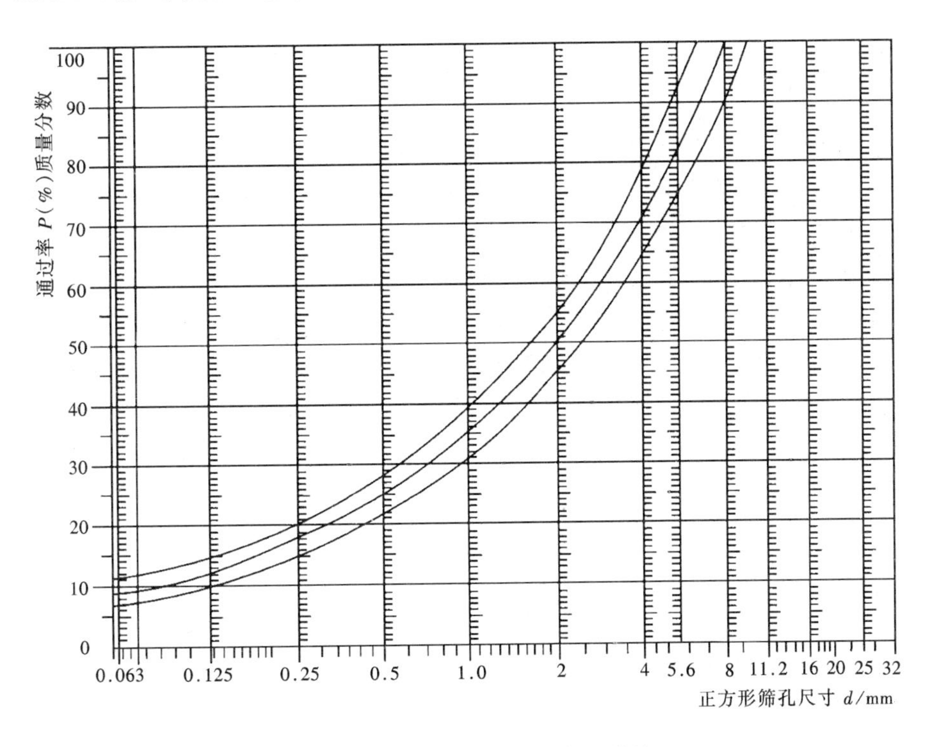

图 B.1　沥青混合料中石子级配曲线

表 B.1　设计标准值

	目　标　值		
	按混合料总质量计	按石子质量计	允差
石子质量（正方形筛孔尺寸 $d>2$ mm）	47.6%	50.5%	±5%
砂质量（0.063 mm$<d<$2 mm）	38.0%	40.2%	±5%
填料质量（$d<0.063$ mm）	8.8%	9.3%	±2%
沥青质量	5.8%	—	±0.5%
最大石子尺寸/mm	8		6.3～10
沥青针入度	见 B.3.2.2.f		—
石料磨光值（PSV）	＞50		—
压实度，相对于马歇尔压实度	98%		—

除了上述以外，还应符合下列要求：

a）砂的成分（正方形筛孔尺寸大于 0.063 mm 且小于 2 mm）应包括不超过 55%的天然砂和至少 45%的破碎砂；

b）按最高的道路建设标准要求，基层和底基层应保证有良好的稳定性和平整度；

c）石子应是破碎的（100%的破碎面），并且应是高硬度的石料；

d）混合料所用的石子应清洗干净；

e）路面上不应额外添加任何石子；

f）沥青的针入度（用 PEN 表示）应为 40～60、60～80 甚至 80～100，取决于当地的气候条件。如果与一般惯例一致，则尽可能使用针入度较低（硬度高）的沥青。

g）在碾压之前应选择合适的混合料温度，以便下一次碾压就可达到所要求的空隙率。为了提高满足 B.2.1～B.2.4 技术要求的可能性，应研究分析压实的程度，不仅要研究选择恰当的混合料温度，还要研究碾压通过的恰当次数以及选择合适的碾压机械。

B.4 测量方法

B.4.1 空隙率的测量

为了进行本项测量，必须在 AA′线和 BB′线之间（见图 1）的试验区间中至少 4 个均布的位置上取得已铺路面的芯样。为了避免在轮辙上引起不均匀性和不平整，芯样应取自轮辙附近，而不应取在其上。应在轮辙附近至少取两个芯样，在轮辙和两个传声器之间大致中间的位置各取一个芯样。

如果怀疑均匀性的条件不能满足（见 B.2.4），应在试验区内其他地方再取样。

应测量每个芯样的空隙率，然后求所有芯样的平均值，并与 B.2.1 的要求比较。此外，不能有任何一个芯样的空隙率大于 10%。要提醒试验路面的铺筑者，在管路或电线加热的试验区可能因取样而产生的问题。这些装置的安装必须仔细设计，避开将来取样的位置。建议留一些尺寸大约 200 mm×300 mm 的区域不装管路或电线，或使其装设得深一些，以便从路面铺筑层取样时不会被损坏。

B.4.2 吸声系数的测量

吸声系数（垂直入射）应用阻抗管测量，其方法按 ISO 10534.1：1996 的规定。

关于取样的测量，与空隙率的测量（见 B.4.1）一样。吸声系数测量的频率范围是 400～800 Hz 和 800～1 600 Hz（至少应按 1/3 倍频程的中心频率）。应测出这两个频率范围的最大值。然后，把所有芯样的测量结果进行平均，以平均值作为最终结果。

B.4.3 路表构造深度的测量

应在试验跑道的轮辙上均布的 10 个位置进行路表构造深度测量，取平均后与规定的最小深度作比较。测量方法详见 ISO 10844：1994 中附件 A 的规定。

B.5 随时间的稳定性和维护

B.5.1 老化的影响

与任何其他路面一样，在铺筑完成后 6～12 个月的期间内，在试验路面上测得的轮胎/路面噪声级可能稍有增加。该路面应在铺成后的 4 周以后达到所要求的特性。这种老化对于载货车噪声的影响一般要小于对小客车的影响。路面随时间的稳定性主要取决于车辆在该路面上行驶的压光、压实程度，应按 B.2.5 的规定周期地检查。

B.5.2 路面的维护

那些显著降低有效路表构造深度的松散石砾或尘土应当除去。在冬季结冰的地方，不得用盐来防止结冰。盐可能暂时地、也可能永久地改变路面特性而引起噪声增加。

B.5.3 重铺试验区域路面

如果有必要就应重铺试验区域的路面。如果试验跑道（图 1 所示宽度 3 m）以外的试验区域满足了空隙率或吸声系数的要求，则没有必要对其重铺。

B.6 关于试验路面以及噪声试验的报告

B.6.1 试验路面的报告应包括：

B.6.1.1 试验跑道的位置；

B.6.1.2 沥青的类型、针入度、石子类型、混凝土的最大理论密度（D_R）、取自试验跑道的芯样所确定的磨耗层厚度和级配曲线；

B.6.1.3　压实方法（碾压机械类型、碾子质量和碾压次数）；

B.6.1.4　路面铺筑期间混合料的温度，环境气温和风速；

B.6.1.5　路面铺筑日期和承包人；

B.6.1.6　所有的或最近的测试结果，包括：

B.6.1.6.1　每个芯样的空隙率；

B.6.1.6.2　测量空隙率的取样位置；

B.6.1.6.3　每个芯样的吸声系数（如果已测得），说明每个芯样和每个频率范围的测量结果以及总的平均值；

B.6.1.6.4　测量吸声系数的取样位置；

B.6.1.6.5　路表构造深度，包括测量次数和标准偏差；

B.6.1.6.6　负责进行 B.6.1.6.1～B.6.1.6.5 测试的机构和所用的仪器设备型式；

B.6.1.6.7　进行测试的日期和从试验跑道上取样的日期。

B.6.2　在该路面上进行的摩托车噪声试验报告

在摩托车噪声试验报告中，应说明该路面是否满足了本附录的所有要求，并应注明所引用的路面测试报告。此报告应符合 B.6.1 的规定，有证实路面符合要求的测量结果。

附　录　C

（资料性附录）

加速行驶噪声测量记录

日期______年___月___日　　地点____________________　　路面状况____________

天气________________　　气温/℃____________________　　风速/（m/s）__________

受试车：制造厂____　　型号________________________

车架号____________________　　设计最高车速/（km/h）__________　　最终传动比____________

发动机：型号______________　　排量/ml____________________　　编号________________

最大功率/kW______　　最大功率转速/（r/min）________

变速器：型式______________　　前进挡位数____________________

排气消声系统：制造厂______　　纤维吸声材料　有/无　　试验方法____________

轮胎：规格　前轮__________　　后轮________________________　　边轮____________

气压/kPa　前轮________　　后轮________________________　　边轮______________

声级计：型号______________　　准确度等级________________　　仪器编号____________

测量前校准值______　　测量后校准值____________________　　检定校准值____________

声校准器：型号____________　　准确度等级____________________　　仪器编号____________

车速测量装置型号__________　　转速表型号____________________

表 C.1

挡位	传声器位置	次数	发动机转速/（r/min）或车速/（km/h）		测量值/dB(A)	平均值/dB(A)	背景噪声/dB(A)	备注
			入线	出线				
	左侧	1						
		2						
	右侧	1						
		2						
	左侧	1						
		2						
	右侧	1						
		2						

加速行驶最大噪声级__________________　dB(A)

测量人员____________________________驾驶员________________________

试验路面的说明______________________________________

其他说明____

中华人民共和国国家标准

三轮汽车和低速货车加速行驶车外噪声限值及测量方法（中国Ⅰ、Ⅱ阶段）

GB 19757—2005
部分代替 GB 18321—2001，
GB/T 19118—2003

Limits and measurement methods for noise emitted by accelerating tri-wheel and low-speed vehicle

国家环境保护总局、国家质量监督检验检疫总局 2005-05-30 发布　　2005-07-01 实施

前　言

为贯彻《中华人民共和国环境保护法》和《中华人民共和国环境噪声污染防治法》，控制三轮汽车和低速货车噪声排放，保护环境，制定本标准。

本标准依据 GB 7258—2004《机动车运行安全技术条件》将“三轮农用运输车”更名为“三轮汽车”，将“四轮农用运输车”更名为“低速货车”。

本标准规定了两个实施阶段的三轮汽车和低速货车型式核准和生产一致性检查试验的加速行驶车外噪声限值及其测量方法。

本标准自发布之日起代替 GB 18321—2001《农用运输车　噪声限值》和 GB/T 19118—2003《农用运输车　噪声测量方法》中关于农用运输车加速行驶车外噪声限值和测量方法的内容，与 GB 18321—2001 和 GB/T 19118—2003 相比主要变化如下：

——将对农用运输车加速行驶车外噪声测量用的声级计的要求由 2 型改为 1 型；

——对农用运输车加速行驶车外噪声测量条件进行了合理调整；

——将关于取记录中最大一次的结果为被测农用运输车加速行驶车外噪声值的规定，改为取车辆两侧平均值中较大值为被测车辆加速行驶车外最大噪声值。

本标准的附录 A 为规范性附录，附录 B 为资料性附录。

按有关法律规定，本标准具有强制执行的效力。

本标准由国家环境保护总局科技标准司提出。

本标准由中国环境科学研究院大气所、机械工业农用运输车发展研究中心起草。

本标准由国家环境保护总局 2005 年 5 月 30 日批准。

本标准自 2005 年 7 月 1 日实施。

本标准由国家环境保护总局解释。

1　范围

本标准规定了三轮汽车和低速货车加速行驶车外噪声限值及测量方法。

本标准适用于三轮汽车和低速货车的型式核准和生产一致性检查。

2 规范性引用文件

下列文件中的条款通过本标准的引用而成为本标准的条款。凡是注日期的引用文件，其随后所有的修改单（不包括勘误的内容）或修订版均不适用于本标准，然而，鼓励根据本标准达成协议的各方研究是否可使用这些文件的最新版本。凡是不注日期的引用文件，其最新版本适用于本标准。

GB 7258 机动车 运行安全技术条件
GB/T 3785 声级计的电、声性能及测试方法
GB/T 15173 声校准器
JB/T 7235 四轮农用运输车 试验方法
JB/T 7237 三轮农用运输车 试验方法
GB 7258 机动车运行安全技术条件

3 噪声限值

三轮汽车或低速货车加速行驶车外噪声限值应符合表 1 中的规定。

表 1 三轮汽车或低速货车加速行驶车外噪声限值

试验性质	实施阶段	噪声限值/dB(A)	
		装多缸柴油机的低速货车	三轮汽车及装单缸柴油机的低速货车
型式核准	第 I 阶段	≤83	≤84
	第 II 阶段	≤81	≤82
生产一致性检查	第 I 阶段	≤84	≤85
	第 II 阶段	≤82	≤83

4 型式核准

4.1 三轮汽车或低速货车的生产企业，应就符合本标准适用范围的三轮汽车和低速货车的加速行驶车外噪声排放水平，向负责车型型式核准的主管部门（以下简称为型式核准主管部门）提出型式核准申请。
4.2 三轮汽车或低速货车的生产企业或制造单位应提交三轮汽车或低速货车的整车及主要总成，如发动机、离合器、变速箱等的技术参数，特别应提供有关能对车辆噪声控制起作用的设计方面内容及相关技术文件。
4.3 申请三轮汽车或低速货车加速行驶车外噪声型式核准的生产企业或制造单位必须提交一辆符合上述技术描述的样车给经型式核准主管部门委托的检测机构（以下简称为“检测机构”）进行检验。检测机构应按本标准附录 A 进行噪声测定，按附录 B 进行记录，完成本标准规定的检验内容。检测机构应对检测结果出具检测报告，并提交给型式核准主管部门。
4.4 检测机构的检测结果符合本标准三轮汽车或低速货车型式核准试验限值规定，则认为合格，否则为不合格。

5 型式核准扩展

5.1 三轮汽车或低速货车车型加速行驶车外噪声型式核准扩展的申请应由生产企业或制造单位向型式核准主管部门提出。
5.2 生产企业或制造单位应向检测机构提交申请型式扩展车型和被扩展车型的整车及主要总成，如发动机、离合器、变速箱等的技术参数，特别应提供有关能对车辆噪声控制起作用的设计方面内容及相关

技术文件。

5.3 必要时生产企业或制造单位应向检测机构提交符合上述技术描述的样车。

5.4 检测机构应按本标准规定要求进行型式核准扩展的检验，对符合型式核准扩展条件的车型出具检测报告，并提交给型式核准主管部门。就三轮汽车或低速货车加速行驶车外噪声来说，在以下主要方面与已核准车型没有差别的车型可以进行型式核准扩展。

5.4.1 车身外形或结构材料（特别是发动机机舱及其隔声材料）。

5.4.2 车长和车宽。

5.4.3 发动机型式（二冲程或四冲程）、汽缸数及排量、气门布置、额定功率及相应转速。

5.4.4 传动系、挡位数及其速比。

5.4.5 降噪部件和系统，如排气管和消声器等的牌号或商标、部件的尺寸和形状、材料特性、部件的数量和装配等。

5.5 检测机构的检测结果符合本标准三轮汽车或低速货车型式核准试验限值规定，则认为合格，否则为不合格。

6 生产一致性检查

6.1 对已获得型式核准而成批生产的车辆，必须采取措施确保车辆、系统、部件或单独技术总成与已核准的型式一致。三轮汽车或低速货车车型加速行驶车外噪声生产一致性检查由国务院有关行政主管部门组织实施。

6.2 从批量生产的三轮汽车或低速货车中随机抽取一辆样车，由国务院有关行政主管部门委托的检测机构进行检验。

6.3 检测机构应按本标准附录A和附录B完成本标准规定的检验内容。检测机构应对检测结果出具检测报告，并提交给国务院有关行政主管部门。

6.4 检测机构的检测结果符合本标准三轮汽车或低速货车生产一致性检查限值规定，则认为合格。

7 标准的实施

自表2规定的型式核准执行日期起，凡进行加速行驶噪声排放型式核准的三轮汽车和低速货车都必须符合本标准要求。在表2规定执行日期之前，可以按照本标准的相应要求进行型式核准的申请和批准。

表2 型式核准执行日期

第Ⅰ阶段	第Ⅱ阶段
2005年7月1日	2007年7月1日

对于按本标准批准型式核准的三轮汽车和低速货车，其生产一致性检查，自批准之日起执行。

自表2规定的型式核准执行日期之后一年起，所有制造和销售的三轮汽车和低速货车，其加速行驶噪声排放必须符合本标准生产一致性检查限值要求。

附 录 A
（规范性附录）
三轮汽车和低速货车加速行驶车外噪声测量方法

A.1 测量仪器

A.1.1 声学测量

A.1.1.1 测量用声级计（包括传声器和电缆）或其他等效的测量系统应符合 GB/T 3785 中规定的 1 型声级计的要求。

A.1.1.2 测量前后，应用符合 GB/T 15173 规定的 1 级声校准器按制造厂规定的程序对声级计进行校准。在没有再作任何调整的条件下，如果后一次校准读数相对前一次校准读数的差值超过 0.5 dB，则认为前一次校准后的测量结果无效。校准时的声级计实际读数应记录在附录 B 中。

A.1.2 转速或车速测量

测量应选用准确度优于±2%的发动机转速或车速测量仪器来监测发动机转速或车速，不应使用农用运输车上的同类仪表。

A.1.3 气象参数测量

测量环境温度的温度计准确度应在±1℃以内。风速仪的准确度应在±1.0 m/s 以内。

A.1.4 其他参数测量

其他参数，如距离等，应使用准确度不低于±2%的仪器测量。

A.1.5 仪器有效性

所有测量仪器均应按国家有关计量仪器的规定进行定期检验，并在检验有效日期内使用。

A.2 测量条件

A.2.1 被测三轮汽车或低速货车技术状况应符合 JB/T 7235《四轮农用运输车》、JB/T 7237《三轮农用运输车》或 GB 7258《机动车运行安全技术条件》和随车技术文件的有关规定，测量时被测三轮汽车或低速货车应空载。

A.2.2 测量场地应是一个宁静、开阔的水平场地（坡度不大于 0.5%），该场地应能保证声音在噪声源与传声器之间的半球面的传播偏差不大于±1 dB(A)。符合该声学要求的场地，可以是这样一个场地：

——以测量场地中心 M（见图 1）为基点、半径为 50 m 范围内，没有大的声反射物，如建筑物、围墙、岩石或桥梁等；

——以测量场地中心 M 为基点、半径为 10 m 范围内的地面应是混凝土、沥青或类似的坚硬材质路面，不应有积雪、高草、灰渣或松土等吸声材料；

——在声级计的传声器和被测三轮汽车或低速货车之间，不应有人或其他障碍物，观测人员应在不影响声级计读数的位置。

A.2.3 试验跑道应是一条清洁、干燥、平直的道路，其长度一般不少于 200 m。跑道表面应不会造成过高的轮胎噪声。

A.2.4 测量时，环境温度应为－5～35℃，测量场地上方离地面 1.2 m 处的风速不大于 5 m/s。当风速大于 3 m/s 时，为避免风噪声的影响，应在传声器上装风罩，但风罩不应影响测量的准确度。

气象参数的测量仪器应置于测量场地附近，高度为 1.2 m。

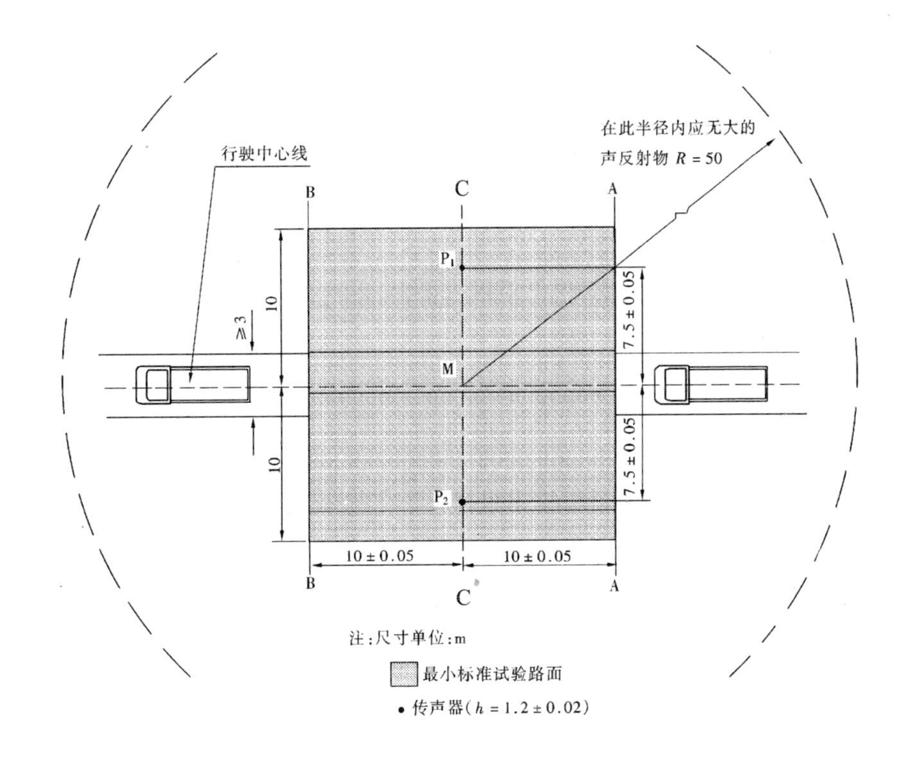

图 1　测量场地和测量区及传声器的布置

A.2.5　测量时的背景噪声应比测量的噪声至少低 10 dB(A)，测量中应保证不被偶然的其他声源所干扰。

A.3　加速行驶车外噪声的测量

A.3.1　测量场地的布置如图 1 所示。在测量场地上标出跑道中心线 CC、中心点 M、加速起始线 AA、加速终止线 BB、仪器安放点 P_1 和 P_2。加速段长度为 2×（10±0.05）m。

A.3.2　在仪器安放点 P_1 和 P_2 处，分别用三角架固定一个声级计，声级计的传声器置于 P_1、P_2 点，离地面 1.2 m±0.05 m 且朝向 CC 线，传声器的轴线与 CC 线水平距离为 7.5 m±0.05 m，并垂直于 CC 线且与地面平行。

A.3.3　在加速通过测量区时，被测三轮汽车或低速货车应直线行驶，被测三轮汽车或低速货车纵向中心平面与 CC 线的偏离量应控制在±0.3 m 以内，否则该次测量无效。

A.3.4　测量时应使用声级计的“A”频率计权特性和“F”时间计权特性。

A.3.5　被测三轮汽车或低速货车置于下列挡位：前进挡数为 4 个以上的三轮汽车或低速货车挂第三挡，前进挡数为 4 个或 4 个以下的三轮汽车或低速货车挂第二挡。本条所述前进挡数不包括使用副变速机构时的挡位数，有副变速的三轮汽车或低速货车在测量时应将副变速机构置于运输挡位置。

被测三轮汽车或低速货车以上述规定挡位和稳定车速（相当于发动机 3/4 标定转速时的车速），沿 CC 线驶向加速起始线 AA，其车速度变化应控制在±2 km/h 以内；若控制发动机转速，则转速变化应控制在±4%以内。

当被测三轮汽车或低速货车的前端抵达 AA 线时，应尽可能地迅速将加速踏板踩到底（即油门全开），并保持至被测三轮汽车或低速货车后端离开 BB 线后再松开踏板（即油门关闭），读取并记录三轮汽车或低速货车通过测区时声级计的最大读数。

A.3.6　如果被测三轮汽车或低速货车在 AA 至 BB 线间加速行驶时，发动机转速未达到标定转速，则应将 AA 线至 M 点的距离增加到 15 m，重新进行测量。

A.3.7 在三轮汽车或低速货车每一侧至少测量4次。如果在同一侧连续4次测量值相差不大于2 dB(A)，则认为测量结果有效，否则应重新进行测量。

A.4 测量结果及报告

将各测量值记录于附录B中。计算三轮汽车或低速货车每一侧的4次测量值的算术平均值，取三轮汽车或低速货车两侧平均值中较大值为被测三轮汽车或低速货车的加速行驶车外最大噪声值。

最大噪声值应按有关规定修约到一位小数。

三轮汽车或低速货车的加速行驶车外最大噪声值不超过表1中规定的限值，则为试验合格。

附录 B
（资料性附录）
三轮汽车、低速货车加速行驶车外噪声测量记录表

试验日期________________ 试验地点______________________ 路面状况__________

天气______________________ 风速________________m/s 环境温度__________℃

三轮汽车或低速货车：型号______________ 驾驶室型式_________ 前进挡位数________

出厂日期________________________ 出厂编号________________ 试验编号__________

发动机：型号______________________ 标定功率________________kW 标定转速__________r/min

声级计：型号______________________ 准确度等级________________ 检定有效日期________

声校准器：型号____________________ 准确度等级________________ 检定有效日期________

校准时声级计读数：测量前______________dB(A) 测量后________dB(A)

车速（转速）仪：型号______________ 准确度__________________ 检定有效日期________

温度计：型号______________________ 准确度__________________ 检定有效日期________

风速仪：型号______________________ 准确度__________________ 检定有效日期________

背景噪声：测量前__________________dB(A) 测量后________dB(A)

选用挡位									
测量位置		左侧				右侧			
测量次数		1	2	3	4	1	2	3	4
车速/（km/h） 或发动机转速/（r/min）	起始线								
	终止线								
噪声测量值 dB(A)									
各侧平均值 dB(A)									
两侧平均值中较大值 dB(A)									

三轮汽车、低速货车加速行驶车外最大噪声值________________________________dB(A)

测量人员______________________ 驾驶人员______________________________

其他说明____

中华人民共和国国家标准

声环境质量标准

GB 3096—2008

代替 GB 3096—93，

GB/T 14623—93

Environmental quality standard for noise

环境保护部、国家质量监督检验检疫总局 2008-08-19 发布　　2008-10-01 实施

前　言

为贯彻《中华人民共和国环境噪声污染防治法》，防治噪声污染，保障城乡居民正常生活、工作和学习的声环境质量，制定本标准。

本标准是对《城市区域环境噪声标准》（GB 3096—93）和《城市区域环境噪声测量方法》（GB/T 14623—93）的修订，与原标准相比主要修改内容如下：

——扩大了标准适用区域，将乡村地区纳入标准适用范围；

——将环境质量标准与测量方法标准合并为一项标准；

——明确了交通干线的定义，对交通干线两侧 4 类区环境噪声限值作了调整；

——提出了声环境功能区监测和噪声敏感建筑物监测的要求。

本标准于 1982 年首次发布，1993 年第一次修订，本次为第二次修订。

自本标准实施之日起，GB 3096—93 和 GB/T 14623—93 废止。

本标准的附录 A 为资料性附录；附录 B、附录 C 为规范性附录。

本标准由环境保护部科技标准司组织制订。

本标准起草单位：中国环境科学研究院、北京市环境保护监测中心、广州市环境监测中心站。

本标准环境保护部 2008 年 7 月 30 日批准。

本标准自 2008 年 10 月 1 日起实施。

本标准由环境保护部解释。

1　适用范围

本标准规定了五类声环境功能区的环境噪声限值及测量方法。

本标准适用于声环境质量评价与管理。

机场周围区域受飞机通过（起飞、降落、低空飞越）噪声的影响，不适用于本标准。

2　规范性引用文件

本标准内容引用了下列文件或其中的条款。凡是不注日期的引用文件，其有效版本适用于本标准。

GB 3785　声级计的电、声性能及测试方法

GB/T 15173　声校准器

GB/T 15190　城市区域环境噪声适用区划分技术规范

GB/T 17181　积分平均声级计

GB/T 50280　城市规划基本术语标准

JTG B01　公路工程技术标准

3　术语和定义

下列术语和定义适用于本标准。

3.1　A 声级 A-weighted sound pressure level

用 A 计权网络测得的声压级，用 L_A 表示，单位 dB(A)。

3.2　等效连续 A 声级 equivalent continuous A-weighted sound pressure level

简称为等效声级，指在规定测量时间 T 内 A 声级的能量平均值，用 $L_{Aeq,T}$ 表示（简写为 L_{eq}），单位 dB(A)。除特别指明外，本标准中噪声限值皆为等效声级。

根据定义，等效声级表示为：

$$L_{eq} = 10\ \lg\left(\frac{1}{T}\int_0^T 10^{0.1 \cdot L_A}\,dt\right)$$

式中：L_A——t 时刻的瞬时 A 声级；

T——规定的测量时间段。

3.3　昼间等效声级 day-time equivalent sound level、夜间等效声级 night-time equivalent sound level

在昼间时段内测得的等效连续 A 声级称为昼间等效声级，用 L_d 表示，单位 dB(A)。

在夜间时段内测得的等效连续 A 声级称为夜间等效声级，用 L_n 表示，单位 dB(A)。

3.4　昼间 day-time、夜间 night-time

根据《中华人民共和国环境噪声污染防治法》，“昼间”是指 6:00 至 22:00 之间的时段；“夜间”是指 22:00 至次日 6:00 之间的时段。

县级以上人民政府为环境噪声污染防治的需要（如考虑时差、作息习惯差异等）而对昼间、夜间的划分另有规定的，应按其规定执行。

3.5　最大声级 maximum sound level

在规定的测量时间段内或对某一独立噪声事件，测得的 A 声级最大值，用 L_{max} 表示，单位 dB(A)。

3.6　累积百分声级 percentile sound level

用于评价测量时间段内噪声强度时间统计分布特征的指标，指占测量时间段一定比例的累积时间内 A 声级的最小值，用 L_N 表示，单位 dB(A)。最常用的是 L_{10}、L_{50} 和 L_{90}，其含义如下：

L_{10}——在测量时间内有 10%的时间 A 声级超过的值，相当于噪声的平均峰值；

L_{50}——在测量时间内有 50%的时间 A 声级超过的值，相当于噪声的平均中值；

L_{90}——在测量时间内有 90%的时间 A 声级超过的值，相当于噪声的平均本底值。

如果数据采集是按等间隔时间进行的，则 L_N 也表示有 N%的数据超过的噪声级。

3.7　城市 city、城市规划区 urban planning area

城市是指国家按行政建制设立的直辖市、市和镇。

由城市市区、近郊区以及城市行政区域内其他因城市建设和发展需要实行规划控制的区域，为城市规划区。

3.8　乡村 rural area

乡村是指除城市规划区以外的其他地区，如村庄、集镇等。

村庄是指农村村民居住和从事各种生产的聚居点。

集镇是指乡、民族乡人民政府所在地和经县级人民政府确认由集市发展而成的作为农村一定区域经济、文化和生活服务中心的非建制镇。

3.9 交通干线 traffic artery

指铁路（铁路专用线除外）、高速公路、一级公路、二级公路、城市快速路、城市主干路、城市次干路、城市轨道交通线路（地面段）、内河航道。应根据铁路、交通、城市等规划确定。以上交通干线类型的定义参见附录A。

3.10 噪声敏感建筑物 noise-sensitive buildings

指医院、学校、机关、科研单位、住宅等需要保持安静的建筑物。

3.11 突发噪声 burst noise

指突然发生，持续时间较短，强度较高的噪声。如锅炉排气、工程爆破等产生的较高噪声。

4 声环境功能区分类

按区域的使用功能特点和环境质量要求，声环境功能区分为以下五种类型：

0类声环境功能区：指康复疗养区等特别需要安静的区域。

1类声环境功能区：指以居民住宅、医疗卫生、文化教育、科研设计、行政办公为主要功能，需要保持安静的区域。

2类声环境功能区：指以商业金融、集市贸易为主要功能，或者居住、商业、工业混杂，需要维护住宅安静的区域。

3类声环境功能区：指以工业生产、仓储物流为主要功能，需要防止工业噪声对周围环境产生严重影响的区域。

4类声环境功能区：指交通干线两侧一定距离之内，需要防止交通噪声对周围环境产生严重影响的区域，包括4a类和4b类两种类型。4a类为高速公路、一级公路、二级公路、城市快速路、城市主干路、城市次干路、城市轨道交通（地面段）、内河航道两侧区域；4b类为铁路干线两侧区域。

5 环境噪声限值

5.1 各类声环境功能区适用表1规定的环境噪声等效声级限值。

表1 环境噪声限值

单位：dB(A)

<table>
<tr><th colspan="2" rowspan="2">声环境功能区类别</th><th colspan="2">时段</th></tr>
<tr><th>昼间</th><th>夜间</th></tr>
<tr><td colspan="2">0类</td><td>50</td><td>40</td></tr>
<tr><td colspan="2">1类</td><td>55</td><td>45</td></tr>
<tr><td colspan="2">2类</td><td>60</td><td>50</td></tr>
<tr><td colspan="2">3类</td><td>65</td><td>55</td></tr>
<tr><td rowspan="2">4类</td><td>4a类</td><td>70</td><td>55</td></tr>
<tr><td>4b类</td><td>70</td><td>60</td></tr>
</table>

5.2 表1中4b类声环境功能区环境噪声限值，适用于2011年1月1日起环境影响评价文件通过审批的新建铁路（含新开廊道的增建铁路）干线建设项目两侧区域。

5.3 在下列情况下，铁路干线两侧区域不通过列车时的环境背景噪声限值，按昼间70 dB(A)、夜间55 dB(A)执行：

a）穿越城区的既有铁路干线；

b）对穿越城区的既有铁路干线进行改建、扩建的铁路建设项目。

既有铁路是指2010年12月31日前已建成运营的铁路或环境影响评价文件已通过审批的铁路建设项目。

5.4 各类声环境功能区夜间突发噪声，其最大声级超过环境噪声限值的幅度不得高于15 dB(A)。

6 环境噪声监测要求

6.1 测量仪器

测量仪器精度为2型及2型以上的积分平均声级计或环境噪声自动监测仪器，其性能需符合GB 3758和GB/T 17181的规定，并定期校验。测量前后使用声校准器校准测量仪器的示值偏差不得大于0.5 dB，否则测量无效。声校准器应满足GB/T 15173对1级或2级声校准器的要求。测量时传声器应加防风罩。

6.2 测点选择

根据监测对象和目的，可选择以下三种测点条件（指传声器所置位置）进行环境噪声的测量：

a）一般户外

距离任何反射物（地面除外）至少3.5 m外测量，距地面高度1.2 m以上。必要时可置于高层建筑上，以扩大监测受声范围。使用监测车辆测量，传声器应固定在车顶部1.2 m高度处。

b）噪声敏感建筑物户外

在噪声敏感建筑物外，距墙壁或窗户1 m处，距地面高度1.2 m以上。

c）噪声敏感建筑物室内

距离墙面和其他反射面至少1 m，距窗约1.5 m处，距地面1.2～1.5 m高。

6.3 气象条件

测量应在无雨雪、无雷电天气，风速5 m/s以下时进行。

6.4 监测类型与方法

根据监测对象和目的，环境噪声监测分为声环境功能区监测和噪声敏感建筑物监测两种类型，分别采用附录B和附录C规定的监测方法。

6.5 测量记录

测量记录应包括以下事项：

a）时期、时间、地点及测定人员；

b）使用仪器型号、编号及其校准记录；

c）测定时间内的气象条件（风向、风速、雨雪等天气状况）；

d）测量项目及测定结果；

e）测量依据的标准；

f）测点示意图；

g）声源及运行工况说明（如交通噪声测量的交通流量等）；

h）其他应记录的事项。

7 声环境功能区的划分要求

7.1 城市声环境功能区的划分

城市区域应按照GB/T 15190的规定划分声环境功能区，分别执行本标准规定的0、1、2、3、4类声环境功能区环境噪声限值。

7.2 乡村声环境功能的确定

乡村区域一般不划分声环境功能区，根据环境管理的需要，县级以上人民政府环境保护行政主管部门可按以下要求确定乡村区域适用的声环境质量要求：

a）位于乡村的康复疗养区执行 0 类声环境功能区要求；

b）村庄原则上执行 1 类声环境功能区要求，工业活动较多的村庄以及有交通干线经过的村庄（指执行 4 类声环境功能区要求以外的地区）可局部或全部执行 2 类声环境功能区要求；

c）集镇执行 2 类声环境功能区要求；

d）独立于村庄、集镇之外的工业、仓储集中区执行 3 类声环境功能区要求；

e）位于交通干线两侧一定距离（参考 GB/T 15190 第 8.3 条规定）内的噪声敏感建筑物执行 4 类声环境功能区要求。

8 标准的实施要求

本标准由县级以上人民政府环境保护行政主管部门负责组织实施。

为实施本标准，各地应建立环境噪声监测网络与制度、评价声环境质量状况、进行信息通报与公示、确定达标区和不达标区、制订达标区维持计划与不达标区噪声削减计划，因地制宜改善声环境质量。

附　录　A
（资料性附录）
不同类型交通干线的定义

A.1　铁路

以动力集中方式或动力分散方式牵引，行驶于固定钢轨线路上的客货运输系统。

A.2　高速公路

根据 JTG B01，定义如下：
专供汽车分向、分车道行驶，并应全部控制出入的多车道公路，其中：
四车道高速公路应能适应将各种汽车折合成小客车的年平均日交通量 25 000～55 000 辆；
六车道高速公路应能适应将各种汽车折合成小客车的年平均日交通量 45 000～80 000 辆；
八车道高速公路应能适应将各种汽车折合成小客车的年平均日交通量 60 000～100 000 辆。

A.3　一级公路

根据 JTG B01，定义如下：
供汽车分向、分车道行驶，并可根据需要控制出入的多车道公路，其中：
四车道一级公路应能适应将各种汽车折合成小客车的年平均日交通量 15 000～30 000 辆；
六车道一级公路应能适应将各种汽车折合成小客车的年平均日交通量 25 000～55 000 辆。

A.4　二级公路

根据 JTG B01，定义如下：
供汽车行驶的双车道公路。
双车道二级公路应能适应将各种汽车折合成小客车的年平均日交通量 5 000～15 000 辆。

A.5　城市快速路

根据 GB/T 50280，定义如下：
城市道路中设有中央分隔带，具有四条以上机动车道，全部或部分采用立体交叉与控制出入，供汽车以较高速度行驶的道路，又称汽车专用道。
城市快速路一般在特大城市或大城市中设置，主要起联系城市内各主要地区、沟通对外联系的作用。

A.6　城市主干路

联系城市各主要地区（住宅区、工业区以及港口、机场和车站等客货运中心等），承担城市主要交通任务的交通干道，是城市道路网的骨架。主干路沿线两侧不宜修建过多的车辆和行人出入口。

A.7　城市次干路

城市各区域内部的主要道路，与城市主干路结合成道路网，起集散交通的作用兼有服务功能。

A.8 城市轨道交通

以电能为主要动力，采用钢轮—钢轨为导向的城市公共客运系统。按照运量及运行方式的不同，城市轨道交通分为地铁、轻轨以及有轨电车。

A.9 内河航道

航舶、排筏可以通航的内河水域及其港口。

附　录　B
（规范性附录）
声环境功能区监测方法

B.1　监测目的

评价不同声环境功能区昼间、夜间的声环境质量，了解功能区环境噪声时空分布特征。

B.2　定点监测法

B.2.1　监测要求

选择能反映各类功能区声环境质量特征的监测点 1 至若干个，进行长期定点监测，每次测量的位置、高度应保持不变。

对于 0、1、2、3 类声环境功能区，该监测点应为户外长期稳定、距地面高度为声场空间垂直分布的可能最大值处，其位置应能避开反射面和附近的固定噪声源；4 类声环境功能区监测点设于 4 类区内第一排噪声敏感建筑物户外交通噪声空间垂直分布的可能最大值处。

声环境功能区监测每次至少进行一昼夜 24 h 的连续监测，得出每小时及昼间、夜间的等效声级 L_{eq}、L_d、L_n 和最大声级 L_{max}。用于噪声分析目的，可适当增加监测项目，如累积百分声级 L_{10}、L_{50}、L_{90} 等。监测应避开节假日和非正常工作日。

B.2.2　监测结果评价

各监测点位测量结果独立评价，以昼间等效声级 L_d 和夜间等效声级 L_n 作为评价各监测点位声环境质量是否达标的基本依据。

一个功能区设有多个测点的，应按点次分别统计昼间、夜间的达标率。

B.2.3　环境噪声自动监测系统

全国重点环保城市以及其他有条件的城市和地区宜设置环境噪声自动监测系统，进行不同声环境功能区监测点的连续自动监测。

环境噪声自动监测系统主要由自动监测子站和中心站及通信系统组成，其中自动监测子站由全天候户外传声器、智能噪声自动监测仪器、数据传输设备等构成。

B.3　普查监测法

B.3.1　0～3 类声环境功能区普查监测

B.3.1.1 监测要求

将要普查监测的某一声环境功能区划分成多个等大的正方格，网格要完全覆盖住被普查的区域，且有效网格总数应多于 100 个。测点应设在每一个网格的中心，测点条件为一般户外条件。

监测分别在昼间工作时间和夜间 22:00—24:00（时间不足可顺延）进行。在前述测量时间内，每次每个测点测量 10 min 的等效声级 L_{eq}，同时记录噪声主要来源。监测应避开节假日和非正常工作日。

B.3.1.2　监测结果评价

将全部网格中心测点测得的 10 min 的等效声级 L_{eq} 做算术平均运算，所得到的平均值代表某一声环境功能区的总体环境噪声水平，并计算标准偏差。

根据每个网格中心的噪声值及对应的网格面积，统计不同噪声影响水平下的面积百分比，以及昼间、夜间的达标面积比例。有条件可估算受影响人口。

B.3.2 4类声环境功能区普查监测

B.3.2.1 监测要求

以自然路段、站场、河段等为基础，考虑交通运行特征和两侧噪声敏感建筑物分布情况，划分典型路段（包括河段）。在每个典型路段对应的4类区边界上（指4类区内无噪声敏感建筑物存在时）或第一排噪声敏感建筑物户外（指4类区内有噪声敏感建筑物存在时）选择1个测点进行噪声监测。这些测点应与站、场、码头、岔路口、河流汇入口等相隔一定的距离，避开这些地点的噪声干扰。

监测分昼、夜两个时段进行。分别测量如下规定时间内的等效声级 L_{eq} 和交通流量，对铁路、城市轨道交通线路（地面段），应同时测量最大声级 L_{max}，对道路交通噪声应同时测量累积百分声级 L_{10}、L_{50}、L_{90}。

根据交通类型的差异，规定的测量时间为：

铁路、城市轨道交通（地面段）、内河航道两侧：昼、夜各测量不低于平均运行密度的1 h值，若城市轨道交通（地面段）的运行车次密集，测量时间可缩短至20 min。

高速公路、一级公路、二级公路、城市快速路、城市主干路、城市次干路两侧：昼、夜各测量不低于平均运行密度的20 min值。

监测应避开节假日和非正常工作日。

B.3.2.2 监测结果评价

将某条交通干线各典型路段测得的噪声值，按路段长度进行加权算术平均，以此得出某条交通干线两侧4类声环境功能区的环境噪声平均值。

也可对某一区域内的所有铁路、确定为交通干线的道路、城市轨道交通（地面段）、内河航道按前述方法进行长度加权统计，得出针对某一区域某一交通类型的环境噪声平均值。

根据每个典型路段的噪声值及对应的路段长度，统计不同噪声影响水平下的路段百分比，以及昼间、夜间的达标路段比例。有条件可估算受影响人口。

对某条交通干线或某一区域某一交通类型采取抽样测量的，应统计抽样路段比例。

附 录 C
（规范性附录）
噪声敏感建筑物监测方法

C.1 监测目的

了解噪声敏感建筑物户外（或室内）的环境噪声水平，评价是否符合所处声环境功能区的环境质量要求。

C.2 监测要求

监测点一般设于噪声敏感建筑物户外。不得不在噪声敏感建筑物室内监测时，应在门窗全打开状况下进行室内噪声测量，并采用较该噪声敏感建筑物所在声环境功能区对应环境噪声限值低 10 dB(A)的值作为评价依据。

对敏感建筑物的环境噪声监测应在周围环境噪声源正常工作条件下测量，视噪声源的运行工况，分昼、夜两个时段连续进行。根据环境噪声源的特征，可优化测量时间：

a）受固定噪声源的噪声影响

稳态噪声测量 1 min 的等效声级 L_{eq}；

非稳态噪声测量整个正常工作时间（或代表性时段）的等效声级 L_{eq}。

b）受交通噪声源的噪声影响

对于铁路、城市轨道交通（地面段）、内河航道，昼、夜各测量不低于平均运行密度的 1 h 等效声级 L_{eq}，若城市轨道交通（地面段）的运行车次密集，测量时间可缩短至 20 min。

对于道路交通，昼、夜各测量不低于平均运行密度的 20 min 等效声级 L_{eq}。

c）受突发噪声的影响

以上监测对象夜间存在突发噪声的，应同时监测测量时段内的最大声级 L_{max}。

C.3 监测结果评价

以昼间、夜间环境噪声源正常工作时段的 L_{eq} 和夜间突发噪声 L_{max} 作为评价噪声敏感建筑物户外（或室内）环境噪声水平，是否符合所处声环境功能区的环境质量要求的依据。

中华人民共和国国家标准

工业企业厂界环境噪声排放标准

GB 12348—2008
代替 GB 12348—90，
GB 12349—90

Emission standard for industrial enterprises noise at boundary

环境保护部、国家质量监督检验检疫总局 2008-08-19 发布　　2008-10-01 实施

前　言

为贯彻《中华人民共和国环境保护法》和《中华人民共和国环境噪声污染防治法》，防治工业企业噪声污染，改善声环境质量，制定本标准。

本标准是对《工业企业厂界噪声标准》（GB 12348—90）和《工业企业厂界噪声测量方法》（GB 12349—90）的第一次修订。与原标准相比主要修订内容如下：

——将《工业企业厂界噪声标准》（GB 12348—90）和《工业企业厂界噪声测量方法》（GB 12349—90）合并为一个标准，名称改为《工业企业厂界环境噪声排放标准》；

——修改了标准的适用范围、背景值修正表；

——补充了 0 类区噪声限值、测量条件、测点位置、测点布设和测量记录；

——增加了部分术语和定义、室内噪声限值、背景噪声测量、测量结果和测量结果评价的内容。

本标准于 1990 年首次发布，本次为第一次修订。

自本标准实施之日起代替《工业企业厂界噪声标准》（GB 12348—90）和《工业企业厂界噪声测量方法》（GB 12349—90）。

本标准由环境保护部科技标准司组织制订。

本标准起草单位：中国环境监测总站、天津市环境监测中心、福建省环境监测中心站。

本标准环境保护部 2008 年 7 月 17 日批准。

本标准自 2008 年 10 月 1 日起实施。

本标准由环境保护部解释。

1　适用范围

本标准规定了工业企业和固定设备厂界环境噪声排放限值及其测量方法。

本标准适用于工业企业噪声排放的管理、评价及控制。机关、事业单位、团体等对外环境排放噪声的单位也按本标准执行。

2　规范性引用文件

本标准内容引用了下列文件或其中的条款。凡是不注日期的引用文件，其有效版本适用于本标准。

GB 3096　声环境质量标准

GB 3785　声级计的电、声性能及测试方法

GB/T 3241　倍频程和分数倍频程滤波器

GB/T 15173　声校准器

GB/T 15190　城市区域环境噪声适用区划分技术规范

GB/T 17181　积分平均声级计

3　术语和定义

下列术语和定义适用于本标准。

3.1　工业企业厂界环境噪声　industrial enterprises noise

指在工业生产活动中使用固定设备等产生的、在厂界处进行测量和控制的干扰周围生活环境的声音。

3.2　A 声级 A-weighted sound pressure level

用 A 计权网络测得的声压级，用 L_A 表示，单位 dB(A)。

3.3　等效连续 A 声级 equivalent continuous A-weighted sound pressure level

简称为等效声级，指在规定测量时间 T 内 A 声级的能量平均值，用 $L_{Aeq \cdot T}$ 表示（简写为 L_{eq}），单位 dB(A)。除特别指明外，本标准中噪声值皆为等效声级。

根据定义，等效声级表示为：

$$L_{eq}=10\lg\left(\frac{1}{T}\int_0^T 10^{0.1 \cdot L_A}\,dt\right)$$

式中：L_A —— t 时刻的瞬时 A 声级；

T —— 规定的测量时间段。

3.4　厂界 boundary

由法律文书（如土地使用证、房产证、租赁合同等）中确定的业主所拥有使用权（或所有权）的场所或建筑物边界。各种产生噪声的固定设备的厂界为其实际占地的边界。

3.5　噪声敏感建筑物 noise-sensitive buildings

指医院、学校、机关、科研单位、住宅等需要保持安静的建筑物。

3.6　昼间 day-time、夜间 night-time

根据《中华人民共和国环境噪声污染防治法》，“昼间”是指 6：00 至 22：00 之间的时段；“夜间”是指 22：00 至次日 6：00 之间的时段。

县级以上人民政府为环境噪声污染防治的需要（如考虑时差、作息习惯差异等）而对昼间、夜间的划分另有规定的，应按其规定执行。

3.7　频发噪声 frequent noise

指频繁发生、发生的时间和间隔有一定规律、单次持续时间较短、强度较高的噪声，如排气噪声、货物装卸噪声等。

3.8　偶发噪声 sporadic noise

指偶然发生、发生的时间和间隔无规律、单次持续时间较短、强度较高的噪声。如短促鸣笛声、工程爆破噪声等。

3.9　最大声级 maximum sound level

在规定测量时间内对频发或偶发噪声事件测得的 A 声级最大值，用 L_{max} 表示，单位 dB(A)。

3.10　倍频带声压级 sound pressure level in octave bands

采用符合 GB/T 3241 规定的倍频程滤波器所测量的频带声压级，其测量带宽和中心频率成正比。本标准采用的室内噪声频谱分析倍频带中心频率为 31.5 Hz、63 Hz、125 Hz、250 Hz、500 Hz，其覆盖频率范围为 22～707 Hz。

3.11　稳态噪声 steady noise

在测量时间内，被测声源的声级起伏不大于 3 dB(A)的噪声。

3.12　非稳态噪声 non-steady noise

在测量时间内，被测声源的声级起伏大于 3 dB(A)的噪声。

3.13　背景噪声 background noise

被测量噪声源以外的声源发出的环境噪声的总和。

4　环境噪声排放限值

4.1　厂界环境噪声排放限值

4.1.1　工业企业厂界环境噪声不得超过表 1 规定的排放限值。

表 1　工业企业厂界环境噪声排放限值　　单位：dB(A)

厂界外声环境功能区类别	时段	
	昼　间	夜　间
0	50	40
1	55	45
2	60	50
3	65	55
4	70	55

4.1.2　夜间频发噪声的最大声级超过限值的幅度不得高于 10 dB(A)。

4.1.3　夜间偶发噪声的最大声级超过限值的幅度不得高于 15 dB(A)。

4.1.4　工业企业若位于未划分声环境功能区的区域，当厂界外有噪声敏感建筑物时，由当地县级以上人民政府参照 GB 3096 和 GB/T 15190 的规定确定厂界外区域的声环境质量要求，并执行相应的厂界环境噪声排放限值。

4.1.5　当厂界与噪声敏感建筑物距离小于 1 m 时，厂界环境噪声应在噪声敏感建筑物的室内测量，并将表 1 中相应的限值减 10 dB(A)作为评价依据。

4.2　结构传播固定设备室内噪声排放限值

当固定设备排放的噪声通过建筑物结构传播至噪声敏感建筑物室内时，噪声敏感建筑物室内等效声级不得超过表 2 和表 3 规定的限值。

表 2　结构传播固定设备室内噪声排放限值（等效声级）　　单位：dB(A)

房间类型 / 时段 / 噪声敏感建筑物所处声环境功能区类别	A 类房间		B 类房间	
	昼　间	夜　间	昼　间	夜　间
0	40	30	40	30
1	40	30	45	35
2、3、4	45	35	50	40

说明：A 类房间——指以睡眠为主要目的，需要保证夜间安静的房间，包括住宅卧室、医院病房、宾馆客房等。

B 类房间——指主要在昼间使用，需要保证思考与精神集中、正常讲话不被干扰的房间，包括学校教室、会议室、办公室、住宅中卧室以外的其他房间等。

表3 结构传播固定设备室内噪声排放限值（倍频带声压级） 单位：dB(A)

噪声敏感建筑所处声环境功能区类别	时段	倍频带中心频率/Hz 房间类型	室内噪声倍频带声压级限值				
			31.5	63	125	250	500
0	昼间	A、B类房间	76	59	48	39	34
	夜间	A、B类房间	69	51	39	30	24
1	昼间	A类房间	76	59	48	39	34
		B类房间	79	63	52	44	38
	夜间	A类房间	69	51	39	30	24
		B类房间	72	55	43	35	29
2、3、4	昼间	A类房间	79	63	52	44	38
		B类房间	82	67	56	49	43
	夜间	A类房间	72	55	43	35	29
		B类房间	76	59	48	39	34

5 测量方法

5.1 测量仪器

5.1.1 测量仪器为积分平均声级计或环境噪声自动监测仪，其性能应不低于 GB 3785 和 GB/T 17181 对 2 型仪器的要求。测量 35 dB(A)以下的噪声应使用 1 型声级计，且测量范围应满足所测量噪声的需要。校准所用仪器应符合 GB/T 15173 对 1 级或 2 级声校准器的要求。当需要进行噪声的频谱分析时，仪器性能应符合 GB/T 3241 中对滤波器的要求。

5.1.2 测量仪器和校准仪器应定期检定合格，并在有效使用期限内使用；每次测量前、后必须在测量现场进行声学校准，其前、后校准示值偏差不得大于 0.5 dB(A)，否则测量结果无效。

5.1.3 测量时传声器加防风罩。

5.1.4 测量仪器时间计权特性设为“F”挡，采样时间间隔不大于 1 s。

5.2 测量条件

5.2.1 气象条件：测量应在无雨雪、无雷电天气，风速为 5 m/s 以下时进行。不得不在特殊气象条件下测量时，应采取必要措施保证测量准确性，同时注明当时所采取的措施及气象情况。

5.2.2 测量工况：测量应在被测声源正常工作时间进行，同时注明当时的工况。

5.3 测点位置

5.3.1 测点布设

根据工业企业声源、周围噪声敏感建筑物的布局以及毗邻的区域类别，在工业企业厂界布设多个测点，其中包括距噪声敏感建筑物较近以及受被测声源影响大的位置。

5.3.2 测点位置一般规定

一般情况下，测点选在工业企业厂界外 1 m、高度 1.2 m 以上。

5.3.3 测点位置其他规定

5.3.3.1 当厂界有围墙且周围有受影响的噪声敏感建筑物时，测点应选在厂界外 1 m、高于围墙 0.5 m 以上的位置。

5.3.3.2 当厂界无法测量到声源的实际排放状况时（如声源位于高空、厂界设有声屏障等），应按 5.3.2 设置测点，同时在受影响的噪声敏感建筑物户外 1 m 处另设测点。

5.3.3.3 室内噪声测量时，室内测量点位设在距任一反射面至少 0.5 m 以上、距地面 1.2 m 高度处，在受噪声影响方向的窗户开启状态下测量。

5.3.3.4 固定设备结构传声至噪声敏感建筑物室内，在噪声敏感建筑物室内测量时，测点应距任一反射面至少 0.5 m 以上、距地面 1.2 m、距外窗 1 m 以上，窗户关闭状态下测量。被测房间内的其他可能干扰测量的声源（如电视机、空调机、排气扇以及镇流器较响的日光灯、运转时出声的时钟等）应关闭。

5.4 测量时段

5.4.1 分别在昼间、夜间两个时段测量。夜间有频发、偶发噪声影响时同时测量最大声级。

5.4.2 被测声源是稳态噪声，采用 1 min 的等效声级。

5.4.3 被测声源是非稳态噪声，测量被测声源有代表性时段的等效声级，必要时测量被测声源整个正常工作时段的等效声级。

5.5 背景噪声测量

5.5.1 测量环境：不受被测声源影响且其他声环境与测量被测声源时保持一致。

5.5.2 测量时段：与被测声源测量的时间长度相同。

5.6 测量记录

噪声测量时需做测量记录。记录内容应主要包括：被测量单位名称、地址、厂界所处声环境功能区类别、测量时气象条件、测量仪器、校准仪器、测点位置、测量时间、测量时段、仪器校准值（测前、测后）、主要声源、测量工况、示意图（厂界、声源、噪声敏感建筑物、测点等位置）、噪声测量值、背景值、测量人员、校对人、审核人等相关信息。

5.7 测量结果修正

5.7.1 噪声测量值与背景噪声值相差大于 10 dB(A)时，噪声测量值不做修正。

5.7.2 噪声测量值与背景噪声值相差在 3～10 dB(A)时，噪声测量值与背景噪声值的差值取整后，按表 4 进行修正。

表 4 测量结果修正表

单位：dB(A)

差值	3	4～5	6～10
修正值	−3	−2	−1

5.7.3 噪声测量值与背景噪声值相差小于 3 dB(A)时，应采取措施降低背景噪声后，视情况按 5.7.1 或 5.7.2 执行；仍无法满足前两款要求的，应按环境噪声监测技术规范的有关规定执行。

6 测量结果评价

6.1 各个测点的测量结果应单独评价。同一测点每天的测量结果按昼间、夜间进行评价。

6.2 最大声级 L_{max} 直接评价。

7 标准的监督实施

本标准由县级以上人民政府环境保护行政主管部门负责监督实施。

中华人民共和国国家标准

社会生活环境噪声排放标准

GB 22337—2008

Emission standard for community noise

环境保护部、国家质量监督检验检疫总局 2008-08-19 发布　　2008-10-01 实施

前　言

为贯彻《中华人民共和国环境保护法》和《中华人民共和国环境噪声污染防治法》，防治社会生活噪声污染，改善声环境质量，制定本标准。

本标准根据现行法律对社会生活噪声污染源达标排放义务的规定，对营业性文化娱乐场所和商业经营活动中可能产生环境噪声污染的设备、设施规定了边界噪声排放限值和测量方法。

本标准为首次发布。

本标准由环境保护部科技标准司组织制订。

本标准起草单位：北京市劳动保护科学研究所、北京市环境保护局、广州市环境监测中心站。

本标准环境保护部 2008 年 7 月 17 日批准。

本标准自 2008 年 10 月 1 日起实施。

本标准由环境保护部解释。

1　适用范围

本标准规定了营业性文化娱乐场所和商业经营活动中可能产生环境噪声污染的设备、设施边界噪声排放限值和测量方法。

本标准适用于对营业性文化娱乐场所、商业经营活动中使用的向环境排放噪声的设备、设施的管理、评价与控制。

2　规范性引用文件

本标准内容引用了下列文件或其中的条款。凡是不注日期的引用文件，其有效版本适用于本标准。

GB 3785　声级计的电、声性能及测试方法

GB/T 3241　倍频程和分数倍频程滤波器

GB/T 15173　声校准器

GB/T 17181　积分平均声级计

3　术语和定义

下列术语和定义适用于本标准。

3.1 社会生活噪声 community noise

指营业性文化娱乐场所和商业经营活动中使用的设备、设施产生的噪声。

3.2 噪声敏感建筑物 noise-sensitive buildings

指医院、学校、机关、科研单位、住宅等需要保持安静的建筑物。

3.3 A 声级 A-weighted sound pressure level

用 A 计权网络测得的声压级，用 L_A 表示，单位 dB(A)。

3.4 等效连续 A 声级 equivalent continuous A-weighted sound pressure level

简称为等效声级，指在规定测量时间 T 内 A 声级的能量平均值，用 $L_{Aeq,T}$ 表示（简写为 L_{eq}），单位 dB(A)。除特别指明外，本标准中噪声限值皆为等效声级。

根据定义，等效声级表示为：

$$L_{eq}=10\lg\left(\frac{1}{T}\int_0^T 10^{0.1 \cdot L_A}\,dt\right)$$

式中：L_A —— t 时刻的瞬时 A 声级；

T —— 规定的测量时间段。

3.5 边界 boundary

由法律文书（如土地使用证、房产证、租赁合同等）中确定的业主所拥有使用权（或所有权）的场所或建筑物边界。各种产生噪声的固定设备、设施的边界为其实际占地的边界。

3.6 背景噪声 background noise

被测量噪声源以外的声源发出的环境噪声的总和。

3.7 倍频带声压级 sound pressure level in octave bands

采用符合 GB/T 3241 规定的倍频程滤波器所测量的频带声压级，其测量带宽和中心频率成正比。本标准采用的室内噪声频谱分析倍频带中心频率为 31.5 Hz、63 Hz、125 Hz、250 Hz、500 Hz，其覆盖频率范围为 22～707 Hz。

3.8 昼间 day-time、夜间 night-time

根据《中华人民共和国环境噪声污染防治法》，“昼间”是指 6：00 至 22：00 之间的时段；“夜间”是指 22：00 至次日 6：00 之间的时段。

县级以上人民政府为环境噪声污染防治的需要（如考虑时差、作息习惯差异等）而对昼间、夜间的划分另有规定的，应按其规定执行。

4 环境噪声排放限值

4.1 边界噪声排放限值

4.1.1 社会生活噪声排放源边界噪声不得超过表 1 规定的排放限值。

表 1 社会生活噪声排放源边界噪声排放限值

单位：dB(A)

边界外声环境功能区类别	时 段	
	昼 间	夜 间
0	50	40
1	55	45
2	60	50
3	65	55
4	70	55

4.1.2 在社会生活噪声排放源边界处无法进行噪声测量或测量的结果不能如实反映其对噪声敏感建筑

物的影响程度的情况下，噪声测量应在可能受影响的敏感建筑物窗外 1 m 处进行。

4.1.3 当社会生活噪声排放源边界与噪声敏感建筑物距离小于 1 m 时，应在噪声敏感建筑物的室内测量，并将表 1 中相应的限值减 10 dB(A)作为评价依据。

4.2 结构传播固定设备室内噪声排放限值

4.2.1 在社会生活噪声排放源位于噪声敏感建筑物内情况下，噪声通过建筑物结构传播至噪声敏感建筑物室内时，噪声敏感建筑物室内等效声级不得超过表 2 和表 3 规定的限值。

表 2 结构传播固定设备室内噪声排放限值（等效声级） 单位：dB(A)

噪声敏感建筑物声环境所处功能区类别 \ 时段 \ 房间类型	A 类房间		B 类房间	
	昼间	夜间	昼间	夜间
0	40	30	40	30
1	40	30	45	35
2、3、4	45	35	50	40

说明：A 类房间——指以睡眠为主要目的，需要保证夜间安静的房间，包括住宅卧室、医院病房、宾馆客房等。
B.类房间——指主要在昼间使用，需要保证思考与精神集中、正常讲话不被干扰的房间，包括学校教室、会议室、办公室、住宅中卧室以外的其他房间等。

表 3 结构传播固定设备室内噪声排放限值（倍频带声压级） 单位：dB(A)

噪声敏感建筑所处声环境功能区类别	时段	房间类型 \ 倍频带中心频率/Hz	室内噪声倍频带声压级限值				
			31.5	63	125	250	500
0	昼间	A、B 类房间	76	59	48	39	34
	夜间	A、B 类房间	69	51	39	30	24
1	昼间	A 类房间	76	59	48	39	34
		B 类房间	79	63	52	44	38
	夜间	A 类房间	69	51	39	30	24
		B 类房间	72	55	43	35	29
2、3、4	昼间	A 类房间	79	63	52	44	38
		B 类房间	82	67	56	49	43
	夜间	A 类房间	72	55	43	35	29
		B 类房间	76	59	48	39	34

4.2.2 对于在噪声测量期间发生非稳态噪声（如电梯噪声等）的情况，最大声级超过限值的幅度不得高于 10 dB(A)。

5 测量方法

5.1 测量仪器

5.1.1 测量仪器为积分平均声级计或环境噪声自动监测仪，其性能应不低于 GB 3785 和 GB/T 17181 对 2 型仪器的要求。测量 35 dB(A)以下的噪声应使用 1 型声级计，且测量范围应满足所测量噪声的需要。校准所用仪器应符合 GB/T 15173 对 1 级或 2 级声校准器的要求。当需要进行噪声的频谱分析时，仪器性能应符合 GB/T 3241 中对滤波器的要求。

5.1.2 测量仪器和校准仪器应定期检定合格，并在有效使用期限内使用；每次测量前、后必须在测量现场进行声学校准，其前、后校准示值偏差不得大于 0.5 dB(A)，否则测量结果无效。

5.1.3 测量时传声器加防风罩。

5.1.4 测量仪器时间计权特性设为“F”挡，采样时间间隔不大于 1 s。

5.2 测量条件

5.2.1 气象条件：测量应在无雨雪、无雷电天气，风速为 5 m/s 以下时进行。不得不在特殊气象条件下测量时，应采取必要措施保证测量准确性，同时注明当时所采取的措施及气象情况。

5.2.2 测量工况：测量应在被测声源正常工作时间进行，同时注明当时的工况。

5.3 测点位置

5.3.1 测点布设

根据社会生活噪声排放源、周围噪声敏感建筑物的布局以及毗邻的区域类别，在社会生活噪声排放源边界布设多个测点，其中包括距噪声敏感建筑物较近以及受被测声源影响大的位置。

5.3.2 测点位置一般规定

一般情况下，测点选在社会生活噪声排放源边界外 1 m、高度 1.2 m 以上。

5.3.3 测点位置其他规定

5.3.3.1 当边界有围墙且周围有受影响的噪声敏感建筑物时，测点应选在边界外 1 m、高于围墙 0.5 m 以上的位置。

5.3.3.2 当边界无法测量到声源的实际排放状况时（如声源位于高空、边界设有声屏障等），应按 5.3.2 设置测点，同时在受影响的噪声敏感建筑物户外 1 m 处另设测点。

5.3.3.3 室内噪声测量时，室内测量点位设在距任一反射面至少 0.5 m 以上、距地面 1.2 m 高度处，在受噪声影响方向的窗户开启状态下测量。

5.3.3.4 社会生活噪声排放源的固定设备结构传声至噪声敏感建筑物室内，在噪声敏感建筑物室内测量时，测点应距任一反射面至少 0.5 m 以上、距地面 1.2 m、距外窗 1 m 以上，窗户关闭状态下测量。被测房间内的其他可能干扰测量的声源（如电视机、空调机、排气扇以及镇流器较响的日光灯、运转时出声的时钟等）应关闭。

5.4 测量时段

5.4.1 分别在昼间、夜间两个时段测量。夜间有频发、偶发噪声影响时同时测量最大声级。

5.4.2 被测声源是稳态噪声，采用 1 min 的等效声级。

5.4.3 被测声源是非稳态噪声，测量被测声源有代表性时段的等效声级，必要时测量被测声源整个正常工作时段的等效声级。

5.5 背景噪声测量

5.5.1 测量环境：不受被测声源影响且其他声环境与测量被测声源时保持一致。

5.5.2 测量时段：与被测声源测量的时间长度相同。

5.6 测量记录

噪声测量时需做测量记录。记录内容应主要包括：被测量单位名称、地址、边界所处声环境功能区类别、测量时气象条件、测量仪器、校准仪器、测点位置、测量时间、测量时段、仪器校准值（测前、测后）、主要声源、测量工况、示意图（边界、声源、噪声敏感建筑物、测点等位置）、噪声测量值、背景值、测量人员、校对人、审核人等相关信息。

5.7 测量结果修正

5.7.1 噪声测量值与背景噪声值相差大于 10 dB(A)时，噪声测量值不做修正。

5.7.2 噪声测量值与背景噪声值相差在 3～10 dB(A)时，噪声测量值与背景噪声值的差值取整后，按表 4 进行修正。

表 4　测量结果修正表　　单位：dB(A)

差值	3	4～5	6～10
修正值	－3	－2	－1

5.7.3　噪声测量值与背景噪声值相差小于 3 dB(A)时，应采取措施降低背景噪声后，视情况按 5.7.1 或 5.7.2 执行；仍无法满足前两款要求的，应按环境噪声监测技术规范的有关规定执行。

6　测量结果评价

6.1　各个测点的测量结果应单独评价。同一测点每天的测量结果按昼间、夜间进行评价。

6.2　最大声级 L_{max} 直接评价。

7　标准的监督实施

本标准由县级以上人民政府环境保护行政主管部门负责监督实施。

中华人民共和国国家标准

建筑施工场界环境噪声排放标准

GB 12523—2011
代替 GB 12523—90，
GB 12524—90

Emission standard of enviroment noise for boundary of construction site

环境保护部、国家质量监督检验检疫总局 2011-12-05 发布　　2012-07-01 实施

前　言

为贯彻《中华人民共和国环境保护法》和《中华人民共和国环境噪声污染防治法》，防治建筑施工噪声污染，改善声环境质量，制定本标准。

本标准是对《建筑施工场界噪声限值》（GB 12523—90）和《建筑施工场界噪声测量方法》（GB 12524—90）的第一次修订。与原标准相比主要修改内容如下：

——将《建筑施工场界噪声限值》（GB 12523—90）和《建筑施工场界噪声测量方法》（GB 12524—90）合并为一个标准，名称改为《建筑施工场界环境噪声排放标准》；

——修改了适用范围、排放限值及测量时间；

——补充了测量条件、测点位置和测量记录；

——增加了部分术语和定义、背景噪声测量、测量结果评价和标准实施的内容；

——删除了测量记录表。

本标准于 1990 年首次发布，本次为第一次修订。

自本标准实施之日起，《建筑施工场界噪声限值》（GB 12523—90）和《建筑施工场界噪声测量方法》（GB 12524—90）同时废止。

本标准由环境保护部科技标准司组织制订。

本标准起草单位：中国环境监测总站、天津市环境监测中心、北京市劳动保护科学研究所、环境保护部环境标准研究所。

本标准环境保护部 2011 年 11 月 14 日批准。

本标准自 2012 年 7 月 1 日起实施。

本标准由环境保护部解释。

1　适用范围

本标准规定了建筑施工场界环境噪声排放限值及测量方法。

本标准适用于周围有噪声敏感建筑物的建筑施工噪声排放的管理、评价及控制。市政、通信、交通、水利等其他类型的施工噪声排放可参照本标准执行。

本标准不适用于抢修、抢险施工过程中产生噪声的排放监管。

2 规范性引用文件

本标准内容引用了下列文件或其中条款。凡是不注日期的引用文件，其有效版本适用于本标准。

GB/T 15173 电声学 声校准器

GB/T 3785.1 电声学 声级计 第1部分：规范

3 术语和定义

下列术语和定义适用于本标准。

3.1 建筑施工 construction

建筑施工是指工程建设实施阶段的生产活动，是各类建筑物的建造过程，包括基础工程施工、主体结构施工、屋面工程施工、装饰工程施工（已竣工交付使用的住宅楼进行室内装修活动除外）等。

3.2 建筑施工噪声 construction noise

建筑施工过程中产生的干扰周围生活环境的声音。

3.3 A声级 A-weighted sound pressure level

用A计权网络测得的声压级，用L_A表示，单位dB。

3.4 等效连续A声级 equivalent continuous A-weighted sound pressure level

简称为等效声级，指在规定测量时间T内A声级的能量平均值，用$L_{Aeq,\ T}$表示（简写为L_{eq}），单位dB。除特别指明外，本标准中噪声值皆为等效声级。

根据定义，等效声级表示为：

$$L_{eq}=10\lg\left(\frac{1}{T}\int_0^T 10^{0.1\cdot L_A}\,dt\right) \tag{1}$$

式中：L_A——t时刻的瞬时A声级；

T——规定的测量时间段。

3.5 建筑施工场界 boundary of construction site

由有关主管部门批准的建筑施工场地边界或建筑施工过程中实际使用的施工场地边界。

3.6 噪声敏感建筑物 noise-sensitive buildings

指医院、学校、机关、科研单位、住宅等需要保持安静的建筑物。

3.7 最大声级 maximum sound level

在规定测量时间内测得的A声级最大值，用$L_{A\max}$表示，单位dB。

3.8 昼间 day-time、夜间 night-time

根据《中华人民共和国环境噪声污染防治法》，“昼间”是指6：00至22：00之间的时段；“夜间”是指22：00至次日6：00之间的时段。

县级以上人民政府为环境噪声污染防治的需要（如考虑时差、作息习惯差异等）而对昼间、夜间的划分另有规定的，应按其规定执行。

3.9 背景噪声 background noise

被测量噪声源以外的声源发出的环境噪声的总和。

3.10 稳态噪声 steady noise

在测量时间内，被测声源的A声级起伏不大于3 dB的噪声。

3.11 非稳态噪声 non-steady noise

在测量时间内，被测声源的A声级起伏大于3 dB的噪声。

4 环境噪声排放限值

4.1 建筑施工过程中场界环境噪声不得超过表1规定的排放限值。

表1 建筑施工场界环境噪声排放限值

单位：dB

昼　间	夜　间
70	55

4.2 夜间噪声最大声级超过限值的幅度不得高于15 dB。

4.3 当场界距噪声敏感建筑物较近，其室外不满足测量条件时，可在噪声敏感建筑物室内测量，并将表1中相应的限值减10 dB作为评价依据。

5 测量方法

5.1 测量仪器

5.1.1 测量仪器为积分平均声级计或噪声自动监测仪，其性能应不低于GB/T 3785.1对2级仪器的要求。校准所用仪器应符合GB/T 15173对1级或2级声校准器的要求。

5.1.2 测量仪器和校准仪器应定期检定合格，并在有效使用期限内使用；每次测量前、后必须在测量现场进行声学校准，其前、后校准的测量仪器示值偏差不得大于0.5 dB，否则测量结果无效。

5.1.3 测量时传声器加防风罩。

5.1.4 测量仪器时间计权特性设为快（F）挡。

5.2 测量气象条件

测量应在无雨雪、无雷电天气，风速为5 m/s以下时进行。

5.3 测点位置

5.3.1 测点布设

根据施工场地周围噪声敏感建筑物位置和声源位置的布局，测点应设在对噪声敏感建筑物影响较大、距离较近的位置。

5.3.2 测点位置一般规定

一般情况测点设在建筑施工场界外1 m，高度1.2 m以上的位置。

5.3.3 测点位置其他规定

5.3.3.1 当场界有围墙且周围有噪声敏感建筑物时，测点应设在场界外1 m，高于围墙0.5 m以上的位置，且位于施工噪声影响的声照射区域。

5.3.3.2 当场界无法测量到声源的实际排放时，例如，声源位于高空、场界有声屏障、噪声敏感建筑物高于场界围墙等情况，测点可设在噪声敏感建筑物户外1 m处的位置。

5.3.3.3 在噪声敏感建筑物室内测量时，测点设在室内中央、距室内任一反射面0.5 m以上、距地面1.2 m高度以上，在受噪声影响方向的窗户开启状态下测量。

5.4 测量时段

施工期间，测量连续20 min的等效声级，夜间同时测量最大声级。

5.5 背景噪声测量

5.5.1 测量环境：不受被测声源影响且其他声环境与测量被测声源时保持一致。

5.5.2 测量时段：稳态噪声测量1 min的等效声级，非稳态噪声测量20 min的等效声级。

5.6 测量记录

噪声测量时需做测量记录。记录内容应主要包括被测量单位名称、地址、测量时气象条件、测量仪器、校准仪器、测点位置、测量时间、仪器校准值（测前、测后）、主要声源、示意图（场界、声源、噪声敏感建筑物、场界与噪声敏感建筑物间的距离、测点位置等）、噪声测量值、最大声级值（夜间时段）、背景噪声值、测量人员、校对人员、审核人员等相关信息。

5.7 测量结果修正

5.7.1 背景噪声值比噪声测量值低 10 dB 以上时，噪声测量值不做修正。

5.7.2 噪声测量值与背景噪声值相差在 3～10 dB 之间时，噪声测量值与背景噪声值的差值修约至个位，按表 2 进行修正。

5.7.3 噪声测量值与背景噪声值相差小于 3 dB 时，应采取措施降低背景噪声后，视情况按 5.7.1 或 5.7.2 款执行；仍无法满足前两款要求的，应按环境噪声监测技术规范的有关规定执行。

表 2 测量结果修正表

单位：dB

差值	3	4～5	6～10
修正值	−3	−2	−1

6 测量结果评价

6.1 各个测点的测量结果应单独评价。

6.2 最大声级 $L_{\mathrm{A\,max}}$ 直接评价。

7 标准的监督实施

本标准由县级以上人民政府环境保护行政主管部门负责监督实施。

中华人民共和国国家环境保护标准

环境噪声监测技术规范 城市声环境常规监测

HJ 640—2012

Technical specifications for environmental noise monitoring —Routine monitoring for urban environmental noise

环境保护部 2012-12-03 发布　　2013-03-01 实施

前　言

为贯彻《中华人民共和国环境保护法》和《中华人民共和国环境噪声污染防治法》，规范城市声环境常规监测与评价工作，制定本标准。

本标准规定了城市声环境常规监测的监测内容、点位设置、监测频次、测量时间、评价方法及质量保证和质量控制等技术要求。

本标准附录 A 为资料性附录。

本标准由环境保护部科技标准司组织制订。

本标准起草单位：中国环境监测总站、武汉市环境监测中心站、环境保护部环境标准研究所。

本标准环境保护部 2012 年 12 月 3 日批准。

本标准自 2013 年 3 月 1 日起实施。

本标准由环境保护部解释。

1　适用范围

本标准规定了城市声环境常规监测的监测内容、点位设置、监测频次、测量时间、评价方法及质量保证和质量控制等技术要求。

本标准适用于环境保护部门为监测与评价城市声环境质量状况所开展的城市声环境常规监测。乡村地区声环境监测可参照执行。

2　规范性引用文件

本标准引用了下列文件或其中的条款。凡未注明日期的引用文件，其最新版本适用于本标准。

GB 3096　声环境质量标准

GB/T 15190　城市区域环境噪声适用区划分技术规范

GA 802　机动车类型　术语和定义

3 术语和定义

下列术语和定义适用于本标准。

3.1

城市声环境常规监测 routine monitoring for urban environmental noise

也称例行监测，是指为掌握城市声环境质量状况，环境保护部门所开展的区域声环境监测、道路交通声环境监测和功能区声环境监测（分别简称区域监测、道路交通监测和功能区监测）。

3.2

城市道路 urban road

城市范围内具有一定技术条件和设施的道路，主要为城市快速路、城市主干路、城市次干路、含轨道交通走廊的道路及穿过城市的高速公路。

3.3

城市规模 urban scale

通常指城市的人口数量，按市区常住人口，巨大城市为大于 1 000 万人，特大城市为 300 万～1 000 万人（含），大城市为 100 万～300 万人（含），中等城市为 50 万～100 万人（含），小城市为小于等于 50 万人。

3.4

大型车 large vehicle

根据 GA 802，指车长大于等于 6 m 或者乘坐人数大于等于 20 人的载客汽车，以及总质量大于等于 12 t 的载货汽车和挂车。

3.5

中小型车 middle and small vehicle

根据 GA 802，指车长小于 6 m 且乘坐人数小于 20 人的载客汽车，总质量小于 12 t 的载货汽车和挂车，以及摩托车。

3.6

功能区 functional area

根据 GB/T 15190 所划分的城市各类环境噪声适用区。

4 区域声环境监测

4.1 区域监测的目的

评价整个城市环境噪声总体水平；分析城市声环境状况的年度变化规律和变化趋势。

4.2 区域监测的点位设置

4.2.1 参照 GB 3096 附录 B 中声环境功能区普查监测方法，将整个城市建成区划分成多个等大的正方形网格（如 1 000 m×1 000 m），对于未连成片的建成区，正方形网格可以不衔接。网格中水面面积或无法监测的区域（如禁区）面积为 100%及非建成区面积大于 50%的网格为无效网格。整个城市建成区有效网格总数应多于 100 个。

4.2.2 在每一个网格的中心布设 1 个监测点位。若网格中心点不宜测量（如水面、禁区、马路行车道等），应将监测点位移动到距离中心点最近的可测量位置进行测量。测点位置要符合 GB 3096 中测点选择一般户外的要求。监测点位高度距地面为 1.2～4.0 m。

4.2.3 监测点位基础信息见附表 1 规定的内容。

4.3 区域监测的频次、时间与测量

4.3.1 昼间监测每年 1 次，监测工作应在昼间正常工作时段内进行，并应覆盖整个工作时段。

4.3.2 夜间监测每五年 1 次，在每个五年规划的第三年监测，监测从夜间起始时间开始。

4.3.3 监测工作应安排在每年的春季或秋季，每个城市监测日期应相对固定，监测应避开节假日和非正常工作日。

4.3.4 每个监测点位测量 10 min 的等效连续 A 声级 L_{eq}（简称等效声级），记录累积百分声级 L_{10}、L_{50}、L_{90}、L_{max}、L_{min} 和标准偏差（SD）。

4.4 区域监测的结果与评价

4.4.1 监测数据应按附表 4 规定的内容记录。监测统计结果按附表 7 规定的内容上报。

4.4.2 计算整个城市环境噪声总体水平。将整个城市全部网格测点测得的等效声级分昼间和夜间，按式（1）进行算术平均运算，所得到的昼间平均等效声级 $\overline{S}_d$ 和夜间平均等效声级 $\overline{S}_n$ 代表该城市昼间和夜间的环境噪声总体水平。

$$\overline{S}=\frac{1}{n}\sum_{i=1}^{n}L_i \tag{1}$$

式中：$\overline{S}$——城市区域昼间平均等效声级（$\overline{S}_d$）或夜间平均等效声级（$\overline{S}_n$），dB（A）；

L_i——第 i 个网格测得的等效声级，dB（A）；

n——有效网格总数。

4.4.3 城市区域环境噪声总体水平按表 1 进行评价。

表 1 城市区域环境噪声总体水平等级划分

单位：dB（A）

等级	一级	二级	三级	四级	五级
昼间平均等效声级（$\overline{S}_d$）	≤50.0	50.1～55.0	55.1～60.0	60.1～65.0	＞65.0
夜间平均等效声级（$\overline{S}_n$）	≤40.0	40.1～45.0	45.1～50.0	50.1～55.0	＞55.0

城市区域环境噪声总体水平等级“一级”至“五级”可分别对应评价为“好”、“较好”、“一般”、“较差”和“差”。

5 道路交通声环境监测

5.1 道路交通监测的目的

反映道路交通噪声源的噪声强度；分析道路交通噪声声级与车流量、路况等的关系及变化规律；分析城市道路交通噪声的年度变化规律和变化趋势。

5.2 道路交通监测的点位设置

5.2.1 选点原则：

（1）能反映城市建成区内各类道路（城市快速路、城市主干路、城市次干路、含轨道交通走廊的道路及穿过城市的高速公路等）交通噪声排放特征。

（2）能反映不同道路特点（考虑车辆类型、车流量、车辆速度、路面结构、道路宽度、敏感建筑物分布等）交通噪声排放特征。

（3）道路交通噪声监测点位数量：巨大、特大城市≥100 个；大城市≥80 个；中等城市≥50 个；小城市≥20 个。一个测点可代表一条或多条相近的道路。根据各类道路的路长比例分配点位数量。

5.2.2 测点选在路段两路口之间，距任一路口的距离大于 50 m，路段不足 100 m 的选路段中点，测点位于人行道上距路面（含慢车道）20 cm 处，监测点位高度距地面为 1.2～6.0 m。测点应避开非道路交通源的干扰，传声器指向被测声源。

5.2.3 监测点位基础信息见附表 2 规定的内容。

5.3 道路交通监测的频次、时间与测量

5.3.1 昼间监测每年 1 次，监测工作应在昼间正常工作时段内进行，并应覆盖整个工作时段。

5.3.2 夜间监测每五年 1 次，在每个五年规划的第三年监测，监测从夜间起始时间开始。

5.3.3 监测工作应安排在每年的春季或秋季，每个城市监测日期应相对固定，监测应避开节假日和非正常工作日。

5.3.4 每个测点测量 20 min 等效声级 L_{eq}，记录累积百分声级 L_{10}、L_{50}、L_{90}、L_{max}、L_{min} 和标准偏差（SD），分类（大型车、中小型车）记录车流量。

5.4 道路交通监测的结果与评价

5.4.1 监测数据应按附表 5 规定的内容记录。监测统计结果按附表 8 规定的内容上报。

5.4.2 将道路交通噪声监测的等效声级采用路段长度加权算术平均法，按式（2）计算城市道路交通噪声平均值。

$$\overline{L}=\frac{1}{l}\sum_{i=1}^{n}(l_i\times L_i) \tag{2}$$

式中：$\overline{L}$——道路交通昼间平均等效声级（$\overline{L}_d$）或夜间平均等效声级（$\overline{L}_n$），dB（A）；

l——监测的路段总长，$l=\sum_{i=1}^{n}l_i$，m；

l_i——第 i 测点代表的路段长度，m；

L_i——第 i 测点测得的等效声级，dB（A）。

5.4.3 道路交通噪声平均值的强度级别按表 2 进行评价。

表 2 道路交通噪声强度等级划分

单位：dB（A）

等级	一级	二级	三级	四级	五级
昼间平均等效声级（$\overline{L}_d$）	≤68.0	68.1～70.0	70.1～72.0	72.1～74.0	>74.0
夜间平均等效声级（$\overline{L}_n$）	≤58.0	58.1～60.0	60.1～62.0	62.1～64.0	>64.0

道路交通噪声强度等级“一级”至“五级”可分别对应评价为“好”、“较好”、“一般”、“较差”和“差”。

6 功能区声环境监测

6.1 功能区监测的目的

评价声环境功能区监测点位的昼间和夜间达标情况；反映城市各类功能区监测点位的声环境质量随时间的变化状况。

6.2 功能区监测的点位设置

6.2.1 功能区监测采用 GB 3096 附录 B 中定点监测法。

6.2.2 按照 GB 3096 附录 B 中普查监测法，各类功能区粗选出其等效声级与该功能区平均等效声级无显著差异，能反映该类功能区声环境质量特征的测点若干个，再根据如下原则确定本功能区定点监测点位。

（1）能满足监测仪器测试条件，安全可靠。

（2）监测点位能保持长期稳定。

（3）能避开反射面和附近的固定噪声源。

（4）监测点位应兼顾行政区划分。

（5）4 类声环境功能区选择有噪声敏感建筑物的区域。

6.2.3 功能区监测点位数量：巨大、特大城市≥20 个，大城市≥15 个，中等城市≥10 个，小城市≥7 个。各类功能区监测点位数量比例按照各自城市功能区面积比例确定。

6.2.4 监测点位距地面高度 1.2 m 以上。

6.2.5 监测点位基础信息见附表 3 规定的内容。

6.3 功能区监测的频次、时间与测量

6.3.1 每年每季度监测 1 次，各城市每次监测日期应相对固定。

6.3.2 每个监测点位每次连续监测 24 h，记录小时等效声级 L_{eq}、小时累积百分声级 L_{10}、L_{50}、L_{90}、L_{max}、L_{min} 和标准偏差（SD）。

6.3.3 监测应避开节假日和非正常工作日。

6.4 功能区监测的结果与评价

6.4.1 监测数据应按附表 6 规定的内容记录。监测统计结果按附表 9 规定的内容上报。

6.4.2 将某一功能区昼间连续 16 h 和夜间 8 h 测得的等效声级分别进行能量平均，按式（3）和式（4）计算昼间等效声级和夜间等效声级。

$$L_{d}=10\lg\left(\frac{1}{16}\sum_{i=1}^{16}10^{0.1L_i}\right) \tag{3}$$

$$L_{n}=10\lg\left(\frac{1}{8}\sum_{i=1}^{8}10^{0.1L_i}\right) \tag{4}$$

式中：L_d——昼间等效声级，dB（A）；

L_n——夜间等效声级，dB（A）；

L_i——昼间或夜间小时等效声级，dB（A）。

6.4.3 各监测点位昼间、夜间等效声级，按 GB 3096 中相应的环境噪声限值进行独立评价。

6.4.4 各功能区按监测点次分别统计昼间、夜间达标率。

6.5 功能区声环境质量时间分布图

6.5.1 以每小时测得的等效声级为纵坐标、时间序列为横坐标，绘制得出 24 h 的声级变化图形，用于表示功能区监测点位环境噪声的时间分布规律。

6.5.2 同一点位或同一类功能区绘制总体时间分布图时，小时等效声级采用对应小时算术平均的方法计算。

7 监测点位调整

7.1 城市声环境常规监测点位的位置与高度一经确定不能随意改动。当所设点位现状发生改变，已不符合点位布设要求时在数据报送时注明。

7.2 监测点位原则上每五年调整 1 次。城市建成区面积扩大，需调整点位时，应在尽量保留原监测点位的前提下外延加设点位。当城市建成区面积扩大超过 50%时，可重新布设监测点位。

7.3 监测点位审批按相关规定执行。

7.4 执行新调整点位的起始时间为每个五年规划的第一年。

8 城市声环境监测报告

城市声环境监测报告应主要包括下列内容：

（1）概述：概略性描述监测工作概况以及声环境监测结果。

（2）区域声环境监测结果与评价。

（3）道路交通声环境监测结果与评价。

（4）功能区声环境监测结果与评价。

（5）相关分析。

（6）结论。

9 质量保证与质量控制

9.1 监测人员要求

凡承担噪声监测工作的人员应取得上岗资格证。

9.2 测量要求

9.2.1 噪声监测的测量仪器精度、气象条件和采样方式等应符合 GB 3096 的相应要求。

9.2.2 噪声测量仪器在每次测量前后应在现场用声校准器进行声校准，其前、后校准示值偏差不应大于 0.5 dB，否则测量无效。测量需使用延伸电缆时，应将测量仪器与延伸电缆一起进行校准。

9.2.3 监测点位布设可按本标准执行，不应为降低测量值人为选择测量点位。

9.2.4 城市声环境常规监测应在规定时间内进行，不得挑选监测时间或随意按暂停键。区域监测和功能区监测过程中，凡是自然社会可能出现的声音（如叫卖声、说话声、小孩哭声、鸣笛声等），均不应予以排除。

9.2.5 有条件的城市应实施功能区自动监测，实施功能区声环境自动监测的城市，上报每季度第二个月第 10 日（正常工作日）的监测数据，如数据不符合监测条件的顺延报下一天的监测数据，待出台噪声自动监测规范后按其相关要求报数。

9.2.6 如城市规模小，不具备最低布设点位要求的，点位数量可相应减少。

9.3 监测记录

按要求完整记录和填写相关监测表。

附　录　A
（资料性附录）
城市声环境常规监测点位基础信息表、记录表与结果统计表

附表 1　区域声环境监测点位基础信息表
附表 2　道路交通声环境监测点位基础信息表
附表 3　功能区声环境监测点位基础信息表
附表 4　区域声环境监测记录表
附表 5　道路交通声环境监测记录表
附表 6　功能区声环境 24 h 监测记录表
附表 7　区域声环境监测结果统计表
附表 8　道路交通声环境监测结果统计表
附表 9　功能区声环境监测结果统计表

附表 1　区域声环境监测点位基础信息表

年度：＿＿＿＿＿　城市代码：＿＿＿＿＿　监测站名：＿＿＿＿＿＿＿＿＿＿　网格边长：＿＿＿＿m　建成区面积：＿＿＿＿km^2

网格代码	测点名称	测点经度	测点纬度	测点参照物	网格覆盖人口/万人	功能区代码	备　注

负责人：　　　　审核人：　　　　填表人：　　　　填表日期：

[注]　功能区代码：0. 0 类区；1. 1 类区；2. 2 类区；3. 3 类区；4. 4 类区。

附表 2　道路交通声环境监测点位基础信息表

年度：＿＿＿＿＿　城市代码：＿＿＿＿＿　监测站名：＿＿＿＿＿＿＿＿＿＿

测点代码	测点名称	测点经度	测点纬度	测点参照物	路段名称	路段起止点	路段长度/m	路幅宽度/m	道路等级	路段覆盖人口/万人	备　注

负责人：　　　　审核人：　　　　填表人：　　　　填表日期：

[注]　路段名称、路段起止点、路段长度：指测点代表的所有路段。

道路等级：1. 城市快速路；2. 城市主干路；3. 城市次干路；4. 城市含路面轨道交通的道路；5. 穿过城市的高速公路；6. 其他道路。

路段覆盖人口：指该代表路段两侧对应的 4 类声环境功能区覆盖的人口数量。

附表 3　功能区声环境监测点位基础信息表

年度：＿＿＿＿＿　城市代码：＿＿＿＿＿　监测站名：＿＿＿＿＿＿＿＿＿＿

测点代码	测点名称	测点经度	测点纬度	测点高度/m	测点参照物	功能区代码	备　注

负责人：　　　　审核人：　　　　填表人：　　　　填表日期：

附表 4　区域声环境监测记录表

监测站名：________________

监测仪器（型号、编号）：__________　声校准器（型号、编号）：__________　监测前校准值：______dB　监测后校准值：______dB　气象条件：__________

网格代码	测点名称	月	日	时	分	声源代码	L_{eq}	L_{10}	L_{50}	L_{90}	L_{max}	L_{min}	标准差（SD）	备　注

负责人：　　　　审核人：　　　　测试人员：　　　　监测日期：

[注]：声源代码：1．交通噪声；2．工业噪声；3．施工噪声；4．生活噪声。

两种以上噪声填主噪声。

除交通、工业、施工噪声以外的噪声，归入生活噪声。

附表 5 道路交通声环境监测记录表

监测站名：________________

监测仪器（型号、编号）：__________ 声校准器（型号、编号）：__________ 监测前校准值：_____dB 监测后校准值：_____dB 气象条件：__________

测点代码	测点名称	月	日	时	分	L_{eq}	L_{10}	L_{50}	L_{90}	L_{max}	L_{min}	标准差（SD）	车流量/（辆/____ min）		备 注
													大型车	中小型车	

负责人： 审核人： 测试人员： 监测日期：

附表 6　功能区声环境 24 h 监测记录表

监测站名：＿＿＿＿＿＿　测点名称：＿＿＿＿＿＿　测点代码：＿＿＿＿＿＿　功能区类别：＿＿＿＿＿＿

监测仪器（型号、编号）：＿＿＿＿＿＿　声校准器（型号、编号）：＿＿＿＿＿＿

监测前校准值：＿＿＿dB　监测后校准值：＿＿＿dB　气象条件：＿＿＿＿＿＿

监　测　时　间			L_{10}	L_{50}	L_{90}	L_{eq}	L_{max}	L_{min}	标准差（SD）	备　注
月	日	开始监测时间								

负责人：　　　　审核人：　　　　测试人员：　　　　监测日期：

附表 7　区域声环境监测结果统计表

年度：__________　城市代码：__________　监测站名：____________________

网格代码	测点名称	月	日	时	分	L_{eq}	L_{10}	L_{50}	L_{90}	L_{max}	L_{min}	标准差（SD）	声源代码	功能区代码	备　注

负责人：　　　审核人：　　　填表人：　　　填表日期：

[注]：“月、日、时、分”指测量开始时间。

附表 8　道路交通声环境监测结果统计表

年度：__________　城市代码：__________　监测站名：____________________

测点代码	测点名称	月	日	时	分	L_{eq}	L_{10}	L_{50}	L_{90}	L_{max}	L_{min}	标准差（SD）	车流量/（辆/h）		备　注
													大型车	中小型车	

负责人：　　　审核人：　　　填表人：　　　填表日期：

[注]：“月、日、时、分”指测量开始时间。

附表 9　功能区声环境监测结果统计表

年度：__________　城市代码：__________　监测站名：____________________

时段划分：昼间______时至______时　　夜间______时至______时

测点代码	测点名称	功能区代码	监　测　时　间			L_{10}	L_{50}	L_{90}	L_{eq}	L_{max}	L_{min}	标准差（SD）	备　注
			月	日	时								

负责人：　　　审核人：　　　填表人：　　　填表日期：

[注] 监测时间中“时”为 0～23，“0”表示 0～1 时段、“1”表示 1～2 时段，依此类推。

振　动

中华人民共和国国家标准

城市区域环境振动测量方法

GB 10071—88

Measurement method of environmental vibration of urban area

国家环境保护局 1988-12-10 发布　　1989-07-01 实施

1 主题内容与适用范围

本标准为贯彻《中华人民共和国环境保护法（试行）》，控制城市环境振动污染而制定。

本标准规定了城市区域环境振动的测量方法。

本标准仅适用于城市区域环境振动的测量。

2 名词术语

2.1 振动加速度级 VAL

加速度与基准加速度之比的以 10 为底的对数乘以 20，记为 VAL。单位为分贝，dB。

按定义此量为：$VAL = 20\lg\frac{a}{a_0}$ （dB）

式中：a——振动加速度有效值，m/s^2；

a_0——基准加速度，$a_0 = 10^{-6}\ m/s^2$。

2.2 振动级 VL

按 ISO 2631/1—1985 规定的全身振动不同频率计权因子修正后得到的振动加速度级，简称振级，记为 VL。单位为分贝，dB。

2.3 Z 振级 VL_z

按 ISO 2631/1—1985 规定的全身振动 Z 计权因子修正后得到的振动加速度级，记为 VL_z。单位为分贝，dB。

2.4 累积百分 Z 振级 VL_{zn}

在规定的测量时间 T 内，有 N%时间的 Z 振级超过某一 VL_z 值，这个 VL_z 值叫做累积百分 Z 振级，记为 VL_{zn}。单位为分贝。dB。

2.5 稳态振动

观测时间内振级变化不大的环境振动。

2.6 冲击振动

具有突发性振级变化的环境振动。

2.7 无规振动

未来任何时刻不能预先确定振级的环境振动。

3 测量仪器

用于测量环境振动的仪器，其性能必须符合 ISO/DP 8041—1984 有关条款的规定。测量系统每年至少送计量部门校准一次。

4 测量及读值方法

4.1 测量

测量为铅垂向 Z 振级。

4.2 读数方法和评价量

4.2.1 本测量方法采用的仪器时间计权常数为 1 s。

4.2.2 稳态振动

每个测点测量一次，取 5 s 内的平均示数作为评价量。

4.2.3 冲击振动

取每次冲击过程中的最大示数为评价量。对于重复出现的冲击振动，以 10 次读数的算术平均值为评价量。

4.2.4 无规振动

每个测点等间隔地读取瞬时示数，采样间隔不大于 5 s，连续测量时间不少于 1 000 s，以测量数据的 VL_{z10} 值为评价量。

4.2.5 铁路振动

读取每次列车通过过程中的最大示数，每个测点连续测量 20 次列车，以 20 次读值的算术平均值为评价量。

5 测量位置及拾振器的安装

5.1 测量位置

测点置于各类区域建筑物室外 0.5 m 以内振动敏感处。必要时，测点置于建筑物室内地面中央。

5.2 拾振器的安装

5.2.1 确保拾振器平稳地安放在平坦、坚实的地面上。避免置于如地毯、草地、砂地或雪地等松软的地面上。

5.2.2 拾振器的灵敏度主轴方向应与测量方向一致。

6 测量条件

6.1 测量时振源应处于正常工作状态。

6.2 测量应避免足以影响环境振动测量值的其他环境因素，如剧烈的温度梯度变化、强电磁场、强风、地震或其他非振动污染源引起的干扰。

7 测量数据记录和处理

环境振动测量按待测振源的类别，选择附录 A（补充件）中的对应表格逐项记录。测量交通振动，必要时应记录车流量。

附　录　A
环境振动测量记录表
（补充件）

表 A.1　稳态或冲击振动测量记录表

<table>
<tr><td colspan="3">测量地点</td><td colspan="4"></td><td colspan="2">测量日期</td><td colspan="3"></td></tr>
<tr><td colspan="3">测量仪器</td><td colspan="4"></td><td colspan="2">测量人员</td><td colspan="3"></td></tr>
<tr><td colspan="3" rowspan="2">振源名称及型号</td><td colspan="4" rowspan="2"></td><td colspan="2" rowspan="2">振动类别</td><td>稳态</td><td colspan="2"></td></tr>
<tr><td>冲击</td><td colspan="2"></td></tr>
<tr><td colspan="3" rowspan="2">测点
位置
图示</td><td colspan="4" rowspan="2"></td><td colspan="2">地面
状况</td><td colspan="3"></td></tr>
<tr><td colspan="2">备注</td><td colspan="3"></td></tr>
<tr><td colspan="12">数据记录 VL_z/dB</td></tr>
<tr><td>编号</td><td>1</td><td>2</td><td>3</td><td>4</td><td>5</td><td>6</td><td>7</td><td>8</td><td>9</td><td>10</td><td>平均值</td></tr>
<tr><td></td><td></td><td></td><td></td><td></td><td></td><td></td><td></td><td></td><td></td><td></td><td></td></tr>
<tr><td></td><td></td><td></td><td></td><td></td><td></td><td></td><td></td><td></td><td></td><td></td><td></td></tr>
<tr><td></td><td></td><td></td><td></td><td></td><td></td><td></td><td></td><td></td><td></td><td></td><td></td></tr>
<tr><td></td><td></td><td></td><td></td><td></td><td></td><td></td><td></td><td></td><td></td><td></td><td></td></tr>
<tr><td></td><td></td><td></td><td></td><td></td><td></td><td></td><td></td><td></td><td></td><td></td><td></td></tr>
<tr><td></td><td></td><td></td><td></td><td></td><td></td><td></td><td></td><td></td><td></td><td></td><td></td></tr>
<tr><td></td><td></td><td></td><td></td><td></td><td></td><td></td><td></td><td></td><td></td><td></td><td></td></tr>
<tr><td></td><td></td><td></td><td></td><td></td><td></td><td></td><td></td><td></td><td></td><td></td><td></td></tr>
<tr><td></td><td></td><td></td><td></td><td></td><td></td><td></td><td></td><td></td><td></td><td></td><td></td></tr>
<tr><td></td><td></td><td></td><td></td><td></td><td></td><td></td><td></td><td></td><td></td><td></td><td></td></tr>
</table>

表 A.2　无规振动测量记录表

<table>
<tr><td colspan="4">测量地点</td><td colspan="6"></td><td colspan="4">测量日期</td><td colspan="7"></td></tr>
<tr><td colspan="4">测量仪器</td><td colspan="6"></td><td colspan="4">测量人员</td><td colspan="7"></td></tr>
<tr><td colspan="4">取样时间</td><td colspan="6"></td><td colspan="4">取样间隔</td><td colspan="7"></td></tr>
<tr><td colspan="4">主要振源</td><td colspan="17"></td></tr>
<tr><td colspan="4" rowspan="2">测点位置图示</td><td colspan="6" rowspan="2"></td><td colspan="4">地面状况</td><td colspan="7"></td></tr>
<tr><td colspan="4">备注</td><td colspan="7"></td></tr>
<tr><td colspan="21">数据记录 VL_z/dB</td></tr>
<tr><td>编号</td><td>1</td><td>2</td><td>3</td><td>4</td><td>5</td><td>6</td><td>7</td><td>8</td><td>9</td><td>10</td><td>11</td><td>12</td><td>13</td><td>14</td><td>15</td><td>16</td><td>17</td><td>18</td><td>19</td><td>20</td></tr>
<tr><td>1</td><td></td><td></td><td></td><td></td><td></td><td></td><td></td><td></td><td></td><td></td><td></td><td></td><td></td><td></td><td></td><td></td><td></td><td></td><td></td><td></td></tr>
<tr><td>2</td><td></td><td></td><td></td><td></td><td></td><td></td><td></td><td></td><td></td><td></td><td></td><td></td><td></td><td></td><td></td><td></td><td></td><td></td><td></td><td></td></tr>
<tr><td>3</td><td></td><td></td><td></td><td></td><td></td><td></td><td></td><td></td><td></td><td></td><td></td><td></td><td></td><td></td><td></td><td></td><td></td><td></td><td></td><td></td></tr>
<tr><td>4</td><td></td><td></td><td></td><td></td><td></td><td></td><td></td><td></td><td></td><td></td><td></td><td></td><td></td><td></td><td></td><td></td><td></td><td></td><td></td><td></td></tr>
<tr><td>5</td><td></td><td></td><td></td><td></td><td></td><td></td><td></td><td></td><td></td><td></td><td></td><td></td><td></td><td></td><td></td><td></td><td></td><td></td><td></td><td></td></tr>
<tr><td>6</td><td></td><td></td><td></td><td></td><td></td><td></td><td></td><td></td><td></td><td></td><td></td><td></td><td></td><td></td><td></td><td></td><td></td><td></td><td></td><td></td></tr>
<tr><td>7</td><td></td><td></td><td></td><td></td><td></td><td></td><td></td><td></td><td></td><td></td><td></td><td></td><td></td><td></td><td></td><td></td><td></td><td></td><td></td><td></td></tr>
<tr><td>8</td><td></td><td></td><td></td><td></td><td></td><td></td><td></td><td></td><td></td><td></td><td></td><td></td><td></td><td></td><td></td><td></td><td></td><td></td><td></td><td></td></tr>
<tr><td>9</td><td></td><td></td><td></td><td></td><td></td><td></td><td></td><td></td><td></td><td></td><td></td><td></td><td></td><td></td><td></td><td></td><td></td><td></td><td></td><td></td></tr>
<tr><td>10</td><td></td><td></td><td></td><td></td><td></td><td></td><td></td><td></td><td></td><td></td><td></td><td></td><td></td><td></td><td></td><td></td><td></td><td></td><td></td><td></td></tr>
<tr><td>处理结果</td><td></td><td></td><td></td><td></td><td></td><td></td><td></td><td></td><td></td><td></td><td></td><td></td><td></td><td></td><td></td><td></td><td></td><td></td><td></td><td></td></tr>
</table>

表 A.3 铁路振动测量记录表

<table>
<tr><td colspan="2">测量地点</td><td colspan="3"></td><td colspan="2">测量日期</td><td colspan="3"></td></tr>
<tr><td colspan="2">测量仪器</td><td colspan="3"></td><td colspan="2">测量人员</td><td colspan="3"></td></tr>
<tr><td colspan="2" rowspan="2">测点位置图示</td><td colspan="3" rowspan="2"></td><td colspan="2">地面
状况</td><td colspan="3"></td></tr>
<tr><td colspan="2">备注</td><td colspan="3"></td></tr>
<tr><td colspan="10">数据记录 VL_z/dB</td></tr>
<tr><td>序号</td><td>时间</td><td>客/货/机车</td><td>上行/下行</td><td>VL_z</td><td>序号</td><td>时间</td><td>客/货/机车</td><td>上行/下行</td><td>VL_z</td></tr>
<tr><td>1</td><td></td><td></td><td></td><td></td><td>11</td><td></td><td></td><td></td><td></td></tr>
<tr><td>2</td><td></td><td></td><td></td><td></td><td>12</td><td></td><td></td><td></td><td></td></tr>
<tr><td>3</td><td></td><td></td><td></td><td></td><td>13</td><td></td><td></td><td></td><td></td></tr>
<tr><td>4</td><td></td><td></td><td></td><td></td><td>14</td><td></td><td></td><td></td><td></td></tr>
<tr><td>5</td><td></td><td></td><td></td><td></td><td>15</td><td></td><td></td><td></td><td></td></tr>
<tr><td>6</td><td></td><td></td><td></td><td></td><td>16</td><td></td><td></td><td></td><td></td></tr>
<tr><td>7</td><td></td><td></td><td></td><td></td><td>17</td><td></td><td></td><td></td><td></td></tr>
<tr><td>8</td><td></td><td></td><td></td><td></td><td>18</td><td></td><td></td><td></td><td></td></tr>
<tr><td>9</td><td></td><td></td><td></td><td></td><td>19</td><td></td><td></td><td></td><td></td></tr>
<tr><td>10</td><td></td><td></td><td></td><td></td><td>20</td><td></td><td></td><td></td><td></td></tr>
<tr><td colspan="2">处理结果</td><td colspan="8"></td></tr>
</table>

附加说明：

本标准由国家环境保护局大气处提出。

本标准由《城市区域环境振动测量方法》编制组起草。

本标准主要起草人孙家其、张翔、朱维薇、陈建江、王庆连。

本标准委托北京市劳动保护科学研究所解释。

附录　辐射、噪声监测方法一览表

（电磁辐射、电离辐射、噪声、振动）

电磁辐射

标准编号	标准名称	发布日期	实施日期	发布部门
GB/T 12720—91	工频电场测量*	1991-02-01	1991-10-01	国家技术监督局
GB 15707—1995	高压交流架空送电线 无线电干扰限值*	1995-09-25	1996-10-01	国家技术监督局
HJ/T 10.2—1996	辐射环境保护管理导则 电磁辐射监测仪器和方法	1996-05-10	1996-05-10	国家环境保护局
HJ/T 10.3—1996	辐射环境保护管理导则 电磁辐射环境影响评价方法与标准	1996-05-10	1996-05-10	国家环境保护局
HJ/T 24—1998	500 kV 超高压送变电工程电磁辐射环境影响评价技术规范	1998-11-19	1999-02-01	国家环境保护局
GB/T 7349—2002	高压架空送电线、变电站 无线电干扰测量方法*	2002-01-04	2002-08-01	国家质量监督检验检疫总局
国家环境保护总局文件 环发[2007]114 号	关于印发《移动通信基站电磁辐射环境监测方法》（试行）的通知	2007-07-31	2007-07-31	国家环境保护总局
DL/T 1089—2008	直流换流站与线路合成场强、离子流密度测量方法*	2008-06-04	2008-11-01	国家发展和改革委员会

电离辐射

标准编号	标准名称	发布日期	实施日期	发布部门
GB 6764—86	水中锶-90 放射化学分析方法　发烟硝酸沉淀法	1986-09-04	1987-03-01	国家环境保护局
GB 6766—86	水中锶-90 放射化学分析方法　二-（2-乙基己基）磷酸萃取色层法	1986-09-04	1987-03-01	国家环境保护局
GB 6767—86	水中铯-137 放射化学分析方法	1986-09-04	1987-03-01	国家环境保护局
GB 6768—86	水中微量铀分析方法	1986-09-04	1987-03-01	国家环境保护局
GB/T 10264—88	个人和环境监测用热释光剂量测量系统*	1988-12-30	1989-10-01	国家技术监督局
GB 11214—89	水中镭-226 的分析测定	1989-03-16	1990-01-01	国家环境保护局
GB 11216—89	核设施流出物和环境放射性监测质量保证计划的一般要求	1989-03-16	1990-01-01	国家环境保护局
GB 11217—89	核设施流出物监测的一般规定	1989-03-16	1990-01-01	国家环境保护局
GB 11218—89	水中镭的α放射性核素的测定	1989-03-16	1990-01-01	国家环境保护局
GB 11219.1—89	土壤中钚的测定　萃取色层法	1989-03-16	1990-01-01	国家环境保护局
GB 11219.2—89	土壤中钚的测定　离子交换法	1989-03-16	1990-01-01	国家环境保护局
GB 11220.1—89	土壤中铀的测定　CL-5209 萃淋树脂分离 2-（5-溴-2-吡啶偶氮）-5-二乙氨基苯酚分光光度法	1989-03-16	1990-01-01	国家环境保护局
GB 11221—89	生物样品灰中铯-137 的放射化学分析方法	1989-03-16	1990-01-01	国家环境保护局
GB 11222.1—89	生物样品灰中锶-90 的放射化学分析方法　二-（2-乙基己基）磷酸酯萃取色层法	1989-03-16	1990-01-01	国家环境保护局
GB 11223.1—89	生物样品灰中铀的测定　固体荧光法	1989-03-16	1990-01-01	国家环境保护局
GB 11224—89	水中钍的分析方法	1989-03-16	1990-01-01	国家环境保护局
GB 11225—89	水中钚的分析方法	1989-03-16	1990-01-01	国家环境保护局
GB 11338—89	水中钾-40 的分析方法	1989-03-16	1990-01-01	国家环境保护局
GB 11713—89	用半导体γ谱仪分析低比活度γ放射性样品的标准方法*	1989-09-21	1990-07-01	卫生部
GB 11743—89	土壤中放射性核素的γ能谱分析方法*	1989-10-06	1990-07-01	卫生部
GB 12375—90	水中氚的分析方法	1990-06-09	1990-12-01	国家技术监督局

标准编号	标准名称	发布日期	实施日期	发布部门
GB 12376—90	水中钋-210 的分析方法　电镀制样法	1990-06-09	1990-12-01	国家技术监督局
GB 12377—90	空气中微量铀的分析方法　激光荧光法	1990-06-09	1990-12-01	国家技术监督局
GB 12378—90	空气中微量铀的分析方法　TBP 萃取荧光法	1990-06-09	1990-12-01	国家技术监督局
GB 12379—90	环境核辐射监测规定	1990-06-09	1990-12-01	国家技术监督局
GB/T 13272—91	水中碘-131 的分析方法	1991-10-24	1992-08-01	国家环境保护局 国家技术监督局
GB/T 13273—91	植物、动物甲状腺中碘-131 的分析方法	1991-10-24	1992-08-01	国家环境保护局 国家技术监督局
GB/T 14582—93	环境空气中氡的标准测量方法	1993-08-30	1994-04-01	国家环境保护局 国家技术监督局
GB/T 14583—93	环境地表γ辐射剂量率测定规范	1993-08-30	1994-04-01	国家环境保护局 国家技术监督局
GB/T 14584—93	空气中碘-131 的取样与测定	1993-08-30	1994-04-01	国家环境保护局 国家技术监督局
GB/T 14674—93	牛奶中碘-131 的分析方法	1993-10-27	1994-05-01	国家环境保护局 国家技术监督局
GB/T 15221—94	水中钴-60 的分析方法	1994-09-24	1995-08-01	国家技术监督局
EJ/T 900—94	水中总β放射性测定　蒸发法	1994-10-24	1995-01-01	中国核工业总公司
GB/T 15444—95	铀加工及核燃料制造设施流出物的放射性活度监测规定*	1995-01-12	1995-10-01	国家技术监督局
GB/T 15950—1995	低、中水平放射性废物近地表处置场环境辐射监测的一般要求	1995-12-21	1996-08-01	国家环境保护局 国家技术监督局
GB/T 16140—1995	水中放射性核素的γ能谱分析方法*	1996-01-23	1996-07-01	国家技术监督局 卫生部
GB/T 16141—1995	放射性核素的α能谱分析方法*	1996-01-23	1996-07-01	国家技术监督局 卫生部
GB/T 16145—1995	生物样品中放射性核素的γ能谱分析方法*	1996-01-23	1996-07-01	国家技术监督局 卫生部
HJ/T 21—1998	核设施水质监测采样规定	1998-01-08	1998-07-01	国家环境保护局
HJ/T 22—1998	气载放射性物质取样一般规定	1998-01-08	1998-07-01	国家环境保护局
EJ/T 1075—1998	水中总α放射性浓度的测定　厚源法	1998-08-25	1998-11-01	中国核工业总公司
WS/T 184—1999	空气中放射性核素的γ能谱分析方法	1999-12-09	2000-05-01	卫生部
HJ/T 61—2001	辐射环境监测技术规范	2001-05-28	2001-08-01	国家环境保护总局
GB/T 14056.1—2008	表面污染测定　第 1 部分：β发射体（$E_{\beta max}$>0.15 MeV）和α发射体*	2008-07-02	2009-04-01	国家质量监督检验检疫总局 国家标准化管理委员会
GB/T 14318—2008	辐射防护仪器　中子周围剂量当量（率）仪*	2008-01-22	2008-09-01	国家质量监督检验检疫总局 国家标准化管理委员会
GB 23727—2009	铀矿冶辐射防护和环境保护规定*	2009-05-06	2010-02-01	国家质量监督检验检疫总局 国家标准化管理委员会
GB/T 14056.2—2011	表面污染测定　第 2 部分：氚表面污染*	2011-06-16	2011-12-01	国家质量监督检验检疫总局 国家标准化管理委员会
GB/T 7023—2011	低、中水平放射性废物固化体标准浸出试验方法	2011-12-30	2012-06-01	国家质量监督检验检疫总局 国家标准化管理委员会
EJ/T 1035—2011	土壤中锶-90 的分析方法	2011-07-19	2011-10-01	国家国防科技工业局

噪声

标准编号	标准名称	发布日期	实施日期	发布部门
GB 9661—88	机场周围飞机噪声测量方法	1988-08-11	1988-11-01	国家环境保护局
GB 12525—90	铁路边界噪声限值及其测量方法	1990-11-09	1991-03-01	国家环境保护局
环境保护部公告 2008 年 第 38 号	关于发布《铁路边界噪声限值及其测量方法》（GB 12525—90）修改方案的公告	2008-07-30	2008-10-01	环境保护部
GB/T 14365—93	声学 机动车辆定置噪声测量方法	1993 03 17	1993-12-01	国家技术监督局
GB/T 15190—94	城市区域环境噪声适用区划分技术规范	1994-08-29	1994-10-01	国家环境保护局 国家技术监督局
GB 1495—2002	汽车加速行驶车外噪声限值及测量方法	2002-01-04	2002-10-01	国家环境保护总局 国家质量监督检验检疫总局
HJ/T 90—2004	声屏障声学设计和测量规范	2004-07-12	2004-10-01	国家环境保护总局
GB 4569—2005	摩托车和轻便摩托车定置噪声限值及测量方法	2005-04-15	2005-07-01	国家环境保护总局 国家质量监督检验检疫总局
GB 16169—2005	摩托车和轻便摩托车加速行驶噪声限值及测量方法	2005-04-15	2005-07-01	国家环境保护总局 国家质量监督检验检疫总局
GB 19757—2005	三轮汽车和低速货车加速行驶车外噪声限值及测量方法（中国Ⅰ、Ⅱ阶段）	2005-05-30	2005-07-01	国家环境保护总局 国家质量监督检验检疫总局
GB 14227—2006	城市轨道交通车站站台声学要求和测量方法*	2006-02-01	2006-08-01	国家质量监督检验检疫总局 国家标准化管理委员会
GB 3096—2008	声环境质量标准	2008-08-19	2008-10-01	环境保护部 国家质量监督检验检疫总局
GB 12348—2008	工业企业厂界环境噪声排放标准	2008-08-19	2008-10-01	环境保护部 国家质量监督检验检疫总局
GB 22337—2008	社会生活环境噪声排放标准	2008-08-19	2008-10-01	环境保护部 国家质量监督检验检疫总局
GB/T 3222.2—2009	声学 环境噪声的描述、测量与评价 第 2 部分：环境噪声级测定*	2009-09-30	2009-12-01	国家质量监督检验检疫总局 国家标准化管理委员会
GB 12523—2011	建筑施工场界环境噪声排放标准	2011-12-05	2012-07-01	环境保护部 国家质量监督检验检疫总局
HJ 640—2012	环境噪声监测技术规范 城市声环境常规监测	2012-12-03	2013-03-01	环境保护部

振动

标准编号	标准名称	发布日期	实施日期	发布部门
GB 10071—88	城市区域环境振动测量方法	1988-12-10	1989-07-01	国家环境保护局

* 本书未收录。